Schnittpunkt 7

Mathematik
Nordrhein-Westfalen

Joachim Böttner
Rainer Maroska
Achim Olpp
Rainer Pongs
Claus Stöckle
Hartmut Wellstein
Heiko Wontroba

bearbeitet von:
Agathe Bachmann, Langenfeld
Benita Banach, Oberhausen
Christof Birkendorf, Dortmund
Paul Krahe, Erkelenz
Berthold Grimm, Billerbeck
Marion Koch, Borchen
Rainer Pongs, Hürtgenwald
Kathrein Schadow, Essen

Ernst Klett Verlag
Stuttgart · Leipzig

Schnittpunkt 7, Mathematik, Nordrhein-Westfalen

Begleitmaterial:
Lösungsheft (ISBN 978-3-12-740473-9)
Arbeitsheft mit Lösungsheft (ISBN 978-3-12-740476-0)
Arbeitsheft mit Lösungsheft inklusive Lernsoftware (ISBN 978-3-12-740478-4)
Schnittpunkt Kompakt, Klasse 5/6 (ISBN 978-3-12-740358-9)
Schnittpunkt Kompakt, Klasse 7/8 (ISBN 978-3-12-740378-7)
Kompetenztest 2, Klasse 7/8 (ISBN 978-3-12-740487-6)
Formelsammlung (ISBN 978-3-12-740322-0)

1. Auflage 1 11 10 9 8 7 | 15 14 13 12 11

Alle Drucke dieser Auflage sind unverändert und können im Unterricht nebeneinander verwendet werden. Die letzten Zahlen bezeichnen jeweils die Auflage und das Jahr des Druckes.

Internetadresse: www.klett.de

Autoren: Joachim Böttner, Rainer Maroska, Achim Olpp, Rainer Pongs, Claus Stöckle, Prof. Dr. Hartmut Wellstein, Heiko Wontroba
bearbeitet von: Agathe Bachmann, Benita Banach, Christof Birkendorf, Paul Krahe, Berthold Grimm, Marion Koch, Rainer Pongs, Kathrein Schadow
Redaktion: Isabelle Hetzler, Daniela Vormwald

Zeichnungen / Illustrationen: Uwe Alfer, Waldbreitbach
Bildkonzept Umschlag: SoldanKommunikation, Stuttgart
Umschlagfoto: Klaus Mellenthin, Stuttgart

Reproduktion: Meyle + Müller, Medien-Management, Pforzheim
DTP / Satz: media office gmbh, Kornwestheim
Druck: Stürtz GmbH, Würzburg
Printed in Germany

ISBN 978-3-12-740471-5

9 783127 404715

Willkommen im Schnittpunkt

Liebe Schülerin, lieber Schüler,

der Schnittpunkt soll dich in diesem Schuljahr beim Lernen begleiten und unterstützen. Damit du dich jederzeit zurecht findest, wollen wir dir einige Hinweise geben.

Zu Beginn des Buches findest du **Basiswissen** aus den letzten Schuljahren zum Nachschlagen und Auffrischen.

Jedes neue Kapitel beginnt mit einer **Doppelseite**, auf der es viel zu entdecken und auszuprobieren gibt und auf der du nachlesen kannst, was du in diesem Kapitel lernen wirst. Innerhalb der Kapitel wirst du vor allem die **Aufgaben** bearbeiten – gemeinsam mit anderen oder allein.
Auf vielen Aufgabenseiten findest du durch Symbole hervorgehobene Kästen, die Verschiedenes bieten:

Argumentieren und Kommunizieren: Hier kannst du über mathematische Themen reden, verschiedene Begriffe miteinander in Beziehung bringen, mit Klassenkameraden zusammenarbeiten und deine Ergebnisse präsentieren.

Problemlösen: Du löst spannende Fragestellungen und Probleme. Dafür findest du oft deinen eigenen Weg zur Lösung und du denkst über deine Ergebnisse und die der anderen nach. Vielleicht findest du auch noch eine bessere Lösung.

Modellieren: Für interessante Fragen aus dem alltäglichen Leben findest du Antworten. Dabei hilft dir das, was du im Mathematikunterricht schon gelernt hast.

Werkzeuge: Du verwendest mathematische Werkzeuge (z. B. das Lineal oder das Geodreieck) und andere Medien wie Bücher, den Computer oder das Internet.

Info: Informationen und Hinweise, die dir beim Lösen der Aufgaben helfen oder dir neue Einsichten verschaffen.

Am Ende eines Kapitels findest du in der **Zusammenfassung** noch einmal alles, was du dazugelernt hast. Hier kannst du dich für die Klassenarbeiten fit machen und jederzeit nachschlagen.

Unter **Üben • Anwenden • Nachdenken** sind Aufgaben zum Üben, Weiterdenken und Anknüpfen an früher Gelerntes zusammengestellt.

Die letzte Seite des Kapitels, der **Rückspiegel**, bietet dir eine Aufgabenauswahl, mit der du dein Wissen und Können testen kannst. Links findest du die leichteren, rechts die schwierigeren Aufgaben. Wenn du einen Aufgabentyp schon sehr gut beherrschst, kannst du nach rechts springen, wenn dir eine Art von Aufgaben noch Schwierigkeiten bereitet, wechselst du auf die linke Seite. Die Lösungen zu diesen Aufgaben findest du alle im letzten Teil des Buches.

Am Ende des Buches findest du die **Treffpunkte**. Sie bieten dir jeweils eine Doppelseite zu einem spannenden Thema aus dem Leben, an dem du noch einmal auf viele bekannte Dinge aus dem Mathematikunterricht triffst und die du gemeinsam mit deinen Mitschülerinnen und Mitschülern bearbeiten kannst.

Und jetzt wünschen wir dir viel Spaß und Erfolg!

Inhalt

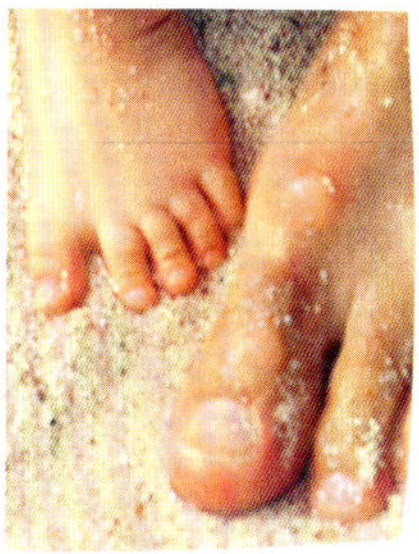

* Diese Inhalte sind nicht explizit im Kernlehrplan ausgewiesen.
** Die Treffpunkte sollten nicht vor der Bearbeitung des in Klammer angegeben Kapitels eingesetzt werden.

Kompetenzentwicklung im Mathematikunterricht

Ein Wort an die Lehrerinnen und Lehrer und interessierte Eltern

Die Kernlehrpläne betonen, dass eine umfassende mathematische Grundbildung nur dann erreicht wird, wenn neben den inhaltlichen (fachmathematischen) Kompetenzen auch personale und soziale Kompetenzen entwickelt werden. Diese werden unter dem Stichwort „prozessbezogene Kompetenzen" subsumiert.

Diese prozessbezogenen Kompetenzen können nicht isoliert behandelt und geübt werden, sondern entwickeln sich erst in der aktiven Auseinandersetzung mit konkreten inhaltlichen Fragen der Mathematik. Umgekehrt werden sich die inhaltsbezogenen Kompetenzen nur dann entfalten, wenn übergreifende, prozessbezogene Kompetenzen aktiviert werden können.

Entsprechend dieser Unterrichtsziele sind im Schnittpunkt die inhalts- und die prozessbezogenen Kompetenzen eng miteinander verwoben. So werden in den Aufgaben immer wieder Fähigkeiten der vier prozessbezogenen Kompetenzbereiche Argumentieren und Kommunizieren, Problemlösen, Modellieren und Werkzeuge aufgegriffen und geübt. Zusätzlich wurden größere Aufgabenkontexte geschaffen, die es den Schülerinnen und Schülern ermöglichen, sich intensiv mit einem Thema zu beschäftigen. Diese Themenblöcke, die auch optisch in Kästen hervorgehoben sind, unterstützen die Herausbildung der einzelnen prozessbezogenen Fähigkeiten in besonderem Maße. Jeder Kasten ist einer der vier prozessbezogenen Kompetenzen zugeordnet, auch wenn meist Fähigkeiten aus mehreren Kompetenzbereichen angesprochen werden. Die Zuordnung erfolgte je nach Schwerpunktsetzung der angesprochenen Kompetenzen.

Die folgende Aufstellung beschreibt die den Kompetenzen untergeordneten Fähigkeiten und verweist auf die im Buch auftretenden prozessbezogenen Kästen:

Argumentieren und Kommunizieren
kommunizieren, präsentieren und argumentieren

Die Schülerinnen und Schüler lernen, mathematische Sachverhalte zutreffend und verständlich mitzuteilen, sie als Begründung für Behauptungen und Schlussfolgerungen zu nutzen, mathematische Begriffe und Inhalte zu vernetzen, ihre Ergebnisse zu präsentieren und im Team zu arbeiten.

Problemlösen
Probleme erfassen, erkunden und lösen

Die Schülerinnen und Schüler lernen, inner- und außermathematische Probleme, bei denen der Lösungsweg nicht unmittelbar erkennbar ist, zu strukturieren, in eigenen Worten wiederzugeben und zu lösen. Sie nutzen dafür unterschiedliche Problemlöseverfahren und -strategien und reflektieren und bewerten die eigenen Ergebnisse.

Modellieren
Modelle erstellen und nutzen

Die Schülerinnen und Schüler lernen, die Mathematik als Werkzeug zum Erfassen der realen Welt zu nutzen.
Sie übersetzen außermathematische Probleme in mathematische Modelle, überprüfen die am Modell gewonnenen Lösungen an der Realsituation und ordnen einem mathematischen Modell die passende Realsituation zu.

Werkzeuge
Medien und Werkzeuge verwenden

Die Schülerinnen und Schüler lernen, klassische mathematische Werkzeuge sowie neue elektronische Werkzeuge und Medien situationsangemessen einzusetzen.

Basiswissen | Kreis und Winkel

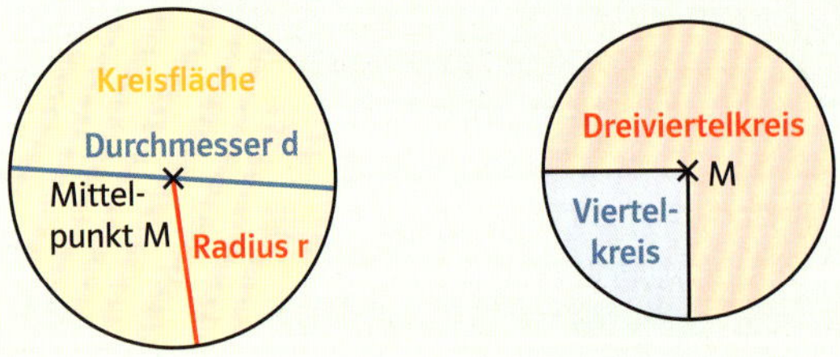

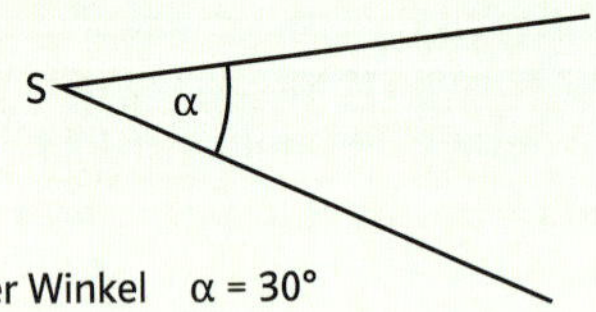

spitzer Winkel α = 30°

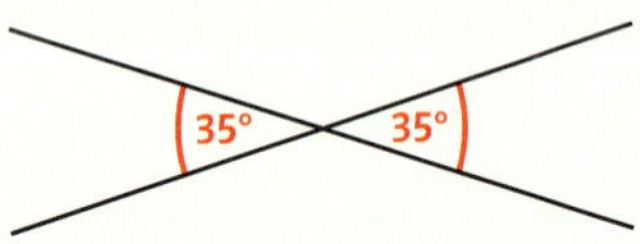

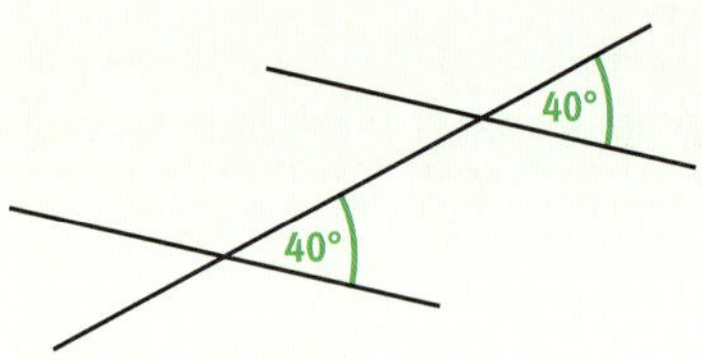

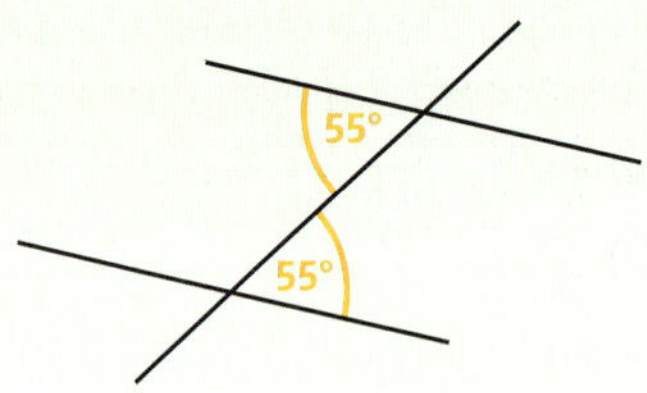

Alle Punkte des Kreises haben vom Mittelpunkt dieselbe Entfernung.
Es gilt: d = 2 · r.

Ein **Winkel** wird von zwei **Schenkeln** mit gemeinsamem Anfangspunkt S begrenzt. Der Punkt S heißt **Scheitel** des Winkels. Die Maßeinheit für die Größe eines Winkels heißt **Grad** (kurz: °).

Winkel werden nach ihrer Größe eingeteilt. Es gibt **spitze** (kleiner als 90°), **rechte** (90°), **stumpfe** (zwischen 90° und 180°), **gestreckte** (180°), **überstumpfe** (zwischen 180° und 360°) und **volle** Winkel (360°).

Scheitelwinkel sind gleich groß.
Nebenwinkel ergänzen sich zu 180°.
Stufenwinkel an geschnittenen Parallelen sind gleich groß.
Wechselwinkel an geschnittenen Parallelen sind gleich groß.

1 Zeichne je einen Kreis.
r = 2,0 cm r = 45 mm d = 6,0 cm

2 Übertrage die Figur in dreifacher Größe in dein Heft. Schätze zuerst die Größe der Winkel und kontrolliere dann.

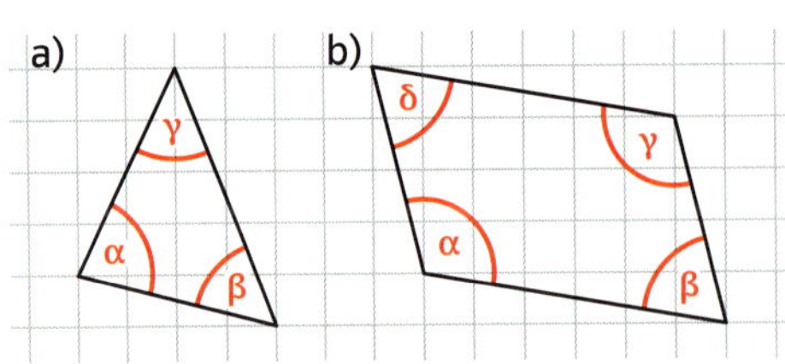

3 Zeichne je einen Winkel mit
45°; 90°; 135°; 240° und 310°.
Um welche Winkelarten handelt es sich?

4 Berechne den Winkel α mithilfe der Winkeldifferenz.

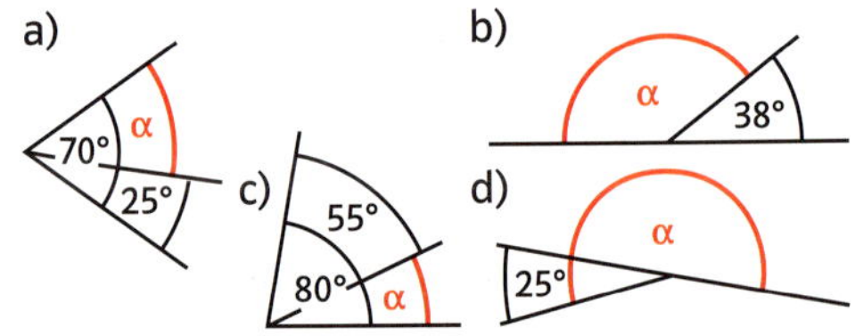

5 Wie groß sind α, β und γ an den parallelen Geraden g und h?

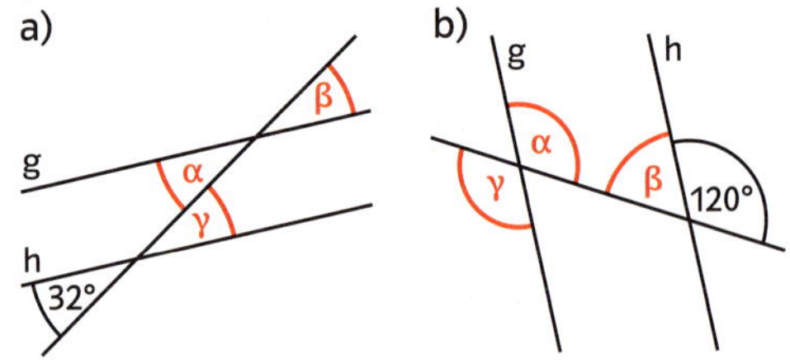

Basiswissen | Brüche und Dezimalbrüche

Der **Nenner eines Bruches** gibt an, in wie viele gleich große Teile ein Ganzes geteilt wird. Der **Zähler** gibt an, wie viele dieser Teile ausgewählt werden.

$\frac{4}{5}$ – Zähler (4), Nenner (5)

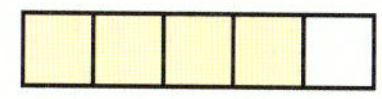

Brüche werden **erweitert**, indem man Zähler und Nenner mit derselben Zahl multipliziert. Brüche werden **gekürzt**, indem man Zähler und Nenner durch dieselbe Zahl dividiert. Beim Erweitern und Kürzen ändert sich der Wert des Bruches nicht.

erweitern: $\frac{3}{5} = \frac{3 \cdot 2}{5 \cdot 2} = \frac{6}{10}$:kürzen

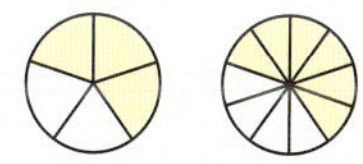

$\frac{3}{5} = \frac{6}{10}$

Brüche **vergleicht** man, indem man sie durch Kürzen und Erweitern auf den gleichen Nenner bringt.

$\frac{3}{4} < \frac{4}{5}$, da $\frac{3 \cdot 5}{4 \cdot 5} = \frac{15}{20}$ und $\frac{4 \cdot 4}{5 \cdot 4} = \frac{16}{20}$

1 Welche Brüche werden dargestellt?

a) b) c)

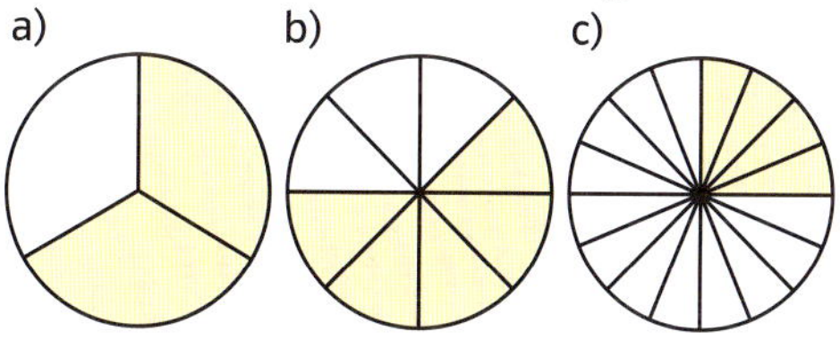

2 Erweitere.

a) $\frac{2}{3}$ mit 2; 3; 4 b) $\frac{2}{3}$ auf $\frac{□}{15}; \frac{□}{18}; \frac{□}{30}$

c) $\frac{3}{4}$ mit 6; 8; 10 d) $\frac{3}{4}$ auf $\frac{□}{8}; \frac{□}{12}; \frac{□}{16}$

3 Kürze vollständig.

a) $\frac{24}{42}$ b) $\frac{20}{32}$ c) $\frac{28}{42}$ d) $\frac{45}{54}$

4 Vergleiche.

a) $\frac{3}{8}$ □ $\frac{1}{4}$ b) $\frac{3}{5}$ □ $\frac{7}{10}$

c) $\frac{2}{3}$ □ $\frac{4}{5}$ d) $\frac{5}{6}$ □ $\frac{5}{9}$

5 Ordne die Brüche nach der Größe.

a) $\frac{1}{4}; \frac{5}{6}; \frac{7}{12}; \frac{17}{24}; \frac{3}{8}; \frac{1}{2}$

b) $\frac{37}{50}; \frac{2}{3}; \frac{17}{25}; \frac{3}{5}; \frac{11}{15}; \frac{52}{75}; \frac{7}{10}$

Dezimalbrüche sind Brüche mit den Nennern 10; 100; 1000; … Sie lassen sich in der Dezimalschreibweise (Kommaschreibweise) darstellen.

$\frac{3}{10} = 0{,}3$; $\frac{87}{100} = 0{,}87$; $\frac{156}{1000} = 0{,}156$

Zum **Vergleichen** und **Ordnen** von Dezimalbrüchen untersucht man die Ziffern von links nach rechts, bis sie sich erstmals unterscheiden.

5,2763
5,2736 Es gilt also: 5,2763 > 5,2736.

Brüche mit dem Nenner 100 lassen sich als **Prozentangabe** schreiben.

$\frac{7}{100} = 7\,\%$ $\frac{3}{5} = \frac{60}{100} = 60\,\%$

6 Schreibe als Dezimalbruch.

a) $\frac{9}{10}$ b) $\frac{23}{100}$ c) $\frac{901}{1000}$

d) $\frac{7}{50}$ e) $\frac{49}{200}$ f) $5\frac{9}{20}$

7 Schreibe als Bruch.

a) 0,7 b) 0,45 c) 0,567

d) 1,6 e) 54,3 f) 10,01

8 Ordne nach der Größe.

a) 0,42; 0,95; 0,951; 0,036; 0,36; 4,02

b) 6,52; 2,65; 5,62; 6,25; 2,56; 5,26

c) 0,087; 0,0878; 0,0788; 0,0877; 0,0780

9 Schreibe als Bruch und kürze wenn möglich.

a) 9 % b) 25 % c) 40 % d) 150 %

Basiswissen | Rechnen mit Brüchen und Dezimalbrüchen

Brüche werden **addiert** oder **subtrahiert**, indem man die Brüche auf einen gemeinsamen Nenner erweitert und dann die Zähler addiert oder subtrahiert.

$$\frac{1}{6} + \frac{3}{4} = \frac{1 \cdot 2}{6 \cdot 2} + \frac{3 \cdot 3}{4 \cdot 3} = \frac{2}{12} + \frac{9}{12} = \frac{11}{12}$$
$$\frac{4}{5} - \frac{2}{3} = \frac{4 \cdot 3}{5 \cdot 3} - \frac{2 \cdot 5}{3 \cdot 5} = \frac{12}{15} - \frac{10}{15} = \frac{2}{15}$$

In Summen dürfen die Summanden vertauscht, Klammern beliebig gesetzt und weggelassen werden.

$$\frac{2}{3} + \frac{1}{2} = \frac{1}{2} + \frac{2}{3} = \frac{3}{6} + \frac{4}{6} = 1\frac{1}{6}$$
$$\left(\frac{2}{3} + \frac{2}{5}\right) + \frac{1}{5} = \frac{2}{3} + \left(\frac{2}{5} + \frac{1}{5}\right) = \frac{10}{15} + \frac{9}{15} = 1\frac{4}{15}$$

1 Berechne im Kopf.

a) $\frac{2}{5} + \frac{3}{5}$ b) $\frac{5}{7} - \frac{2}{7}$ c) $\frac{2}{3} + \frac{1}{4}$
d) $\frac{1}{3} + 1$ e) $\frac{3}{4} - \frac{3}{8}$ f) $\frac{5}{6} - \frac{1}{3}$

2 Addiere und subtrahiere die Brüche.

a) $\frac{5}{6} + \frac{3}{8}$ b) $\frac{3}{4} + \frac{4}{5}$ c) $\frac{3}{4} - \frac{5}{9}$
d) $\frac{7}{8} + \frac{4}{5}$ e) $\frac{3}{5} - \frac{3}{7}$ f) $\frac{2}{3} - \frac{2}{5}$
g) $\frac{6}{7} - \frac{5}{8}$ h) $\frac{5}{7} + \frac{2}{9}$ i) $\frac{3}{8} - \frac{2}{9}$

3 Rechne mit gemischten Zahlen.

a) $1\frac{3}{4} - \frac{1}{2}$ b) $2\frac{2}{3} + 1\frac{1}{2}$
c) $1\frac{2}{3} + 2\frac{7}{8}$ d) $1\frac{4}{5} - 1\frac{1}{8}$

4 Rechne vorteilhaft.

a) $\frac{3}{4} + \frac{4}{3} + \frac{1}{4}$ b) $\frac{1}{6} + \left(\frac{1}{4} + \frac{5}{6}\right)$
c) $\frac{1}{2} + \left(\frac{3}{7} + \frac{1}{4}\right) + \frac{9}{14}$ d) $\left(\frac{2}{7} + \frac{5}{8}\right) + \left(\frac{5}{7} + \frac{3}{4}\right)$
e) $\left(\frac{1}{6} + \frac{2}{3}\right) + \frac{1}{2} + \left(\frac{8}{9} + \frac{3}{4}\right)$ f) $\frac{1}{12} + \left(\frac{3}{7} + \frac{5}{6}\right) + \frac{2}{7} + \frac{1}{3}$

Brüche werden mit einer natürlichen Zahl **vervielfacht**, indem man den Zähler mit der natürlichen Zahl multipliziert.

$$3 \cdot \frac{4}{7} = \frac{3 \cdot 4}{7} = \frac{12}{7} = 1\frac{5}{7}$$

Beim **Aufteilen** von Brüchen wird der Zähler durch die natürliche Zahl dividiert. Manchmal ist es erforderlich, den Bruch vorher geeignet zu erweitern.

$$\frac{8}{9} : 2 = \frac{8 : 2}{9} = \frac{4}{9}$$
$$\frac{4}{5} : 6 = \frac{12}{15} : 6 = \frac{12 : 6}{15} = \frac{2}{15}$$

5 Vervielfache.

a) $6 \cdot \frac{1}{7}$ b) $2 \cdot \frac{5}{11}$ c) $4 \cdot \frac{2}{5}$
d) $3 \cdot \frac{2}{3}$ e) $6 \cdot \frac{5}{18}$ f) $10 \cdot \frac{12}{25}$

6 Berechne das Doppelte, Dreifache, Vierfache, Fünffache und Sechsfache des Bruches.

a) $\frac{1}{5}$ b) $\frac{3}{4}$ c) $\frac{5}{7}$
d) $\frac{9}{10}$ e) $\frac{7}{12}$ f) $\frac{13}{20}$

7 Ergänze.

a) $4 \cdot \frac{\square}{9} = \frac{8}{9}$ b) $\square \cdot \frac{5}{6} = \frac{25}{6}$
c) $7 \cdot \frac{\square}{\square} = \frac{42}{15}$ d) $\square \cdot \frac{5}{8} = 3\frac{1}{8}$
e) $13 \cdot \frac{\square}{\square} = 7\frac{4}{5}$ f) $\square \cdot \frac{7}{12} = 2\frac{11}{12}$

8 Was ergibt

a) die Hälfte von vier Fünfteln?
b) neun Zehntel geteilt durch 3?
c) der dritte Teil von einem Siebtel?
d) der fünfte Teil von drei Achteln?
e) ein Viertel von acht Siebteln?

9 Rechne im Kopf.

a) $\frac{8}{9} : 2$ b) $\frac{20}{13} : 5$ c) $\frac{12}{27} : 4$
d) $\frac{7}{10} : 2$ e) $\frac{9}{17} : 6$ f) $\frac{1}{2} : 5$

10 Ergänze.

a) $\frac{6}{7} : \square = \frac{2}{7}$ b) $\frac{9}{11} : \square = \frac{9}{11}$
c) $\frac{\square}{19} : 4 = \frac{3}{19}$ d) $\frac{\square}{15} : 5 = 1\frac{1}{15}$
e) $\frac{4}{5} : \square = \frac{1}{10}$ f) $\frac{3}{8} : \square = \frac{3}{32}$

Basiswissen | Rechnen mit Brüchen und Dezimalbrüchen

Zur Berechnung des **Bruchteils einer Größe** wird die Größe durch den Nenner dividiert und das Ergebnis mit dem Zähler multipliziert.

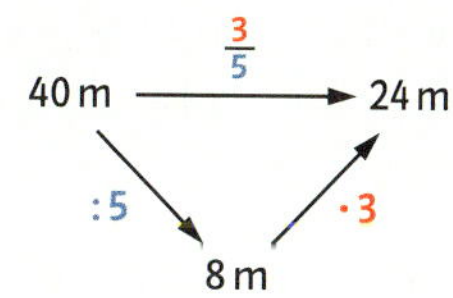

11 Berechne den Bruchteil.

a) $\frac{2}{3}$ von 36 m b) $\frac{3}{4}$ von 28 kg
c) $\frac{4}{5}$ von 45 min d) $\frac{7}{8}$ von 96 €

12 Bestimme das Ganze.

a) $\frac{2}{5}$ sind 10 cm b) $\frac{3}{7}$ sind 12 kg
c) $\frac{4}{9}$ sind 48 ct d) $\frac{5}{12}$ sind 65 s

Beim **Addieren** und **Subtrahieren** von Dezimalbrüchen stehen die Zahlen so untereinander, dass **Komma unter Komma** steht.

```
  187,35        2,074
+  49,2       - 0,965
  236,55        1,109
```

Dezimalbrüche werden zunächst ohne Berücksichtigung des Kommas **multipliziert**. Dann setzt man das Komma. Das Ergebnis hat so viele Nachkommastellen wie beide Faktoren zusammen.

3,9 · 2,75 = 10,725
1 Dezimale 2 Dezimalen 3 Dezimalen

Beim **Dividieren** von zwei Dezimalbrüchen muss man bei Dividend und Divisor das Komma so weit nach rechts verschieben, bis der Divisor eine natürliche Zahl ist.
Achte beim Überschreiten des Kommas auf das Komma im Ergebnis.

1,248 : 0,52

```
124,8 : 52 = 2,4
- 104
   208
 - 208
     0
```

13 Rechne im Kopf.

a) 4,3 + 2,5 b) 7,5 − 3,2
c) 12,8 + 7,6 d) 32,5 − 20,7

14 Berechne.

a) 10,03 + 400,01 + 0,09 + 25,6825
b) 100,5 − 12,698 − 0,056 − 8,54 − 17,026
c) 76,807 + 23,092 + 0,97 − 57,906
d) 0,8052 + 11,015 − 9,097 + 0,0413 − 2,6645

15 Nutze Rechenvorteile.

a) 4,35 + 7,27 + 1,65 − 4,27 + 0,50
b) 3,54 + 11,23 + 4,5 − 9,73 + 2,46

16 Multipliziere.

a) 41,6 · 5 b) 84,39 · 7,2
c) 8,92 · 0,43 d) 5,02 · 1,035

17 Rechne schriftlich.

a) 5,4 : 0,27 b) 24,48 : 7,2
c) 74 : 0,06 d) 0,9315 : 69

18 Berechne.

a) 4,5 + 8,4 · 12,5
b) 23,56 : 7,6 − 2,95
c) 10,9 − 45,76 : 5,2 + 0,7
d) 0,28 · 6,8 − 4,8 : 12,5 − 0,52

19 Achte auf die Klammern.

a) 29,5 − (6,2 + 2,5 · 9,2)
b) 5,5 − (49,2 − 8 · 5,7) : 0,9
c) 0,3 − (3,2 · 0,85 − 0,76) : 7
d) 17,5 − ((3,5 + 8,9) · 0,75 − 6,6) : 0,18

20 Setze die Ziffern 9; 7; 4 und 0 so in die Kästchen ein, dass
a) ein möglichst großer Wert entsteht.
b) das Produkt den Wert 4,23 hat.

□,□ · □,□ = ?

21 Subtrahiere vom Produkt der Zahlen 7,5 und 2,4 den Quotienten der Zahlen 19,6 und 3,5.

Basiswissen | Ganze Zahlen

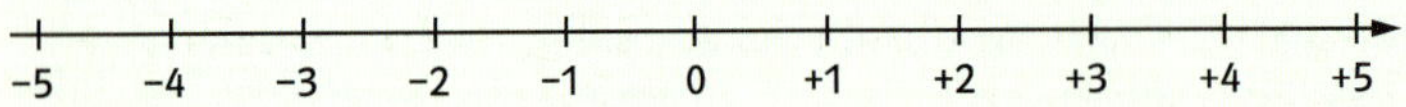

Die Zahlen … −3; −2; −1; 0; 1; 2; 3; … heißen **ganze Zahlen**. Sie können auf der **Zahlengeraden** veranschaulicht werden. Links der Null stehen die negativen Zahlen, rechts der Null die positiven Zahlen.

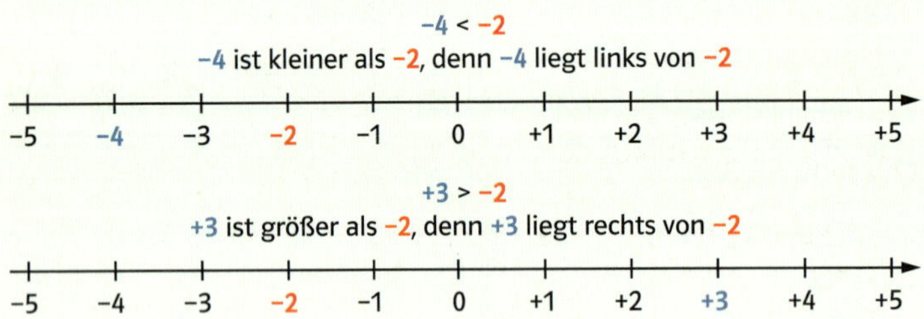

Zum **Vergleichen und Ordnen** von ganzen Zahlen untersucht man ihre Lage auf der Zahlengeraden. Die kleinere von zwei ganzen Zahlen liegt auf der Zahlengeraden weiter links, die größere weiter rechts.

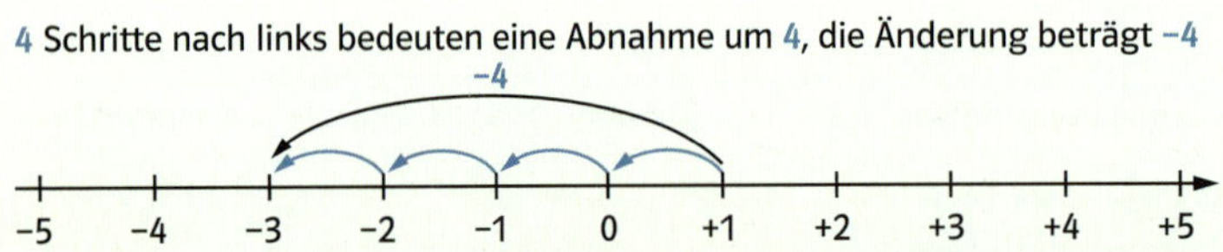

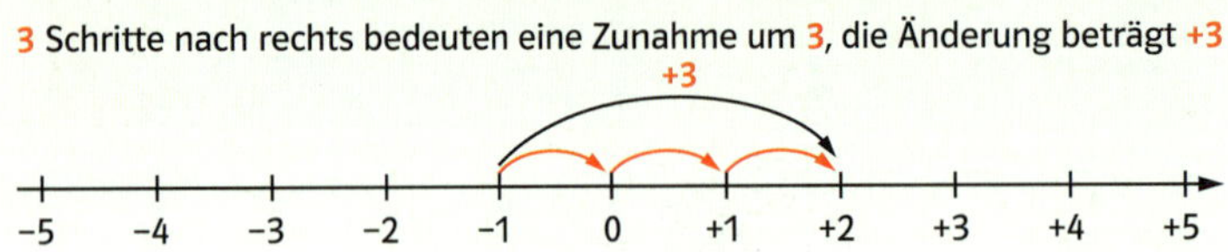

Durch positive und negative Zahlen kann man Veränderungen **(Zunahme und Abnahme)** beschreiben. An der Zahlengeraden lassen sich diese Veränderungen veranschaulichen.

1 Welche Zahlen sind gekennzeichnet?

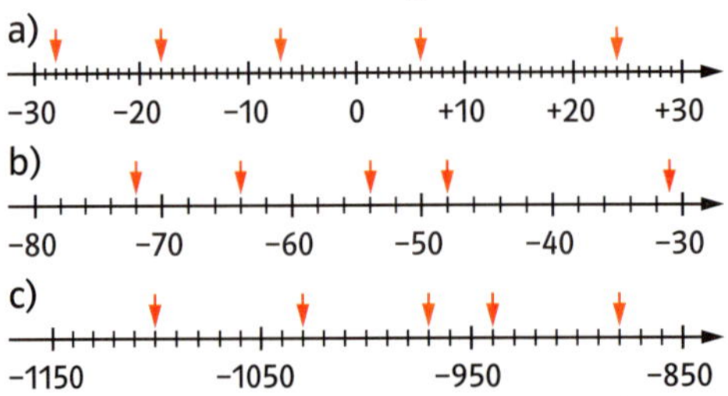

2 Setze die Folge um fünf Zahlen fort.

a) +12; +6; 0; −6; …
b) −21; −17; −13; −9; …
c) +6; +5; +3; 0; …
d) −1; −3; −7; −13; …

3 Welche Zahl liegt in der Mitte?

a) +4 und +12 b) +6 und −2
c) +3 und −11 d) −5 und −15

4 Setze das Zeichen < oder > richtig ein.

a) +12 ☐ −7 b) 83 ☐ −84
c) −327 ☐ 373 d) −512 ☐ −215
e) −27 ☐ −28 f) +210 ☐ −211

5 Um wie viel Grad Celsius hat sich die Temperatur verändert?

a) −10 °C → +7 °C b) +23 °C → −11 °C
c) −15 °C → −42 °C d) −38 °C → −12 °C
e) −19 °C → +19 °C f) −27 °C → +36 °C

6 Die Tabelle zeigt die Kontostände (in €) am letzten Tag des Monats. Bestimme die Kontobewegungen zwischen den Monaten.

Jan.	Feb.	März	April	Mai	Juni
4200	1800	−790	2100	−1580	850

Basiswissen | Daten

Eine **statistische Erhebung** ist eine Sammlung von Daten.

In einer 7. Klasse wird nach der Anzahl guter Freundinnen bzw. Freunde gefragt.

Jedes mögliche Ergebnis der Erhebung heißt **Merkmalswert**.

Merkmalswerte: 0; 1; 2 usw.

In einer **Häufigkeitsliste** wird angegeben, wie oft jeder Merkmalswert vorkommt.

Anzahl	0	1	2	3	4	5	6
Nennungen	1	5	8	7	3	0	1

Die Anzahl aller erfassten Werte bildet den **Umfang** der Erhebung.

Umfang der Erhebung: 25

Die **absolute Häufigkeit** gibt an, wie oft ein Merkmalswert vorkommt.
Den Anteil, den die absolute Häufigkeit am Umfang der Erhebung hat, heißt **relative Häufigkeit**.

8 Schülerinnen bzw. Schüler haben zwei Freundinnen bzw. Freunde.
$\frac{8}{25} = \frac{32}{100} = 0{,}32 = 32\,\%$ der Schülerinnen und Schüler haben zwei Freundinnen bzw. Freunde.

Statistische Erhebungen können durch **Säulen-**, **Balken-**, **Bild-**, **Streifen-** oder **Kreisdiagramme** veranschaulicht werden.

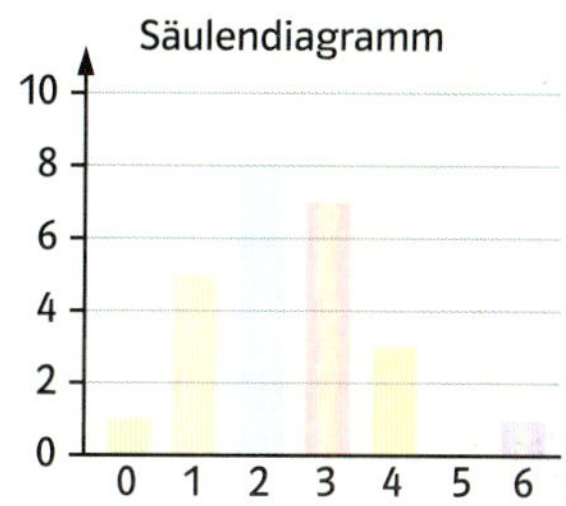

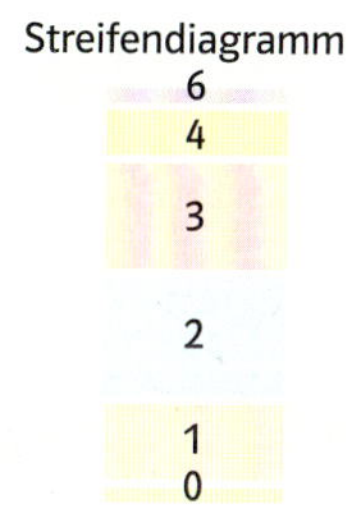

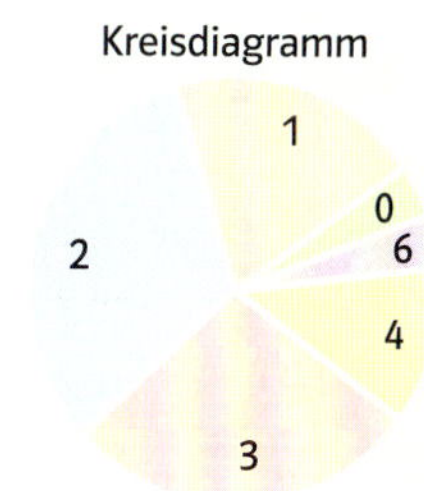

1 Bei einer Verkehrszählung wurden in einer Stunde 58 Autos, 5 Omnibusse, 20 Motorräder und 17 Fahrräder gezählt. Zeichne verschiedene Diagramme.

2 An zwei Realschulen wird ermittelt, wie die Schülerinnen und Schüler zur Schule kommen.

	T.-Heuss-RS	M.-Planck-RS
zu Fuß	270	165
Fahrrad	120	110
Bus	180	200
PKW	30	25

a) Wie groß ist der Umfang der beiden Erhebungen?
b) Berechne die relativen Häufigkeiten und vergleiche.

3 In einer Kleinstadt ist eine verkehrsberuhigte Zone geplant. 1200 Bürgerinnen und Bürger werden gefragt, ob sie die Einrichtung befürworten. Das Ergebnis der Erhebung siehst du im Balkendiagramm.

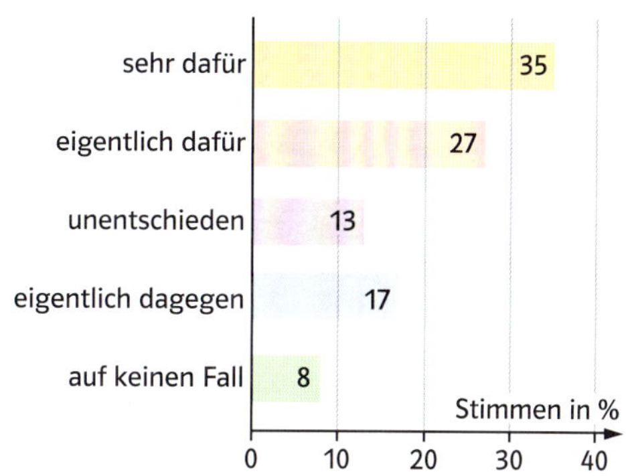

a) Berechne die absoluten Häufigkeiten.
b) Stelle das Ergebnis der Erhebung in einem Kreisdiagramm dar.

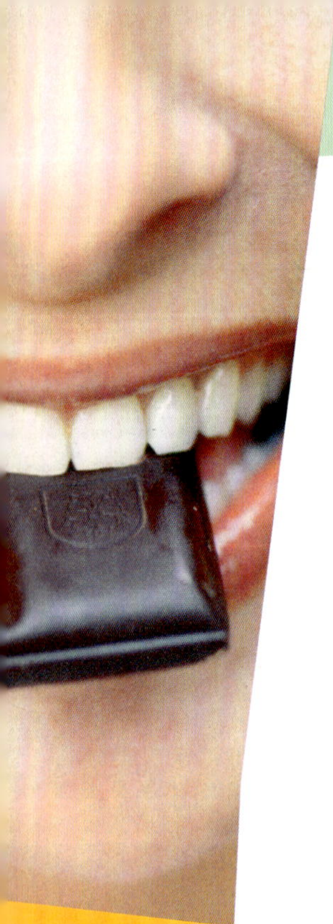

Ein Bruchteil – viele Namen

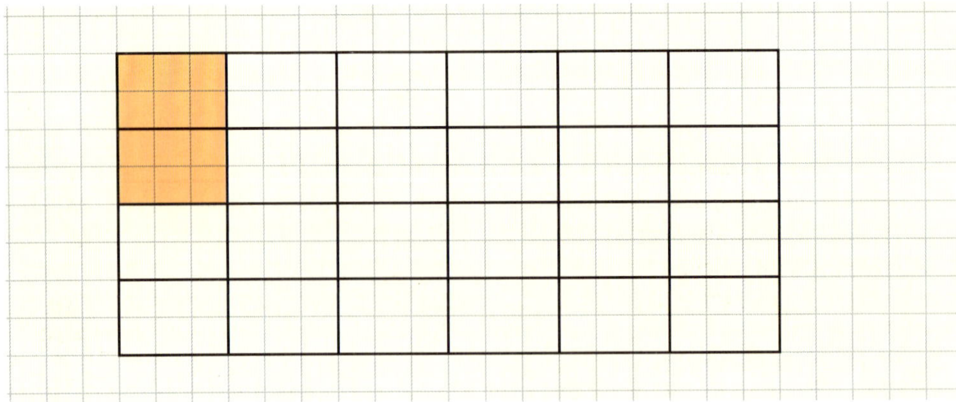

Das oben abgebildete Rechteck ist in 24 gleiche Teile unterteilt. Davon sind einige eingefärbt.
Die Schülerinnen und Schüler der Klasse 7a tauschen sich über den markierten Bruchteil aus. Jeder will es besser wissen und alle verweisen auf ihre Zeichnungen im Heft.
Ordne die Aussagen der Schülerinnen und Schüler den verschiedenen Hefteinträgen zu. Wessen Zeichnung fehlt? Fertige eine Skizze für die fehlende Beschreibung an.

Aussagen

„Das sind $\frac{2}{24}$ der gesamten Fläche“, sagt Mirja.
„Nein“, ruft Hannes, „ich sehe ein Zwölftel.“
Sabina meldet sich zu Wort. „Ich weiß gar nicht, was ihr alle habt. Ich sehe die Hälfte von einem Sechstel.“
„Hah!“, sagt Frieder. „Ich sehe aber den 6. Teil von der Hälfte.“
„Ich erkenne ein Drittel von dem Viertel des großen Rechtecks.“ Alle schauen Cleo verständnislos an.

Hefteinträge

Findest du noch weitere Namen für den abgebildeten Bruchteil? Zeichne.

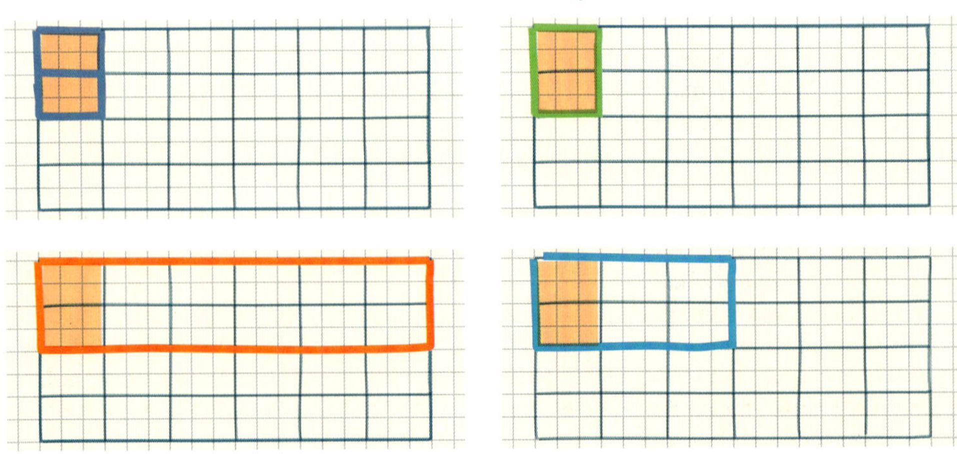

Im 24er-Rechteck –
Ein Spiel für 3 bis 4 Spieler

Zeichnet 24er-Rechtecke.
Einer von euch markiert in einem der Rechtecke eine bestimmte Anzahl nebeneinander liegender kleiner Recktecke. Die Mitspielerinnen und Mitspieler versuchen, für diesen Bruchteil möglichst viele unterschiedliche Beschreibungen zu finden.

Jeder von euch darf einmal einen Bruchteil einfärben.

Tragt nach eurer Spielphase die Ergebnisse in der Klasse zusammen. Für welchen Bruchteil habt ihr die meisten Namen gefunden?

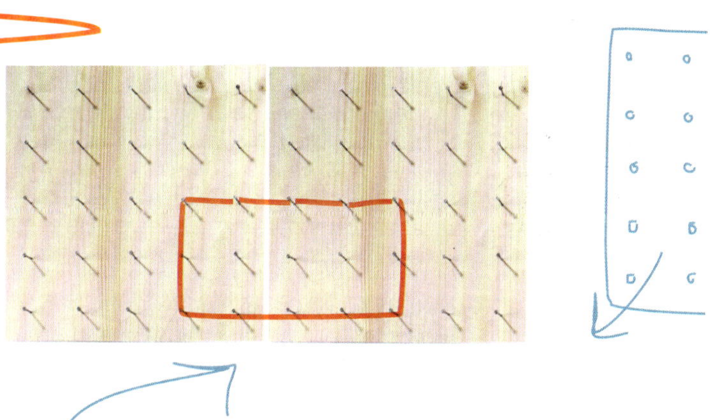

Bruchteile am Nagelbrett

Man muss für das Spiel nicht immer wieder neue Rechtecke zeichnen. Auch auf Nagelbrettern kann man Bruchteile markieren. Dazu braucht man nur ein paar Gummiringe.

Setzt in Kleingruppen zwei, drei oder vier Nagelbretter auf unterschiedliche Arten aneinander. An jeder Stoßkante entsteht ein neuer Nagelzwischenraum.

Einer von euch markiert einen Bruchteil. Die anderen finden für diesen möglichst viele unterschiedliche Namen.

In diesem Kapitel lernst du,

- wie man Brüche miteinander multipliziert,
- wie man durch Brüche dividiert,
- wie man in Rechenausdrücken mit Brüchen umgeht,
- wie man Rechenvorteile erkennt und nutzt.

1 Multiplizieren von Brüchen

→ Zeichne vier Quadrate auf deinem Blatt, teile sie in 16 gleiche Teile und färbe $\frac{1}{4}$ in einer hellen Farbe.

→ Schraffiere nun in einer dunkleren Farbe
- das Doppelte von $\frac{1}{4}$,
- das Einfache von $\frac{1}{4}$,
- die Hälfte von $\frac{1}{4}$,
- den vierten Teil von $\frac{1}{4}$.

→ Welchen Bruchteil vom Ganzen hast du jeweils schraffiert?

Bruchteile von Bruchteilen kann man durch Teilen und Vervielfachen bestimmen.
$\frac{2}{3}$ von $\frac{4}{5}$ kann man sich so vorstellen:

$\frac{4}{5}$ | durch 3 teilen | und mal 2 nehmen

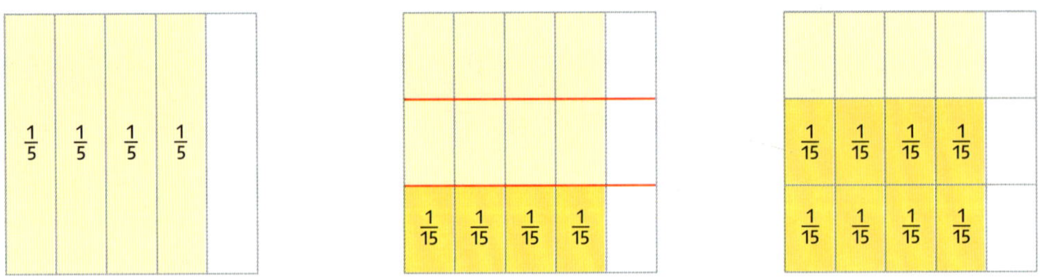

$\frac{4}{5} : 3 = \frac{4}{15}$ $\qquad$ $2 \cdot \frac{4}{15} = \frac{8}{15}$

Man erkennt, dass $\frac{8}{15}$ der Bruch ist, der aus $\frac{2}{3}$ und $\frac{4}{5}$ durch Multiplikation der zwei Zähler und der zwei Nenner entstanden ist.

$\frac{2}{3} \cdot \frac{4}{5} = \frac{2 \cdot 4}{3 \cdot 5} = \frac{8}{15}$

Man nennt diesen Rechenvorgang die Multiplikation von Brüchen.

Brüche multiplizieren

$\frac{\text{Zähler} \cdot \text{Zähler}}{\text{Nenner} \cdot \text{Nenner}}$

Brüche werden **multipliziert**, indem man Zähler mit Zähler und Nenner mit Nenner multipliziert.

Beispiele

a) $\frac{3}{4} \cdot \frac{5}{7} = \frac{3 \cdot 5}{4 \cdot 7} = \frac{15}{28}$

b) $\frac{3}{5} \cdot \frac{7}{4} = \frac{21}{20} = 1\frac{1}{20}$

c) Wenn man vor dem Multiplizieren kürzt, kann man sich die Rechnung vereinfachen.

$\frac{27}{40} \cdot \frac{16}{21} = \frac{27 \cdot 16}{40 \cdot 21} = \frac{3 \cdot 9 \cdot 8 \cdot 2}{8 \cdot 5 \cdot 3 \cdot 7} = \frac{9 \cdot 2}{5 \cdot 7} = \frac{18}{35}$

d) Ist der Faktor eine natürliche Zahl, kann man diese als Bruch schreiben.

$\frac{5}{6} \cdot 4 = \frac{5}{6} \cdot \frac{4}{1} = \frac{5 \cdot 4}{6 \cdot 1} = \frac{5 \cdot 2 \cdot 2}{2 \cdot 3 \cdot 1} = \frac{5 \cdot 2}{3 \cdot 1} = \frac{10}{3} = 3\frac{1}{3}$

Aufgaben

1 Was ergibt
a) ein Drittel von drei Vierteln?
b) $\frac{1}{6}$ von $\frac{3}{4}$?
c) das $\frac{1}{2}$-Fache von vier Fünfteln?
d) $\frac{1}{4}$ von $\frac{3}{5}$?
e) der vierte Teil von $\frac{1}{2}$?

2 Rechne mit einem Rechteck.

Beispiel:
$\frac{2}{3} \cdot \frac{3}{5} = \frac{6}{15} = \frac{2}{5}$

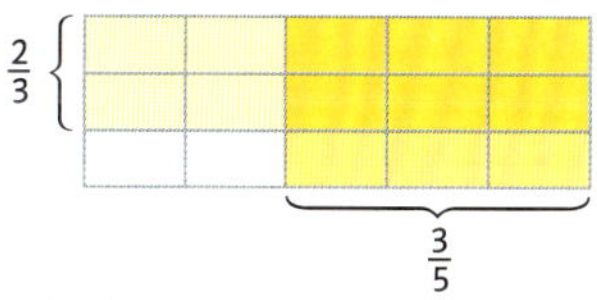

a) $\frac{2}{3} \cdot \frac{1}{4}$ b) $\frac{3}{4} \cdot \frac{2}{3}$ c) $\frac{1}{4} \cdot \frac{1}{10}$

3 Multipliziere.

a) $\frac{1}{2} \cdot \frac{1}{3}$, $\frac{1}{5} \cdot \frac{1}{6}$, $\frac{1}{6} \cdot \frac{1}{7}$, $\left(\frac{1}{2}\right)^2$
b) $\frac{2}{5} \cdot \frac{3}{4}$, $\frac{3}{5} \cdot \frac{4}{7}$, $\frac{3}{7} \cdot \frac{3}{8}$, $\left(\frac{2}{3}\right)^2$
c) $\frac{4}{5} \cdot \frac{6}{7}$, $\frac{7}{9} \cdot \frac{7}{10}$, $\frac{2}{7} \cdot \frac{5}{11}$, $\left(\frac{3}{4}\right)^2$

4 Berechne. Kürze wenn möglich.

a) $\frac{1}{2} \cdot \frac{4}{5}$, $\frac{5}{6} \cdot \frac{3}{5}$, $\frac{7}{9} \cdot \frac{3}{10}$
b) $\frac{6}{7} \cdot \frac{5}{8}$, $\frac{8}{3} \cdot \frac{3}{4}$, $\frac{2}{7} \cdot \frac{5}{12}$
c) $\frac{3}{4} \cdot \frac{4}{5}$, $\frac{5}{6} \cdot \frac{3}{8}$, $\frac{2}{9} \cdot \frac{1}{4}$
d) $\frac{15}{16} \cdot \frac{12}{25}$, $\frac{7}{25} \cdot \frac{10}{21}$, $\frac{49}{48} \cdot \frac{16}{35}$
e) $\frac{9}{16} \cdot \frac{8}{15}$, $\frac{18}{35} \cdot \frac{7}{12}$, $\frac{15}{17} \cdot \frac{34}{5}$
f) $\frac{3}{14} \cdot \frac{7}{9}$, $\frac{10}{17} \cdot \frac{3}{5}$, $\frac{27}{55} \cdot \frac{10}{9}$

5 Würfle mit deinem Partner.
Bildet aus den vier Augenzahlen zwei Brüche und multipliziert sie.

Beispiel:

$\frac{3}{4} \cdot \frac{5}{6} = \frac{5}{8}$

a) Wer kommt mit dem Ergebnis einem Ganzen am nächsten?
b) Wer schafft das größere Ergebnis?
c) Wer erreicht das kleinere Ergebnis?

Rechengesetze

In Produkten dürfen die Faktoren vertauscht werden.
Dies ist das **Vertauschungsgesetz** (Kommutativgesetz) der Multiplikation.

$\frac{5}{7} \cdot \frac{2}{3} = \frac{2}{3} \cdot \frac{5}{7}$

$\frac{5}{7} \cdot \frac{2}{3} = \frac{5 \cdot 2}{7 \cdot 3} = \frac{10}{21}$ $\qquad$ $\frac{2}{3} \cdot \frac{5}{7} = \frac{2 \cdot 5}{3 \cdot 7} = \frac{10}{21}$

In Produkten mit drei und mehr Faktoren dürfen beliebig Klammern gesetzt oder weggelassen werden.

Dies ist das **Verbindungsgesetz** (Assoziativgesetz) der Multiplikation.

$\left(\frac{2}{5} \cdot \frac{1}{3}\right) \cdot \frac{5}{8} = \frac{2}{5} \cdot \left(\frac{1}{3} \cdot \frac{5}{8}\right)$

$\left(\frac{2}{5} \cdot \frac{1}{3}\right) \cdot \frac{5}{8} = \frac{2}{15} \cdot \frac{5}{8} = \frac{1}{12}$ $\qquad$ $\frac{2}{5} \cdot \left(\frac{1}{3} \cdot \frac{5}{8}\right) = \frac{2}{5} \cdot \frac{5}{24} = \frac{1}{12}$

■ Benutze beide Gesetze, um dir bei umfangreichen Aufgaben Rechenvorteile zu verschaffen.

a) $\frac{4}{5} \cdot \frac{2}{3} \cdot \frac{5}{9}$ b) $\frac{4}{5} \cdot \frac{3}{5} \cdot \frac{3}{4}$
c) $\frac{5}{4} \cdot \frac{3}{8} \cdot \frac{2}{7} \cdot \frac{16}{5}$ d) $\frac{7}{2} \cdot \frac{5}{6} \cdot \frac{8}{7} \cdot \frac{4}{5}$
e) $\frac{5}{7} \cdot \frac{1}{7} \cdot \frac{14}{25} \cdot \frac{49}{3}$ f) $\frac{16}{21} \cdot \frac{5}{9} \cdot \frac{35}{24} \cdot \frac{27}{15}$
g) $\frac{11}{13} \cdot \frac{15}{17} \cdot \frac{13}{19} \cdot \frac{17}{15} \cdot \frac{19}{21}$ h) $\frac{33}{14} \cdot \frac{36}{102} \cdot \frac{13}{15} \cdot \frac{70}{11} \cdot \frac{51}{72} \cdot \frac{45}{39}$

6 Rechne mit Größen.
a) zwei Drittel von $\frac{1}{2}$ Meter
b) ein Drittel von $\frac{3}{4}$ Kilogramm
c) drei Viertel von $\frac{1}{3}$ Liter
d) fünf Sechstel von $\frac{2}{5}$ Gramm
e) vier Fünftel von $\frac{3}{4}$ Kilometern
f) ein Viertel von $\frac{4}{5}$ Dezimetern
g) zwei Drittel von $\frac{3}{4}$ Stunden

7 Hier wird multipliziert.
Der Produktwert steht jeweils in dem Kästchen darüber.

a)
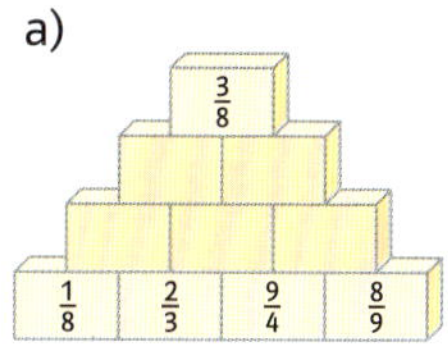

b)
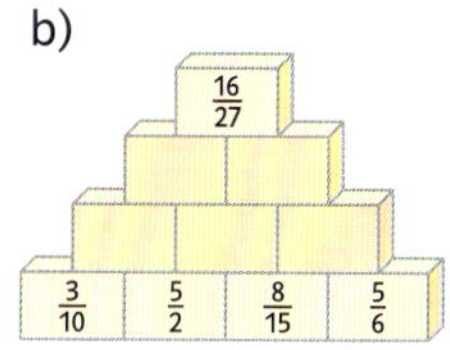

c)
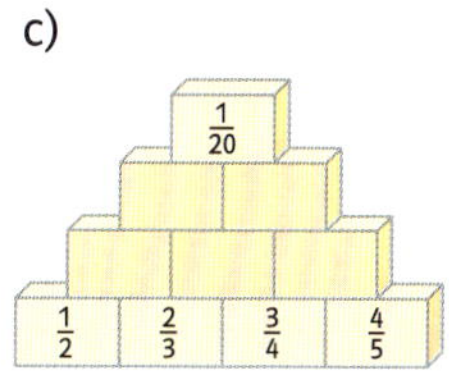

d)
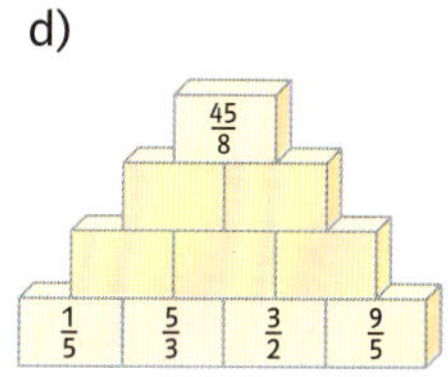

$\cdot$	$\frac{4}{5}$	$\frac{3}{7}$	$\frac{4}{3}$
$\frac{3}{4}$			
$\frac{7}{8}$			
$\frac{7}{4}$			
$\frac{5}{2}$			
$\frac{10}{9}$			

8 Findest du den Fehler? Erkläre.

a) $\frac{3}{5} \cdot \frac{2}{5} = \frac{6}{10}$

b) $\frac{4}{7} \cdot \frac{2}{7} = \frac{8}{7}$

c) $\frac{3}{4} \cdot 2 = \frac{6}{8}$

d) $\frac{5}{6} \cdot \frac{2}{3} = \frac{7}{9}$

9 Ersetze. Probiere, ob es mehrere Möglichkeiten gibt.

a) $\frac{4}{7} \cdot \frac{5}{9} = \frac{\square}{63}$

b) $\frac{8}{15} = \frac{4}{5} \cdot \frac{\square}{\square}$

c) $\frac{3}{14} = \frac{\square}{\square} \cdot \frac{3}{7}$

d) $\frac{2}{5} \cdot \frac{8}{\square} = \frac{8}{25}$

e) $\frac{8}{5} \cdot \frac{\square}{12} = \frac{16}{15}$

f) $\frac{\square}{10} \cdot \frac{3}{4} = \frac{21}{\square}$

g) $\frac{5}{\square} \cdot \frac{\square}{9} = \frac{5}{18}$

h) $\frac{\square}{15} \cdot \frac{12}{\square} = \frac{84}{120}$

10 Was stellst du fest? Formuliere es.

a) $\frac{5}{11} \cdot \frac{11}{5} = \square$; $\frac{7}{2} \cdot \frac{2}{7} = \square$; $\frac{35}{62} \cdot \frac{62}{35} = \square$

b) $\frac{4}{5} \cdot \square = 1$; $\frac{7}{8} \cdot \square = 1$; $6 \cdot \square = 1$

11 Wähle zwei Brüche so aus, dass sich

a) der größte Produktwert ergibt.

b) der kleinste Produktwert ergibt.

c) der Produktwert $1\frac{5}{16}$ entsteht.

$\frac{2}{3}$ $\frac{4}{5}$ $\frac{7}{4}$ $\frac{3}{4}$ $\frac{5}{8}$ $\frac{10}{7}$

12 Fülle die Felder aus.

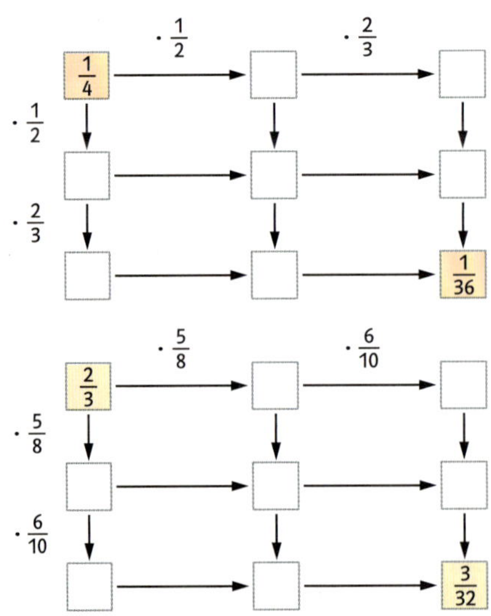

Der zweite Faktor ?!

■ Wähle den zweiten Faktor zu $\frac{7}{8}$ so, dass

- das Produkt kleiner als ein Ganzes ist.
- das Produkt ein Ganzes ist.
- das Produkt größer als ein Ganzes ist.
- das Produkt zwei Ganze ist.

■ Schreibe allgemeine Regeln für die oberen vier Aufgaben. Wann ist das Produkt eines Bruches kleiner als ein Ganzes? Wann größer? Usw.

■ Überprüfe deine Regeln an unterschiedlichen Beispielen.

13 Laura erhält drei Viertel eines Lottogewinns und muss ihr Versprechen gegenüber ihrem Freund Luca halten: „Wenn ich gewinne, bekommst du die Hälfte."

a) Mit welchem Anteil am Gesamtgewinn kann Luca rechnen?

b) Wie viel Euro bekommt Luca, wenn der Gesamtgewinn 10 000 € beträgt?

14 Ein 42 km langer Radweg wird angelegt. Davon sind $\frac{4}{7}$ bereits geteert, $\frac{2}{3}$ der geteerten Strecke sind schon befahrbar.

15 Der afrikanische Kontinent ist zu $\frac{3}{5}$ mit Wüsten oder Halbwüsten bedeckt. Die Sahara nimmt $\frac{5}{12}$ davon ein.

16 Die Erdoberfläche ($510\,000\,000\,km^2$) ist zu etwa $\frac{7}{10}$ mit Meeren bedeckt. Davon fallen $\frac{3}{10}$ auf den Atlantik, $\frac{1}{5}$ auf den Indischen Ozean und der Rest auf den Pazifik.

a) Welchen Anteil der Erdoberfläche nehmen die drei Ozeane ein?

b) Wie viel Quadratkilometer beträgt die Fläche der Ozeane?

2 Dividieren von Brüchen

Faltet zwei Blätter in 16 gleiche Anteile.
Schneidet jeweils $\frac{1}{16}$ ab.
Löst durch Schneiden oder Zeichnen:
→ Wie oft passen $\frac{3}{16}$ in $\frac{15}{16}$?
→ Wie oft passen $\frac{3}{8}$ in $\frac{15}{16}$?

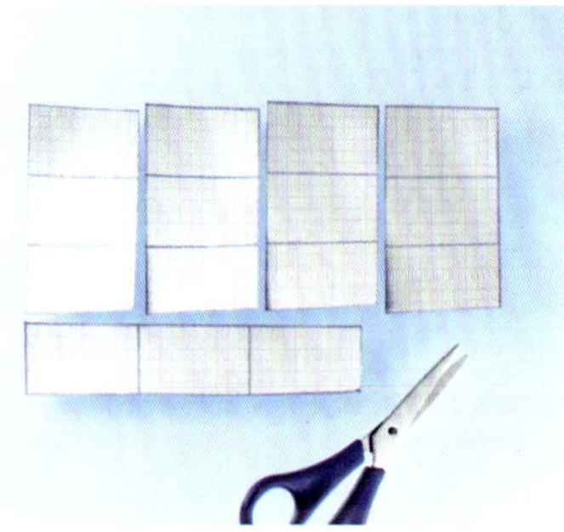

Um zu bestimmen, wie oft $\frac{2}{5}$ in $\frac{3}{4}$ passt, muss man die Divisionsaufgabe $\frac{3}{4} : \frac{2}{5}$ lösen.

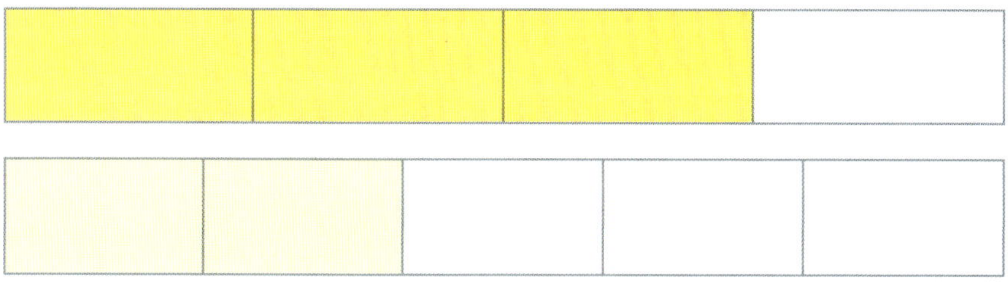

$\frac{3}{4}$

$\frac{2}{5}$

Das Ergebnis lässt sich so nur abschätzen. Um es genau zu erhalten, bringt man beide Brüche auf einen gemeinsamen Nenner.

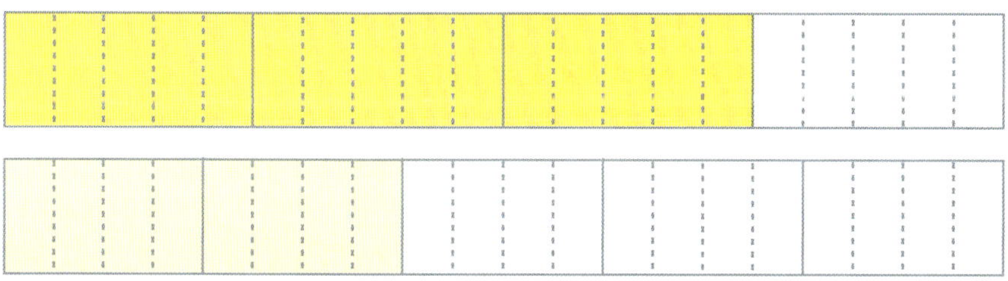

$\frac{3}{4} = \frac{15}{20}$

$\frac{2}{5} = \frac{8}{20}$

Nun sieht man, dass $\frac{8}{20}$ so oft in $\frac{15}{20}$ passt wie 8 in 15. Das Ergebnis ist also $15 : 8 = \frac{15}{8}$.
Man erkennt, dass $\frac{3}{4} : \frac{2}{5} = \frac{15}{8}$ sofort lösbar ist durch $\frac{3}{4} : \frac{2}{5} = \frac{3}{4} \cdot \frac{5}{2} = \frac{15}{8}$.
Die Suche nach einem gemeinsamen Nenner ist damit nicht mehr nötig.
Vertauscht man Zähler und Nenner eines Bruches, so erhält man seinen **Kehrbruch**.
$\frac{5}{2}$ ist also der Kehrbruch von $\frac{2}{5}$.

Brüche werden **dividiert**, indem man den ersten Bruch mit dem Kehrbruch des zweiten Bruches multipliziert.

Beispiele

a) $\frac{4}{7} : \frac{3}{5} = \frac{4}{7} \cdot \frac{5}{3} = \frac{4 \cdot 5}{7 \cdot 3} = \frac{20}{21}$

b) $9 : \frac{3}{4} = \frac{9}{1} : \frac{3}{4} = \frac{9}{1} \cdot \frac{4}{3} = \frac{9 \cdot 4}{1 \cdot 3} = \frac{3 \cdot 3 \cdot 4}{1 \cdot 3} = \frac{12}{1} = 12$

! *Kürzen nicht vergessen!*

Aufgaben

1 Lies und löse.

a) Teile $\frac{3}{4}$ durch $\frac{1}{2}$.

b) Teile $\frac{1}{2}$ durch $\frac{1}{4}$.

c) Wie oft passt $\frac{1}{4}$ in $1\frac{1}{2}$?

d) Wie oft passen $\frac{2}{5}$ in $\frac{3}{2}$?

2 Zeichne zur Erklärung zwei Rechtecke untereinander. Wähle 24 Kästchen für ein Ganzes.

Beispiel: $\frac{3}{4}$

$\frac{1}{6}$

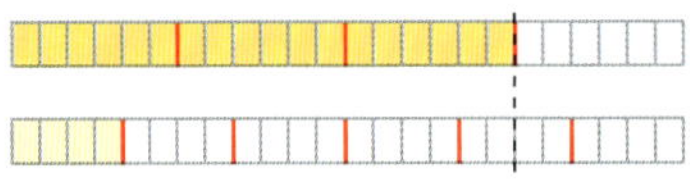

$\frac{3}{4} : \frac{1}{6} = 4\frac{1}{2}$

a) $\frac{2}{3} : \frac{1}{6}$ b) $\frac{5}{6} : \frac{1}{8}$ c) $\frac{7}{8} : \frac{1}{2}$

3 Dividiere die Brüche.

a)	b)	c)
$\frac{2}{3} : \frac{1}{2}$	$\frac{4}{5} : \frac{3}{2}$	$\frac{5}{8} : \frac{2}{3}$
$\frac{1}{7} : \frac{2}{3}$	$\frac{3}{4} : \frac{4}{3}$	$\frac{1}{10} : \frac{1}{20}$
$\frac{5}{4} : \frac{7}{3}$	$\frac{3}{4} : \frac{2}{3}$	$\frac{3}{5} : \frac{2}{7}$
$\frac{4}{5} : \frac{3}{4}$	$\frac{5}{6} : \frac{1}{5}$	$\frac{8}{5} : \frac{9}{7}$

4 Kürze bevor du dividierst.

a)	b)	c)
$\frac{3}{4} : \frac{9}{8}$	$\frac{3}{5} : \frac{18}{15}$	$\frac{17}{18} : \frac{68}{63}$
$\frac{17}{4} : \frac{17}{2}$	$\frac{13}{6} : \frac{26}{6}$	$\frac{35}{42} : \frac{45}{46}$
$\frac{5}{3} : \frac{7}{3}$	$\frac{29}{3} : \frac{29}{9}$	$\frac{64}{81} : \frac{24}{27}$
$\frac{9}{2} : \frac{27}{4}$	$\frac{4}{13} : \frac{15}{39}$	$\frac{63}{50} : \frac{98}{75}$

5 Gib das Ergebnis der Rechnung als gemischte Zahl an.

a)	b)	c)
$\frac{7}{2} : \frac{7}{3}$	$\frac{48}{7} : \frac{16}{3}$	$\frac{76}{9} : \frac{19}{4}$
$\frac{17}{5} : \frac{8}{5}$	$\frac{35}{4} : \frac{25}{8}$	$\frac{35}{3} : \frac{50}{9}$
$\frac{5}{4} : \frac{15}{28}$	$\frac{19}{22} : \frac{38}{55}$	$\frac{28}{3} : \frac{56}{16}$
$\frac{70}{36} : \frac{35}{27}$	$\frac{22}{21} : \frac{11}{28}$	$\frac{39}{5} : \frac{13}{11}$

6 Ordne die Schilder, die dasselbe Ergebnis haben, einander zu.
Wie heißt das gesuchte Lösungswort?

$\frac{3}{4} \cdot \frac{5}{9}$ C
$\frac{2}{3} \cdot \frac{4}{5}$ H
$1 : \frac{15}{8}$ 5
$\frac{1}{4} \cdot \frac{3}{5}$ 4
$\frac{12}{13}$ 1
$\frac{4}{7} : \frac{2}{7}$ U
$\frac{3}{4} : \frac{1}{2}$ 2
$\frac{5}{12} \cdot 3\frac{3}{5}$ R
$4 : 1\frac{11}{15}$ B
$\frac{5}{3} \cdot \frac{6}{5}$ 3

7 Berechne die Aufgaben spaltenweise.

$8:8 =$	$8:8 =$	$8:\frac{1}{2} =$	$\frac{1}{2}:8 =$
$8:4 =$	$4:8 =$	$4:\frac{1}{2} =$	$\frac{1}{2}:4 =$
$8:2 =$	$2:8 =$	$2:\frac{1}{2} =$	$\frac{1}{2}:2 =$
$8:1 =$	$1:8 =$	$1:\frac{1}{2} =$	$\frac{1}{2}:1 =$
$8:\frac{1}{2} =$	$\frac{1}{2}:8 =$	$\frac{1}{2}:\frac{1}{2} =$	$\frac{1}{2}:\frac{1}{2} =$
$8:\frac{1}{4} =$	$\frac{1}{4}:8 =$	$\frac{1}{4}:\frac{1}{2} =$	$\frac{1}{2}:\frac{1}{4} =$

8 Was fällt dir auf?

a) $1:\frac{3}{2}$; $1:\frac{4}{5}$; $1:\frac{7}{8}$; $1:\frac{8}{9}$

b) $3:\frac{1}{2}$; $8:\frac{1}{7}$; $4:\frac{1}{3}$; $9:\frac{1}{6}$

c) $\frac{11}{5}:\frac{11}{2}$; $\frac{7}{4}:\frac{7}{6}$; $\frac{12}{7}:\frac{12}{3}$; $\frac{13}{2}:\frac{13}{9}$

9 Dividiere nacheinander.

a) 6 durch $\frac{1}{6}$; $\frac{1}{5}$; $\frac{1}{4}$; $\frac{1}{3}$; $\frac{1}{2}$; 1; 2; 3; …
Wann wird das Ergebnis 1?

b) $\frac{3}{4}$ durch $\frac{1}{2}$; $\frac{1}{4}$; $\frac{1}{6}$; $\frac{1}{8}$; $\frac{1}{10}$; …
Wann wird das Ergebnis größer als 8?

c) $\frac{1}{4}$ durch 4; 3; 2; 1; $\frac{1}{2}$; $\frac{1}{3}$; $\frac{1}{4}$; …
Wann wird das Ergebnis größer als 1?

10 a) Durch welche Zahl muss man $\frac{1}{16}$ dividieren, um $\frac{1}{2}$ zu erhalten?

b) Welche Zahl muss man durch $2\frac{1}{2}$ dividieren, um $1\frac{3}{4}$ zu erhalten?

c) Durch welche Zahl mus man $2\frac{3}{8}$ dividieren, um $\frac{3}{8}$ zu erhalten?

Größer oder kleiner? ?!

■ Bilde aus zwei Brüchen eine Divisionsaufgabe, deren Ergebnis
- kleiner als ein Ganzes ist.
- ein Ganzes ist.
- größer als ein Ganzes ist.
- zwei Ganze ist.

■ Schreibe allgemeine Regeln für die oberen vier Aufgaben. Wann ist das Ergebnis kleiner als ein Ganzes? Wann größer? Usw.

■ Überprüfe deine Regeln an unterschiedlichen Beispielen.

11 Ersetze die Leerstellen.

a) $\frac{2}{3} : \square = \frac{4}{3}$ $\frac{3}{5} : \square = \frac{9}{10}$

b) $\frac{1}{3} : \square = \frac{7}{6}$ $\frac{5}{4} : \square = \frac{7}{8}$

c) $\square : \frac{1}{6} = 12$ $\square : 5 = \frac{1}{2}$

d) $\square : \frac{2}{5} = \frac{11}{5}$ $\square : \frac{5}{4} = \frac{3}{4}$

e) $\frac{6}{5} : \square = \frac{3}{10}$ $\square : \frac{8}{5} = \frac{3}{2}$

f) $\frac{3}{4} : \square = \frac{5}{2}$ $\square : \frac{5}{22} = \frac{11}{3}$

12 Wie alt ist der Lokführer?
Rechne vom letzten Wagen bis zur Lok.

a)

b)

c)

d)

13 Findest du den Fehler? Erkläre.

a) $\frac{3}{4} : \frac{2}{5} = \frac{6}{20} = \frac{3}{10}$

b) $\frac{6}{7} : \frac{3}{7} = \frac{2}{7}$

c) $\frac{4}{5} : 2 = \frac{8}{5} = 1\frac{3}{5}$

d) $\frac{4}{3} : 3 = \frac{12}{9}$

14 Übertrage die unten stehenden Felder in dein Heft und fülle die leeren Felder der Rechtecksrechnung aus.

$\frac{5}{4}$	:	$\frac{1}{2}$	=	$\square$
:		:		:
$\square$	:	$\frac{1}{5}$	=	$\square$
=		=		=
$\frac{15}{4}$	:	$\square$	=	$\square$

15 Rechne und kontrolliere.

$\frac{5}{8}$	→ $:\frac{5}{6}$ →	$\square$
↓ $:\square$		↓ $:\square$
$\frac{5}{6}$	→ $:\square$ →	$\frac{15}{16}$

$\frac{3}{4}$	→ $:\frac{5}{6}$ →	$\square$
↓ $:\frac{2}{3}$		↓ $:\square$
$\square$	→ $:\square$ →	$\frac{9}{14}$

16 Dividiere.

a) $\frac{\frac{4}{5}}{\frac{3}{2}}$ b) $\frac{\frac{3}{4}}{\frac{2}{5}}$ c) $\frac{\frac{13}{5}}{\frac{13}{4}}$

d) $\frac{\frac{40}{9}}{\frac{8}{9}}$ e) $\frac{\frac{8}{5}}{\frac{2}{3}}$ f) $\frac{\frac{9}{14}}{\frac{6}{7}}$

! *Der Doppelbruch ist eine andere Schreibweise für den Quotienten.*

$\frac{\frac{1}{5}}{\frac{2}{3}} = \frac{1}{5} : \frac{2}{3}$

17 Würfle mit deinem Partner, bilde zwei Brüche und dividiere.

Beispiel:

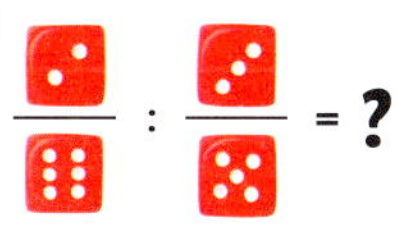

$\frac{2}{6} : \frac{3}{5} = \frac{2 \cdot 5}{6 \cdot 3} = \frac{5}{9}$

a) Wer schafft das größte Ergebnis?
b) Wer schafft das kleinste Ergebnis?

:	$\frac{3}{4}$	$\frac{4}{3}$	$\frac{2}{5}$
$\frac{2}{3}$			
$\frac{3}{2}$			
$\frac{4}{7}$			
$\frac{3}{8}$			
$\frac{11}{10}$			

18 Die Kinder sollen Obst pressen und 20 l Saft in $\frac{7}{10}$-l-Flaschen abfüllen.

19 Auf dem Geburtstag soll mit Kindersekt angestoßen werden. Wie viele Sektgläser können mit zwei Flaschen gefüllt werden?

20 Wenn man für eine Kinderbowle zwei $\frac{3}{4}$-l-Flaschen in das Bowlegefäß gießt, ist es zu $\frac{1}{3}$ gefüllt. Wie viel Liter passen in das Bowlegefäß? Wie viele Flaschen kann man noch hineingießen?

3 Punkt vor Strich. Klammern

Familie Schnell verbringt ihren Winterurlaub in der Schweiz. Die Kinder haben festgestellt, dass man für 2 € ziemlich genau 3 CHF (Schweizer Franken) bekommt und überschlagen ihre Ausgaben immer mit 1 CHF = $\frac{2}{3}$ €. Sie rechnen am Abend ihre Tagesausgaben um:

- einen Imbiss von $27\frac{1}{2}$ CHF,
- einmal Sonnencreme für $2\frac{1}{2}$ CHF und
- eine Liftkarte für 30 CHF.

Ina rechnet $27\frac{1}{2} \cdot \frac{2}{3} + 2\frac{1}{2} \cdot \frac{2}{3} + 30 \cdot \frac{2}{3} = \ldots$,

Hanna rechnet $\left(27\frac{1}{2} + 2\frac{1}{2} + 30\right) \cdot \frac{2}{3} = \ldots$

und Julia rechnet $27\frac{1}{2} + 2\frac{1}{2} + 30 \cdot \frac{2}{3} = \ldots$

→ Rechne nach und vergleiche. Was meinst du dazu?

Für Rechenausdrücke mit natürlichen Zahlen gilt „Punktrechnung vor Strichrechnung". Auch beim Rechnen mit Brüchen kommen Multiplikation und Division vor Addition und Subtraktion. Der Inhalt von Klammern wird zuerst berechnet.

Reihenfolge beim Berechnen von Rechenausdrücken mit Brüchen:

- Punktrechnung kommt vor Strichrechnung.
- Was in Klammern steht, wird zuerst berechnet.

Beispiele

a) Punktrechnung vor Strichrechnung

$\frac{3}{5} + \frac{2}{3} \cdot \frac{1}{4} = \frac{3}{5} + \frac{1}{6} = \frac{23}{30}$

$\frac{7}{2} - \frac{2}{5} : \frac{1}{3} = \frac{7}{2} - \frac{6}{5} = 2\frac{3}{10}$

b) Klammer zuerst

$\left(\frac{4}{9} + \frac{1}{6}\right) : \frac{2}{3} = \frac{11}{18} : \frac{2}{3} = \frac{11}{12}$

$\left(\frac{6}{5} - \frac{3}{4}\right) \cdot \frac{3}{5} = \frac{9}{20} \cdot \frac{3}{5} = \frac{27}{100}$

c)

$\frac{2}{3} + \left(\frac{4}{5} \cdot \frac{3}{4} - \frac{3}{10}\right) : \frac{6}{5}$ — Punkt vor Strich in der Klammer

$= \frac{2}{3} + \left(\frac{3}{5} - \frac{3}{10}\right) : \frac{6}{5}$ — Klammer zuerst

$= \frac{2}{3} + \frac{3}{10} : \frac{6}{5}$ — Punkt vor Strich

$= \frac{2}{3} + \frac{1}{4} = \frac{11}{12}$

d) Bei mehreren Klammern gilt wie bei natürlichen Zahlen:
Innere Klammer kommt vor äußerer Klammer.

$\left(\frac{5}{6} + \frac{3}{8} : \left(\frac{1}{2} - \frac{1}{4}\right)\right) \cdot \frac{4}{7}$ — innere Klammer

$= \left(\frac{5}{6} + \frac{3}{8} : \frac{1}{4}\right) \cdot \frac{4}{7}$ — Punkt vor Strich

$= \left(\frac{5}{6} + \frac{3}{2}\right) \cdot \frac{4}{7}$ — äußere Klammer

$= \frac{14}{6} \cdot \frac{4}{7} = \frac{4}{3} = 1\frac{1}{3}$

Aufgaben

1 Rechne im Kopf.

a) $\frac{3}{4} + \frac{3}{2} \cdot \frac{1}{2}$
b) $\left(\frac{4}{7} - \frac{2}{7}\right) : \frac{1}{7}$
c) $\frac{1}{3} \cdot \left(\frac{2}{5} + \frac{3}{5}\right)$
d) $\frac{1}{2} + \frac{6}{5} : \frac{3}{5}$
e) $\frac{2}{3} \cdot \frac{3}{4} - \frac{1}{4}$
f) $\frac{3}{5} : \frac{1}{3} - \frac{4}{5}$
g) $\left(\frac{7}{8} - \frac{1}{8}\right) \cdot \frac{2}{3}$
h) $\frac{6}{5} : \left(\frac{3}{10} + \frac{1}{10}\right)$

2 Berechne.

a) $\frac{4}{5} : \frac{2}{3} - \frac{1}{5}$
b) $\frac{5}{8} \cdot \frac{4}{5} - \frac{1}{3}$
c) $\frac{1}{2} + \frac{3}{4} : \frac{2}{5}$
d) $\frac{6}{5} \cdot \left(\frac{2}{3} - \frac{5}{9}\right)$
e) $\left(\frac{2}{5} + \frac{1}{3}\right) : \frac{3}{5}$
f) $\frac{3}{4} : \left(\frac{4}{5} - \frac{3}{5}\right)$

3 Schreibe den Rechenbaum als Rechenausdruck und berechne.

a)
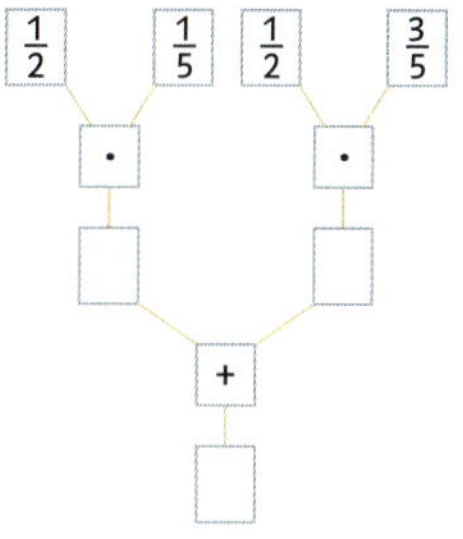

b)
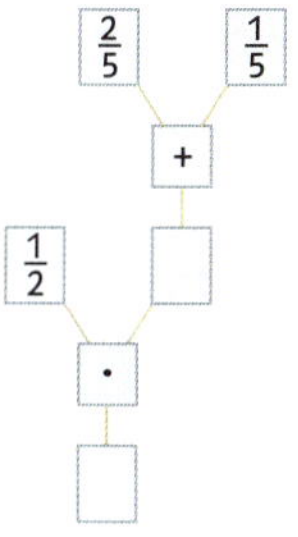

4 Zeichne den Rechenbaum und berechne.

a) $\left(\frac{2}{9} + \frac{1}{3}\right) \cdot \frac{3}{4}$
b) $\frac{5}{2} - \frac{6}{5} \cdot \frac{1}{2}$
c) $\left(\frac{3}{4} + \frac{1}{2}\right) \cdot \left(\frac{4}{5} - \frac{1}{5}\right)$
d) $\frac{3}{4} \cdot \left(\frac{7}{6} - \frac{1}{2}\right)$
e) $\frac{3}{5} : \left(\frac{1}{2} - \frac{1}{3}\right)$
f) $\left(\frac{4}{5} + \frac{2}{15}\right) : \left(\frac{1}{5} + \frac{1}{2}\right)$

5 Beachte die Reihenfolge beim Rechnen.

a) $\frac{3}{5} \cdot \frac{5}{6} - \frac{4}{15} \cdot \left(\frac{3}{4} + \frac{1}{2}\right)$
b) $\left(\frac{1}{4} \cdot \frac{2}{3} + \frac{5}{3}\right) - \frac{8}{5} \cdot \frac{5}{12}$
c) $\left(\frac{1}{4} : \frac{1}{8} + \frac{3}{4} \cdot \frac{2}{3}\right) - \frac{1}{4}$
d) $\left(\frac{1}{6} + \frac{2}{5}\right) \cdot \frac{15}{17} - \frac{1}{4} : \frac{1}{2}$
e) $\frac{8}{11} - \left(\frac{1}{2} : \frac{2}{3} - \frac{2}{3} \cdot \frac{1}{2}\right) \cdot \frac{6}{5}$
f) $\left(\frac{8}{9} : \frac{8}{9} - \frac{1}{3}\right) \cdot \frac{6}{5} - \frac{1}{2}$

6 Setze Klammern so, dass du eine wahre Aussage erhältst.

a) $\frac{8}{9} \cdot \frac{3}{4} + \frac{1}{6} : \frac{5}{8} = 1\frac{1}{3}$
b) $\frac{4}{5} + \frac{2}{7} \cdot \frac{3}{5} + \frac{1}{10} \cdot \frac{5}{6} = \frac{19}{30}$
c) $\frac{4}{5} + \frac{5}{6} \cdot \frac{6}{7} - \frac{3}{14} = 1\frac{1}{20}$
d) $\frac{3}{10} \cdot \frac{5}{2} + \frac{7}{5} : \frac{7}{2} - 1 = \frac{3}{20}$

7 Berechne den Rechenausdruck.

a) Subtrahiere von 3 das Produkt aus den Zahlen $\frac{5}{9}$ und $\frac{3}{5}$.
b) Addiere zu $\frac{9}{10}$ den Quotienten aus den Zahlen $\frac{5}{12}$ und $\frac{5}{24}$.
c) Vermehre das Produkt aus den Zahlen $\frac{2}{3}$ und 2 um $\frac{3}{4}$.
d) Vermindere den Quotienten aus den Zahlen $\frac{2}{7}$ und $\frac{5}{14}$ um $\frac{3}{10}$.
e) Dividiere die Summe von $\frac{1}{3}$ und $\frac{1}{8}$ durch die Differenz von $\frac{5}{3}$ und $\frac{3}{4}$.
f) Addiere das Produkt der Zahlen $\frac{21}{8}$ und $\frac{4}{3}$ zum Quotienten der Zahlen $\frac{25}{26}$ und $\frac{5}{13}$.
g) Multipliziere die Summe der Zahlen $\frac{5}{12}$ und $\frac{3}{5}$ mit der Differenz der Zahlen 2 und $\frac{4}{5}$.

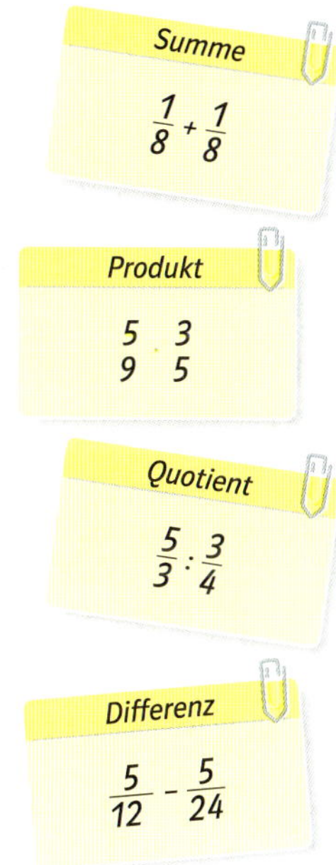

8 □ + △ · ○ □ + △ : ○
□ · △ + ○ □ : △ + ○

a) Berechne mit □ = $\frac{1}{2}$; △ = $\frac{1}{3}$ und ○ = $\frac{1}{4}$.
b) Berechne mit □ = $\frac{1}{4}$; △ = $\frac{1}{5}$ und ○ = $\frac{1}{6}$.
c) Verändere die vier Summen durch Setzen von Klammern in zwei Produkte und zwei Quotienten und rechne nochmals mit den Werten aus Teilaufgabe a).

Ausmultiplizieren und Ausklammern

Wenn man eine Summe mit einer Zahl multipliziert, wird zuerst jeder Summand mit der Zahl multipliziert. Anschließend werden die Produktwerte addiert.

$\frac{3}{4} \cdot \left(\frac{1}{3} + \frac{2}{5}\right) = \frac{3}{4} \cdot \frac{1}{3} + \frac{3}{4} \cdot \frac{2}{5} = \frac{1}{4} + \frac{3}{10} = \frac{5}{20} + \frac{6}{20} = \frac{11}{20}$

Wenn in jedem Summand einer Summe der gleiche Faktor vorkommt, kann man diesen Faktor ausklammern.

Dies ist das **Verteilungsgesetz** (Distributivgesetz).

$\frac{3}{4} \cdot \frac{1}{3} + \frac{3}{4} \cdot \frac{2}{5} = \frac{3}{4} \cdot \left(\frac{1}{3} + \frac{2}{5}\right) = \frac{3}{4} \cdot \left(\frac{5}{15} + \frac{6}{15}\right) = \frac{3}{4} \cdot \frac{11}{15} = \frac{11}{20}$

■ Das Verteilungsgesetz ermöglicht dir kleine Rechenvorteile.

a) $\frac{4}{7} \cdot \frac{3}{8} + \frac{4}{7} \cdot \frac{1}{2}$
b) $\left(\frac{8}{5} + \frac{8}{15}\right) \cdot \frac{5}{4}$
c) $\frac{3}{5} \cdot \left(\frac{10}{9} + \frac{5}{12}\right)$
d) $\frac{3}{4} \cdot \left(\frac{20}{9} + \frac{16}{15}\right)$
e) $\left(\frac{2}{9} + \frac{2}{11}\right) \cdot \frac{99}{100}$
f) $\left(\frac{5}{8} + \frac{5}{7}\right) \cdot \frac{14}{15}$
g) $\frac{2}{3} \cdot \left(\frac{12}{5} + \frac{15}{11}\right)$
h) $\frac{7}{4} \cdot \frac{9}{5} + \frac{1}{4} \cdot \frac{9}{5}$

9 Bilde aus den Bruchkärtchen verschiedene Rechenausdrücke.

Beispiel: $\frac{3}{5} \cdot \frac{2}{3} + \frac{1}{6} = \frac{2}{5} + \frac{1}{6} = \frac{17}{30}$

a) Stelle je einen Rechenausdruck ohne und einen mit Klammern auf, dessen Ergebnis möglichst groß ist.
b) Stelle je einen Rechenausdruck ohne und einen mit Klammern auf, dessen Ergebnis möglichst klein ist.
c) Finde den Rechenausdruck, dessen Ergebnis möglichst nah bei 1 liegt.

10 Finde den Fehler. Erkläre und korrigiere.

a) $\frac{5}{3} + \frac{6}{5} \cdot \frac{1}{2} = \frac{5}{3} + \frac{12}{10} \cdot \frac{5}{10} = \frac{5}{3} + \frac{60}{10} = 7\frac{2}{3}$
b) $\frac{3}{4} + \frac{4}{5} \cdot \left(\frac{3}{7} + \frac{3}{8}\right) = \frac{31}{20} \cdot \frac{45}{56} = \frac{279}{224} = 1\frac{55}{224}$
c) $\frac{3}{8} : \frac{3}{5} \cdot \left(\frac{1}{5} + \frac{1}{8}\right) = \frac{1}{8} + \frac{1}{8} = \frac{2}{16}$

Rechtecke in der Kunst ?!

Der holländische Künstler **Piet Mondrian** (1872–1944) entwickelte einen Kunststil mit unterschiedlich großen rechteckigen Farbflächen. Er verwendete dafür nur **die leuchtenden Grundfarben** Rot, Blau und Gelb sowie Weiß und Schwarz. Mondrians außergewöhnliche Muster findet man auf vielen Gegenständen wie etwa Handtaschen, Kleidungsstücken oder Dekorationen.

Kunstwerk 1

Kunstwerk 2

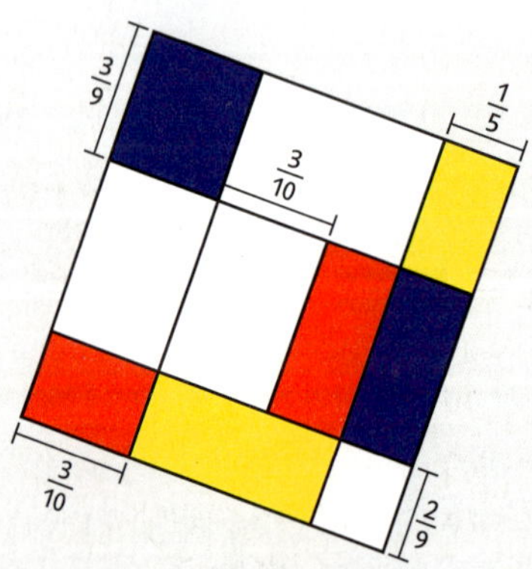

- Beschreibe die farbigen Rechtecke der Zeichnungen mithilfe von Brüchen.

Beispiel: rote Fläche aus Kunstwerk 1:
$\frac{1}{3} \cdot \frac{4}{11} = \frac{4}{33}$
oder blaue Fläche aus Kunstwerk 2:
$\frac{3}{9} \cdot \frac{3}{10} = \frac{1}{10}$

Man kann auch zusammengesetzte Flächen betrachten und mit Brüchen beschreiben.

Beispiel:

$\frac{4}{11} \cdot \frac{1}{3} + \frac{6}{11} \cdot \frac{1}{3} = \left(\frac{4}{11} + \frac{6}{11}\right) \cdot \frac{1}{3} = \frac{10}{33}$

- Suche in den Kunstwerken die Anteile. Manchmal gibt es mehrere Möglichkeiten.
  - $\frac{3}{10} \cdot \left(\frac{3}{9} + \frac{2}{9}\right)$
  - $\frac{2}{11} \cdot \frac{1}{3} + \frac{1}{3} \cdot \frac{6}{11}$
  - $\left(\frac{4}{11} + \frac{2}{11} + \frac{3}{11}\right) \cdot \frac{1}{3}$
  - $\frac{2}{10} \cdot \frac{4}{9} + \left(\frac{3}{10} + \frac{5}{10}\right) \cdot \frac{2}{9}$
  - $\left(\frac{1}{5} + \frac{1}{2}\right) \cdot \frac{3}{9} + \frac{7}{10} \cdot \frac{4}{9}$
- Wähle dir einen bestimmten Anteil aus einem der Kunstwerke und beschreibe ihn mit solchen Rechenausdrücken. Deine Partnerin oder dein Partner sucht deinen Anteil in einem der Kunstwerke.
- Konstruiere selbst solche kunstvollen Rechtecksbilder.
- Informiere dich über den Künstler. Erstelle einen Steckbrief.

Zusammenfassung

Multiplizieren von Brüchen

Zwei Brüche werden **multipliziert**, indem man Zähler mit Zähler und Nenner mit Nenner multipliziert.

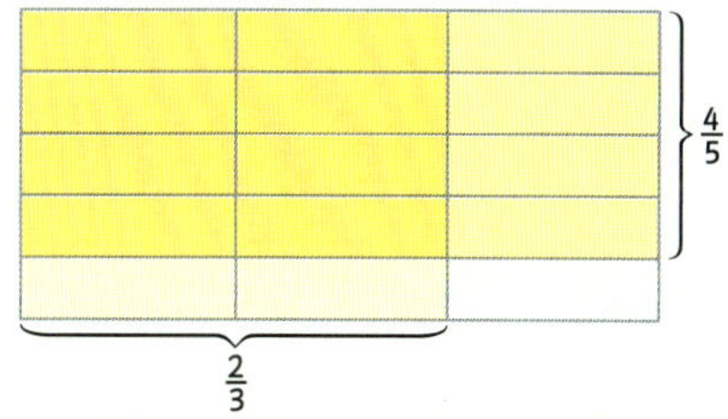

$$\frac{2}{3} \cdot \frac{4}{5} = \frac{2 \cdot 4}{3 \cdot 5} = \frac{8}{15}$$

Dividieren von Brüchen

Zwei Brüche werden **dividiert**, indem man den ersten Bruch mit dem **Kehrbruch** des zweiten Bruches multipliziert.

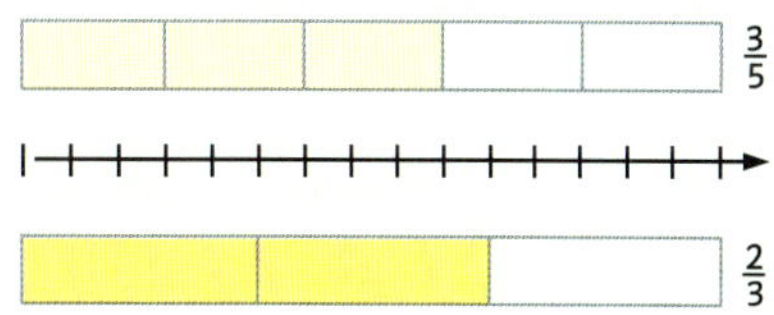

$$\frac{3}{5} : \frac{2}{3} = \frac{3}{5} \cdot \frac{3}{2} = \frac{3 \cdot 3}{5 \cdot 2} = \frac{9}{10}$$

Reihenfolge beim Rechnen

Punktrechnung kommt vor Strichrechnung.

$$\frac{3}{5} \cdot \frac{5}{7} + \frac{2}{7} = \frac{3}{7} + \frac{2}{7} = \frac{5}{7}$$

Zuerst berechnet man, was in Klammern steht.

$$\frac{3}{4} \cdot \left(\frac{4}{5} : \frac{2}{5}\right) = \frac{3}{4} \cdot \left(\frac{4}{5} \cdot \frac{5}{2}\right) = \frac{3}{4} \cdot 2 = \frac{3}{2} = 1\frac{1}{2}$$

Punkt vor Strich und Klammer zuerst.

$$\frac{4}{7} \cdot \left(\frac{1}{6} + \frac{2}{3} \cdot \frac{1}{4}\right) = \frac{4}{7} \cdot \left(\frac{1}{6} + \frac{1}{6}\right) = \frac{4}{7} \cdot \frac{1}{3} = \frac{4}{21}$$

Üben • Anwenden • Nachdenken

1 Berechne.

a) $\frac{7}{4} : \frac{11}{12}$ $\frac{2}{5} \cdot \frac{4}{3}$ $\frac{1}{4} : \frac{7}{16}$

b) $\frac{3}{5} \cdot \frac{4}{3}$ $\frac{3}{4} : \frac{7}{6}$ $\frac{5}{6} \cdot \frac{1}{2}$

c) $\frac{9}{10} : \frac{3}{5}$ $\frac{1}{11} : \frac{1}{33}$ $\frac{3}{8} \cdot \frac{4}{9}$

d) $\frac{8}{15} \cdot \frac{1}{4}$ $\frac{3}{8} : \frac{6}{12}$ $\frac{5}{9} \cdot \frac{8}{11}$

2 Rechne teilweise in gemischter Schreibweise.

a) $2\frac{1}{4} \cdot 1\frac{1}{3}$ $1\frac{1}{4} \cdot \frac{5}{8}$ $\frac{5}{4} : \frac{7}{6}$

b) $3\frac{3}{4} : 2\frac{4}{8}$ $\frac{9}{2} \cdot \frac{4}{3}$ $3\frac{3}{8} : 6\frac{1}{4}$

c) $\frac{13}{8} \cdot \frac{3}{5}$ $2\frac{2}{9} \cdot 4\frac{1}{2}$ $\frac{8}{3} : \frac{11}{4}$

d) $\frac{44}{5} : \frac{11}{30}$ $2\frac{2}{11} : \frac{1}{22}$ $\frac{64}{11} \cdot \frac{7}{8}$

3 Bilde mit den Brüchen und Rechenzeichen Aufgaben nach folgendem Muster und rechne.

$\cdot$ $\frac{3}{4}$ $+$ $\frac{2}{3}$ $:$ $\frac{1}{6}$ $-$

$\square \ \square \ \square \ =$

a) Suche zu jeder Rechenart die Aufgabe mit dem kleinsten und die mit dem größten Ergebnis.
b) Welche Aufgabe führt zum kleinsten und welche zum größten Ergebnis?

4 Setze die Reihe fort.

a) bis $\frac{1}{720}$: $\frac{1}{2} \longrightarrow \frac{1}{6} \longrightarrow \ldots$

b) bis 1: $\frac{243}{32} \longrightarrow \frac{81}{16} \longrightarrow \ldots$

c) bis 2: $\frac{162}{256} \longrightarrow \frac{54}{64} \longrightarrow \ldots$

d) bis $1\frac{1}{3}$: $\frac{1}{2} \longrightarrow \frac{5}{6} \longrightarrow \ldots$

5 Fülle die Leerstelle aus.

a) $\frac{6}{5} \cdot \square = \frac{4}{5}$ b) $\square : \frac{22}{4} = \frac{8}{11}$

c) $\square \cdot \frac{1}{2} = \frac{5}{8}$ d) $\square : \frac{6}{5} = \frac{55}{42}$

e) $\frac{15}{23} : \square = \frac{6}{23}$ f) $\frac{7}{8} \cdot \square = \frac{35}{44}$

g) $\frac{3}{7} : \square = \frac{6}{35}$ h) $\frac{3}{4} \cdot \square = 2$

6 Setze den passenden Bruch ein.

a) $\frac{1}{2} \cdot \square = \frac{1}{3}$ b) $\frac{2}{3} \cdot \square = \frac{17}{12}$

c) $\frac{7}{9} : \square = \frac{21}{9}$ d) $\frac{4}{5} : \square = \frac{14}{25}$

e) $\square \cdot \frac{2}{9} = \frac{13}{36}$ f) $\square : \frac{3}{2} = \frac{16}{25}$

g) $\square : \frac{3}{14} = 3\frac{1}{3}$ h) $\square \cdot \frac{32}{7} = 4$

7 Hier wurden die Rechenzeichen vergessen.

a) $\frac{11}{4} \ \square \ \frac{8}{9} = \frac{22}{9}$ b) $\frac{3}{5} \ \square \ \frac{3}{8} = \frac{9}{40}$

c) $\frac{3}{7} \ \square \ \frac{5}{14} = \frac{6}{5}$ d) $\frac{33}{28} \ \square \ \frac{11}{7} = \frac{3}{4}$

e) $\frac{7}{10} \ \square \ \frac{8}{3} = \frac{101}{30}$ f) $\frac{8}{3} \ \square \ \frac{1}{6} = \frac{15}{6}$

g) $\frac{56}{39} \ \square \ \frac{14}{13} = \frac{4}{3}$ h) $\frac{5}{4} \ \square \ \frac{3}{8} = \frac{15}{32}$

8 Setze die drei Karten in die vier Rechenausdrücke so ein, dass möglichst große Ergebnisse entstehen.

$\frac{1}{2}$ $\frac{1}{3}$ $\frac{1}{4}$

$\square \cdot \square + \square$ $\square - \square \cdot \square$

$(\square + \square) \cdot \square$ $\square + \square : \square$

Bilde weitere Rechenausdrücke und setze ebenso ein.

9 Benutze die Rechenregeln zu deinem Vorteil.

a) $\frac{2}{3} + \frac{9}{11} + \frac{1}{3}$ b) $\frac{2}{3} - \frac{1}{7} + \frac{2}{9}$

c) $\frac{3}{5} \cdot \frac{7}{11} \cdot \frac{11}{21}$ d) $\frac{27}{31} \cdot \frac{2}{3} \cdot \frac{31}{9}$

e) $\frac{26}{15} \cdot \frac{25}{28} : \frac{39}{42}$ f) $\frac{4}{5} + \frac{8}{9} : \frac{20}{27}$

g) $\frac{5}{2} : \frac{7}{4} + \frac{4}{7}$ h) $\left(\frac{27}{16} + \frac{3}{8}\right) : \frac{3}{2}$

i) $\left(\frac{11}{4} - \frac{3}{2}\right) : \frac{5}{4}$ j) $\frac{32}{35} \cdot \frac{21}{16} \cdot \frac{14}{3} \cdot \frac{5}{28}$

k) $\frac{13}{24} \cdot \frac{25}{19} \cdot \frac{48}{39} \cdot \frac{57}{75}$ l) $\frac{23}{4} \cdot \frac{2}{3} - \frac{2}{3} : \frac{1}{4}$

10 Berechne.

a) $\frac{2}{3} + 1\frac{1}{2} + \frac{5}{6} - \frac{1}{2} + \frac{7}{12}$ b) $\frac{4}{15} + \frac{2}{7} - \frac{2}{15} + \frac{5}{7} + \frac{2}{3}$

c) $\frac{1}{3} + 2 \cdot \left(\frac{5}{6} - \frac{2}{3}\right) - \frac{5}{12}$ d) $\frac{1}{2} \cdot \frac{3}{4} + \frac{4}{7} : \frac{1}{2} + \frac{5}{8}$

11 Erstelle vier Aufgaben, deren Ergebnisse der Zahl 1 sehr nahe kommen. Verwende mindestens in zwei Aufgaben Klammern.

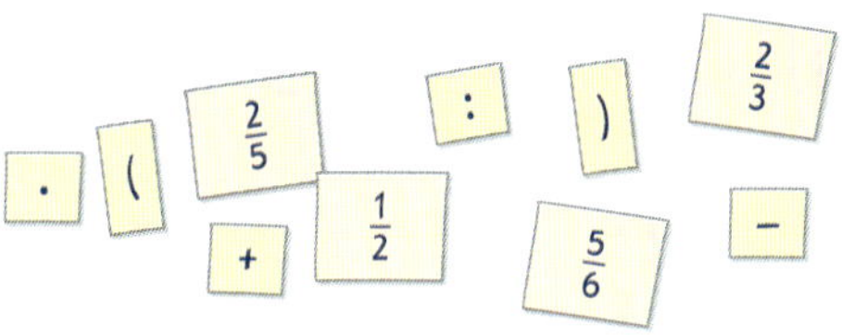

Wer kommt der 1 am nächsten?

12 Schreibe zu dem Rechenbaum die Aufgabe und löse sie.

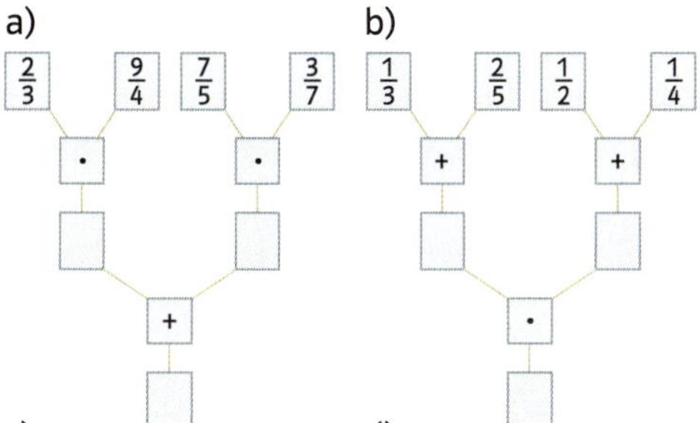

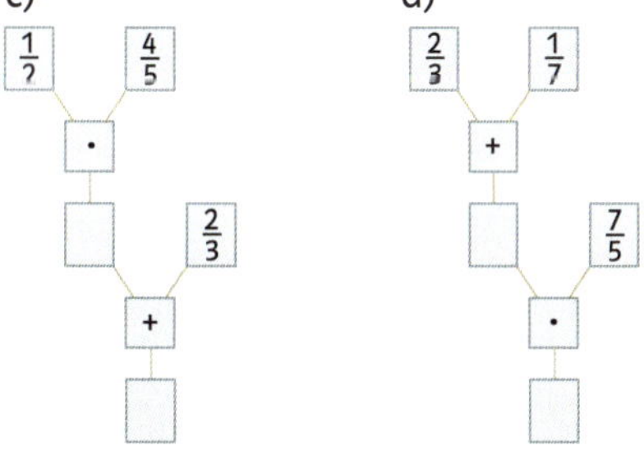

13 Zeichne erst den Rechenbaum und rechne dann.

a) $\frac{2}{9} + \frac{1}{3} \cdot \frac{3}{4}$ b) $\frac{2}{7} \cdot \left(\frac{5}{2} - \frac{3}{4}\right)$

c) $\left(\frac{8}{5} - \frac{2}{3}\right) : \frac{7}{15}$ d) $\frac{2}{5} : \frac{1}{3} + \frac{2}{3} \cdot \frac{4}{5}$

14 Subtrahiere die Summe aus $\frac{3}{4}$ und $\frac{5}{6}$

a) von der Summe der Zahlen $\frac{7}{4}$ und $\frac{5}{9}$.

b) von der Differenz der Zahlen $\frac{17}{3}$ und $\frac{7}{4}$.

c) vom Produkt der Zahlen $\frac{2}{3}$ und $\frac{11}{4}$.

d) vom Quotienten der Zahlen $\frac{3}{5}$ und $\frac{24}{75}$.

15 Löse für alle vier Rechenarten.

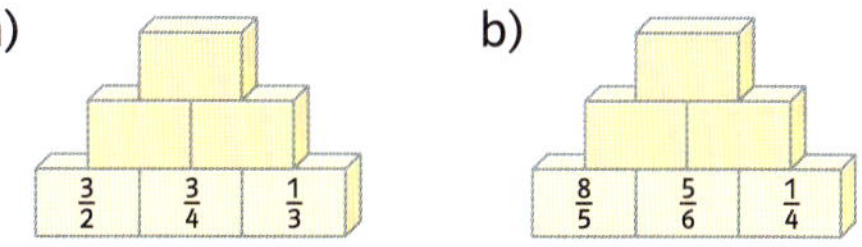

16 Berechne den Umfang der Fläche.

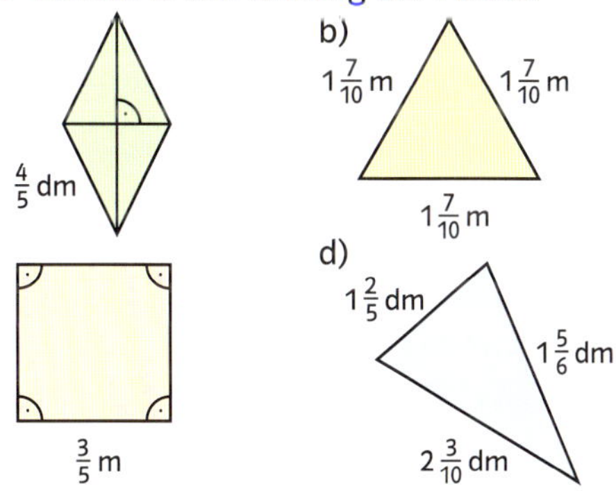

17 Berechne die Summe aller Kantenlängen des Körpers.

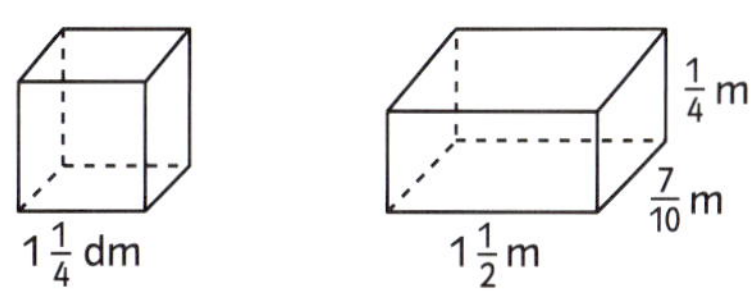

Hier sind alle Schlusssteine:

$\frac{11}{60}$; $\frac{5}{18}$; $\frac{9}{32}$; $\frac{1}{3}$

$\frac{72}{125}$; $\frac{8}{9}$; $3\frac{1}{3}$; $3\frac{31}{60}$

Quadratbrüche ?!

$\frac{3}{4} - \frac{1}{2} = \frac{1}{4}$

$\frac{3}{4} \cdot \frac{8}{9} - \frac{1}{2} = \square$

$\frac{3}{4} \cdot \frac{8}{9} \cdot \frac{15}{16} - \frac{1}{2} = \square$

$\frac{3}{4} \cdot \frac{8}{9} \cdot \frac{15}{16} \cdot \frac{24}{25} - \frac{1}{2} = \square$

$\frac{3}{4} \cdot \frac{8}{9} \cdot \frac{15}{16} \cdot \frac{24}{25} \cdot \frac{35}{36} - \frac{1}{2} = \square$

- Berechne der Reihe nach.
- Ergänze drei weitere Zeilen. Kannst du die Ergebnisse angeben, ohne den ganzen Rechenausdruck zu berechnen?
- Schreibe eine allgemeine Regel, wie man das Ergebnis schnell herausfindet.
- Um die Richtigkeit deiner Regel zu überprüfen, solltest du eine weitere Aufgabe notieren. Bestimme das Ergebnis zunächst mithilfe deiner Regel. Berechne die Aufgabe dann ausführlich. Ist deine Regel richtig?

18 Eine Weinflasche enthält $\frac{7}{10}$ Liter und eine Sektflasche $\frac{3}{4}$ Liter.
a) Welche Flasche enthält mehr?
b) Wie groß ist der Unterschied?
c) Wie viele Gläser zu $\frac{1}{10}$ Liter kann man füllen?

19 Den Goldanteil von Schmuck und Besteck erkennt man an einer eingestempelten Zahl. Ist der Stempelaufdruck zum Beispiel 585, so enthält das Schmuckstück $\frac{585}{1000}$ reines Gold.
a) Ein $2\frac{1}{4}$g schwerer Ring zeigt den Stempel 750.
b) Eine Kette zeigt den Stempel 585 und ist $28\frac{1}{3}$g schwer.

20 Jedes Glas ist zu $\frac{2}{3}$ mit Wasser gefüllt. Man gießt aus dem linken die Hälfte in das rechte Glas, dann die Hälfte aus dem rechten in das linke Glas, nun wieder die Hälfte aus dem linken ins rechte Glas usw. Wann läuft welches Glas über?

21 Maren, Svenja und Tobias teilen sich eine Schale Erdbeeren. Jeder erhält gleich viel. Hannes stößt zu den dreien. Maren und Svenja geben ihm je ein Drittel ihrer Erdbeeren. Tobias möchte nur auf ein Viertel seiner Früchte verzichten.
Hannes betrachtet glücklich seine Beeren und freut sich, dass er zu spät kam. Warum?

22 Herr Urban lobt seine Klasse. „Heute wart ihr fantastisch! Ihr habt drei Fünftel der Laufstrecke in nur fünf Sechstel der Zeit geschafft, die ihr sonst für die gesamte Strecke braucht." Die Klasse jubelt. Marco protestiert als Einziger.

23 Anna ist älter als ihr Bruder Leon und bekommt $2\frac{1}{4}$-mal so viel Taschengeld wie er. Ihr stehen im Monat 9 € zur Verfügung. Ihre große Schwester Sarah bekommt sogar das $4\frac{1}{2}$-Fache von Leons und dazu $\frac{2}{3}$ von Annas Taschengeld.

Das Meterquadrat

Aus Zeitungspapier könnt ihr leicht ein Meterquadrat (ein Quadrat mit einer Seitenlänge von einem Meter) herstellen. Zeichnet in euer Meterquadrat mit einem dicken Filzstift unterschiedliche kleinere Quadrate und Rechtecke ein. Die Skizze zeigt euch, wie die Unterteilung aussehen soll.

- Wie viele verschieden große Quadrate findet ihr? Wie viele Rechtecke? Nummeriert die unterschiedlichen Quadrate (von Q_1 bis …) und Rechtecke (von R_1 bis …).
- Jetzt wird gespielt. Einer von euch wirft eine Münze auf euer Meterquadrat. Dann versuchen alle, den Flächeninhalt des durch die Münze ausgewählten Quadrats oder Rechtecks zu bestimmen. Es geht reihum. Jeder, der eine neue Beschreibung findet, bekommt einen Punkt. Notiert alle Beschreibungen.

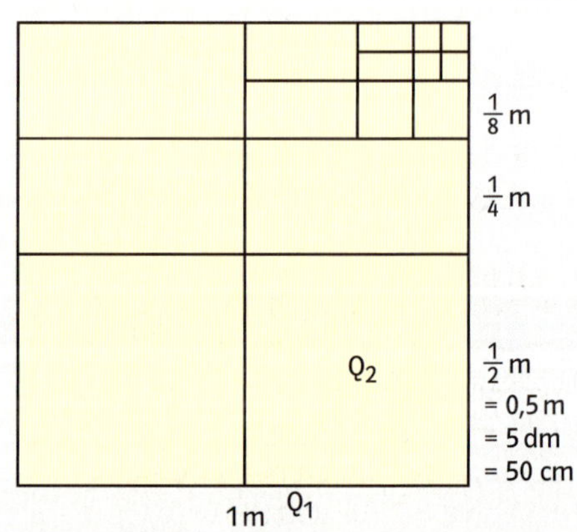

Beispiel für Quadrat Q_1:
$A = 1 \cdot 1\,m^2 = 1\,m^2$ oder
$= 1{,}0 \cdot 1{,}0\,m^2 = 1{,}0\,m^2$ oder
$= 10 \cdot 10\,dm^2 = 100\,dm^2$ oder
$= 100 \cdot 100\,cm^2 = 10\,000\,cm^2$

Derjenige, der keine neue Beschreibung mehr findet, muss als Nächster die Münze werfen. Sieger ist, wer am Ende die meisten Punkte hat.

Rückspiegel

Rückspiegel

1 Berechne.

a) $5 \cdot \frac{2}{3}$ $\quad \frac{6}{7} : 5$ $\quad \frac{3}{4} \cdot \frac{2}{5}$ $\quad \frac{1}{6} : \frac{1}{5}$

b) $\frac{3}{4} \cdot \frac{2}{3}$ $\quad \frac{1}{4} : \frac{2}{5}$ $\quad \frac{1}{3} : \frac{1}{4}$ $\quad \frac{2}{3} \cdot \frac{4}{5}$

c) $\frac{4}{5} \cdot \frac{2}{7}$ $\quad \frac{4}{7} - \frac{1}{5}$ $\quad \frac{2}{7} : \frac{3}{4}$ $\quad \frac{1}{4} + \frac{1}{5}$

2 Berechne. Nutze dabei Rechenvorteile.

a) $\frac{4}{3} \cdot \frac{5}{8} \cdot \frac{9}{5}$ $\quad \frac{16}{7} : \frac{2}{5} - \frac{2}{7} : \frac{2}{5}$ $\quad \frac{3}{7} \cdot \frac{13}{25} + \frac{4}{7} \cdot \frac{13}{25}$ $\quad \left(\frac{5}{11} + \frac{4}{11}\right) : \frac{3}{4}$

b) $\frac{5}{9} + 1\frac{1}{2} + \frac{4}{9}$ $\quad \left(\frac{3}{8} + \frac{3}{16}\right) : 3$ $\quad \frac{4}{13} + \frac{2}{11} + \frac{5}{13} + \frac{4}{11}$ $\quad \frac{3}{4} \cdot \left(\frac{4}{9} + \frac{5}{6} + \frac{3}{5}\right)$

3 Berechne und kürze.

a) $1\frac{2}{3} + \frac{7}{12}$ $\quad \frac{7}{15} - \frac{7}{30}$ $\quad \frac{36}{25} \cdot \frac{5}{9}$ $\quad \frac{3}{4} : \frac{5}{3}$

b) $\frac{25}{36} \cdot \frac{63}{45}$ $\quad 1\frac{6}{7} + \frac{4}{21}$ $\quad 1\frac{3}{4} - \frac{7}{12}$ $\quad \frac{16}{9} : \frac{8}{9}$

c) $2\frac{7}{9} - 1\frac{2}{3}$ $\quad \frac{3}{5} : \frac{57}{25}$ $\quad 3\frac{2}{9} + 3\frac{1}{3}$ $\quad \frac{27}{68} \cdot \frac{85}{36}$

4 Fülle die Leerstellen.

a) $\frac{1}{2} \cdot \square = \frac{1}{3}$ $\quad \frac{7}{5} \cdot \square = \frac{14}{15}$ $\quad \square : \frac{14}{9} = \frac{2}{3}$ $\quad \frac{7}{20} : \square = \frac{7}{15}$

b) $\square \cdot \frac{11}{13} = \frac{3}{26}$ $\quad \frac{7}{9} : \square = \frac{8}{27}$ $\quad \square \cdot \frac{22}{3} = \frac{11}{9}$ $\quad \frac{15}{18} : \square = \frac{1}{2}$

5 In der Technik benutzt man oft die Längeneinheit Zoll (1″ sind etwa $2\frac{3}{5}$ cm).
a) Welchen Durchmesser in cm hat ein 26-Zoll-Rad?
b) Berechne den Durchmesser der alten 8″-, $5\frac{1}{4}$″- und $3\frac{1}{2}$″-Disketten.

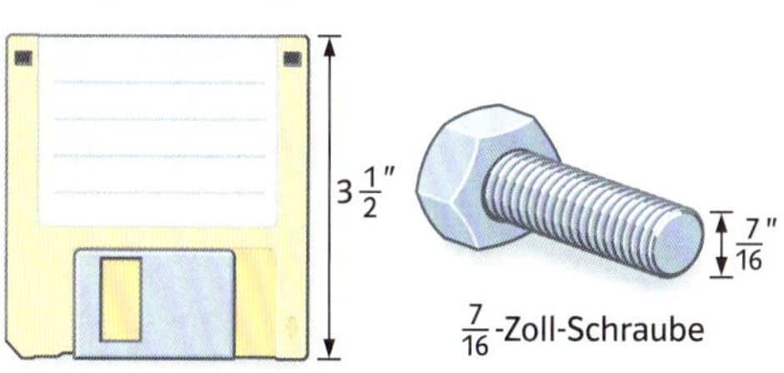

$\frac{7}{16}$-Zoll-Schraube

c) Rechne folgende Angaben in cm um: $\frac{1}{2}$ Zoll; $\frac{3}{4}$ Zoll; $\frac{7}{16}$ Zoll; 16 Zoll und 28 Zoll.

Rückspiegel

1 Berechne.

a) $\frac{3}{4} \cdot \frac{5}{7}$ $\quad \frac{2}{3} : \frac{1}{4}$ $\quad \frac{7}{10} \cdot \frac{2}{7}$ $\quad \frac{3}{5} : \frac{2}{3}$

b) $\frac{3}{8} : \frac{4}{5}$ $\quad 12 \cdot \frac{17}{6}$ $\quad \frac{1}{5} \cdot \frac{1}{6}$ $\quad \frac{4}{9} : \frac{4}{11}$

c) $\frac{4}{5} + \frac{1}{7}$ $\quad \frac{3}{5} : \frac{5}{7}$ $\quad \frac{5}{21} - \frac{3}{28}$ $\quad \frac{7}{8} \cdot \frac{5}{6}$

2 Berechne. Nutze dabei Rechenvorteile.

a) $1\frac{5}{6} + 1\frac{2}{3} + 1\frac{1}{6} + 1\frac{2}{3}$ $\quad \frac{4}{5} + \frac{5}{12} - \frac{3}{10}$ $\quad \frac{9}{4} \cdot \frac{1}{3} - \frac{4}{9} \cdot \frac{6}{5}$ $\quad \left(\frac{5}{8} - \frac{3}{16}\right) : \frac{21}{32}$

b) $\frac{13}{8} : \frac{3}{5} + \frac{19}{8} : \frac{3}{5}$ $\quad \frac{4}{7} \cdot \frac{29}{5} - \frac{14}{5} \cdot \frac{4}{7}$ $\quad \frac{12}{17} \cdot \frac{7}{12} + \frac{9}{4} \cdot \frac{17}{12}$ $\quad \frac{9}{2} \cdot \frac{8}{3} - \frac{2}{10} : \frac{3}{5}$

3 Berechne und kürze.

a) $\frac{7}{4} : \frac{21}{8}$ $\quad 4\frac{5}{12} - 3\frac{5}{6}$ $\quad \frac{4}{5} \cdot \frac{7}{2}$ $\quad 4\frac{2}{3} + 2\frac{1}{2}$

b) $\frac{33}{23} \cdot \frac{46}{77}$ $\quad 1\frac{7}{20} + 2\frac{2}{5}$ $\quad 2 : \frac{17}{9}$ $\quad 3\frac{3}{4} - 2\frac{5}{8}$

c) $\frac{45}{49} \cdot \frac{42}{25}$ $\quad 1\frac{1}{17} - 1\frac{2}{51}$ $\quad \frac{49}{6} : \frac{7}{12}$ $\quad 1\frac{7}{8} + 1\frac{3}{4}$

4 Fülle die Leerstellen.

a) $\frac{2}{5} \cdot \square = 1\frac{1}{15}$ $\quad \square : \frac{44}{21} = \frac{12}{55}$ $\quad 4\frac{1}{2} : \square = 18$ $\quad \square \cdot \frac{24}{5} = \frac{20}{3}$

b) $\frac{7}{15} \cdot \square = \frac{28}{55}$ $\quad \square : \frac{7}{21} = 1\frac{2}{7}$ $\quad \frac{9}{16} : \square = \frac{9}{28}$ $\quad \square \cdot 2\frac{2}{5} = 5\frac{1}{7}$

5 Rechne mit Bruchteilen von Flüssigkeits- und Mengenangaben.
a) Eine $\frac{3}{4}$-Liter-Flasche ist zu $\frac{1}{3}$ gefüllt. Wie viel Saft ist in der Flasche?
b) Eine $\frac{3}{4}$-Liter-Flasche ist zu $\frac{1}{4}$ gefüllt. Wie viel wurde getrunken?
c) Wie viele $\frac{3}{4}$-Liter-Flaschen werden benötigt, um $5\frac{1}{4}$ l Saft abzufüllen?
d) Für einen Früchtetrunk werden $1\frac{1}{2}$ l Milch, $\frac{3}{8}$ l pürierte Früchte und $\frac{1}{8}$ l Sirup gut verrührt. Wie viel Liter sind das?
e) Fleisch besteht durchschnittlich zu zwei Dritteln aus Wasser. Wie viel Wasser ist in $1\frac{1}{2}$ kg Fleisch?
f) 10 l Benzin wiegen $7\frac{1}{2}$ kg. Wie viel wiegt 1 l Benzin?

Sommerfest

Alle zwei Jahre findet an der Theodor-Heuss-Realschule ein großes Sommerfest statt, bei dem auch verschiedene Laufspiele angeboten werden.

Aus den Schaubildern könnt ihr ablesen, wie weit die Kinder zu einem bestimmten Zeitpunkt gelaufen sind.

Wettlaufen

Paula erzählt:
„Zuerst bin ich schwach gestartet und lief als dritte Läuferin hinter Anna und Marie her. Nachdem ich etwa die halbe Strecke gelaufen war, konnte ich mein Tempo steigern und meine Mitschülerin Anna kurz vor dem Ziel überholen. So kam ich schließlich als zweite Läuferin ins Ziel."
Überprüft mithilfe des Schaubildes Paulas Aussagen. Erzählt den Rennverlauf aus der Sicht von Anna und Marie.

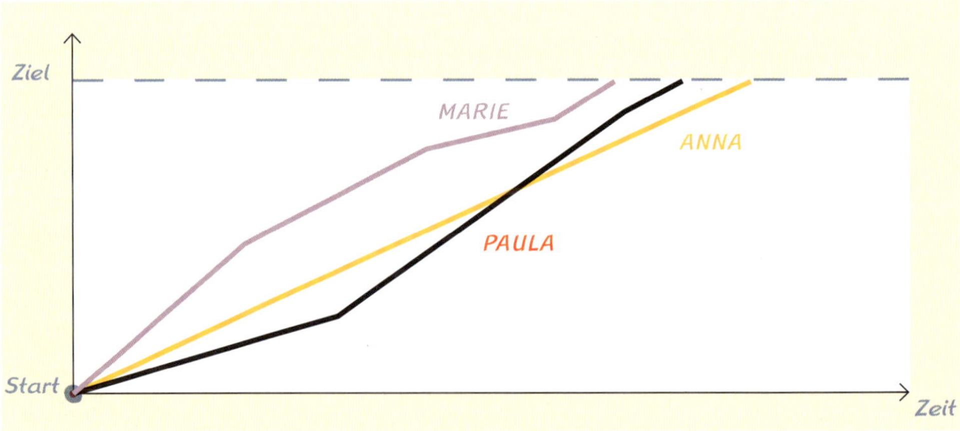

Was ist hier passiert? Erzählt.

Eierlauf

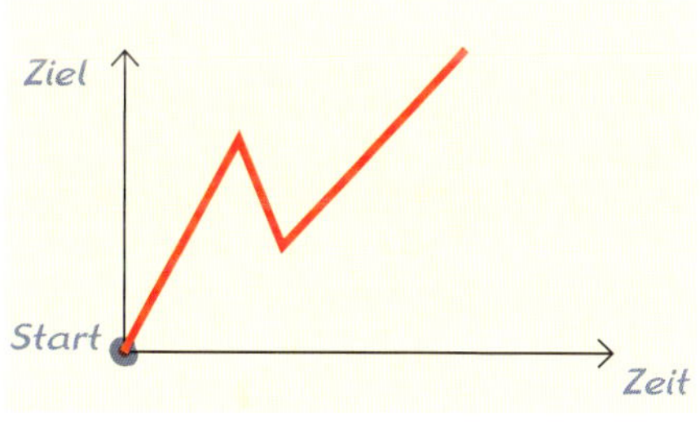

Sackhüpfen

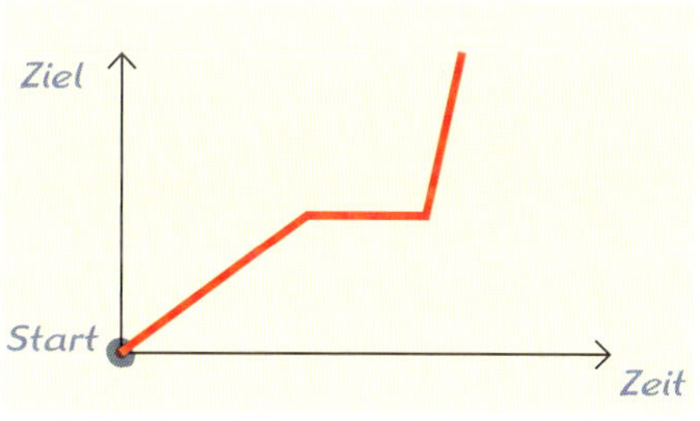

Staffellauf

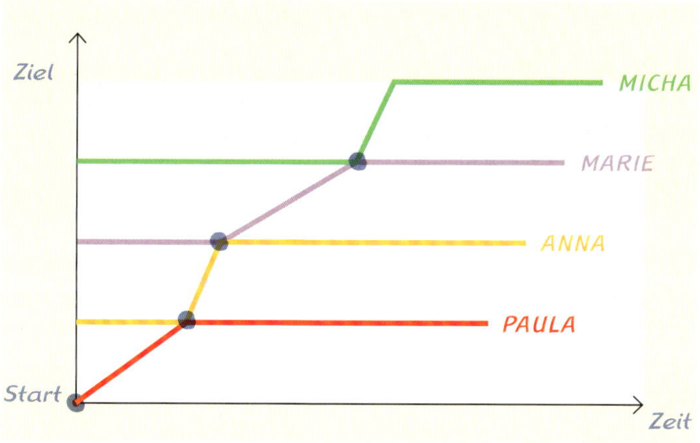

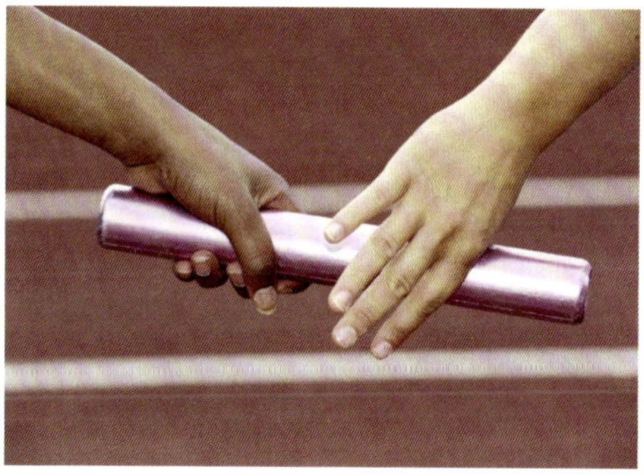

Lauft doch einmal wie Timo.

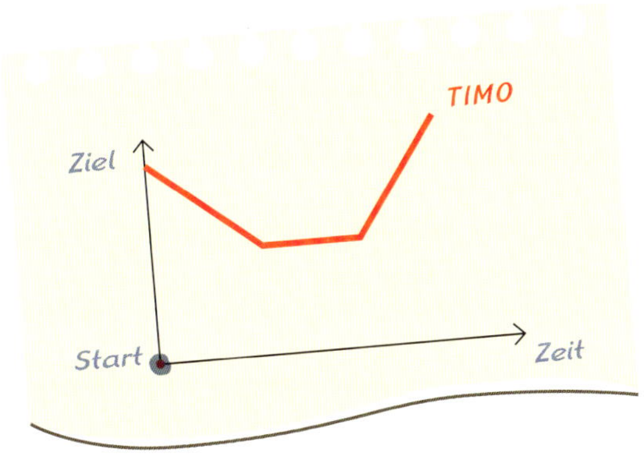

In diesem Kapitel lernst du,

- was man unter Zuordnungen versteht und wie man sie darstellt,
- was proportionale und umgekehrt proportionale Zuordnungen sind und wie man sie darstellt,
- wie man Werte von proportionalen und umgekehrt proportionale Zuordnungen einfach berechnen kann.

1 Zuordnungen und Schaubilder

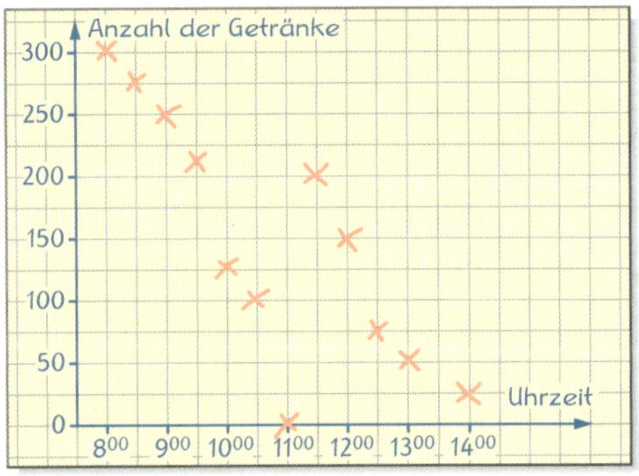

Beim Sommerfest verkauft die Klasse 7 Getränke. Paula zählt alle halbe Stunde wie viele Getränke noch da sind und trägt alles in ein Schaubild ein.

→ Wie hoch war der Anfangsbestand an Getränken? Wie der Endbestand?

→ In welchem Zeitraum wurden die meisten Getränke verkauft?

→ Was passierte zwischen 11 Uhr und 11:30 Uhr?

→ Stelle die Angaben in einer Tabelle dar.

Zwischen der Uhrzeit und der Anzahl an Getränken besteht ein Zusammenhang. Jeder Uhrzeit ist ein Bestand zugeordnet.
Zuordnungen findet man in vielen solcher Alltagssituationen.

Bei einer **Zuordnung** werden zwei Größenbereiche zueinander in Beziehung gesetzt. Jeder **Eingabegröße** wird eine **Ausgabegröße** zugeordnet.
Zuordnungen können durch **Tabellen, Schaubilder** und manchmal auch durch **Rechenvorschriften** beschrieben werden.

Beispiele

a) Familie Merker verreist. Für die Fahrt rechnet sie 180,00 €, für jeden Tag 120,00 €.

Tabelle

Anzahl der Urlaubstage (Eingabegröße)	Urlaubskosten (Ausgabegröße)
1	300,00 €
2	420,00 €
3	540,00 €
4	660,00 €
5	780,00 €

Schaubild

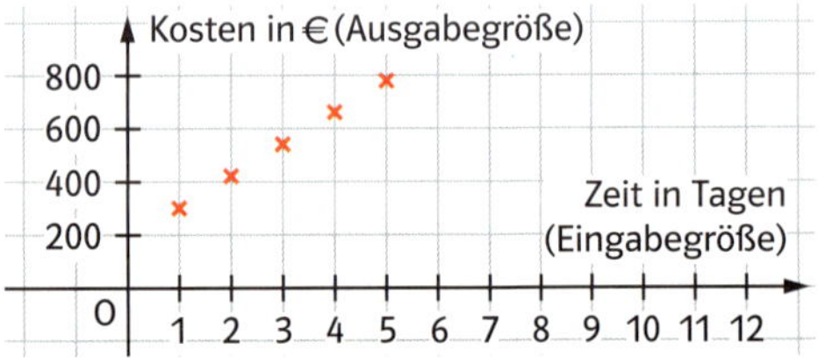

Rechenvorschrift

Multipliziere die Anzahl der Urlaubstage mit 120 € und addiere 180 € Fahrtkosten.
Kurz: Anzahl der Tage · 120 € + 180 €

b) Das Schaubild zeigt Tinas Weg zur Schule. Dabei wird der verstrichenen Zeit der zurückgelegte Weg zugeordnet.
Tina braucht insgesamt 50 min für ihren Schulweg. Nachdem sie das Haus verlassen hat, geht sie zur Bushaltestelle und wartet dort auf den Bus. Der Bus fährt sie leider nicht bis vor die Schule. Das letzte Stück muss sie zu Fuß gehen.

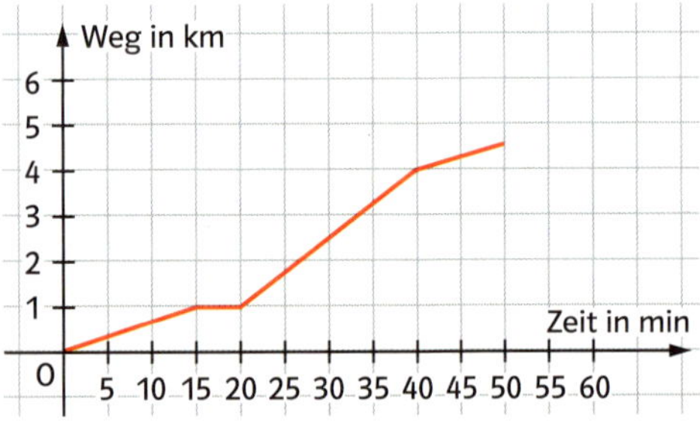

Aufgaben

1 Ein Wasserbecken wird gefüllt
- mithilfe eines Feuerwehrschlauchs.
- mithilfe eines Gartenschlauchs.
- mithilfe eines Wassereimers.

a) Skizziere in einem Schaubild, wie die Wasserstandshohe ın den 3 Fällen steigt.
b) Trage in das Schaubild den Fall ein, dass der Feuerwehrschlauch und der Gartenschlauch gleichzeitig das Becken füllen.
c) Trage in einem Schaubild den Fall ein, dass das Becken gleichzeitig mit Gartenschlauch und 10-Liter-Eimer gefüllt wird.
d) Wie sieht das Schaubild aus, wenn erst mit dem Gartenschlauch Wasser eingefüllt wird und nach einiger Zeit der Feuerwehrschlauch hinzugenommen wird?

2 Je schneller ein Auto fährt, umso mehr Benzin verbraucht es auf 100 km.

Geschwindigk. in $\frac{km}{h}$	40	80	120	160
Verbrauch in $\frac{l}{100\,km}$	6,8	8,0	10,9	13,5

Übertrage die Werte in ein Schaubild und verbinde die Punkte. Lies die Verbrauchswerte für 60 $\frac{km}{h}$; 100 $\frac{km}{h}$ und 140 $\frac{km}{h}$ ab.

3 a) Wie war der Kontostand der Klassenkasse Ende Mai?
b) An welchem Monatsende war der Kontostand am niedrigsten?
c) In welchem Monat muss Geld vom Konto abgehoben worden sein?
d) Stelle weitere Fragen. Beantworte sie.
e) Kannst du den Kontostand auch in einer Tabelle darstellen?

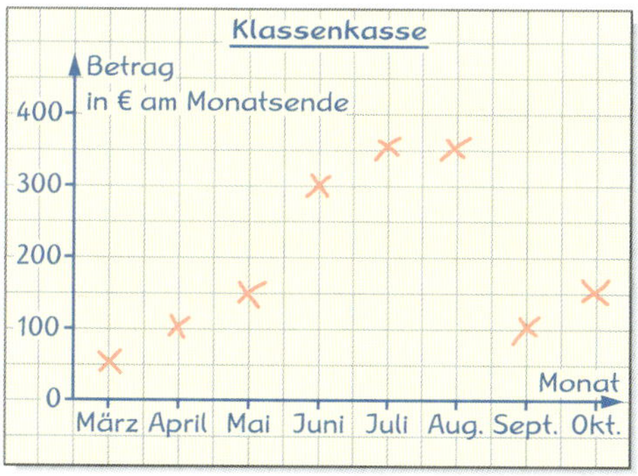

4 Das Schaubild zeigt, wie sich die Wasserstandshöhe verändert, wenn der Becher gleichmäßig gefüllt wird.

Zeichne das Schaubild für das abgebildete Gefäß.

a)

b)

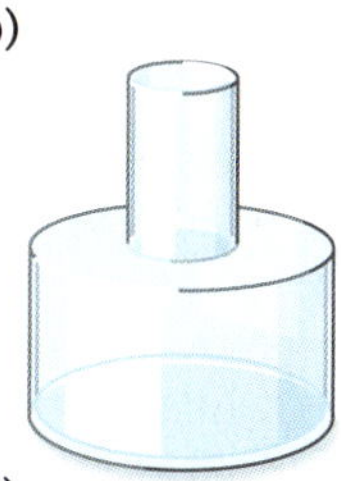

c)

d)

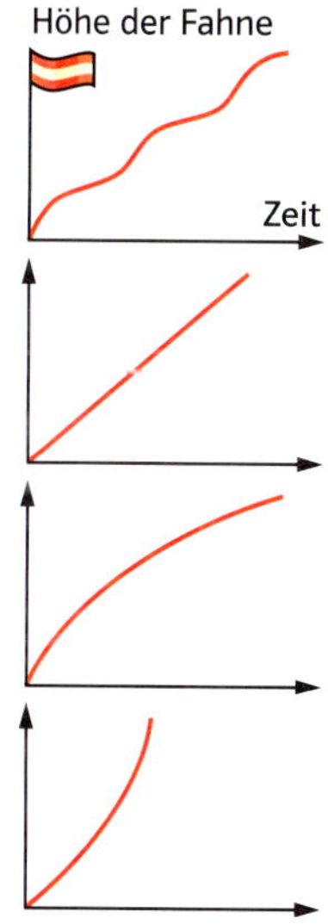

Erkläre, wie das Hochziehen der Fahnen durchgeführt wurde. Welches Schaubild entspricht am ehesten der Realität?

5 Übertrage die Tabellen in dein Heft und setze sie fort. Beschreibe die zugrunde liegende Rechenvorschrift in Worten.

a)

Stückzahl	2	4	6	8	10	12
Preis in €	4,80	9,60	14,40			

b)

Gewicht in g	100	200	300	400	500	600
Preis in €	3,00	3,50	4,00			

6 a) Stelle das Abbrennen der Kerze in einem Zeit-Längen-Schaubild dar.
b) Lies im Schaubild ab, wie lang die Kerze nach 2; 5; 6; 8 Stunden ist.
c) Übertrage die Wertetabelle in dein Heft und fülle sie aus.

Zeit in Stunden	0	2	4	…
Länge in cm	15	12	…	…

Kurze Geschichten

Laura ist älter als Tim, er leichter als sie.

■ Findet weitere solche Sätze und vergleicht.

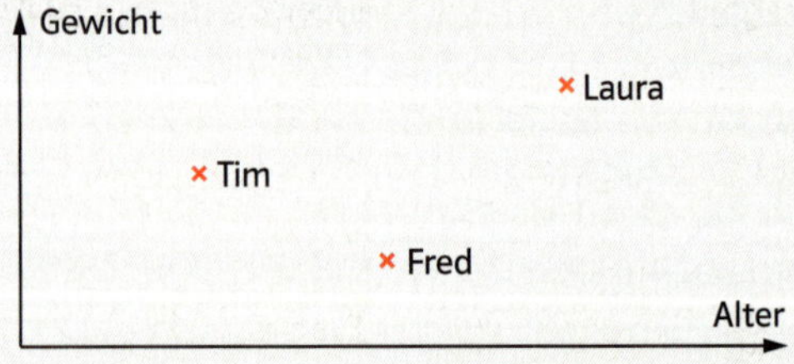

■ Schreibe zu den beiden Schaubildern unten vergleichende Sätze auf.

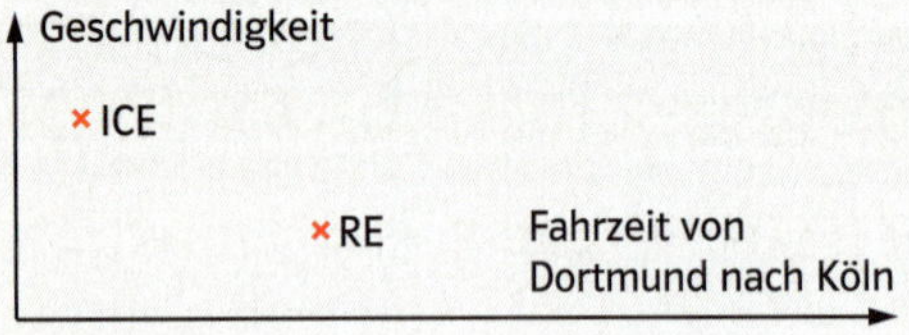

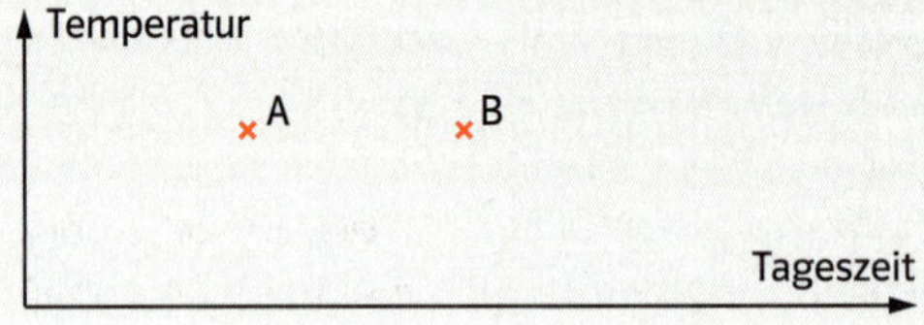

Geschichten mit noch mehr Mitspielern

■ Gib für jeden Punkt an, welches Fahrzeug er darstellt.

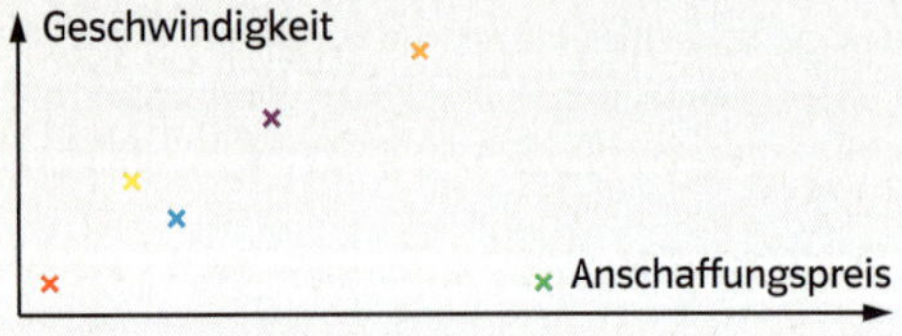

Verzwicktere Geschichten

Peter badet.

■ Erzähle eine „Badewannengeschichte“, die zum Schaubild passt.

Überlege, wodurch sich die Wasserstandshöhe verändert.

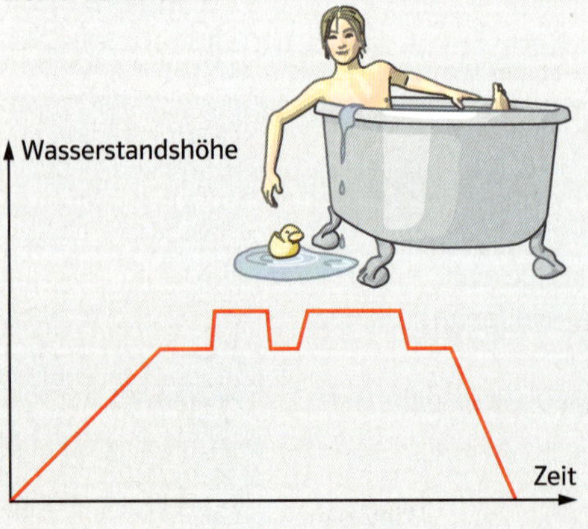

Das Schaubild zeigt die Leistungsfähigkeit eines Menschen in Abhängigkeit von der Tageszeit.

■ Erkläre das Schaubild und beantworte die Fragen.

- Zu welcher Tageszeit bist du besonders leistungsfähig?
- Wann sollte eine Klassenarbeit geschrieben werden?
- Wann solltest du die Hausaufgaben machen?
- Was kannst du sonst noch aus dem Schaubild ablesen?

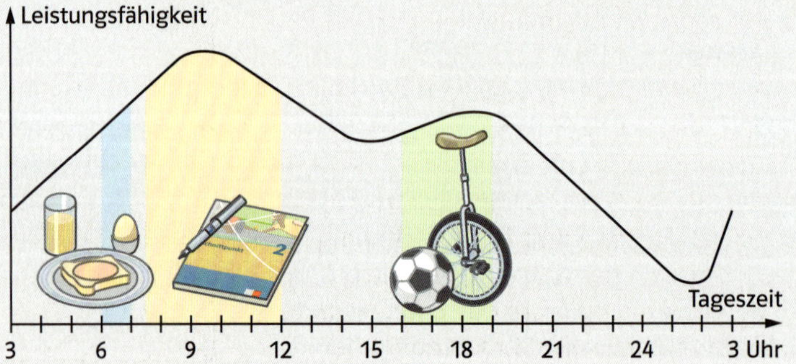

2 Proportionale Zuordnungen

Die Klasse 7a hat sich einen Spaß gemacht und für den Verkauf beim Sommerfest unvollständige Tabellen aufgehängt.

belegte Brötchen	1	2	5	10	20
Preis in €	0,60				

Glas Saft	1	3	6	12	15
Preis in €			2,40		

Anteil einer Pizza	$\frac{1}{5}$	$\frac{1}{2}$	1	1,5	2
Preis in €			3,00		

→ Warum kann man die fehlenden Preise so einfach bestimmen?

Zwischen der Menge einer Ware und dem zu zahlenden Preis besteht in der Regel ein einfacher Zusammenhang. Kostet z. B. 1 kg Tomaten 2,00 €, so muss für die
- doppelte Menge Tomaten (2 kg) doppelt so viel gezahlt werden (4,00 €).
- dreifache Menge Tomaten (3 kg) dreimal so viel gezahlt werden (6,00 €).
- halbe Menge Tomaten ($\frac{1}{2}$ kg) halb so viel gezahlt werden (1,00 €).

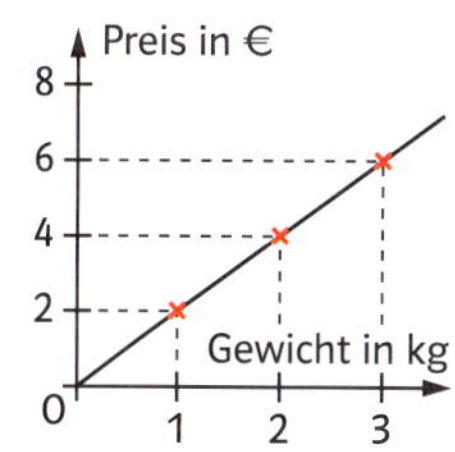

Wenn bei einer Zuordnung zum Zweifachen, Dreifachen, ... der Eingabegröße das Zweifache, Dreifache, ... der Ausgabegröße gehört, spricht man von einer **proportionalen Zuordnung**. Alle Punkte einer proportionalen Zuordnung liegen auf einer Geraden durch den Punkt (0 | 0), den Ursprung O.

Proportional bedeutet, dass pro Portion immer ein gleicher Anteil vorliegt.

Beispiel

Der 533 m hohe CN-Tower in Toronto ist eines der höchsten Gebäude der Welt. Ein Expressaufzug bringt die Besucher schnell in das 346 m hohe Drehrestaurant. Eine Höhe von 100 m hat der Aufzug bereits nach 16 s erreicht.
In der **Tabelle** lässt sich die proportionale Zuordnung der erreichten Höhe nach benötigter Zeit darstellen.
Das **Schaubild** zeigt, für welche Höhe wie viel Zeit benötigt wird bzw. welche Höhe man nach welcher Zeit erreicht hat.
Mithilfe der **Rechenvorschrift** kann man für jede Höhe die benötigte Zeit errechnen: Teile die Anzahl der Höhenmeter durch Hundert und multipliziere das Ergebnis mit 16. Für eine Höhe von 180 m benötigt der Aufzug $180 : 100 \cdot 16\,s = 28{,}8\,s$.

Höhe in m	Zeit in s
20	3,2
50	8
100	16
200	32
250	40
300	48

: 2 (100 → 50 bzw. 16 → 8); · 3 (100 → 300 bzw. 16 → 48)

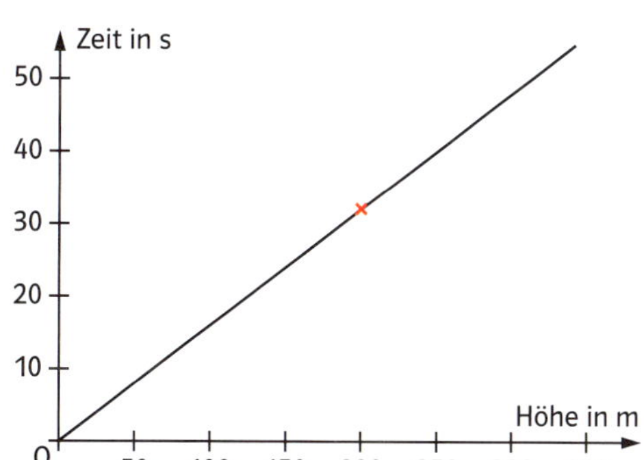

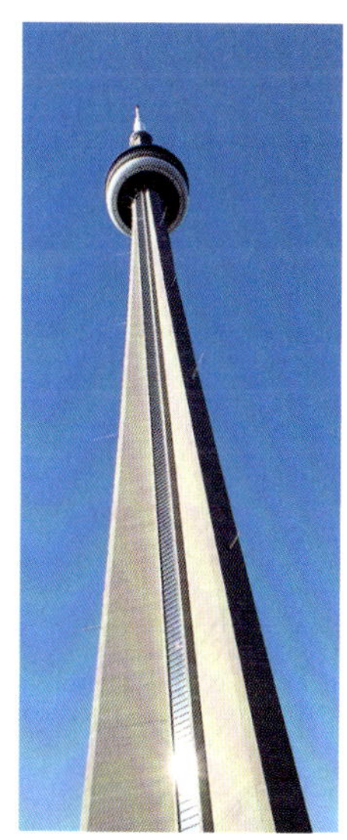

Aufgaben

1 Vervollständige im Heft.

a)

	Gewicht in kg	Preis in €	
	8	16	
· 4	32	□	· 4
: 8	□	□	: 8
· $\frac{1}{4}$	□	□	· $\frac{1}{4}$
· 5	□	□	· 5

b)

	Zeit in h	Weg in km	
	6	24	
· 3	18	□	· 3
: □	□	8	: □
· 5	□	□	· 5
· □	5	□	· □

2 Welche Zuordnung ist proportional, welche nicht? Begründe deine Antworten.

Eingabegröße	Ausgabegröße
Alter eines Kindes	Körpergröße
Anzahl der Arbeitsstunden	Lohn
Gewicht	Anzahl der 1-€-Münzen
Anzahl der Eier	Kochzeit
Anzahl der Waffeln	Backzeit
Fahrtstrecke	Fahrtdauer

Und 1 Stück?

3 Ergänze. Überlege dir ein passendes Beispiel für die proportionale Zuordnung.

a)

Zeit in h	3	9	1,5	4,5
Weg in km	12			

b)

Menge in l	4	20	40	64
Preis in €		30		

c)

Zeit in min	7,5	15	60	135
Weg in km		4		

d)

Einzelpreis in €	1	2	2,5	5
Gesamtpreis in €			10	

e)

Zeit in s	6	18	24	27
Anzahl der Umdrehungen		3		

4 Formuliere eine Rechenvorschrift.

a) Jonas möchte Hefte kaufen. Ein Heft kostet 45 ct.

b) Der Pkw von Herrn Sorg verbraucht auf 100 km durchschnittlich 8 Liter Benzin.

c) Eine Autovermietung verlangt für das Leihen eines Pkw für jeden gefahrenen Kilometer 25 ct.

d) Alexandra fährt mit ihrem Rad in einer Minute durchschnittlich 300 m.

e) Die Karte für ein Konzert kostet 13 €.

f) Zeichne für die Situation a) bis e) ein Schaubild.

5 In der Tabelle ist eine proportionale Zuordnung dargestellt.
Trage das angegebene Wertepaar in ein Quadratgitter ein und zeichne das Schaubild. Lies dann die fehlenden Werte ab und vervollständige die Tabelle.

a)

Anzahl Eiskugeln	0	1	2	3	4	5
Preis in ct	0		140		280	

b)

Anzahl der Kiwis	0	3	5	7	15
Preis in €		0,9			4,50

c)

Milch in l	0	0,5	1	1,5	2
Preis in €					1,60

d)

Füllhöhe in cm	0	15	45	90
Volumen in cm³		100		

6 Kerzen brennen gleichmäßig ab.

a) Welche Höhe hat die Kerze um 17 Uhr?

b) Wie spät ist es, wenn 8 cm der Kerze abgebrannt sind?

c) Wie spät ist es, wenn die Kerze noch 1,5 cm lang ist?

d) Um wie viel Uhr geht die Kerze aus?

e) Zeichne das Schaubild für das Abbrennen der Kerze.

7 a) Ein Flugzeug legt pro Stunde 700 km zurück. Erstelle eine Tabelle, in der die Werte von 0 Std. bis 8 Std. in 1-Std.-Schritten eingetragen sind.
Zeichne das dazugehörige Schaubild.
b) In einer Minute legt ein Spaziergänger 60 m zurück. Erstelle eine Tabelle, in der die Werte von 0 min bis 90 min in 10-min-Schritten eingetragen sind.
Zeichne das dazugehörige Schaubild.

8 Für den Verkauf im Schülercafé erstellt Ina Tabellen.
a) Eine Packung Eistee kostet 55 ct.
b) Ein Brötchen kostet 41 ct.
c) Ein Müsliriegel kostet 63 ct.

9 Die Rechenvorschrift ist gegeben. Beschreibe eine mögliche Situation und zeichne das Schaubild.
a) Preis = Anzahl der Liter · 3,50 €
b) Weg = Zeit in Stunden · 40 km/h
c) Gewicht = Anzahl der Steine · 1,5 kg
d) Lohn = Anzahl der Arbeitsstunden · 12 €

10 Beim nächsten Schulfest sollen Hefeteilchen gebacken und an die Besucherinnen und Besucher verkauft werden.
Das Grundrezept sieht folgende Zutaten für 16 Gebäckstücke vor:
500 g Weizenmehl Type 1050; 40 g Hefe; 150 g lauwarme Milch; 90 g weiche Butter; 70 g Honig und 3 Eigelb.

Der besondere Faktor ?!

- Bilde den Quotienten jeder einzelnen Tankquittung, indem du den Preis durch die Literzahl dividierst.
- Was stellst du fest?
- Überprüfe deine Vermutung an folgenden Situationen.

Bei Firma FIT wurden 38,2 l Super zu einem Preis von 47,33 € getankt und bei Firma CHEAP 31,9 l zu einem Preis von 38,57 €.

Mit dem Wert, den du durch die Quotientenbildung erhältst, kannst du leicht neue Ausgabegrößen berechnen. Dafür musst du diesen Wert nur mit der Eingabegröße multiplizieren. Die Speichertaste des Taschenrechners kann eine nützliche Hilfe sein.

*Dieser Wert wird **Proportionalitätsfaktor** genannt.*

- Berechne die fehlenden Werte der Tabellen mit deinem Taschenrechner.

FIT:

Anzahl in l	Preis in €
38,2	
49,1	
26,4	
17,6	

CHEAP:

Anzahl in l	Preis in €
17,8	
31,9	
19,8	
43,5	

- Finde heraus, ob es sich um eine proportionale Zuordnung handelt.

Menge in kg	Preis in €
14,2	17,75
23,8	29,75
31,6	39,50

Stück	Gewicht in g
3	360
5	610
8	980

Länge in m	Preis in €
4,65	12,51
7,80	20,99
13,24	35,62

Ein Schulheft kostet 0,75 €. Ein Fünferpack Hefte kostet 3,00 €.
In der Preistabelle wird immer der günstigste Preis angegeben.

- Welchen Einfluss hat der Mengenrabatt auf die Zuordnung?
- Untersuche die Zuordnung Anzahl der Fünferpakete und deren Preis.
Was stellst du fest?

Anzahl der Hefte	1	2	3	4	5	6	7	8	9	10	11	12
Kosten in €	0,75	1,50	2,25	3,00	3,00	3,75	4,50	5,25	6,00	6,00	6,75	7,50

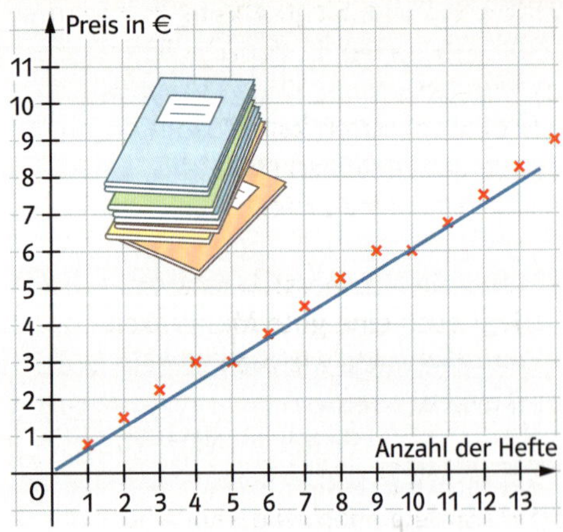

Der Kopiershop hat in dieser Woche günstige Angebote.

- Margret braucht 50 Kopien.
- Gestern machte Philipp 90 Kopien und heute 100 Kopien.
Er wundert sich.
- Zeichne ein möglichst großes Schaubild bis 400 Kopien.
Was stellst du fest?
- Bestimme mithilfe des Schaubilds, ab welcher Kopienzahl es günstiger ist, 100 bzw. 300 Kopien anfertigen zu lassen.

Ihr Kopiershop

Angebot der Woche

nur 8 ct pro Kopie
ab 100 Kopien nur 7 ct
ab 300 Kopien nur 6 ct

Die Firma Fabro bietet Faserstifte einzeln für 0,50 € oder in einer 12er-Box für 4,50 €.

- Ahmadi kauft 20 Faserstifte und bezahlt 8,50 €; Klaus bezahlt für seine 20 Stifte aber 10 €. Erkläre.
- Mithilfe eines Schaubilds kannst du die Erklärung für die unterschiedlichen Preise schnell herausfinden.
Erstelle zuerst eine Tabelle für die Preise von 1; 2; 3; … 24 Stifte bei günstigstem Einkauf. Trage die Werte dann in ein Schaubild ein.
Du kannst am Schaubild einiges erkennen. Beschreibe.

3 Umgekehrt proportionale Zuordnungen

Für die feierliche Siegerehrung beim Sommerfest sollen in der Aula 360 Stühle gestellt werden.
→ Auf welche Arten kann man die Stühle in gleich lange Reihen stellen?
Welche Arten sind zweckmäßig, welche nicht?
→ Messt die Aula eurer Schule aus und überlegt euch eine gute Möglichkeit.
→ Erkundigt euch, wie die Stühle in der Regel gestellt werden.

Vier Freunde planen eine Radwanderung von 360 km Länge. Ines möchte 50 km je Tag fahren. Nach Aarons Meinung reichen die Urlaubstage dann nicht. Er schlägt vor, 70 km am Tag zu fahren.

Tagesstrecke in km	40	50	60	70	80	90	100
Fahrtdauer in Tagen	9	7,2	6	5,1	4,5	4	3,6

Je länger die Tagesstrecke, desto weniger Tage benötigen sie. Und je kürzer die Strecke, desto mehr Tage sind sie unterwegs.
Zeichnet man das Schaubild, erkennt man eine Kurve. Die Punkte dieser Kurve dürfen nicht geradlinig verbunden werden.

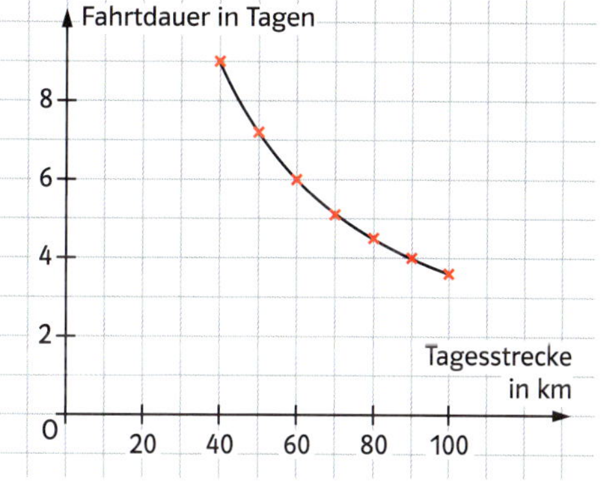

Eine Zuordnung heißt **umgekehrt proportional**, wenn zu einem Drittel, der Hälfte, dem Zweifachen, dem Dreifachen, ... der Eingabegröße das Dreifache, das Zweifache, die Hälfte, das Drittel, ... der Ausgabegröße gehört.
Alle Punkte der Zuordnung liegen auf einer Kurve. Sie heißt **Hyperbel**.

Beispiel

Eine Gemeinde plant ein Baugebiet mit 18 000 m^2 Fläche. Soll jedes Grundstück 300 m^2 groß werden, gibt es 18 000 m^2 : 300 m^2 = 60 Grundstücke. Verdoppelt sich die Grundstücksfläche auf 600 m^2, halbiert sich die Anzahl der Grundstücke auf 30. Ist die Größe der Grundstücke nur ein Drittel von 600 m^2, verdreifacht sich die Anzahl der Grundstücke usw.

	Grundstücksfläche in m^2	Anzahl der Grundstücke	
	300	60	
· 2	600	30	: 2
: 3	200	90	· 3
· 2	400	45	: 2

1 Übertrage die Tabelle ins Heft und gebe die fehlenden Werte der umgekehrt proportionalen Zuordnung an.

a)

Anzahl der Personen	Gewinn pro Person in €
4	300
(:2) 2	(·2) □
(·□) 6	(:□) □
(:6) 1	(·□) □
(·□) □	(:□) 150

b)

Schrittlänge in cm	Anzahl der Schritte
80	120
(:2) 40	(·2) □
(:□) 10	(·□) □
(·□) □	(:□) 96
(:□) 50	(·□) □

2 Welche Zuordnungen können umgekehrt proportional sein? Welche sind sicher nicht umgekehrt proportional? Begründe.

Eingabe	Ausgabe
Anzahl der Personen	Gewicht einer Portion
Vorrat	Zeit, die der Vorrat reicht
Tageszeit	Zeit bis zum Ende des Tages
Gewicht eines Brotlaibs	Anzahl der Scheiben
Dicke der Bretter	Anzahl der Bretter
Anzahl der Lkw-Fahrten	Zeit zum Aufschütten eines Damms
Geschwindigkeit am Start	Zeit, in der 800 m gelaufen werden

Jetzt gehts ums Ganze ?!

Die Trainerin der Fußballmannschaft überlegt, wie sie die Sportlerinnen in gleich große Gruppen einteilen kann.

Gruppenanzahl	Gruppenstärke
2	15
3	10
5	6
6	5

- Bestimme das Produkt aus Eingabegröße und Ausgabegröße.
- Was stellst du fest?

- Überprüfe deine Vermutung an folgendem Beispiel einer umgekehrt proportionalen Zuordnung.
Ein Becken, das 420 Liter fasst, soll mit Eimern gefüllt werden. Es stehen verschiedene Eimer zur Verfügung.

Fassungsvermögen eines Eimers in l	Anzahl der Eimer
5	84
10	42
12	35

Mithilfe des Produkts aus Ausgabegröße und Eingabegröße kann man sehr schnell überprüfen, ob eine umgekehrt proportionale Zuordnung vorliegt.

- Finde heraus, ob es sich um eine umgekehrt proportionale Zuordnung handelt.
Wenn ja, schreibe eine weitere Zeile und überlege dir dann die passenden Sachverhalte.

Stück	Preis in €
12	48
18	32
□	□

Anzahl	Zeit in h
15	9
5	25
□	□

Anzahl	Gewicht in kg
88	10
20	44
□	□

Stück	Fläche in m^2
18	45
27	30
□	□

3 Je nach Verbrauch reicht eine Tankfüllung von 60 l unterschiedlich weit.
a) Berechne in einer Tabelle die Reichweiten für die Verbrauchswerte
3 l; 4 l; 5 l; 6 l; 10 l; 12 l; 15 l; 30 l
je 100 km Strecke.
Tipp: 6 ist ein guter Anfang.
b) Trage die Werte in ein Schaubild ein. Verbinde die Punkte zu einer Hyperbel.

4 Diese Zuordnungen sind, wenn man gedankenlos rechnet, umgekehrt proportional. Überlege aber, ob man die Werte der Eingabegröße beliebig wählen kann.
a) Eine Jugendgruppe plant eine mehrtägige Radtour. Die Gesamtstrecke ist 420 km.
b) Ein Baugebiet von 20 500 m^2 soll in gleich große Grundstücke eingeteilt werden.
c) Eine Menge von 7200 l Saft soll in Flaschen abgefüllt werden.
d) Ein Hausdach wird von drei Dachdeckern in 16 Stunden gedeckt.

5 Ein Wanderverein mietet einen Bus für 50 Personen. Die Kosten von 630 € sollen gleichmäßig verteilt werden. Die Vereinsvorsitzende erwartet Absagen und überlegt, wie hoch der Kostenbeitrag ist, wenn nur 45; 40; 35; 30 Personen mitfahren.

6 Ein Flugzeug fliegt in einer Stunde 950 km. Von Düsseldorf nach Chicago braucht es neun Stunden. Auf dieser Strecke bläst oft Gegenwind. Die Geschwindigkeit des Flugzeugs verringert sich dann um die Windgeschwindigkeit.
a) Wie lange dauert der Flug bei einem Gegenwind mit der Geschwindigkeit 25 km in 1 h; 50 km in 1 h; 75 km in 1 h; 100 km in 1 h; 125 km in 1 h?
b) Stelle die Flugdauer bei den verschiedenen Fluggeschwindigkeiten in einem Schaubild dar.
c) Stelle die Verlängerung der Flugdauer bei den verschiedenen Windgeschwindigkeiten in einem Schaubild dar. Ist diese Zuordnung proportional, ist sie umgekehrt proportional?

Runde auf Minuten!

Rechtsachse:
1 cm für 10 km pro h
Hochachse:
1 cm für 30 min

Punkte einmal anders

Die Schriftgröße wird in der Einheit „Punkt", abgekürzt pt, gemessen. Schreibt man das Wort „Regenbogen" in 8-pt-Schrift mehrfach ohne Abstände hintereinander, passen in eine 16 cm lange Zeile 114 Buchstaben. In 12-pt-Schrift sind es 76 Buchstaben. Diese zwei Zeilen sind im Bild unten in Rot bzw. Orange ausgedruckt.

- Zähle in den folgenden vier Zeilen aus, wie viele Buchstaben in den Schriftgrößen 16 pt; 20 pt; 24 pt und 28 pt in eine Zeile passen.
- Gibt es einen Zusammenhang zwischen der Schriftgröße und der Anzahl der Buchstaben?
- Experimentiere mit anderen Schriftgrößen, anderen Buchstaben, anderen Schriftarten.

RegenbogenRegenbogenRegenbogenRegenbogenRegenbogenRegenbogenRegenbogenRegenbogenRegenbogenRegenbogenRegenbogenRege
RegenbogenRegenbogenRegenbogenRegenbogenRegenbogenRegenbogenRegenbogenRegenb
RegenbogenRegenbogenRegenbogenRegenbogenRegenbogenRegenbogenRegenbo
RegenbogenRegenbogenRegenbogenRegenbogenRegen
RegenbogenRegenbogenRegenbogenRegenbog
RegenbogenRegenbogenRegenbogenRe

4 Dreisatz

Beim Sommerfest findet ein Sponsorenlauf statt.

→ Anna sollte für ihre geplanten 2,5 km von ihrer Schwester 1,50 € bekommen. Sie schafft aber 3,5 km.

→ Die Einnahmen von 2223 € sollen gleichmäßig an die Kinderkrebshilfe, die Partnerschule und den eigenen Förderverein verteilt werden. Wie viel bekommt jede Institution? Auf Anregung der Eltern soll das Rote Kreuz auch bedacht werden.

Übrigens:
Das Wort „Dreisatz" bedeutet, dass drei Größen gegeben („gesetzt") sind und eine vierte ausgerechnet wird.

Mit dem **Dreisatz** lässt sich berechnen, wie viel man für 3 kg Kartoffeln bezahlen muss, wenn 5 kg Kartoffeln 3,00 € kosten.

Gewicht in kg	Preis in €
5	3,00
(:5) 1	0,60 (:5)
(·3) 3	1,80 (·3)

Mit dem **umgekehrten Dreisatz** lässt sich berechnen, wie lange 5 Helfer für die Ernte brauchen, wenn 4 Helfer 10 h benötigen.

Anzahl der Helfer	Zeit in h
4	10
(:4) 1	40 (·4)
(·5) 5	8 (:5)

Bei proportionalen Zuordnungen kann man die fehlende Ausgabegröße mithilfe des **Dreisatzes** berechnen. Man schließt zuerst durch Division auf die Einheit und dann durch die Multiplikation auf das Vielfache. Bei umgekehrt proportionalen Zuordnungen kann man die fehlende Ausgabegröße mithilfe des **umgekehrten Dreisatzes** berechnen. Der Division der Eingabegröße entspricht die Multiplikation der Ausgabegröße und umgekehrt.

Beispiele

a) 8 Gurken kosten 4,40 €. Wie viel muss man für 3 Gurken bezahlen?

Anzahl Gurken	Preis in €
8	4,40
(:8) 1	0,55 (:8)
(·3) 3	1,65 (·3)

b) Vier Pumpen benötigen zum Füllen eines Schwimmbads 12 h. Heute steht eine Pumpe weniger zur Verfügung. Wie lange dauert es jetzt, um das Becken zu füllen?

Anzahl Pumpen	Zeit in h
4	12
(:4) 1	48 (·4)
(·3) 3	16 (:3)

Bemerkungen

a) Manchmal ist es günstig, nicht auf die Einheit zu schließen, sondern auf einen größeren Wert. Er muss ein Teiler der beiden gegebenen Eingabegrößen sein. Bei umgekehrt proportionalen Zuordnungen kann man ähnlich geschickt vorgehen.

Dönerfleisch in g	Preis in €
750	9,00
(:3) 250	3,99 (:3)
(·5) 1250	15,00 (·5)

b) Man kann den Lösungsweg statt in Tabellenform auch in Satzform aufschreiben.
Eine Trainingsfahrt mit dem Rad über 20 km dauert 55 Minuten. Nach welcher Zeit sind 12 km zurückgelegt?
1. Satz: Für 20 km benötigt man 55 min.
2. Satz: Für 2 km benötigt man 55 min : 10 = 5,5 min.
3. Satz: Für 12 km benötigt man 5,5 min · 6 = 33 min.

Aufgaben

1 a) Vier Kiwis kosten 1,60 €. Frau Krings kauft zehn Kiwis.
b) 15 kg Kartoffeln kosten 6,00 €. Miriam soll 25 kg kaufen.

2 Drei Schachteln Kekse kosten 2,70 €. Vier Tafeln Schokolade kosten 2,40 €. Jan kauft acht Schachteln Kekse und zehn Tafeln Schokoladen.

3 a) 500 g Roggenmehl kosten 0,60 €. Im Rezept für ein Brot sind 750 g verlangt.
b) 1 kg Johannisbeeren wird für 2,40 € angeboten. Familie Mayer braucht für die Marmelade 2,5 kg.
c) Für 1,30 € bekommt man 4 Becher Jogurt. Katja hat für 5,20 € Jogurt gekauft.
d) 100 g Schnittkäse werden für 1,80 € angeboten. Herr Kreisl lässt sich 250 g abwiegen.

4 Frau Peters arbeitet von Montag bis Freitag jeden Nachmittag drei Stunden in einem Büro und erhält für jeden Tag 21 €.
a) An einem Nachmittag ist besonders viel zu tun. Frau Peters arbeitet zwei Stunden länger.
b) Die Firma zahlt das Geld wöchentlich aus. In einer Woche hat Frau Peters nur elf Stunden gearbeitet.
c) Frau Peters möchte in fünf Tagen 120 € verdienen. Sie bittet den Chef, den Stundenlohn entsprechend zu erhöhen.

5 Michael fährt die 14 km lange Strecke von Billerbeck nach Coesfeld mit seinem Fahrrad in 42 Minuten.
a) Am nächsten Tag fährt Michael die 21 km lange Strecke von Havixbeck nach Münster bei gleicher Geschwindigkeit.
b) Nach Dülmen sind es 42 km. Für diese Strecke benötigt Michael allerdings $2\frac{3}{4}$ Stunden. Woran könnte es liegen?

6 a) Apfelsaftschorle wird in 1-l-Flaschen für 0,79 € und in 1,5 l-Flaschen für 1,09 € angeboten. Welches Angebot ist günstiger?
b) Eine 250-g-Tüte Kokoskugeln kostet auf dem Markt 1,50 €. Der Discounter bietet die 150-g-Tüte zum Preis von 0,99 € an.

7 Eine 5 m lange und 3 m hohe Wand ist schon gestrichen, und 2,5 l Farbe sind verbraucht. Zu streichen sind noch 80 m².

8 Zur Jahresabschlussfeier der Klasse 7c will Sarah Tiramisu zubereiten. Zusammen mit ihr hat die Klasse 26 Schülerinnen und Schüler. Der Klassenlehrer soll eine doppelte Portion bekommen.

9 Berechne geschickt den fehlenden Wert mit dem umgekehrten Dreisatz.

a)

Anzahl der Gewinner	Gewinn in €
6	1245
9	□

b)

Anzahl der Personen	Kostenbeitrag in €
18	133,25
26	□

c)

Geschwindigkeit in km/h	Zeit in h
24	$1\frac{1}{2}$
27	□

d)

Lkw-Ladung in m^3	Anzahl der Lkw-Fahrten
7,0	21
9,0	□

Wir übern. Babysitten Hund ausführen Einkaufen
Tel. 0177 123456

10 Sechs Schülerinnen und Schüler geben eine Zeitungsanzeige auf.
Alle beteiligen sich mit 1,45€ an den Kosten. Jetzt entschließen sich noch drei andere Schülerinnen mitzumachen.

11 Im Bebauungsplan eines Neubaugebiets sind 16 Grundstücke zu je 720 m^2 ausgewiesen.
a) Der Plan wird geändert. Die Grundstücke sollen nur noch je 640 m^2 groß sein.
b) Angenommen, man hätte 320 m^2 große Grundstücke geplant. Gäbe es von dieser Größe dann genau doppelt so viele Grundstücke wie bei einer Größe von 640 m^2?

12 Ein Sportverein beschließt, dass seine 141 Mitglieder einen Kostenbeitrag für den Bau eines Hartplatzes leisten müssen.
Auf jedes Mitglied entfallen 75€.
Durch einen Aufruf in der Zeitung werden 47 neue Mitglieder geworben, die alle bereit sind, sich an den Kosten zu beteiligen.

13 a) Normalerweise fährt Kajo mit dem Rad 20 km in der Stunde und braucht für den Heimweg vom Sportplatz 10 Minuten. Heute fährt er aber 25 km in der Stunde.
b) Ein Gewinn soll an acht Personen verteilt werden. Jeder bekommt 70 €. Eine Person verzichtet nachträglich.

14 Herr Bauer plant, die Terrasse mit neuen Platten zu belegen. Es gibt verschiedene Größen.
a) In eine Reihe passen 25 große Platten. Wie viele kleine Platten ergeben eine volle Reihe?

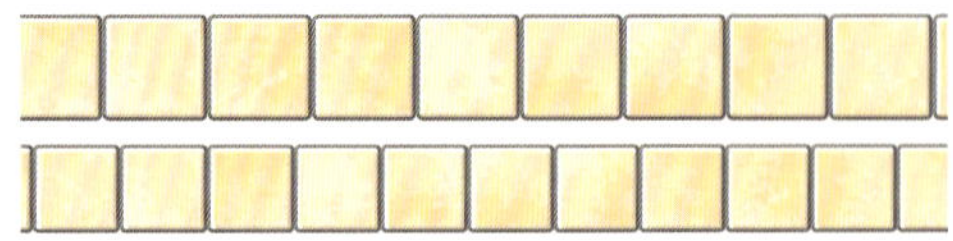

b) Die Terrasse ist quadratisch. Wie viele große Platten sind insgesamt nötig?
Wie viele kleine müsste Herr Bauer stattdessen kaufen?
c) Herrn Bauer wird ein Restposten von 250 großen Platten angeboten.

15 Beim Schulfest verkauft die Klasse 7c Pizza vom Blech. Lisa und Jan überlegen: Wir können 16 Stücke pro Blech schneiden und 1,50 € nehmen. Wir könnten auch 20 Stücke schneiden, verlangen dann aber entsprechend weniger.

16 Fünf gleich starke Röhren füllen ein Brunnenbecken in vier Stunden.
a) Gleich zu Beginn fällt eine Röhre aus.
b) Nach einer Stunde fällt eine Röhre aus.
c) Nachdem das Becken halb voll ist, fällt eine Röhre aus.

17 Orientteppiche werden geknüpft.
Je mehr Knoten sie pro Quadratmeter haben, desto teurer sind sie.
Ein Teppich, der 4,20 m lang und 3,00 m breit ist, hat 126 000 Knoten.
Ein gleichwertiger Teppich ist 2,75 m lang und 1,60 m breit.
Zum Knüpfen von 100 Knoten benötigt ein schneller Arbeiter ungefähr 10 Minuten. Täglich arbeitet er 8 Stunden.

18 Andreas kauft für die Klassenparty 24 Minipizzas zum Stückpreis von 3,50 €. Wie viel Pizzas hätte er für den gleichen Gesamtbetrag bekommen, wenn das Stück 4,20 € gekostet hätte?
Vergleiche.

19 Firma Wübken lässt einen Lärmschutzwall aufschütten. Dazu müssen 7200 m^3 Erde transportiert werden.
Die Firma Manke macht ein Angebot für einen Lkw mit 11 t Transportleistung und 59 € Kosten pro Fahrt. Der Lkw der Firma Strab transportiert 8 t und kostet 48 € pro Fahrt.

20 Bei einem sehr großen Traktor hat das Hinterrad einen Umfang von 5,60 m. Der Umfang des vorderen Rads ist 4,20 m.
a) Wie oft dreht sich das Hinterrad, wenn das Vorderrad 6400 Umdrehungen macht?
b) Wie viele Umdrehungen muss das Vorderrad machen, wenn das hintere sich 6400-mal dreht?

Umgekehrt proportionale Zuordnung: Länge zu Anzahl von Leisten

Leisten von 3,00 m Länge werden in gleich lange Teile geschnitten. Je nach Länge der Teile erhält man unterschiedliche Anzahlen.
Ein Tabellenkalkulationsprogramm hilft beim Rechnen.

	A	B	C	D	E	F	G	H	I	J
1	Stücklänge in cm	10	15	20	25	30	35	40	45	
2	300 cm : Stücklänge in cm	30,00	20,00	15,00	12,00	10,00	8,57	7,50	6,67	
3	Anzahl der Teilstücke	30	20	15	12					
4										
5										
6										
7										
8										
9										
10										
11										
12										
13										
14										
15										
16										
17										
18										
19										

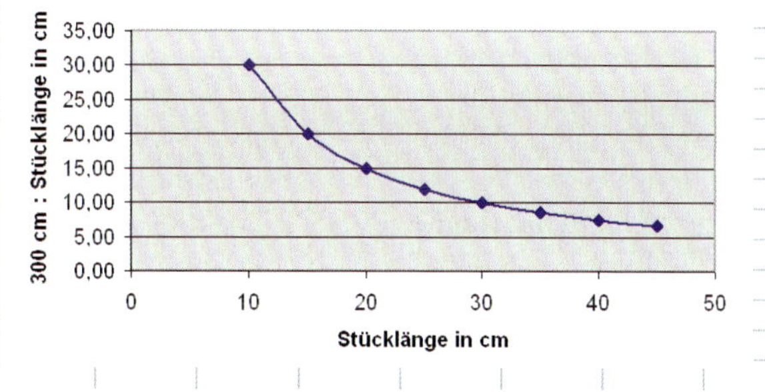

- Ergänze die Einträge in der dritten Zeile.
- Erstelle dieses Rechenblatt selbst. Stelle die Zuordnung der Länge zu den Divisionsergebnissen in der zweiten Zeile in einem geeigneten Diagramm dar.
- Was kannst du aus dem Diagramm ablesen?
- Bei jedem Schnitt werden 2 mm Material verbraucht. Wie ändert sich dadurch die Anzahl der Teilstücke?
- Erstelle Tabellen und Diagramme für andere Leistenlängen.
- Experimentiere auch mit unterschiedlich hohem Materialverlust durch die Schnitte.

Zusammenfassung

Zuordnung

Bei einer **Zuordnung** werden zwei Größen zueinander in Beziehung gesetzt. Jeder **Eingabegröße** wird eine **Ausgabegröße** zugeordnet.

Jedem Alter eines Menschen wird eine Körpergröße in Zentimeter zugeordnet.

proportionale Zuordnung

Eine Zuordnung heißt **proportional**, wenn zu einem Vielfachen oder einem Teil der Eingabegröße dasselbe Vielfache oder derselbe Teil der Ausgabegröße gehört.
Sie kann durch eine
- **Tabelle**,
- ein **Schaubild** oder
- eine **Rechenvorschrift** beschrieben werden.

1200 l Heizöl kosten 600 €.

Ölmenge in l	500	800	1500	1700
Preis in €	250	400	750	850

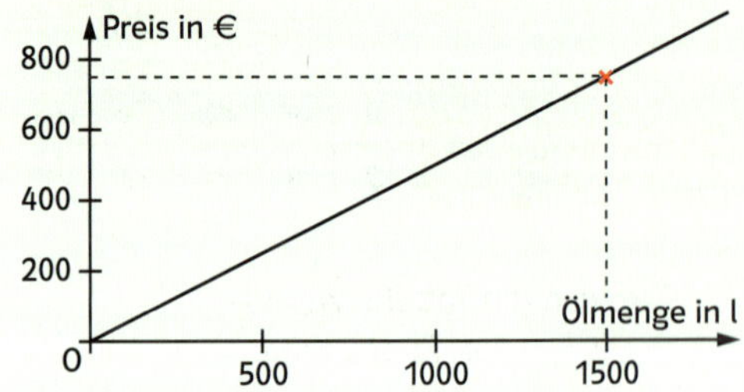

Kosten = 0,50 € · Anzahl der Liter

umgekehrt proportionale Zuordnung

Eine Zuordnung heißt **umgekehrt proportional**, wenn zu einem Drittel, der Hälfte, dem Zweifachen, dem Dreifachen … der Eingabegröße das Dreifache, das Zweifache, die Hälfte, das Drittel, … der Ausgabegröße gehört.

Alle Punkte der umgekehrt proportionalen Zuordnung liegen auf einer **Hyperbel**.

Anzahl der Tage	3	4	5	6	7	8
Tagesstrecke in km	140	105	84	70	60	52,5

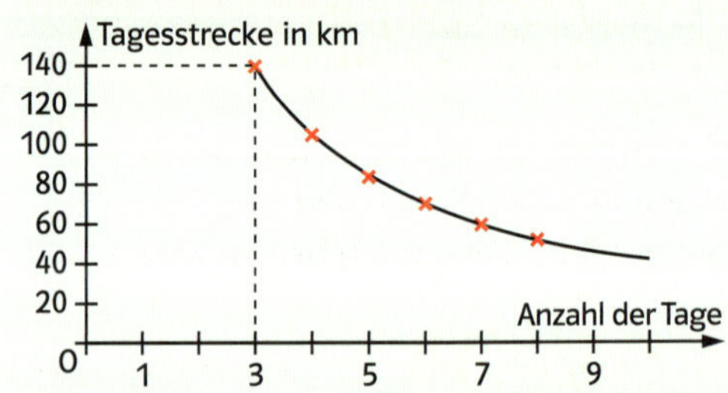

Dreisatz

Gesuchte Werte der Ausgabegröße einer proportionalen Zuordnung kann man mit dem **Dreisatz** berechnen. Man schließt zuerst durch Division auf die Einheit und dann durch Multiplikation auf das Vielfache.

1200 l Heizöl kosten 600 €. Wie viel kosten 1700 l?

Ölmenge in l	Preis in €
1200	600
:1200 → 1	:1200 → 0,5
·1700 → 1700	·1700 → 850

1700 l Heizöl kosten 850 €.

umgekehrter Dreisatz

Gesuchte Werte der Ausgabegröße einer umgekehrt proportionalen Zuordnung kann man mit dem **umgekehrten Dreisatz** berechnen. Der Division der Eingabegröße entspricht die Multiplikation der Ausgabegröße und umgekehrt.

Eine Radtour ist mit 7 Etappen zu je 60 km geplant. Die Radfahrgruppe hat aber nur 5 Tage Zeit.

Anzahl der Tage	Strecke in km
7	60
:7 → 1	·7 → 420
·5 → 5	:5 → 84

Die Tagesstrecke muss 84 km betragen.

Üben • Anwenden • Nachdenken

1 Handelt es sich um eine proportionale oder umgekehrt proportionale Zuordnung?

a)

Länge in m	8	12	24	32	36
Kosten in €	32	48	96	128	144

b)

Anzahl Maschinen	2	3	4	6	8
Zeit in h	48	32	24	16	12

c)

Stückzahl	56	64	88	136	168
Gewicht in kg	7	8	11	17	21

2 Ergänze die Tabelle zu einer

a) proportionalen Zuordnung.

Kosten in €	1	3	5		14
Nägel in g		1200		5200	

b) umgekehrt proportionalen Zuordnung.

Zeit in h		18		6
Anzahl der Arbeiter	1	2	3	6

3 Entscheide am Schaubild, ob die Zuordnung proportional oder umgekehrt proportional ist. Fülle die Tabelle weiter aus.

a)

Eingabegröße	...	3	4	5	...
Ausgabegröße	...	6	7	8	...

b)

Eingabegröße	...	3	4	5	...
Ausgabegröße	...	8	6	4,8	...

4 Welche Zuordnungen sind dargestellt?

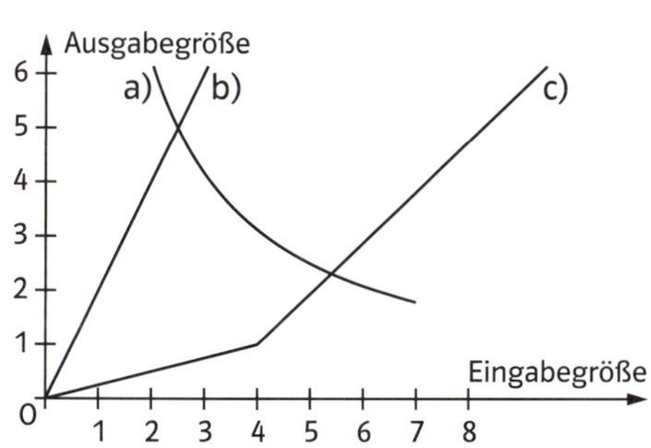

5 Das Wertepaar (1|4) gehört zu einer proportionalen und zu einer umgekehrt proportionalen Zuordnung.

a) Suche für beide Zuordnungen weitere Wertepaare und fertige für jede Zuordnung eine Tabelle an.

b) Zeichne die beiden Schaubilder.

6 Lucia hat zwei Katzen. Eine Katze braucht in drei Tagen zwei Dosen Futter.

a) Lucia kauft einen Monatsvorrat.

b) Lucia überprüft ihren Vorrat an Katzenfutter und stellt fest, dass sie noch zwölf Dosen hat.

7 Wie groß ist die ganze Statue?

8 Um die Fenster der Schule zu reinigen, benötigen drei Reinigungskräfte acht Stunden. In welcher Zeit hätten 6; 12; 24; 60; 120; 240 Reinigungskräfte die Fenster geputzt? Nicht alle Ergebnisse sind sinnvoll.

9 Um den Müll einer Stadt abzufahren benötigen sechs Müllwagen fünf Tage. Wegen eines Feiertags stehen nur vier Tage zur Verfügung.

10 a) Trage 10 Paare natürlicher Zahlen mit dem Quotient 34 in eine Tabelle ein.

b) Trage 10 Paare natürlicher Zahlen mit dem Quotient 1,5 in eine Tabelle ein.

11 Trage alle Paare natürlicher Zahlen in eine Tabelle ein, die denselben Produktwert haben wie

a) 6 und 8.   b) 7 und 12.

Je mehr ... desto mehr?

Herr Anders trägt die Fahrten, die er für seine Firma unternimmt, in ein Fahrtenbuch ein. Dafür benutzt er ein Tabellenkalkulationsprogramm.

C5	fx			
	A	B	C	D
1				
2	Woche	Fahrtage	Strecke	Benzin
3			in km	in Liter
4	31.03.-05.04.	3	178	14,56
5	07.04.-12.04.	4	330	27,25
6	14.04.-19.04.	2	139	11,54
7	21.04.-26.04.	3	277	20,85
8	28.04.-02.05.	5	541	42,55

- Übertrage die Werte in ein Tabellenkalkulationsprogramm und markiere die Bereiche C4 : C8 und D4 : D8. Sortiere nach der Anzahl der gefahrenen Kilometer.
- Stelle sie dann in einem Diagramm dar. Wähle dazu den Diagrammtyp „Punkt (XY)".
- Erkläre die Aussage, dass eine **annähernd proportionale Zuordnung** vorliegt.
- Kennst du Gründe für die Abweichung von einer „echten" proportionalen Zuordnung?

Einheits-Größen	Deutsche Größen	
	Damen	Herren
S	34–36	44
M	38–40	46–48
L	42–44	50–52
XL	46–48	54

Small
Medium
Large
Extra Large

12 Kleidungsgrößen werden in den USA anders angegeben als in Deutschland. In der Tabelle siehst du die Zuordnung der USA-Größen zu den deutschen Größen.
a) Welche USA-Größe entspricht der deutschen Herrengröße 48 und welche der Damengröße 36?
b) Welche deutsche Damengröße entspricht der USA-Größe L?
c) Was bedeutet wohl die Größe XXL?

13 Im Wasser legt der Schall pro Sekunde eine Strecke von 1500 m zurück.
a) Das Klopfzeichen eines Tauchers erreicht das Boot nach 0,03 s.
b) Erstelle eine Tabelle für die Zuordnung der Tauchtiefe in Meter zur Laufzeit des Schalls in Zehntelsekunden. Fertige ein Schaubild an.
c) Erkundige dich nach der Schallgeschwindigkeit in Luft.
Erstelle eine Tabelle für die Zuordnung der Entfernung in Meter zur Laufzeit des Schalls in Sekunden. Welche Bedeutung hat deine Tabelle für den Zusammenhang zwischen Blitz und Donner?

14 Ein Taxiunternehmen verlangt für jede Fahrt eine Grundgebühr von 1,50 € und für jeden gefahrenen Kilometer 50 ct.
a) Herr Koenen fährt 15 km mit dem Taxi, Frau Zimmermann fährt doppelt so weit.
b) Frau Teobald muss 18,00 € bezahlen, Herr Schramm nur die Hälfte.

15 In dem Schaubild ist der Zeit ein zurückgelegter Weg zugeordnet.

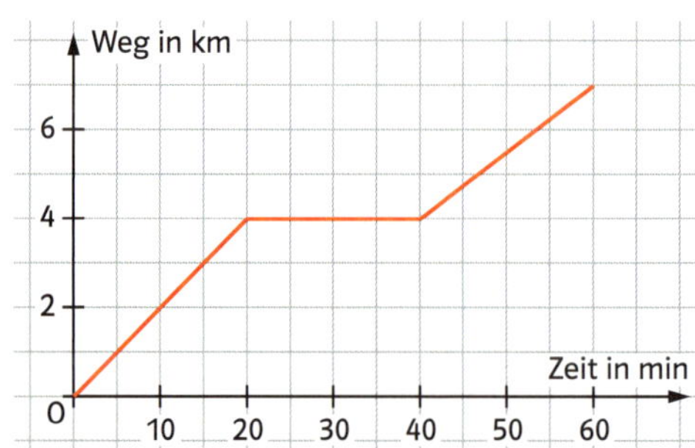

a) Gibt es Abschnitte in dem Schaubild, in dem der zurückgelegte Weg proportional zur Zeit ist?
b) Erfinde eine Geschichte, die zu diesem Schaubild passt.

Geschwindigkeit

Um die durchschnittliche Geschwindigkeit eines Fahrzeugs zu ermitteln, muss der zurückgelegte Weg durch die benötigte Zeit geteilt werden.
Hat ein Auto in drei Stunden 150 km zurückgelegt, so beträgt die durchschnittliche Geschwindigkeit
$\frac{150\,\text{km}}{3\,\text{h}} = 50\,\frac{\text{km}}{\text{h}}$ (lies: 50 km pro Stunde).

Bei einer fest vorgegebenen Zeit ist die durchschnittliche Geschwindigkeit proportional zum Weg:
Je größer der zurückgelegte Weg in einer bestimmten Zeit ist, desto größer die Geschwindigkeit.

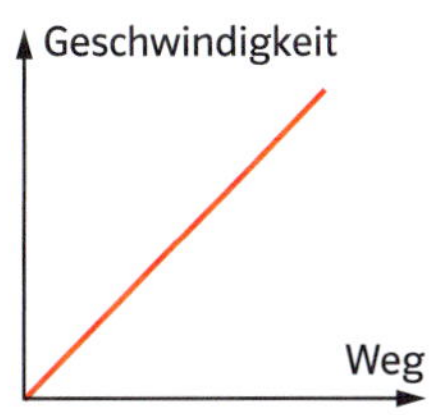

Bei fest vorgegebener Zeit

Bei einer fest vorgegebenen Strecke ist die durchschnittliche Geschwindigkeit umgekehrt proportional zur Zeit:
Je mehr Zeit für einen bestimmten Weg benötigt wird, desto kleiner ist die durchschnittliche Geschwindigkeit.

Bei fest vorgegebener Strecke

- In 5 h legt ein Fahrrad 75 km, ein Moped 125 km und ein Auto 200 km zurück. Zeichne ein Schaubild.
Lies weitere Wertepaare ab und erkläre was sie bedeuten.
- Ein Pkw, ein Motorrad und ein Lkw fahren 180 km weit. Der Pkw benötigt 2 h, das Motorrad 1,5 h und der Lkw 3 h. Zeichne ein Schaubild.
Lies weitere Wertepaare ab.

16 Drei Familien aus derselben Stadt sind an denselben Urlaubsort gefahren.
Familie Schmid hat bei einer durchschnittlichen Geschwindigkeit von $90\,\frac{\text{km}}{\text{h}}$ ohne Pausen sechs Stunden gebraucht.
Familie Meyer fuhr im Schnitt $100\,\frac{\text{km}}{\text{h}}$, Familie Bobic $120\,\frac{\text{km}}{\text{h}}$.
a) Berechne die Fahrzeiten für Familie Meyer und Familie Bobic.
b) Zeichne ein Schaubild für die drei angegebenen Geschwindigkeiten. Trage dazu auf der Rechtsachse die Zeit und auf der Hochachse den Weg ein. Achte auf eine sinnvolle Achseneinteilung.
c) Lies im Schaubild ab, welchen Vorsprung Familie Bobic nach drei Stunden vor Familie Schmid und Familie Meyer hat.

17 In einem Tapezierratgeber steht eine Tabelle für die Anzahl der Tapetenrollen bei normaler Raumhöhe und einem vorgegebenen Umfang des Fußbodens.

Umfang in m	Anzahl der Rollen
6	4
10	7
12	8
15	10
18	12
20	14

a) Welche Art von Zuordnung liegt der Berechnung zugrunde?
b) Warum steht in der Tabelle bei 10 m Umfang für die Anzahl der Rollen 7?
c) Ergänze die Tabelle durch die Zwischenwerte für den Umfang des Zimmers.

18 Eine 3,60 m lange und 2,40 m hohe Wand soll gekachelt werden.
Es stehen die Kachel-Formate
15 cm × 15 cm; 15 cm × 20 cm und 20 cm × 20 cm zur Auswahl.
Die Fugen bleiben unberücksichtigt.

19 Eine Abfüllanlage für Fruchtsaft füllt mit fünf Maschinen in zwölf Stunden 66 000 Flaschen.
Formuliere eine Aufgabe und löse sie.

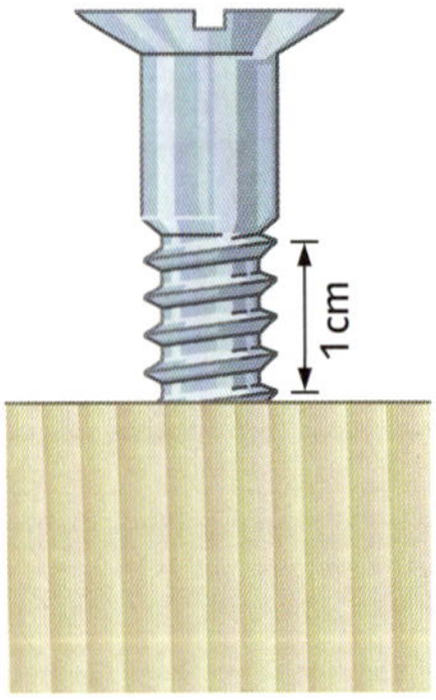

20 Eine Schraube dringt bei vier Umdrehungen 1 cm in das Holz ein.
a) Die Schraube wird 6 cm eingedreht.
b) Die Schraube ist 7,5 cm lang. Sie wird ganz ins Holz eingedreht.
c) Die Schraube wurde dreimal gedreht.

21 Es geht auch ohne Dreisatz. Erkläre.

a)

Anzahl Flaschen	Volumen in l
⊕ 6	4,2 ⊕
9	6,3
□	□

b)

Volumen in m^3	Höhe in cm
⊖ 75	225 ⊖
31	93
□	□

c)

Gewicht in kg	Preis in €
□ 30	36,30 □
120	□

Überprüfe mithilfe des Dreisatzes.
Formuliere jeweils eine Rechenregel und entwirf weitere Aufgaben, die ihr euch gegenseitig stellt.

22 Das leichteste Holz ist das Balsaholz, das schwerste das Pockholz. Das Gewicht der einheimischen Holzarten liegt dazwischen.
a) Lies an den Schaubildern ab, wie schwer Würfel von 1 dm Kantenlänge aus jeder der fünf Holzarten sind.
b) Wie schwer sind Würfel von 2,5 dm^3 Volumen?
c) Lies selbstständig weitere Werte ab.
d) Welches Volumen haben 1 kg schwere Würfel aus den fünf Holzarten?

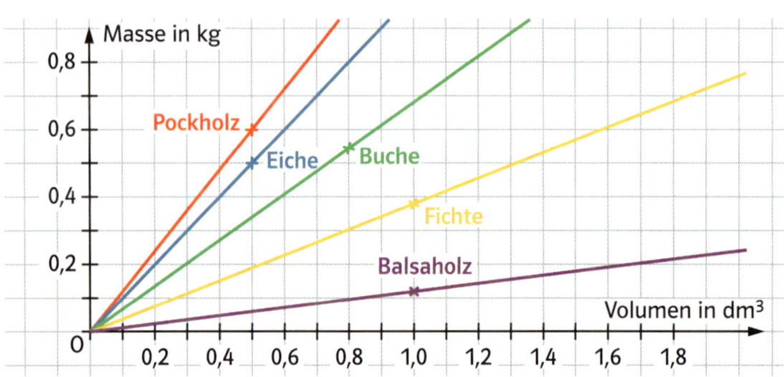

23 Landkarten werden mit unterschiedlichen Maßstäben angeboten.
Dieses Schaubild kann helfen, vom abgelesenen Kartenmaß auf das wirkliche Maß zu schließen und umgekehrt.

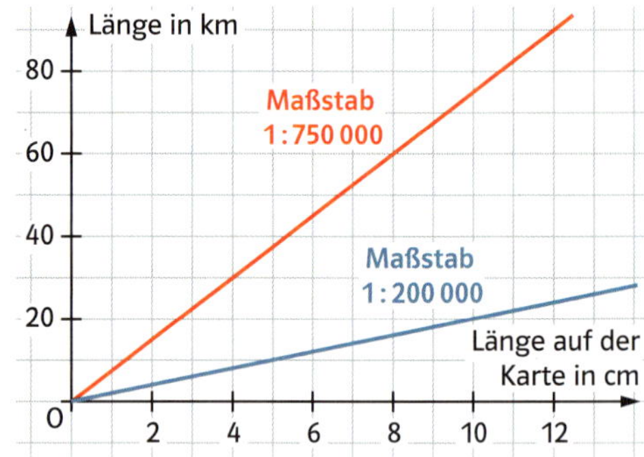

a) Übertrage das Schaubild in dein Heft und ergänze die Maßstäbe 1 : 500 000 und 1 : 1 000 000 andersfarbig.
b) Welcher wirklichen Entfernung entsprechen 6 cm auf der Karte in den vier verschiedenen Maßstäben?
c) Wie lang sind in den vier Maßstäben 20 km auf der Karte?

24 Das Zahnrad am Pedal eines Fahrrads hat 48 Zähne. Über die Kette treibt es das Zahnrad mit 18 Zähnen am Hinterrad an. Um eine Strecke von 100 m zurückzulegen muss sich das Hinterrad 50-mal drehen.
a) Lea hat 4000 m zurückgelegt.
b) Luis begleitet Lea auf ihrer 4000 m langen Strecke mit einem Fahrrad, dessen hinterer Zahnkranz 15 Zähne hat.

25 Tommy möchte ein aufblasbares Kinderplanschbecken füllen. Er nimmt einen 5-l-Eimer zur Hilfe. Sein Vater warnt ihn: „Du musst dann aber 60-mal mit dem Eimer zum Becken gehen."
a) Tommy entschließt sich, das Becken mithilfe eines 10-l-Eimers zu füllen.
b) Tommy und seine kleinere Schwester füllen das Becken gemeinsam.
Dabei trägt er einen 10-l-Eimer, seine Schwester einen 5-l-Eimer.
c) Tommys Vater behauptet, er müsse nur 15-mal zum Becken laufen, bis es voll ist.

Rückspiegel

Rückspiegel

1 Sind die Zuordnungen proportional, umgekehrt proportional oder keines von beiden?

a)

Gewicht	Kosten
3 kg	10,50 €
7 kg	24,50 €
15 kg	52,50 €

b)

Anzahl	Kosten
12	30 €
20	48 €
30	69 €

c)

Zeit	Anzahl
12 h	9
4 h	27
6 h	18

d)

Höhe	Volumen
15 cm	12,0 l
17 cm	13,6 l
19 cm	15,2 l

2 Zeichne das Schaubild der proportionalen Zuordnung. (Rechtsachse: 1 cm für 1 m; Hochachse: 1 cm für 200 g)

Rohrlänge in m	1	2	3	4	…
Gewicht in g	250	500	750	…	…

3 Zeichne das Schaubild der umgekehrt proportionalen Zuordnung. (Einheit $\frac{1}{2}$ cm)

Länge in cm	5	8	10	16	20
Breite in cm	16	10	8	5	4

4 Lies aus dem Schaubild ab, wie viel
a) Minuten man für 30 km braucht.
b) Kilometer nach 40 min geschafft sind.

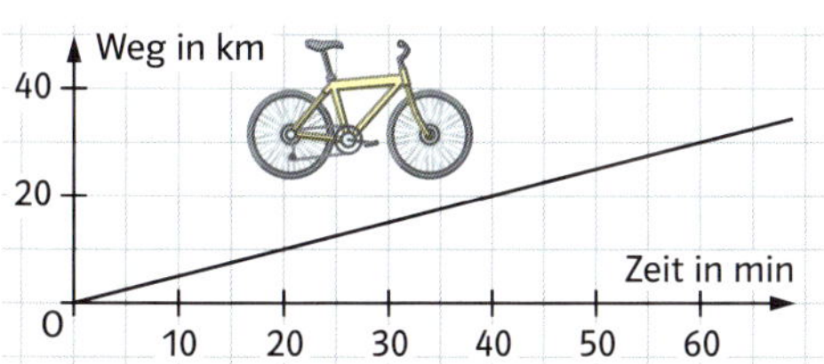

5 Rechne beim Einkauf immer nach.
a) Zwei Kilogramm Orangen kosten 3,60 €. Was kosten drei Kilogramm?
b) Für 350 g Aufschnitt zahlt Kai 3,15 €. Was kosten 250 g?
c) Ist eine 850-g-Dose für 1,59 € günstiger oder eine 560-g-Dose zu 0,99 €?

1 Ergänze a) und b) zur proportionalen und c) und d) zur umgekehrt proportionalen Zuordnung.

a)

Zeit	Kosten
15 h	540 €
	180 €
	360 €
25 h	

b)

Anzahl	Kosten
2	
	45,00 €
9	22,50 €
	17,50 €

c)

Arbeiter	Zeit
	5 h
20	10 h
	20 h
8	

d)

Anzahl	Kosten
36	25 €
30	
	45 €
24	

2 Zeichne die Schaubilder der proportionalen Zuordnungen Gewicht zu Kosten in ein Koordinatensystem, wenn 100 g Obst 0,19 €; 0,29 €; 0,39 €; … ; 0,99 € kosten.

3 Zwei Rechtecke haben 18 cm² und 24 cm² Flächeninhalt. Zeichne die Schaubilder der zwei umgekehrt proportionalen Zuordnungen „Breite zur Länge".

4 Erstelle Wertetabellen für beide Zuordnungen. Was sind das für Zuordnungen?

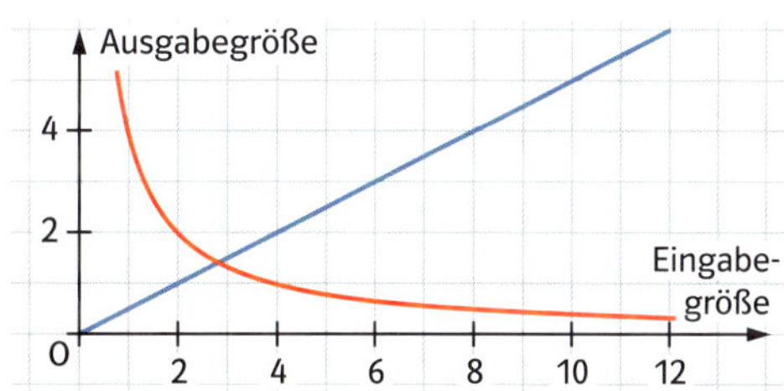

5 Kontrolliere die Preise beim Einkauf.
a) Für 450 g Salami zahlst du 5,85 €. Was kosten 250 g?
b) $3\frac{1}{2}$ kg Äpfel kosten 4,99 €. Was kosten $2\frac{1}{2}$ kg?
c) Sind 3 kg Waschmittel für 7,65 € günstiger oder 4,5 kg zu 11,75 €?
d) Ist eine Tüte mit 650 g für 1,99 € günstiger oder 650 g lose bei 0,29 € je 100 g?

Zahlen nachgehen

Klebt im Klassenzimmer oder im Flur einen großen Papierstreifen auf den Boden. Zeichnet einen Ausschnitt der Zahlengeraden und markiert die Zahlen von −10 bis +10. Wenn ihr den Schulhof nutzen wollt, nehmt ihr am besten ein Stück Kreide.

Hatice steht auf der Null und geht fünf Schritte in positive Richtung. Anschließend geht sie acht Schritte in negative Richtung, danach drei Schritte in negative Richtung.
- Wo steht Hatice jetzt?
- Wie muss sie sich von dort aus bewegen, um auf das Feld +10 zu kommen?
- Legt eigene Wege zurück.

Sina und Pierre üben an der großen Zahlengeraden auf dem Schulhof. Sina geht mit einem Schritt immer zwei Zahlen weit, Pierre legt mit einem Schritt drei Zahlen zurück. Sina startet bei −23 und geht in positive Richtung, Pierre beginnt bei +17 und geht in negative Richtung.
- Wo treffen die beiden sich, wenn sie gemeinsam losgehen?
- Wo stehen beide nach je 10 Schritten?
- Probiert mit eigenen Zahlen.

Thorben legt mit jedem Schritt drei Zahlen zurück.
- Wie viele Schritte macht er von −7 bis +8? Wie viele von −4 bis +5?

Vanessa macht sieben Zweier-Schritte und landet bei der Zahl −9.
- Wo ist sie gestartet?

Ein Kartenspiel für Drei
Stellt euch 18 Karten mit den ganzen Zahlen von +1 bis +9 und von −1 bis −9 her.

Ihr spielt zu zweit gegen einen Mitschüler. Die Karten werden gleichmäßig verteilt. Jeder legt seine Karten offen auf den Tisch. Der Einzelspieler, der jede Runde beginnt, legt ein Kärtchen in die Mitte des Tischs. Die beiden anderen versuchen nun zusammen mit ihren beiden Kärtchen die Zahl Null zu bilden.

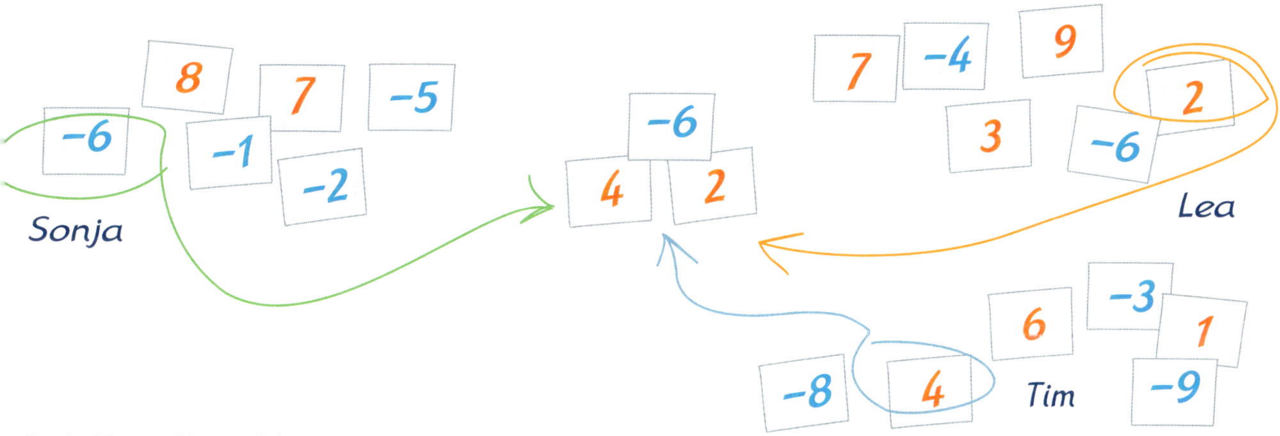

Sonja, Tim und Lea spielen so:
Sonja legt die Zahl −6 in die Mitte, Tim und Lea legen ihre Kärtchen 4 und 2 dazu.
$-6 + 4 + 2 = 0$

Tim und Lea bekommen die drei Kärtchen als Gewinn und nehmen sie aus dem Spiel. In der zweiten Runde legt Sonja die Zahl +8 in die Mitte. Lea und Tim finden keine passenden Kärtchen, müssen aber dennoch legen. Die Kärtchen gehen jetzt an Sonja.

Gewonnen hat, wer am Ende die meisten Kärtchen hat.

Nun spielt ein anderer gegen zwei.

In diesem Kapitel lernst du,

- rationale Zahlen auf der Zahlengeraden darzustellen,
- das Quadratgitter zu erweitern,
- wie man rationale Zahlen addiert, subtrahiert, multipliziert und dividiert,
- wie man Rechengesetze zum vorteilhaften Rechnen nutzt,
- welche Reihenfolge beim Berechnen von Rechenausdrücken zu beachten ist.

1 Rationale Zahlen

Sebastian fährt mit seinen Eltern zum Skilaufen. Dabei liest er während der Fahrt die Außentemperaturen an der Temperaturanzeige ab.

→ Was beobachtet er während der Fahrt ins Sauerland?

→ Trage die Angaben auf einer geeigneten Skala ein.

Bei Kontoständen, Temperaturwerten oder anderen naturwissenschaftlichen Messwerten ist es notwendig und sinnvoll, Dezimalbrüche oder Brüche als Maßzahlen zu verwenden. Es gibt auch negative Bruchzahlen wie $-\frac{2}{3}$ oder −234,56.

Auch jede Bruchzahl hat eine Gegenzahl. Die Gegenzahl von $\frac{1}{2}$ ist $-\frac{1}{2}$.

*Die Menge der **rationalen Zahlen** wird mit ℚ bezeichnet.*

Wenn man alle positiven und negativen Bruchzahlen, einschließlich der Null, zusammen nimmt, erhält man die **rationalen Zahlen**.

negative rationale Zahlen   positive rationale Zahlen

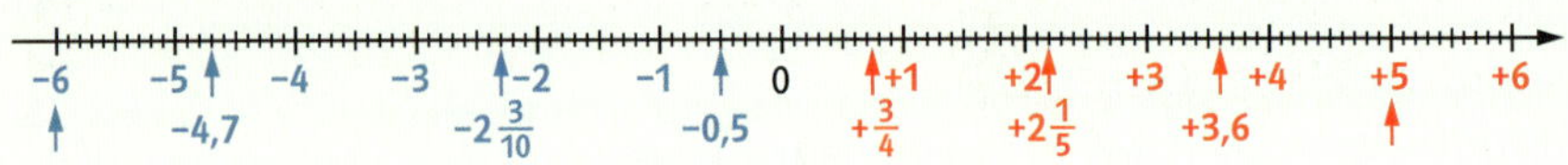

Bemerkung

Die kleinere von zwei rationalen Zahlen liegt auf der Zahlengeraden weiter links.

Beispiele

a) Bruchzahlen und Dezimalbrüche wie $+\frac{7}{8}$ oder −4,25 sowie ganze Zahlen wie −123 oder +78 gehören zu den rationalen Zahlen.

b) $-\frac{3}{5}$ liegt links von $-\frac{1}{5}$
$-\frac{3}{5}$ ist kleiner als $-\frac{1}{5}$

c) −2,7 liegt rechts von −4,5
−2,7 ist größer als −4,5

Aufgaben

1 Welche Zahlen sind markiert?

a)
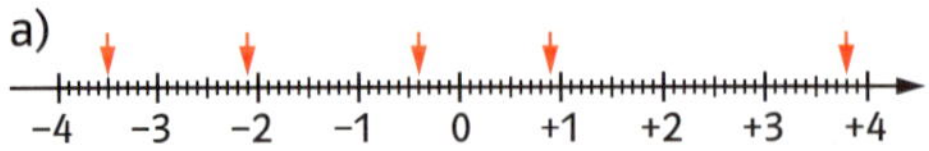

b)
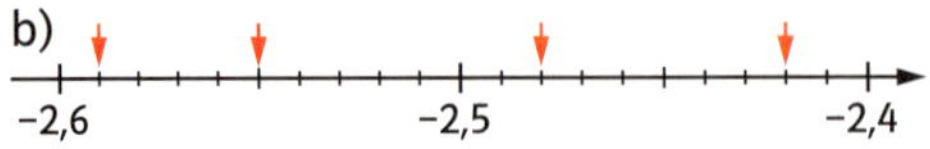

c)
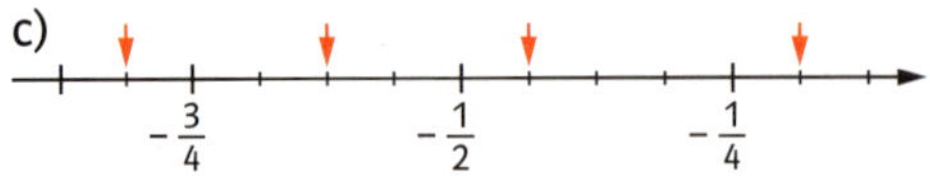

2 Ordne die Zahlen in einer Kette.

Beispiel: $-3{,}8 < -0{,}6 < 1{,}25$

a) −507; −57; 705; −750; −570; 75
b) −3,2; 2,3; −23,0; 20,3; −30,2; −2,3
c) 7,89; −7,89; 8,79; −8,79; 9,78; −9,78
d) −0,4108; −0,1084; −0,0184; −0,4801
e) $\frac{1}{2}$; −0,5; $-\frac{1}{4}$; 0,25; $\frac{1}{3}$; −0,3
f) −2,6; $-2\frac{1}{2}$; $-\frac{27}{10}$; −2,4; $-2\frac{1}{4}$

3 Welche Zahlen musst du korrigieren?

a)

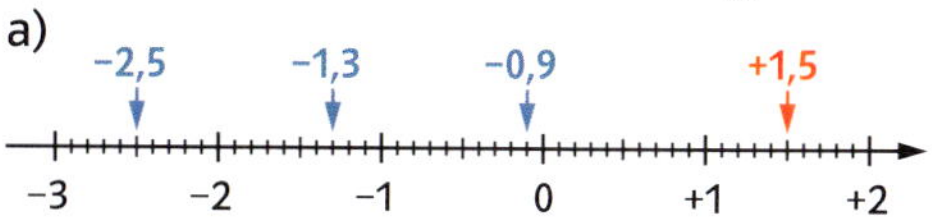

b)

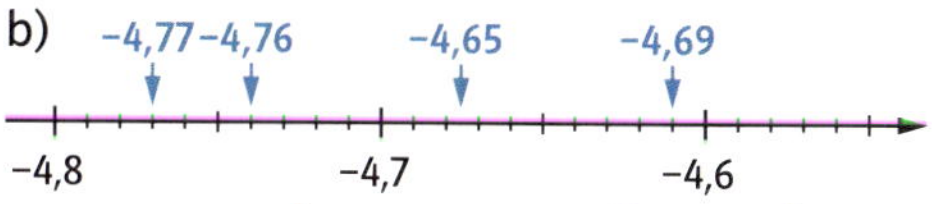

c)

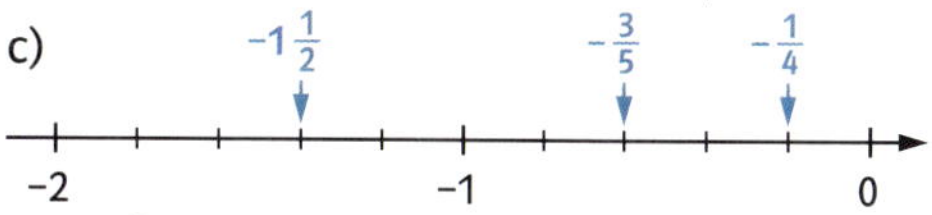

d)

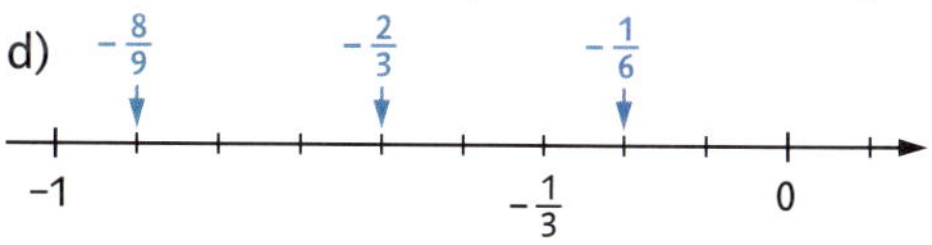

4 Trage die Zahlen auf der Zahlengeraden ein. Mit Millimeterpapier kannst du besonders genaue Eintragungen machen.

a) +1,7; −2,8; −5,5; +0,5; +3,6; −0,9

b) −5,2; −6,5; −5,6; −2,5; −0,6; −7,8

c) −39; +48; 0; +11; −66; −48; +25

d) $+2\frac{4}{5}$; $-1\frac{1}{2}$; $-4\frac{3}{10}$; $+\frac{3}{4}$; $-3\frac{3}{5}$

e) −0,2; +0,45; $-\frac{2}{5}$; +0,07; $-\frac{1}{100}$; $-\frac{11}{20}$

5 Prüfe.

a) Liegt −3,4 näher bei −3 oder bei −4?

b) Liegt −8,6 näher bei −8 oder bei −9?

c) Ist −2,4 weiter entfernt von −2 oder von −3?

d) Ist $-\frac{1}{3}$ weiter entfernt von 0 oder von −1?

6 Entnimm der Zeichnung die Höhenangaben eines Feuchtbiotops und übertrage die Tabelle ins Heft.

Messpunkt	M1	M2	M3	M4	M5	M6
Höhe in m						

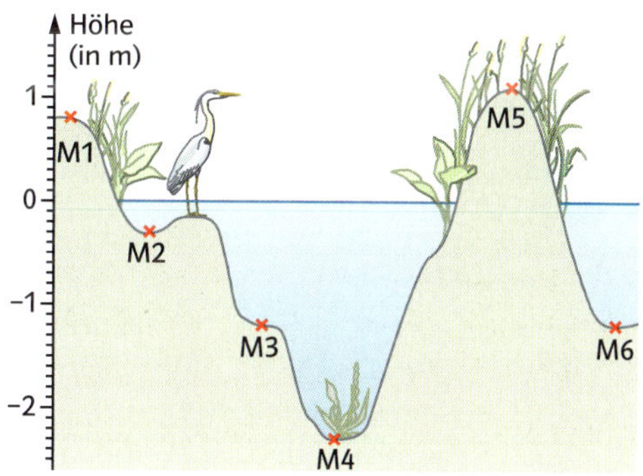

7 Alle Striche haben denselben Abstand. Wie heißen die fehlenden Zahlen?

a)

b)

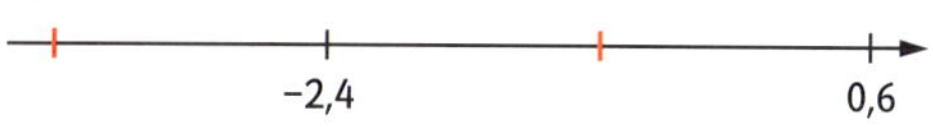

c)

Immer wieder neue Zahlen!

ℕ

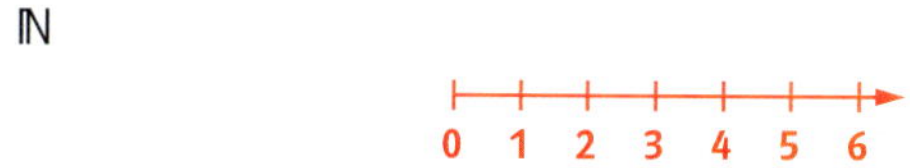

ℤ

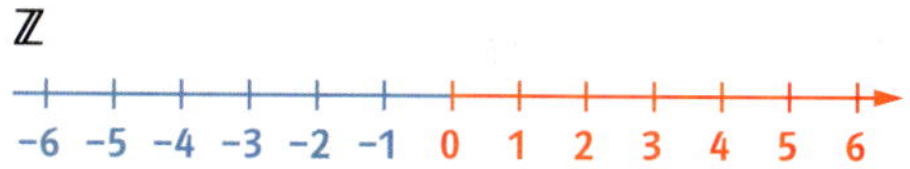

ℚ

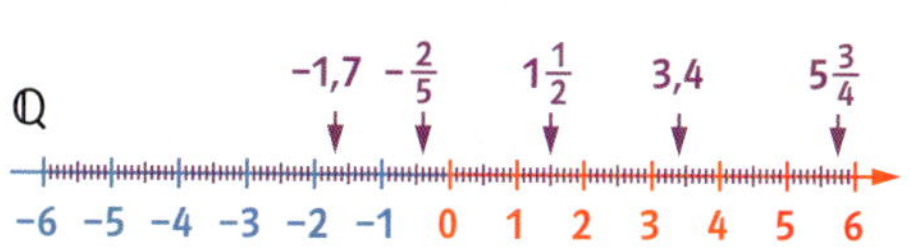

Wenn man zu den **natürlichen Zahlen ℕ** die negativen ganzen Zahlen dazu nimmt, erhält man die **ganzen Zahlen ℤ**. Zusammen mit den Brüchen ergeben sich die **rationalen Zahlen ℚ**.

Richtig oder falsch? Begründe.

- Jede Bruchzahl ist eine rationale Zahl.
- Jede negative Zahl ist nicht positiv.
- Null ist keine rationale Zahl.
- Zwischen zwei negativen ganzen Zahlen liegen mindestens zehn rationale Zahlen.
- Von null kann man nichts abziehen.

2 Das Koordinatensystem

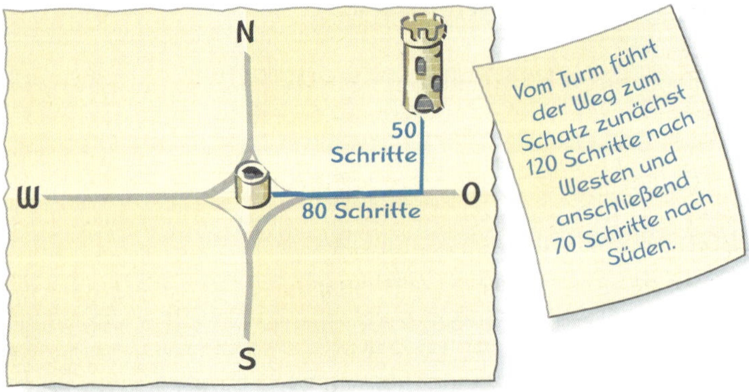

Übertrage den Plan auf kariertes Papier und markiere den Weg der Schatzsucher vom Brunnen bis zum Turm.
Wähle für 10 Schritte die Länge 1 cm.
→ Beschreibe die Lage des Schatzes in Bezug auf den Brunnen.
→ Auf welchem Weg hättest du vom Turm auch zum Schatz gelangen können?
→ Lege auf schönem Papier eine eigene Schatzkarte an und lass deine Mitschülerin oder deinen Mitschüler den Weg zum Schatz beschreiben.

Erweitert man das Quadratgitter nach links und nach rechts unten, dann lassen sich auch Punkte mit negativen Werten eintragen.
Die waagerecht verlaufende Rechtsachse und die darauf senkrecht stehende Hochachse werden somit Geraden, die man **Koordinatenachsen** nennt.
Die zur Gerade erweiterte Rechtsachse heißt **x-Achse**, die zur Gerade verlängerte Hochachse heißt **y-Achse**. Der Punkt O(0|0) heißt auch **Ursprung**.

Die beiden **Koordinaten** eines Punktes P bestimmen die Lage im **Koordinatensystem** eindeutig. Die erste Koordinate des Punktes heißt x-Wert, die zweite Koordinate heißt y-Wert.

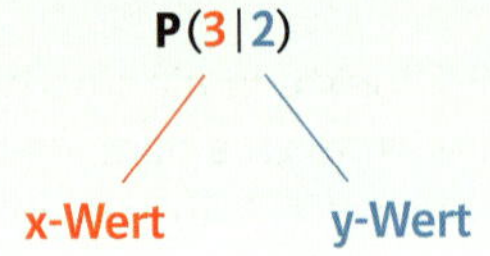

Beispiel
Positive x-Werte trägt man waagerecht nach rechts ab, negative x-Werte vom Ursprung nach links.
Positive y-Werte trägt man senkrecht nach oben ab, negative y-Werte vom Ursprung nach unten.

A(2|3)	2 nach rechts; 3 nach oben
B(−3|2)	3 nach links; 2 nach oben
C(−1|−2)	1 nach links; 2 nach unten
D(3|−1)	3 nach rechts; 1 nach unten

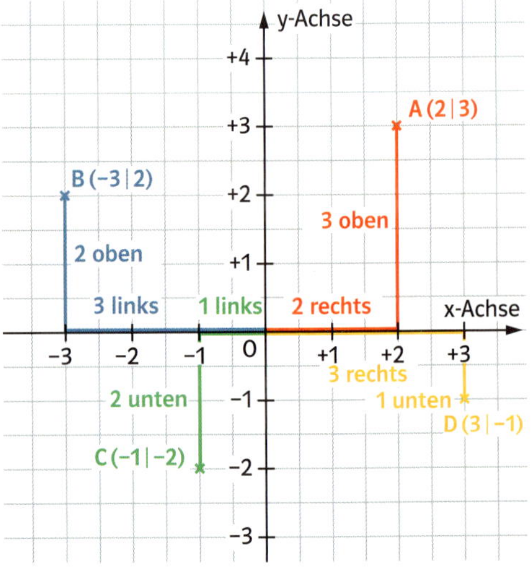

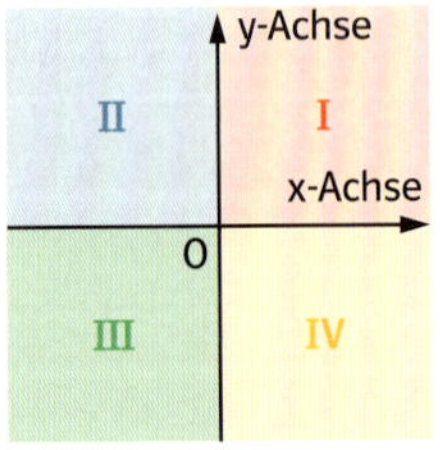

Bemerkung
Die beiden Achsen teilen die Zeichenebene in vier Felder, die man **Quadranten** nennt.

Aufgaben

1 Bestimme die Koordinaten der eingetragenen Punkte. Beispiel: P(−3|2)

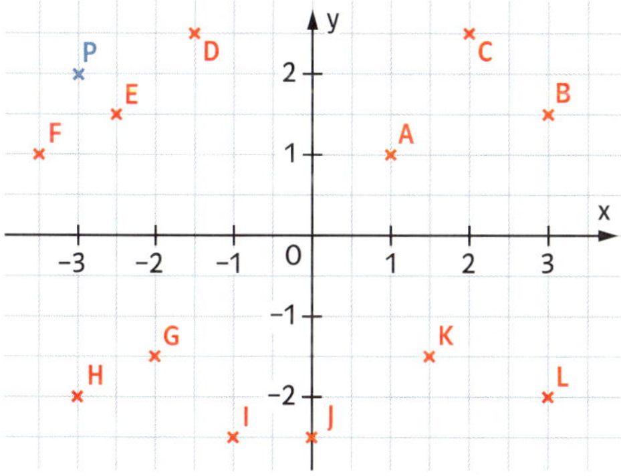

2 In welchem Quadranten liegt der Punkt? Muss man die Punkte einzeichnen?

a) P(−7|3) b) Q(−9|−12)
c) R(4,7|−0,5) d) S(−0,1|−0,9)
e) T(0|−8,5) f) U(−1,6|0)
g) V(8,2|−8,2) h) W(−6,5|−5,6)

3 Übertrage die Punkte in ein Koordinatensystem und verbinde zu einem Viereck.

a) A(−6|−3); B(−1|1); C(−4|0); D(−5|−1)
b) A(2,5|−4,5); B(−1|4,5); C(−7,5|0,5); D(−5,5|−0,5)
c) A(4,5|3,5); B(−5,5|−0,5); C(−1|−5,5); D(6|−2,5)

4 Übertrage die Tabelle ins Heft und fülle sie aus.

Quadrant	Vorzeichen des	
	x-Werts	y-Werts
I		
II		
III		
IV		

5 Die Punkte A, B und C sind Eckpunkte eines Vierecks. Bestimme den fehlenden Eckpunkt D.

a) Quadrat: A(2|1); B(−1|1); C(−1|−2)
b) Rechteck: A(4|3); B(−2|6); C(−3,5|3)
c) Raute: A(−1|1); B(−4|−1); C(−1|−3)

6 Zeichne das Viereck ABCD samt der Diagonalen in ein Koordinatensystem. In welchem Punkt schneiden sich die Diagonalen?

a) A(−1|−4); B(4|1); C(−5|4); D(−6|−4)
b) A(5|−7); B(7|0); C(0|3); D(−2|−4)

7 Zeichne das Parallelogramm ABCD mit A(−4|−5); B(2|−5); C(5|−2,5) und D(−1|−2,5) in ein Koordinatensystem. Zeichne dann ein zweites Parallelogramm mit E(−4|3); F(2|3); G(5|5,5) und H(−1/5,5). Verbinde A mit E, B mit F, C mit G und D mit H. Welche Figur entsteht?

8 Setze die Spirale um einige Runden fort.
Wo liegt der 10. Eckpunkt?
Welche Koordinaten hat der 20. Punkt?
Mit Überlegen findest du auch die Koordinaten des 100. Punkts der Spirale.

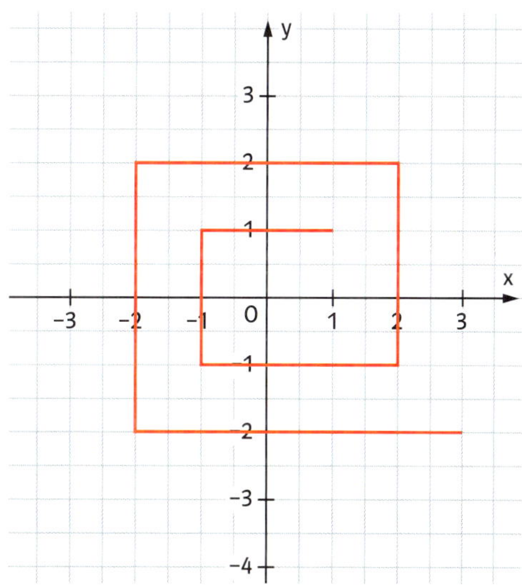

9 Verbinde die Punkte in einem Zug ohne abzusetzen. Welche Figur entsteht dadurch?

a) A(−2|−4); C(2|0); D(0|3); E(−2|0); B(2|−4); A(−2|−4); E(−2|0); C(2|0); B(2|−4)
b) A(−3|−1); B(−3|3); C(−1|6); D(1|3); E(1|−1); F(6|0); G(6|4); H(4|7); C(−1|6)
Verbinde anschließend die Punktepaare D und G sowie A und E.

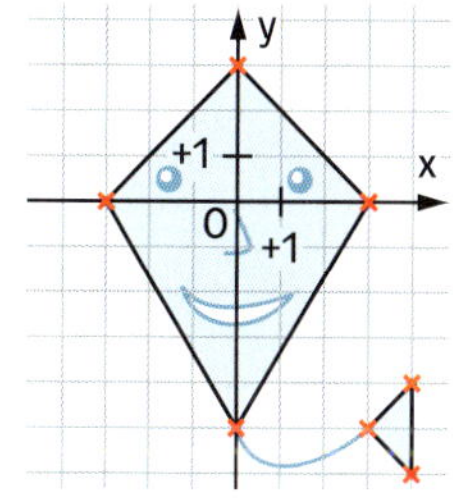

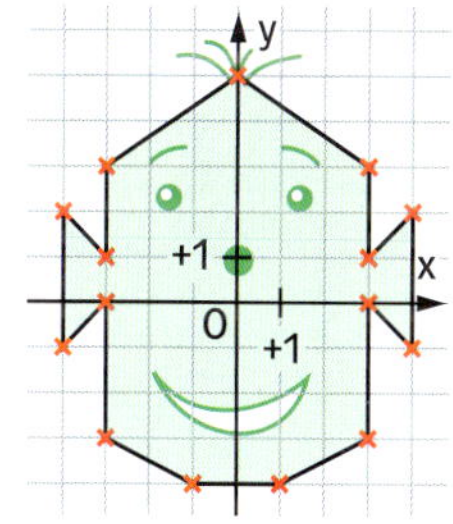

Gib die Eckpunkte der Drachengesichter an.

Zeichne ein eigenes Drachengesicht. Was fällt dir an den Koordinaten auf?

3 Addieren

In der Tabelle siehst du die monatlichen Veränderungen der Mitgliederzahlen eines großen Sportvereins.

Monat	Jan.	Feb.	März	April	Mai	Juni
Veränderungen der Personenzahl	−9	+14	−15	−7	+28	−18

→ Waren es Ende Juni mehr oder weniger Mitglieder als am Jahresanfang?
→ Im Juli erreicht die Mitgliederzahl wieder den Stand des Jahresanfangs.
→ Wie groß ist die Änderung? Wie viele Personen sind eingetreten oder ausgetreten?

Es muss weitergehen …
Setze die begonnene Reihe fort.
(+3) + (+3) = +6
(+3) + (+2) = +5
(+3) + (+1) = +4
(+3) + 0 = +3
(+3) + (−1) = ☐
(+3) + (−2) = ☐
(+3) + (−3) = ☐
(+3) + (−4) = ☐
…

Addiert man zu einer rationalen Zahl eine positive Zahl, geht man auf der Zahlengeraden nach rechts. Der Wert der Summe ist dann größer als der erste Summand.

−5 + +12 = +7

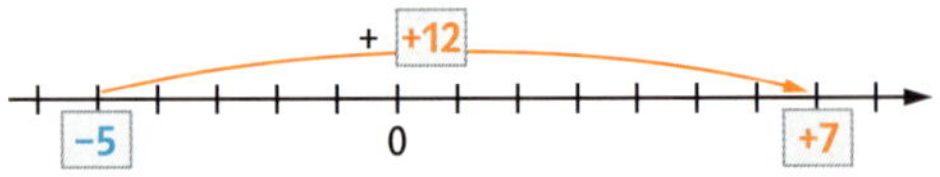

Addiert man zu einer rationalen Zahl eine negative Zahl, geht man auf der Zahlengeraden nach links. Der Wert der Summe ist dann kleiner als der erste Summand.

−3 + −9 = −12

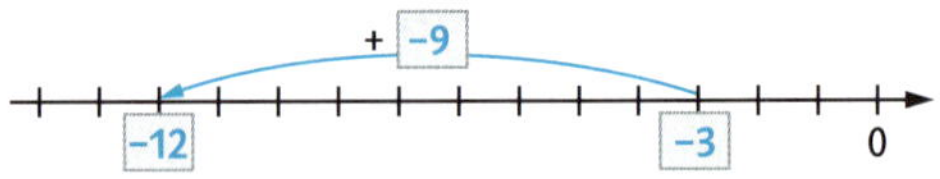

Bei der Addition zweier rationaler Zahlen können positive aber auch negative Ergebnisse oder null entstehen.

Vorzeichen
(+8) + (−15)
Rechenzeichen

Regeln für das Addieren rationaler Zahlen
Bei **gleichen Vorzeichen** addiert man die Zahlen ohne ihr Vorzeichen zu berücksichtigen. Das Ergebnis erhält das gemeinsame Vorzeichen beider Zahlen.

Bei **verschiedenen Vorzeichen** subtrahiert man die Zahlen ohne Berücksichtigung ihres Vorzeichens. Das Ergebnis erhält das Vorzeichen derjenigen Zahl, die von Null weiter entfernt liegt.

Beispiel
Rationale Zahlen schreibt man in Rechenausdrücken streng genommen in Klammern.

(−36) + (−28)	(+36) + (−15)	(+12) + (−44)
= −(36 + 28)	= +(36 − 15)	= −(44 − 12)
= −64	= +21	= −32

Um die Schreibweise zu vereinfachen, verwendet man Klammern nur, wenn eine negative Zahl addiert wird.

(+25) + (−17) = 25 + (−17)   (−9) + (−14) = −9 + (−14)

Aufgaben

1 Addiere im Kopf.
Entscheide zuerst, ob das Ergebnis positiv oder negativ ist.

a) (+24) + (−10) b) (−7) + (−12)
c) (−40) + (+18) d) (+15) + (−45)
e) (+32) + (−15) f) (−42) + (−28)
g) (−75) + (+40) h) (−125) + (−85)

2 Addiere.

a) 35 + (−18) b) −38 + 23
c) −29 + 43 d) 23 + (−37)
e) −40 + (−68) f) 102 + (−89)
g) 150 + (−105) h) −225 + (−245)

3 Berechne.

a) −3,5 + 8,5 b) 1,5 + (−4,2)
c) −6,3 + (−2,8) d) 15,2 + (−7,8)
e) 31,4 + (−36,2) f) −22,4 + (−36,5)
g) 0,45 + (−1,65) h) −6,28 + (−5,94)

4 Addiere.

a) $-\frac{3}{4} + \frac{1}{4}$ b) $\frac{3}{5} + \left(-\frac{4}{5}\right)$
c) $\frac{5}{8} + \left(-\frac{3}{4}\right)$ d) $-\frac{4}{5} + \left(-\frac{3}{4}\right)$
e) $-\frac{7}{12} + \frac{1}{3}$ f) $-\frac{7}{8} + \frac{5}{6}$

5 Aus den Zahlen der linken und rechten Reihe lassen sich Summen bilden.

Beispiel: −12 + (−8)

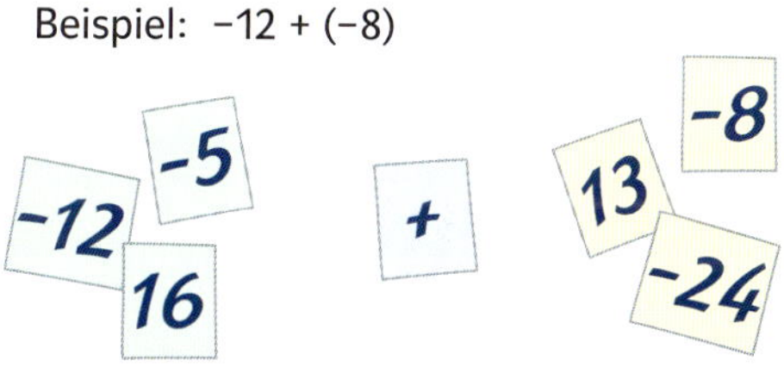

a) Welcher Rechenausdruck hat den größten Wert?
b) Welcher Rechenausdruck hat den kleinsten Wert?
c) Welche Summe liegt am nächsten bei Null?

6 Setze passende Vorzeichen.

a) (−16) + (−7) = □23
b) (+28) + (□41) = −13
c) 8,1 + (□10,7) = □2,6
d) □1,6 + 0,9 = □0,7

7 Wähle Ziffern und Vorzeichen so,
a) dass der Wert der Summe möglichst groß wird.
b) dass der Wert der Summe möglichst klein wird.
c) dass der Wert der Summe möglichst nahe bei Null liegt.

8 Fülle die Steine der Zahlenmauer. Zahlen auf nebeneinander liegenden Steinen werden addiert.

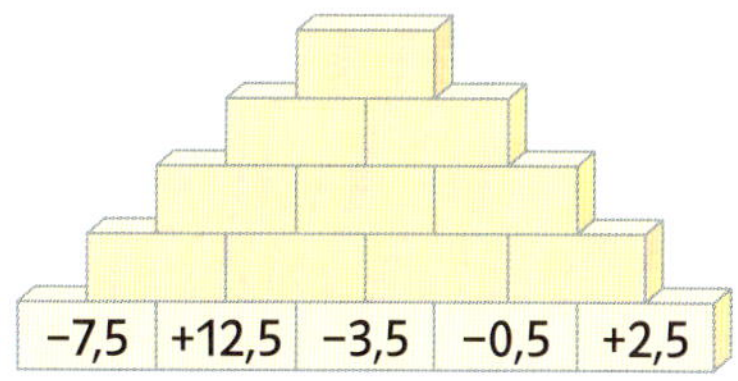

9 Würfle sechsmal hintereinander. Setze die Zahlen so ein, dass du als Ergebnis ganze Zahlen erhältst.
Für jede ganze Zahl gibt es einen Punkt. Schaffst du 1 oder −1 als Ergebnis bekommst du zwei Punkte. Vergleicht nach sechs Durchgängen die Punkte. Kontrolliert euch gegenseitig.

Beispiel:

3,2 + 1,4 − 5,6 = −1

Wege und Summen ?!

Im magischen Kreuz haben die waagerechte und die senkrechte Zahlenreihe denselben Summenwert.

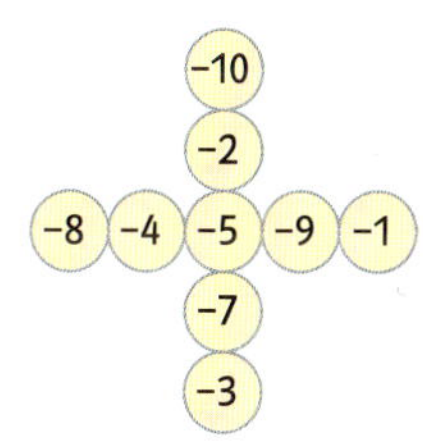

■ Bilde ein magisches Kreuz mit den Zahlen −4; −3; −2; −1; 0; 1; 2; 3 und 4. Gibt es verschiedene Lösungen? Welche Gesetzmäßigkeiten kannst du erkennen?

Das Haus des Nikolaus kannst du in einem Zug durchlaufen.

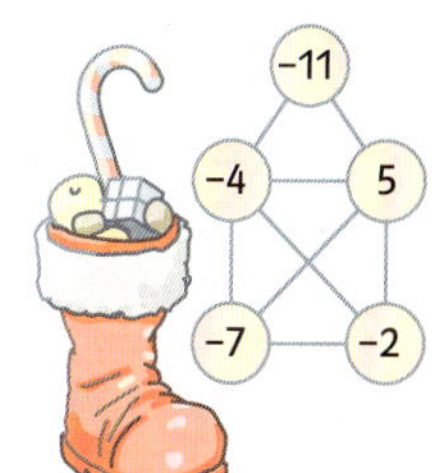

■ Addiere die Zahlen auf deinem Weg durch das Haus des Nikolaus. Berücksichtige auch die Anfangs- und die Endzahl. Was fällt dir auf, wenn du verschiedene Wege wählst? Begründe.

4 Subtrahieren

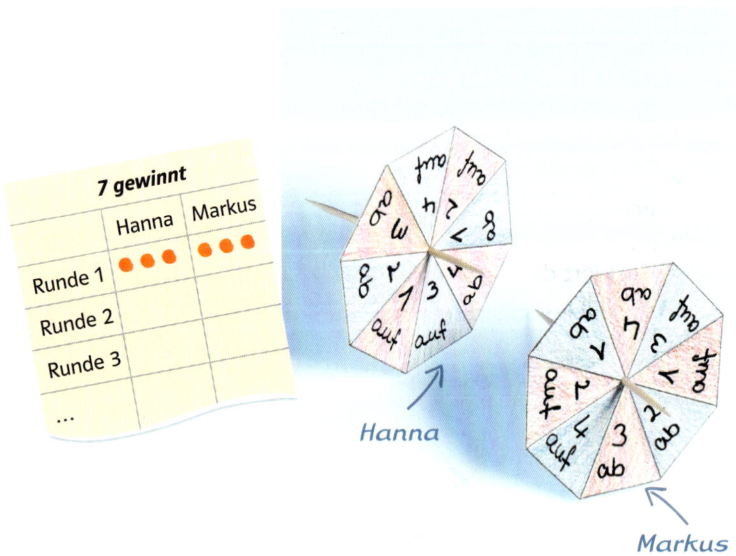

Hanna und Markus spielen mit dem Kreisel. Das Feld, auf dem der Kreisel liegen bleibt, gibt an, wie viele blaue Gewinnmarken oder rote Verlustmarken aufgenommen oder abgegeben werden müssen. Zusätzlich dürfen blaue Gewinnmarken und rote Verlustmarken immer in gleicher Anzahl aufgenommen oder abgegeben werden. Gewonnen hat, wer zuerst sieben Gewinnmarken und keine Verlustmarken besitzt.

→ Hat Hanna oder Markus nach der zweiten Runde den besseren Punktestand?

→ Markus soll in der dritten Runde zwei blaue Marken abgeben, obwohl er keine besitzt. Deshalb nimmt er zwei rote und zwei blaue Marken auf. Bestimme seinen Punktestand.

Es muss weitergehen …
Setze die begonnene Reihe fort.
(+4) − (+3) = +1
(+4) − (+2) = +2
(+4) − (+1) = +3
(+4) − 0 = +4
(+4) − (−1) = ▢
(+4) − (−2) = ▢
(+4) − (−3) = ▢
(+4) − (−4) = ▢
…

Zur Additionsaufgabe (+5) + (+8) = +13 gehört die Subtraktionsaufgabe (+13) − (+8) = +5.
Die Addition der Gegenzahl liefert dasselbe Ergebnis: (+13) + (−8) = +5.
Die Subtraktionsaufgabe zu (+3) + (−7) = −4 ist (−4) − (−7) = +3.
Auch in diesem Fall lässt sich die Subtraktion einer Zahl durch die Addition ihrer Gegenzahl darstellen: (−4) + (+7) = +3.
Jede Subtraktion lässt sich damit als Addition darstellen.

Regel für das Subtrahieren rationaler Zahlen
Eine rationale Zahl wird **subtrahiert**, indem man ihre Gegenzahl addiert.

Beispiele

a) (+17) − (+13) = (+17) + (−13) = +4
(−10) − (+15) = (−10) + (−15) = −25

b) (+3) − (−13) = (+3) + (+13) = +16
(−14) − (−11) = (−14) + (+11) = −3

Bemerkung

Auch bei der Subtraktion kann die Schreibweise vereinfacht werden.
(+7) − (+3) = 7 − 3 = 4
(−15) − (+5) = −15 − 5 = −20

Aufgaben

1 Stellt euch gegenseitig Aufgaben.
Beispiel: (−15) − (+9) = (−15) + (−9) = −24

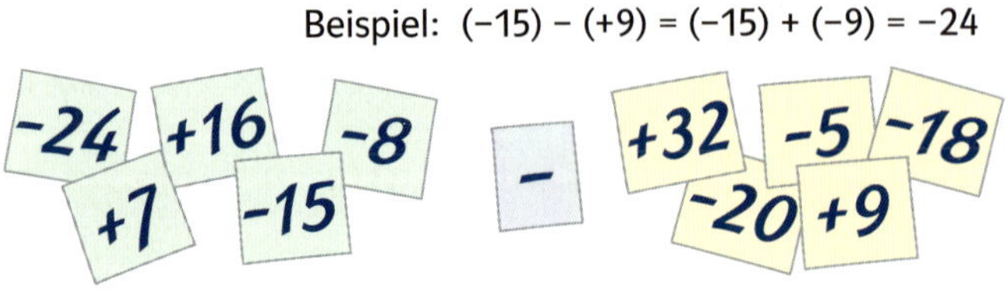

2 Setze „+“ oder „−“ ein.
a) (+7) − (+10) = (+7) + (▢10)
b) (−12) − (+4) = (−12) + (▢4)
c) (+22) − (−19) = (+22) + (▢19)
d) (−18) − (−11) = (−18) + (▢11)
e) (+45) − (−27) = (+45) + (▢27)

3 Entscheide zunächst, ob das Ergebnis positiv oder negativ ist. Rechne dann.

a) (+15) − (+42) b) (+45) − (+34)
c) (−33) − (−12) d) (+62) − (−23)
e) (−78) − (+69) f) (−107) − (−174)
g) (+235) − (−185) h) (−125) − (+175)

4 Die Ergebnisse wurden abgerissen. Füge die Aufgaben wieder zusammen.

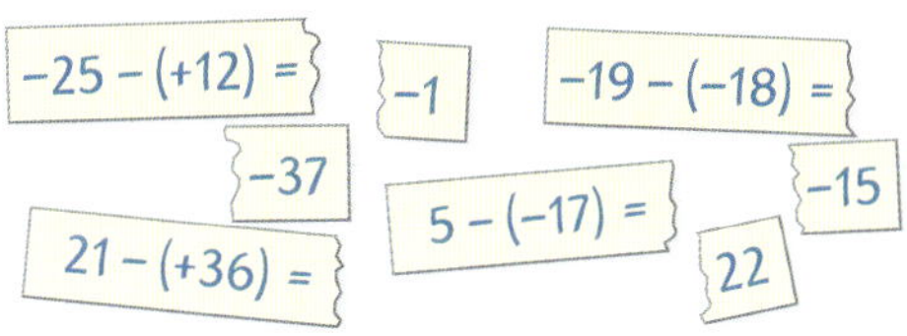

5 Vereinfache und rechne.

Beispiel: (−14) − (−20) = −14 + 20 = +6

a) 18 − (+23) b) (−28) − (+16)
c) −44 − (−19) d) 67 − (−78)
e) 899 − (+998) f) −989 − (+898)
g) −9889 − (+8989) h) −8998 − (−9898)

6 Berechne der Reihe nach. Auf dem Rand findest du das Lösungswort.

a) 3,5 − (+8,5) b) −16,5 − (+14,8)
c) 12,4 − (−0,5) d) −2,8 − (−6,8)
e) −0,7 − (+1,9) f) 22,5 − (+17,2)
g) 45,3 − (−46,7) h) −87,7 − (−89,1)

7 Addiere oder subtrahiere.

a) $\frac{1}{2} - \left(+\frac{1}{4}\right)$ b) $-\frac{3}{5} + (-0{,}8)$
c) $-0{,}08 + \left(-\frac{3}{20}\right)$ d) $-\frac{7}{8} - \left(-\frac{5}{6}\right)$

8 Wähle Ziffern und Vorzeichen so,
a) dass der Wert der Differenz möglichst groß wird.
b) dass der Wert der Differenz möglichst klein wird.
c) dass der Wert der Differenz möglichst nahe bei Null liegt.

(□□□□) − (□□□□)

N	−2,6
L	−5
B	−5,3
C	−1,4
U	4,0
E	92
F	−4,0
M	2,5
N	1,4
S	12,9
Ö	−31,3
G	5,3
W	−0,5

9 Zahlen auf nebeneinander liegenden Steinen werden addiert.

a)

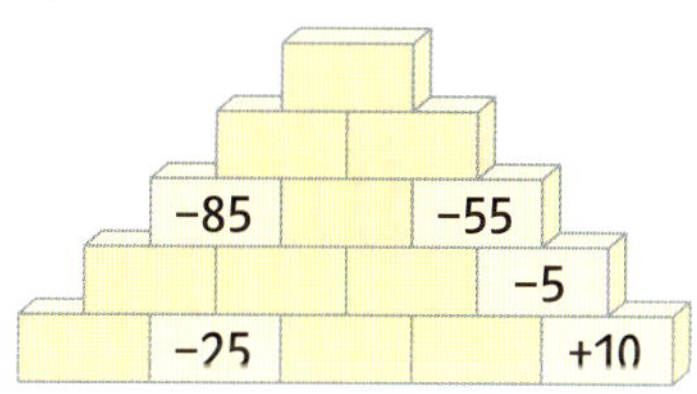

b)

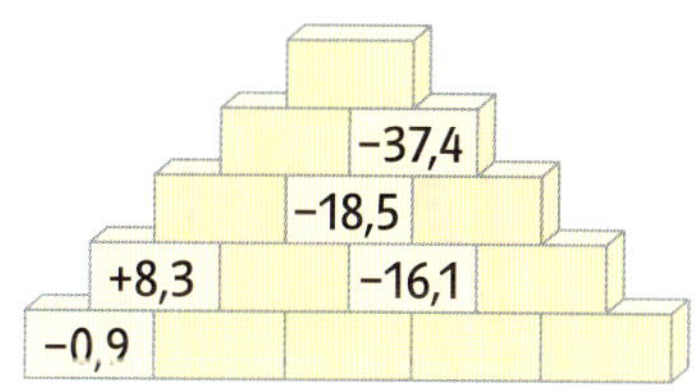

Kontoführung

Sina besitzt ein Jugendgirokonto. Damit kann sie Geld abheben und Beträge überweisen, solange das Guthaben ausreicht. Das monatliche Taschengeld wird auch überwiesen.

Sparkasse Waldhausen Auszug Nr. 14

Buchungstag	Vorgang	Betrag
12.10.	Geldautomat	−35,00
15.10.	Bareinzahlung	+80,00
23.10.	Geldautomat	−45,00
28.10.	Handy-Abrechnung	−33,87
2.11.	Taschengeld	+40,00

Kontostand 11.10. alt EUR 55,11
5.11. neu EUR 61,24

Sina Müller SB-Kontoauszug

- Bestimme die Summe der Einzahlungen und Abhebungen.
- Am 12.10. wollte Sina 60 € abheben. Dies war nicht möglich. Wie viel Euro hätte sie maximal am Bankautomat erhalten können?
- Anfang Dezember wird ihr wieder Taschengeld überwiesen. Für November plant sie keine Ausgaben, aber am Ende des Monats ist die Handy-Rechnung fällig. Sina rechnet mit höchstens 20 € Telefonkosten und glaubt, sich dann noch eine neue Jeans für 79 € kaufen zu können. Überprüfe Sinas Überlegungen.

5 Addition und Subtraktion. Klammern

Spiel-Nr.	Tim	Stefanie	Linda
1	27	–	–
2	–	–	−48
3	–	36	–
4	–	–	27
5	–	−40	–
6	–	44	–
7	−48	–	–
Zwischenstand			

Tim, Stefanie und Linda spielen Karten. Für gewonnene Spiele gibt es Pluspunkte, für verlorene Minuspunkte.

→ Vergleiche die Punktestände von Tim und Linda nach dem siebten Spiel.

→ Wie lässt sich Stefanies Punktezwischenstand geschickt bestimmen?

Wie schon bei den natürlichen Zahlen darf man auch in Summen rationaler Zahlen die Summanden vertauschen. Summanden können auch beliebig zusammengefasst werden.

$(-8) + (+13) = +5$

$(+13) + (-8) = +5$

$((+13) + (-8)) + (-22)$
$= (+5) + (-22)$
$= -17$

$(+13) + ((-8) + (-22))$
$= (+13) + (-30)$
$= -17$

Das Vertauschungsgesetz und das Verbindungsgesetz gelten auch für rationale Zahlen.

Vertauschungsgesetz (Kommutativgesetz)
In einer Summe rationaler Zahlen dürfen die Summanden vertauscht werden.
$(+25) + (-45) = (-45) + (+25)$

Verbindungsgesetz (Assoziativgesetz)
In einer Summe rationaler Zahlen dürfen beliebig Klammern gesetzt oder weggelassen werden.
$((-12) + (-18)) + (+24) = (-12) + ((-18) + (+24))$

Beispiel
Bei geschickter Anwendung beider Gesetze entstehen oftmals Rechenvorteile.

$(+67) + ((-119) + (+33)) = (+67) + ((+33) + (-119))$ Vertauschungsgesetz
$= ((+67) + (+33)) + (-119)$ Verbindungsgesetz
$= (+100) + (-119)$
$= -19$

Bemerkungen
Steht vor der Klammer ein Pluszeichen (Plusklammer), darf man die Klammer weglassen.
Rechenzeichen und Vorzeichen ändern sich dabei nicht.

Auch wenn vor einer Klammer ein Minuszeichen steht (Minusklammer), darf man die Klammer weglassen.
Aus allen Pluszeichen in der Klammer werden Minuszeichen und umgekehrt.

a) $48 + (-25 + 17)$
$= 48 + (-8)$
$= 40$

$48 + (-25 + 17)$
$= 48 - 25 + 17$
$= 23 + 17$
$= 40$

b) $48 - (-25 + 17)$
$= 48 - (-8)$
$= 48 + 8$
$= 56$

$48 - (-25 + 17)$
$= 48 + 25 - 17$
$= 73 - 17$
$= 56$

Aufgaben

1 Berechne vorteilhaft.
a) $(+16) + (+54) + (-29)$
b) $(-15) + (-35) + (+63)$
c) $237 + 49 + (-187)$
d) $5{,}5 + (-6{,}7) + 4{,}5$
e) $-8{,}1 + 6{,}8 + (-1{,}9)$

2 Setze „+“ und „−“ richtig ein.
a) $(-21) + (+18) - (+33) + (-19)$
$= \square 21 \square 18 \square 33 \square 19$
b) $(+77) - (+36) + (+68) - (-41)$
$= \square 77 \square 36 \square 68 \square 41$
c) $(-1{,}8) + (+7{,}2) + (-4{,}5) + (-0{,}6)$
$= \square 1{,}8 \square 7{,}2 \square 4{,}5 \square 0{,}6$

3 Vereinfache zuerst die Schreibweise. Rechne dann von links nach rechts.

Beispiel: $21 + (-18) - (+34)$
$= 21 - 18 - 34$
$= 3 - 34 = -31$

a) $73 + (-49) - (-37)$
b) $97 - (-56) + (+84) - (+41)$
c) $-3{,}4 + (-6{,}5) - (-10{,}2)$
d) $-63{,}7 + 49{,}8 - (-28{,}0) + (-32{,}5)$

4 Vertausche und fasse geschickt zusammen.

Beispiel: $(-17) + (+36) + (-83) + (+24)$
$= (-17) + (-83) + (+36) + (+24)$
$= -100 + 60 = -40$

a) $44 + (-37) + 26 + (-63)$
b) $-77 + 68 + (-39) + (-43) + 82$
c) $157 + (-127) + 243 + (-151) + (-122)$
d) $43{,}9 + (-24{,}4) + 36{,}1 + (-45{,}6)$
e) $-52{,}3 + 63{,}6 + (-32{,}7) + 26{,}4 + (-15{,}0)$

5 Fasse zuerst zusammen.

Beispiel: $54 + 39 + 68 - 73 - 87 - 45$
$= (54 + 39 + 68) - (73 + 87 + 45)$
$= 161 - 205 = -44$

a) $23 + 71 + 59 - 92 - 47 - 54$
b) $62 + 35 + 43 - 87 - 26 - 53$
c) $89 + 98 - 61 - 16 - 85 - 58$
d) $444 - 98 - 87 - 76 - 65 - 54 - 43 - 32$
e) $38{,}4 + 62{,}6 + 159{,}8 - 82{,}7 - 79{,}5 - 99{,}9$

6 Sortiere zuerst nach Vorzeichen.

Beispiel: $-38 + 57 + 31 - 24 + 43 - 62$
$= 57 + 43 + 31 - 38 - 62 - 24$
$= 131 - 124 = 7$

a) $25 - 53 - 39 + 64 - 47 + 36$
b) $-81 + 67 + 48 + 72 - 65 - 44$
c) $-55 + 94 - 71 - 22 + 86 - 37$
d) $-57 + 68 + 31 - 76 - 63 + 93 - 4$
e) $-15{,}3 + 43 + 72{,}4 - 89{,}7 - 39 + 21{,}8$
f) $24{,}25 - 36{,}6 - 105 + 90{,}9 + 21{,}95$

7 Achte auf die Minusklammer.
Vergleiche die Ergebnisse.
a) $-25 - (-55 - 35) - 15 - 45 - 65$
b) $-25 - (-55 - 35 - 15) - 45 - 65$
c) $-25 - (-55 - 35 - 15 - 45) - 65$
d) $-25 - (-55 - 35 - 15 - 45 - 65)$

Wir würfeln negativ

Gespielt wird mit drei Würfeln, die gleichzeitig geworfen werden.

Erste Spielvariante
Alle Augenzahlen erhalten das Vorzeichen Minus. Verbinde die negativen Zahlen mit + oder − und Klammern, so dass du verschiedene Zahlen ausdrücken kannst.

Beispiel: $(-1) - ((-2) + (-3))$
$= (-1) - (-5)$
$= -1 + 5 = 4$

Gewonnen hat, wer die meisten Möglichkeiten gefunden hat.

Zweite Spielvariante
Ungerade Augenzahlen werden addiert, gerade Augenzahlen werden subtrahiert.

Beispiel: $-4 + 3 - 6 = -7$

Gewonnen hat, wessen Ergebnis nach drei Durchgängen am weitesten von der Zahl 0 entfernt liegt.

1. Wurf: $5 - 2 - 6 = -3$
2. Wurf: $5 - 6 + 5 = +4$
3. Wurf: $1 - 2 - 6 = -7$
Ergebnis: $-3 + 4 - 7 = -6$

8 Die Aufgabe −77 − (34 − 89) lautet in Worten:
„Subtrahiere von der Zahl minus 77 die Differenz der Zahlen 34 und 89."
Schreibe in Worten.
a) 28 + (45 − 62)
b) −69 − (25 + 48)
c) (35 − 54) − (27 + 46)
d) −50 − (87 − 68 − 26)

9 Schreibe zuerst einen Rechenausdruck. Rechne dann.
a) Addiere zur Differenz der Zahlen 45 und 99 die Zahl minus 33.
b) Subtrahiere von der Summe der Zahlen −49 und 32 die Summe von 41 und 17.
c) Addiere zur Differenz der Zahlen 39 und 83 die Summe der Zahlen −26 und −73.

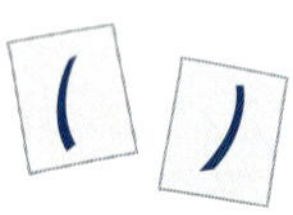

10 Setze in den vorgegebenen Rechenausdruck ein weiteres, zusätzliches Klammerpaar.
Schaffst du es, fünf verschiedene Ergebnisse zu erhalten?
20 − (+24) − (−15) + (−18)

11 Löse die Klammern auf und nutze Rechenvorteile.

Beispiel: −83 − (−56 + 17) + 44
= −83 + 56 − 17 + 44
= 56 + 44 − 83 − 17
= 100 − 100 = 0

a) 65 + (−78 + 35) − 42 + 18
b) −24 + (−61 + 52) − (−88 + 73)
c) 57 + (14 − 37) − (−75 + 34) − 49
d) −62 − (−17 + 94 − 83) + (−28 + 64)
e) (−53 + 47) − 35 − (−133 + 61) − 76

12 Löse die Klammern von innen nach außen auf. Rechne dann.

Beispiel: 22 − (41 − (−19 + 38))
= 22 − (41 + 19 − 38)
= 22 − 41 − 19 + 38
= 22 + 38 − 41 − 19 = 0

a) 47 − (85 + (29 − 53))
b) −66 − (−35 − (74 + 49))
c) ((−38 + 17) − (−81 + 43)) − (62 − 79)
d) −((55 − 71) − (−96 + 38) + 53) + 53
e) −67 − (−89 − (−42 − 17) − 77)

Vor und zurück ?!

Sollen Zahlen im Wechsel addiert und subtrahiert werden, kannst du auf zwei Arten vorgehen:
Eine Methode ist das **Springen auf der Zahlengeraden**.

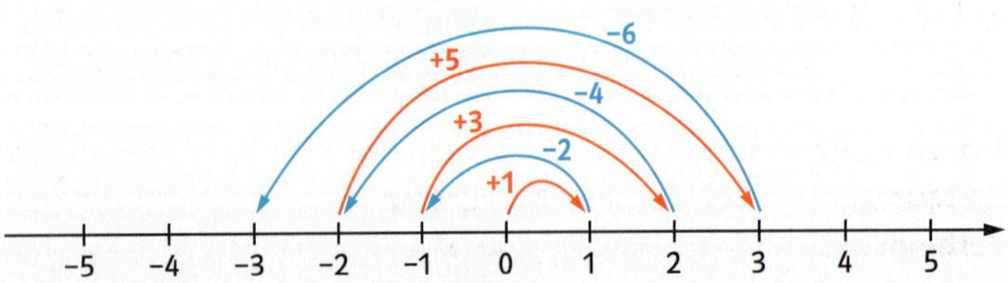

An der Zahlengeraden erkennst du:
1 − 2 = 1; 1 − 2 + 3 = 2; 1 − 2 + 3 − 4 = −2 usw.

Eine andere Methode ist das geschickte **Bündeln von Zahlenpaaren**.
1 − 2 + 3 − 4 + 5 − 6 + 7 − 8 + 9 …
(1 − 2 = −1; 3 − 4 = −1; 5 − 6 = −1; 7 − 8 = −1)
Hier musst du die Zahlen −1 entsprechend oft vervielfachen.

Carolin und Tim berechnen die Zahlenreihen und setzen sie fort.
1 − 2
1 − 2 + 3
1 − 2 + 3 − 4
- Was fällt den beiden wohl auf?
- Wie lauten die Ergebnisse für die 10. Zeile, wie für die 11., die 37. und die 100. Zeile?
- Carolin erklärt Tim: „Wenn du mir das Ergebnis der Rechnung nennst, kann ich dir sagen, welche Zahl du zuletzt addiert oder subtrahiert hast."

Es gibt auch andere Zahlenreihen:
- 2 − 4
  2 − 4 + 6
  2 − 4 + 6 − 8
- 1 − 3
  1 − 3 + 5
  1 − 3 + 5 − 7

- Beschreibe, wie du geschickt rechnest.
- 1 + 2 − 3 + 4 − 5 + 6 − 7 + 8 − 9 …
Die Reihe wird bis 100 fortgesetzt.

6 Multiplizieren

An der Tafel stehen zwei Aufgabenreihen.
→ Ergänze zunächst die linke Reihe.
Rechne dabei in Pfeilrichtung.
→ Nimm dein Ergebnis der letzten Zeile in der linken Reihe und setze es in die erste Zeile der rechten Reihe ein.
Ergänze nun auch die rechte Reihe.
→ Was stellst du fest?

$4 \cdot 8 = 32$	$4 \cdot (-8) = \square$
$4 \cdot 4 = 16$	$2 \cdot (-8) = \square$
$4 \cdot 2 = 8$	$0 \cdot (-8) = \square$
$4 \cdot 0 = 0$	$(-2) \cdot (-8) = \square$
$4 \cdot (-2) = \square$	$(-4) \cdot (-8) = \square$
$4 \cdot (-4) = \square$	…
$4 \cdot (-8) = \square$	

Wie bei den natürlichen Zahlen und bei den Brüchen verwendet man die Multiplikation als verkürzte Schreibweise der Addition.
$3 \cdot (-7) = (-7) + (-7) + (-7) = -21$
Das Produkt $3 \cdot (-7)$ hat als Ergebnis die Zahl −21. Dies ist die Gegenzahl des Produkts $3 \cdot (+7) = +21$.
Das Produkt $(-3) \cdot (-7)$ muss somit die Gegenzahl von $(-3) \cdot (+7)$, also von −21, ergeben.
Damit gilt: $(-3) \cdot (-7) = +21$.

Produkt
$(-3) \cdot (+4)$
1. Faktor *2. Faktor*

Das Vorzeichen des Produktwerts hängt von den Vorzeichen der einzelnen Faktoren ab. Die Faktoren werden ohne Berücksichtigung des jeweiligen Vorzeichens miteinander multipliziert. Dann wird das Vorzeichen festgelegt.

Regeln für das Multiplizieren rationaler Zahlen
Haben beide Faktoren das **gleiche Vorzeichen**, dann ist der Wert des Produkts **positiv**.
Haben die Faktoren **verschiedene Vorzeichen**, dann ist der Wert des Produkts **negativ**.

Beispiele
a) $(+8) \cdot (-12) = -(8 \cdot 12) = -96$
b) $(-15) \cdot (+9) = -(15 \cdot 9) = -135$
c) $(-1{,}6) \cdot (-5) = +(1{,}6 \cdot 5) = 8{,}0$
d) $\left(-\frac{5}{6}\right) \cdot \frac{9}{10} = -\frac{5 \cdot 9}{6 \cdot 10} = -\frac{3}{4}$

Bemerkungen
Das **Vertauschen** und **Verbinden** der Faktoren ist auch weiterhin möglich.
$3 \cdot (-7) = (-7) \cdot 3 = -21$ **Vertauschungsgesetz (Kommutativgesetz)**
$(-4) \cdot (5 \cdot (-6)) = ((-4) \cdot 5) \cdot (-6)$ **Verbindungsgesetz (Assoziativgesetz)**

Multipliziert man eine Zahl mit dem Faktor (−1), dann erhält man die Gegenzahl.
$(+5) \cdot (-1) = -5$ $(-1) \cdot (+5) = -5$ $(-5) \cdot (-1) = +5$ $(-1) \cdot (-5) = +5$

Aufgaben

1 Rechne im Kopf.
a) $(+5) \cdot (-7)$ b) $(-4) \cdot (+9)$
c) $(-4) \cdot (-5)$ d) $(+8) \cdot (-7)$
e) $(+12) \cdot (-6)$ f) $(-4) \cdot (-15)$

2 Rechne ebenfalls im Kopf.
a) $(-50) \cdot (-0{,}5)$ b) $20 \cdot (-1{,}2)$
c) $(-2{,}5) \cdot 12$ d) $(-7) \cdot (-0{,}4)$
e) $200 \cdot (-0{,}1)$ f) $(-40) \cdot (-1{,}8)$

3 Multipliziere. Ermittle zunächst das Vorzeichen des Ergebnisses.

a) (+15) · (−20) b) (−12) · (+30)
c) (−36) · (−8) d) (+24) · (−28)
e) (−41) · (+49) f) (−53) · (−17)
g) (+63) · (−19) h) (−55) · (−82)

4 Berechne.

a) 88 · (−12) b) (−44) · 77
c) (−55) · (−33) d) 67 · (−83)
e) (−72) · 23 f) (−125) · (−59)

5 Überschlage zunächst das Ergebnis. Rechne dann.

a) (−789) · 19 b) (−47) · (−211)
c) 106 · (−69) d) (−68) · (−97)
e) 42,8 · (−12,5) f) (−9,6) · 18,4
g) (−0,7) · (−4,8) h) 2,25 · (−0,45)

6 Multipliziere.

a) $\left(-\frac{1}{2}\right) \cdot \frac{2}{3}$ b) $\frac{2}{5} \cdot \left(-\frac{3}{4}\right)$
c) $\frac{1}{4} \cdot \left(-\frac{1}{3}\right)$ d) $\left(-\frac{3}{8}\right) \cdot \left(-\frac{4}{3}\right)$
e) $\left(-\frac{7}{9}\right) \cdot \frac{9}{14}$ f) $\left(-\frac{12}{25}\right) \cdot \left(-\frac{15}{16}\right)$

7 Berechne. Die Summe aller Ergebnisse ergibt den Wert 500.

a) (−8) · (−3) · 2 b) 12 · 8 · (−3)
c) 25 · (−4) · (−2) d) (−4) · (−5) · 48
e) 12,5 · (−6) · 8 f) 2,5 · (−4) · (−18)

8 Multipliziere vorteilhaft.

Beispiel: (−4) · 9 · 25 · (−5)
= (−4) · 25 · 9 · (−5)
= (−100) · (−45)
= 4500

a) 2 · 7 · (−5) · (−12)
b) 4 · (−9) · 8 · (−25) · (−5)
c) (−8) · 50 · (−125) · (−6)
d) (−4) · (−4) · (−25) · (−8) · (−5)

9 Wähle Ziffern und Vorzeichen aus und setze sie ein.

a) Der Wert des Produkts soll möglichst groß werden.
b) Der Wert des Produkts soll positiv sein und möglichst klein werden.
c) Der Wert des Produkts soll negativ sein und möglichst nahe bei Null liegen.

10 Lena hat innerhalb von zwei Sekunden das Ergebnis bestimmt. Schaffst du das auch?

(−42) · 72 · (−7) · 0 · (−89) · 36

11 Hier wird immer derselbe Faktor mit sich selbst multipliziert.

(−2) · (−2)
(−2) · (−2) · (−2)
(−2) · (−2) · (−2) · (−2)

a) Setze die Produktreihe bis zum Produkt aus 10 Faktoren fort und berechne den Wert der einzelnen Glieder.
b) Welches Vorzeichen besitzt das Produkt, bei dem 97-mal der Faktor (−2) vorkommt?

12 a) Der erste Faktor eines Produkts ist −35, der zweite 24. Wie groß ist der Produktwert?
b) Welche Zahl erhält man, wenn man vom Produkt aus −18 und −45 die Zahl 888 subtrahiert?
c) Multipliziere das Produkt aus −60 und 42 mit dem Faktor −5.
d) Das Produkt aus −13 und 6 wird mit der Differenz aus 11 und −6 multipliziert.
e) Multipliziere die Differenz aus −20 und −5 mit der Summe aus 20 und 5.

13 Ein Würfelspiel mit zwei verschiedenfarbigen Würfeln
Der blaue Würfel ist der Vorzeichenwürfel. Aus ihm gelten gerade Augenzahlen als Pluszeichen, ungerade Augenzahlen als Minuszeichen.
Würfle mit beiden Würfeln gleichzeitig. Die so entstehenden Zahlen sind Faktoren eines Produkts.
Sieger ist, wer nach dem fünften Wurf das Produkt mit dem größten Wert erzielt hat.

1. Wurf	−2
2. Wurf	+3
3. Wurf	−6
4. Wurf	−1
5. Wurf	+4

(−2) · (+3) · (−6) · (−1) · (+4) = −144

7 Dividieren

Der heftigste innerhalb von 24 Stunden je gemessene Temperatursturz ereignete sich 1916 im Bundesstaat Montana in den USA. Dabei sank das Thermometer von +6 °C auf −42 °C.

→ Wie groß war die durchschnittliche Temperaturänderung in einer Stunde?

Die Division ist die Umkehrung der Multiplikation.
Dies gilt auch für rationale Zahlen.

56 : 7 = 8, da 8 · 7 = 56
6,5 : 0,5 = 13, da 13 · 0,5 = 6,5
(−12) : (+4) = −3, da (−3) · (+4) = −12
(+12) : (−4) = −3, da (−3) · (−4) = +12
(−12) : (−4) = +3, da (+3) · (−4) = −12

Zunächst dividiert man die beiden rationalen Zahlen, ohne deren Vorzeichen zu berücksichtigen. Das Vorzeichen des Quotienten hängt von den Vorzeichen des Dividenden und des Divisors ab. Dabei gelten dieselben Vorzeichenregeln wie bei der Multiplikation.

Quotient
(−24) : (+8)
Dividend Divisor

Regeln für das Dividieren rationaler Zahlen
Haben Dividend und Divisor **gleiche Vorzeichen**, dann ist der Wert des Quotienten **positiv**.
Haben Dividend und Divisor **verschiedene Vorzeichen**, dann ist der Wert des Quotienten **negativ**.

! *Durch Null kann man nicht dividieren.*

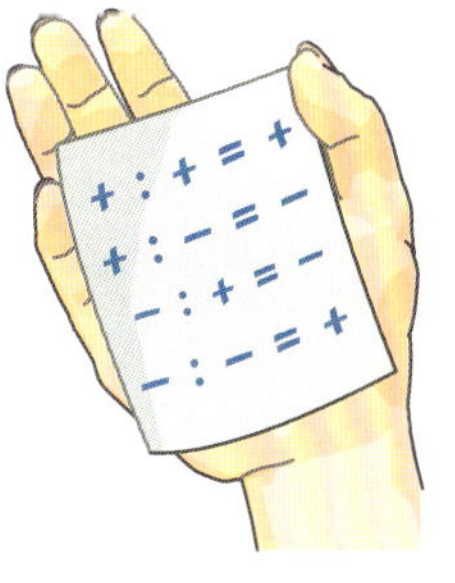

Beispiele
a) (+45) : (−15) = −(45 : 15) = −3

b) (−45) : (−15) = +(45 : 15) = 3

c) Durch einen Bruch wird dividiert, indem man mit seinem Kehrbruch multipliziert.

$\left(-\frac{3}{5}\right) : \left(+\frac{3}{4}\right) = \left(-\frac{3}{5}\right) \cdot \left(+\frac{4}{3}\right) = -\frac{3 \cdot 4}{5 \cdot 3} = -\frac{4}{5}$

Bemerkung
Dividiert man eine Zahl durch (−1), erhält man die Gegenzahl.

(+5) : (−1) = −5

(−5) : (−1) = +5

Aufgaben

1 Rechne im Kopf.
a) (+56) : (−7)
b) (−64) : (+8)
c) (−49) : (−7)
d) (+48) : (−12)
e) (−72) : (+8)
f) (−84) : (−14)

2 Rechne im Kopf.
a) (−96) : 12
b) 108 : (−9)
c) (−75) : (−15)
d) (−225) : 25
e) (−144) : (−16)
f) 600 : (−75)

3 Dividiere. Überlege zuerst, ob das Ergebnis positiv oder negativ ist.

a) (−121) : 11 b) 144 : (−18)
c) (−96) : (−16) d) (−270) : 15
e) (−102) : 17 f) 156 : (−12)
g) (−675) : (−25) h) 726 : (−33)

4 Ergänze Vorzeichen und Zahlen.

a) (−128) : (□16) = (−□)
b) 72 : (+□) = (□18)
c) (□105) : (−□) = −15
d) (−□) : 25 = □12

5 Setze im Heft die richtige Zahl ein.

a) 72 : □ = −9
(−72) : □ = −9
(−72) : □ = 9
72 : □ = 9

b) □ : 12 = −7
□ : (−12) = 7
□ : 12 = 7
□ : (−12) = −7

6 Ergänze im Heft.

a) 48 : □ = −4 b) □ : 9 = −8
c) −57 : □ = 3 d) □ : (−14) = 13
e) 207 : □ = −9 f) □ : (−21) = 36

Magische Quadrate

Bei diesen magischen Quadraten hat jede Zeile und jede Spalte und sogar jede Diagonale denselben Produktwert.
Arbeite mit dem Taschenrechner.

■ Vervollständige das Quadrat.

−8		−12
		16
		−72

■ Hier heißt die magische Zahl −729.

−18		
−27		−4,5

■ Auch für das 4 × 4-Quadrat brauchst du einen Taschenrechner. Berechne auch die unterschiedlich gefärbten Gruppen.

■ Welches Produkt erhältst du im rot umrandeten Zentrum?
■ Wie viele Pluszeichen und wie viele Minuszeichen kommen im magischen 4 × 4-Quadrat vor?

−33	−85	7	26
−2			
65	3		−77
		−39	−5

7 Fülle die Tabellen aus.

a)

:	−2	+5	−8	−12
+24	−12			
−64				
+72				
−108				

b)

·	9	−12		
		72		
15			−270	
44				−1848
	−702			

8 Dividiere.

a) 9,1 : (−7) b) (−20,4) : 12
c) (−13,2) : (−2,4) d) (−0,72) : 0,6
e) (−110,4) : (−23) f) 81 : (−5,4)
g) (−80,75) : 19 h) (−85,8) : (−3,75)

9 Multipliziere mit dem Kehrbruch.

a) $\left(+\frac{2}{3}\right) : \left(-\frac{4}{9}\right)$ b) $\left(-\frac{4}{7}\right) : \left(\frac{6}{7}\right)$
c) $\left(-\frac{3}{4}\right) : \left(-\frac{7}{8}\right)$ d) $\left(-\frac{35}{36}\right) : \frac{25}{48}$

10 Wähle aus den Ziffern und Vorzeichen aus und setze ein.
a) Der Wert des Quotienten soll möglichst groß werden.
b) Der Wert des Quotienten soll möglichst klein werden.
c) Der Wert des Quotienten soll so nah wie möglich bei der Zahl Null liegen.

? (□□□) : (□□)

11 Lege die Dominosteine in die richtige Reihenfolge.

−11 (−84) : (−7)
6 (−126) : 9
−14 165 : (−15)
−9 136 : (−8)
−17 (−96) : (−16)
12 (−198) : 22

12 Berechne die im Rechennetz fehlenden Zahlen.

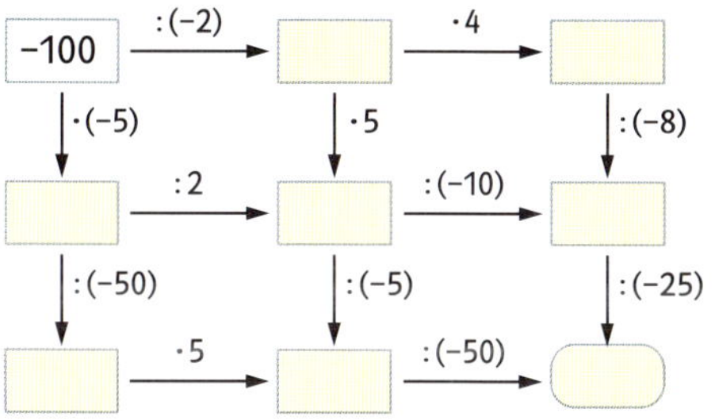

13 Hier kannst du dein Ergebnis kontrollieren.

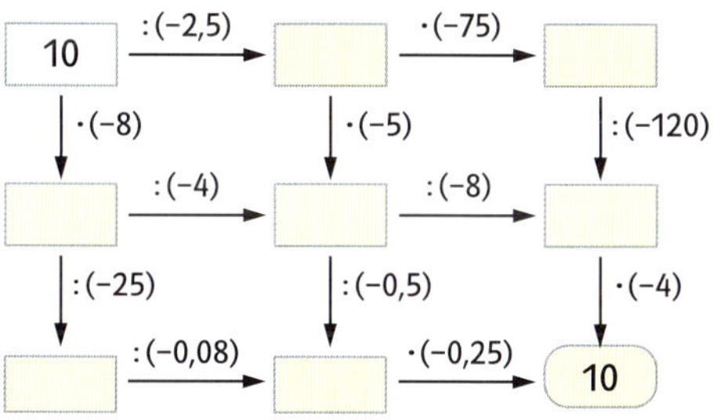

14 Verwende alle Rechenarten.

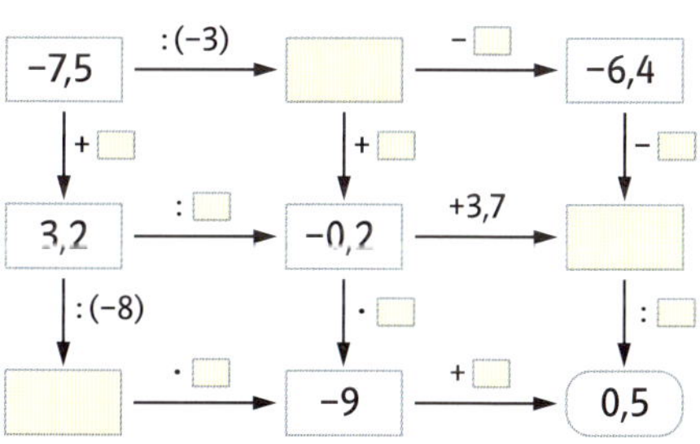

15 Ergänze die fehlenden Werte.

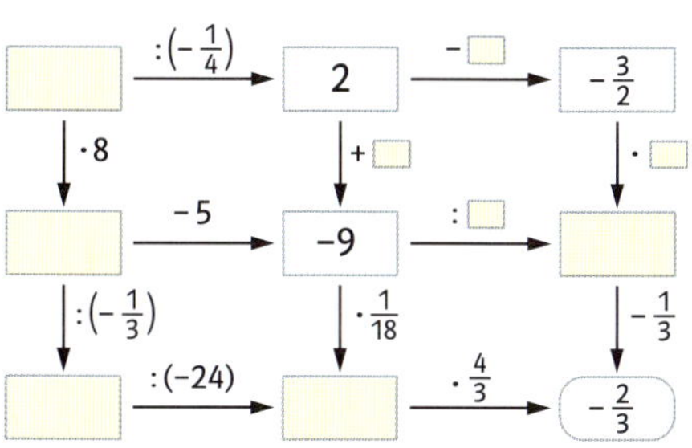

16 Richtig oder falsch?
Ist bei einem Produkt mehr als die Hälfte der Faktoren positiv, dann ist der Wert des Produkts positiv. Begründe.

17 Welche Aufgabe gehört zu welchem Ergebnis?
Überschlage bevor du rechnest.

(−11,2) : 3,2	−7,5
9,12 : (−22,8)	2,8
(−5,1) : (−8,5)	−0,4
81 : (−10,8)	−3,5
(−9,8) : (−3,5)	0,6

18 Setze zusätzlich Klammern.
Bilde Aufgaben mit unterschiedlichem Ergebnis.

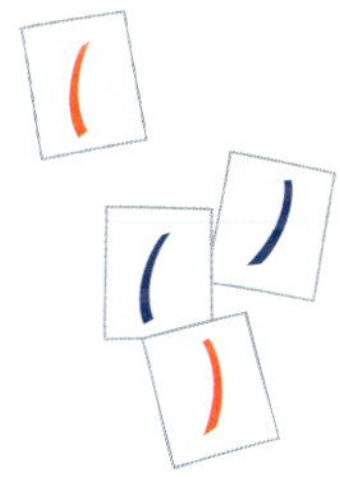

Beispiel: (−5) : (((−5) : (−5)) : (−5))
= (−5) : (1 : (−5))
= (−5) : (−0,2)
= 25

a) (−2) : (−2) : (−2) : (−2)
b) (−4) : (−4) : (−4) : (−4)
c) (−2) : (−2) · (−2) : (−2)
d) (−4) : (−3) : (−2) : (−1)

19 Zahlen auf nebeneinander liegenden Steinen werden miteinander multipliziert. Das Produkt steht darüber.

a)

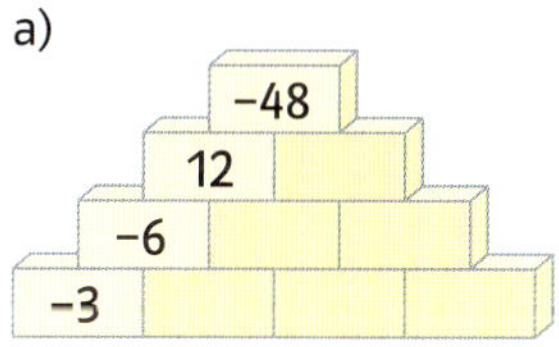

b)

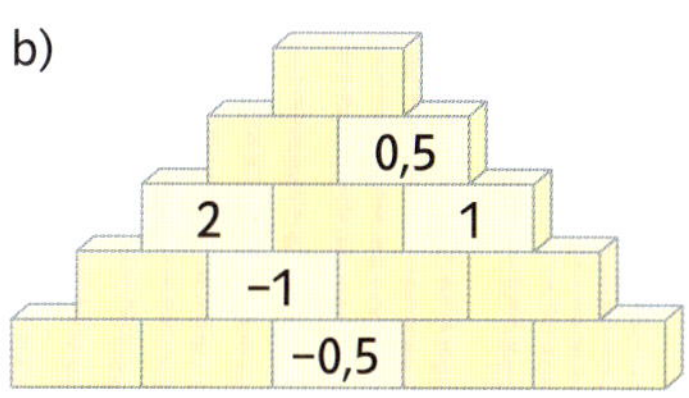

20 Stelle zuerst einen Rechenausdruck auf. Rechne dann.
a) Multipliziere den Quotienten aus −48 und 6 mit der Zahl −13.
b) Subtrahiere vom Quotienten der Zahlen 72 und −8 die Zahl −10.
c) Dividiere den Quotienten aus −35 und +5 durch den Quotienten aus +49 und −7.
d) Dividiere das Produkt der Zahlen 12,5 und −4 durch den Quotienten von −6,0 und −1,2.

8 Verbindung der Rechenarten

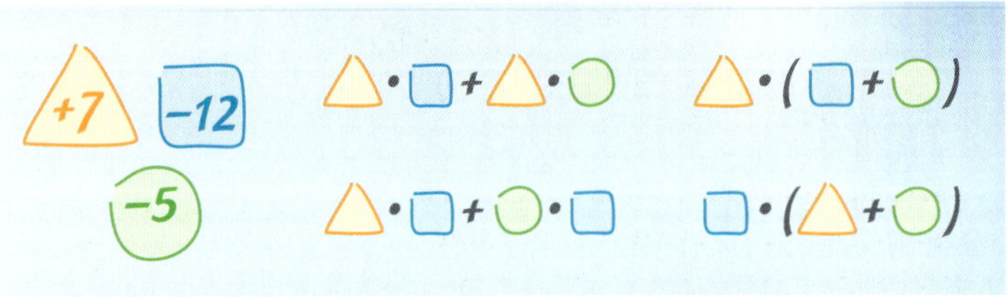

Setze die Zahlen in die Kreise, Dreiecke und Vierecke ein.
→ Berechne jeweils den Wert des Rechenausdrucks.
→ Was fällt dir auf?
→ Wähle noch andere Zahlen als die angegebenen und prüfe nach.

Rechenausdrücke wie $(-8) \cdot 33 + (-8) \cdot 17$ oder $\left(-\frac{2}{5}\right) \cdot \left(15 + \frac{1}{2}\right)$ lassen sich auf verschiedene Arten berechnen. Dabei können Rechenvorteile entstehen.

Ausklammern

$$(-8) \cdot 33 + (-8) \cdot 17$$
$$= (-8) \cdot (33 + 17)$$
$$= (-8) \cdot 50$$
$$= -400$$

Ausmultiplizieren

$$\left(-\frac{2}{5}\right) \cdot \left(15 + \frac{1}{2}\right)$$
$$= \left(-\frac{2}{5}\right) \cdot 15 + \left(-\frac{2}{5}\right) \cdot \frac{1}{2}$$
$$= -6 + \left(-\frac{1}{5}\right) = -6\frac{1}{5}$$

Das Verteilungsgesetz (Distributivgesetz) gilt auch für rationale Zahlen.

! *Dieses Gesetz gilt auch beim Subtrahieren und Dividieren.*

Verteilungsgesetz (Distributivgesetz)
Beim **Ausklammern** wird zuerst der gemeinsame Faktor ausgeklammert. Anschließend wird die Summe in der Klammer bestimmt und mit dem ausgeklammerten Faktor multipliziert.
Beim **Ausmultiplizieren** wird der Faktor vor der Klammer mit jedem Summanden der Klammer multipliziert, anschließend wird addiert.

Beispiele

a) Hier hat das Ausmultiplizieren Vorteile.

$$(-7) \cdot \left(\left(+\frac{1}{7}\right) + \left(-\frac{3}{4}\right)\right)$$
$$= (-7) \cdot \left(+\frac{1}{7}\right) + (-7) \cdot \left(-\frac{3}{4}\right)$$
$$= (-1) + \left(+\frac{21}{4}\right)$$
$$= (-1) + 5{,}25$$
$$= 4{,}25$$

b) Hier bringt das Ausklammern Vorteile.

$$(-7{,}5) \cdot (-39) + (-7{,}5) \cdot (-61)$$
$$= (-7{,}5) \cdot ((-39) + (-61))$$
$$= (-7{,}5) \cdot (-100)$$
$$= 750$$

kurz:
Klammer zuerst
Punkt vor Strich

c) Auch bei rationalen Zahlen gilt das **Vertauschungsgesetz (Kommutativgesetz)** und das **Verbindungsgesetz (Assoziativgesetz)** der Multiplikation.
Bei mehrfacher Anwendung können sich Rechenvorteile ergeben.

$(-2{,}5) \cdot (+38{,}7) \cdot (-4)$
$= (-2{,}5) \cdot (-4) \cdot (+38{,}7)$ — Vertauschungsgesetz
$= ((-2{,}5) \cdot (-4)) \cdot (+38{,}7)$ — Verbindungsgesetz
$= (+10) \cdot (+38{,}7) = +387$

d) Auch für die rationalen Zahlen gilt die bekannte Rechenreihenfolge:
Innere Klammer vor äußerer Klammer
Punktrechnung vor Strichrechnung

$((6{,}5 - 21{,}5) : (-5)) - 1{,}5 \cdot 8$ — Innere Klamme vor äußerer
$= ((-15) : (-5)) - 1{,}5 \cdot 8$
$= 3 - 1{,}5 \cdot 8$ — Punkt vor Stric
$= 3 - 12$
$= -9$

Aufgaben

1 Rechne im Kopf.

a) $5 \cdot (-8) + 20$
b) $12 - 4 \cdot 5$
c) $(-8) \cdot 7 + 6 \cdot 5$
d) $5 - 48 : 4 + 6$
e) $(-49) : (-7) - 49$
f) $24 - 42 - 5 \cdot 9$
g) $2 \cdot (-5) + 4 - 9 : 3$
h) $25 : (-5) - 36 : (-6)$

2 Achte auf Punktrechnung vor Strichrechnung.

a) $(-5) \cdot (-10) + 40$
b) $(-42) : 7 - 65 : (-13)$
c) $(-2{,}5) - 3{,}2 \cdot (-4) + (10{,}2)$
d) $32{,}2 : (-3{,}5) - 7{,}8 \cdot 1{,}5 + 4{,}8$
e) $22{,}5 - (-1{,}5) \cdot 24 : (-9) - 3{,}6 \cdot 7{,}5$

3 Rechne vorteilhaft.

a) $13 \cdot (-5) \cdot 20$
b) $(-2{,}5) \cdot 4 \cdot (-19)$
c) $(-8) \cdot (-25) \cdot 17$
d) $(-4{,}7) \cdot (-0{,}5) \cdot 20$
e) $(-50) \cdot 2 \cdot (-30)$
f) $-400 \cdot 0{,}25 \cdot (-1{,}5)$
g) $(-7) \cdot (-25) \cdot (-8)$
h) $0{,}3 \cdot (-0{,}2) \cdot 750$

4 Verbinde die Faktoren geschickt.

Beispiel: $(-16) \cdot 5 \cdot (-9) \cdot (-4) \cdot 25$
$= (-80) \cdot (-9) \cdot (-100)$
$= 720 \cdot (-100)$
$= -72\,000$

a) $(-25) \cdot 4 \cdot 20 \cdot (-5) \cdot (-7)$
b) $(-8) \cdot 125 \cdot (-9) \cdot (-40) \cdot 5$
c) $(-6) \cdot (-25) \cdot (-4) \cdot (-125) \cdot 4$
d) $8 \cdot (-25) \cdot (-18) \cdot 5 \cdot (-3)$
e) $(-50) \cdot (-4) \cdot 30 \cdot 250 \cdot (-4) \cdot (-3)$

5 Multipliziere aus und berechne.

a) $4 \cdot (-25 + 12)$
b) $8 \cdot (40 - 75)$
c) $(-20) \cdot (-5 + 24)$
d) $(-35 + 16) \cdot (-10)$
e) $(-4) \cdot (12{,}5 - 19)$
f) $(2{,}4 - 8{,}4) \cdot (-5)$
g) $\left(-\frac{3}{4} + 1{,}2\right) \cdot 8$
h) $(-7) \cdot \left(-\frac{2}{7} - 0{,}4\right)$

6 Ausklammern ist vorteilhaft.

Beispiel: $12 \cdot (-17) + 12 \cdot (-33)$
$= 12 \cdot ((-17) + (-33))$
$= 12 \cdot (-50)$
$= -600$

a) $14 \cdot (-9) + 6 \cdot (-9)$
b) $42 \cdot (-14) + 42 \cdot (-16)$
c) $(-19) \cdot (-73) + (-27) \cdot (-19)$
d) $(-16) \cdot 33 - (-16) \cdot 23$

7 Klammere zunächst gemeinsame Faktoren aus.

Beispiel: $16 \cdot (-17) + 62 \cdot (-17) + 22 \cdot (-17)$
$= (-17) \cdot (16 + 62 + 22) = (-17) \cdot 100$
$= -1700$

a) $(-9) \cdot 16 + (-9) \cdot 23 + (-9) \cdot 11$
b) $59 \cdot (-18) + (-32) \cdot (-18) + 73 \cdot (-18)$
c) $12 \cdot (-2{,}3) + 12 \cdot (-4{,}9) + 12 \cdot (-2{,}8)$
d) $(-12{,}4) \cdot 4{,}75 + 4 \cdot (-12{,}4) + 1{,}25 \cdot (-12{,}4)$

8 Ausklammern oder Ausmultiplizieren?

a) $32 \cdot (-5) + 18 \cdot (-5)$
b) $5 \cdot (-40 + 7)$
c) $(-20 - 3) \cdot 13$
d) $9 \cdot (-43) + 9 \cdot 33$
e) $(-12) \cdot \left(\frac{1}{3} - \frac{1}{4}\right)$
f) $\frac{3}{4} \cdot (-9) - \frac{5}{8} \cdot (-9)$
g) $\left(-72 + \frac{3}{11}\right) \cdot \left(-\frac{11}{12}\right)$
h) $\left(-\frac{2}{9}\right) \cdot \left(\frac{9}{10} - 18\right)$

9 Berechne.

a) $-120 : (-57 + 33) + 1$
b) $(-13 + 21) \cdot (-19 - 16)$
c) $(-96) : 12 - 7 \cdot 16$
d) $(-21 + 6 \cdot (-7)) : (-9)$
e) $(-43 + 25) \cdot (-6) - 112 : 16$
f) $((-12) \cdot 13 - 144 : 18) : (-4)$

10 Gleiche Zahlen – gleiches Ergebnis?

a) $(1 - 2 \cdot (3 - 4)) \cdot (5 - 6 \cdot 7 - 8 \cdot (9 - 10))$
b) $((1 - 2) \cdot 3 - 4) \cdot ((5 - 6) \cdot 7 - 8 \cdot 9 - 10)$
c) $(1 - 2 \cdot 3 - 4) \cdot ((5 - 6) \cdot (7 - 8) \cdot 9 - 10)$
d) $(1 - (2 \cdot 3 - 4)) \cdot ((5 - 6 \cdot 7) - (8 \cdot 9 - 10))$
e) $((1 - 2 \cdot 3) - 4) \cdot (5 - (6 \cdot 7 - 8 \cdot 9) - 10)$

11 Hier musst du noch Klammern setzen.

a) $(-5) \cdot 3 - 9 = 30$
b) $-28 - 21 : 7 = -7$
c) $3 \cdot 5 + 9 \cdot (-2) = -48$
d) $(-2) \cdot 8 - 4 \cdot 5 = -100$

12 Ein Würfelspiel mit 5 Würfeln:
Würfelt mit drei 20-flächigen Würfeln und zwei normalen Würfeln.
Auf den normalen Würfeln bedeuten die Zahlen 1 und 2 das Zeichen „+“, die Zeichen 3 und 4 das Zeichen „–“, und die Zahlen 5 und 6 das Zeichen „·“.
Rechts siehst du mögliche Aufgaben.
a) Welcher Spieler hat das größte Ergebnis?
b) Wer hat das kleinste Ergebnis?

$15 - 7 \cdot 12 = -69$
oder:
$7 - 15 \cdot 12 = -173$
oder:
…

Temperaturen hier und dort

Anders Celsius (1701–1744)

Die noch heute in den USA verwendete Fahrenheitskala wurde bereits um 1714 von **Daniel Fahrenheit** aus Danzig entwickelt. Als Nullpunkt seiner Skala wählte er die tiefste Temperatur des strengen Winters von 1709, die er später durch eine Mischung aus Eis, festem Salmiak und Wasser wieder herstellen konnte. Mit der Wahl dieses Nullpunktes hoffte Fahrenheit negative Temperaturen vermeiden zu können. Als zweiten „Fixpunkt" seiner Skala soll Fahrenheit seine eigene Körpertemperatur (37,8 °C) gewählt haben, der er willkürlich die Zahl 100 zuordnete.

Die bei uns gebräuchliche Celsius-Temperaturskala wurde im Jahre 1742 vom schwedischen Astronomen und Physiker **Anders Celsius** (1701–1744) eingeführt. Auf der Celsiusskala ist der Gefrierpunkt des Wassers mit 0 °C festgelegt, der Siedepunkt mit 100 °C.

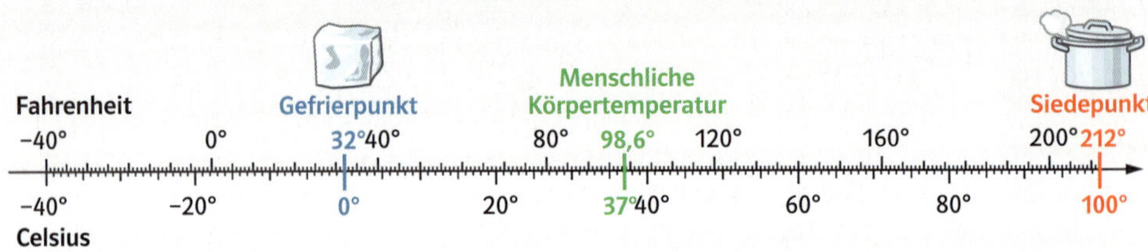

Der linke Rechenbaum zeigt dir, wie du Celsiuswerte in Fahrenheit umrechnen kannst.

■ Vervollständige den Rechenbaum für die Umrechnung von Fahrenheit in Celsiuswerte.

Celsius in Fahrenheit

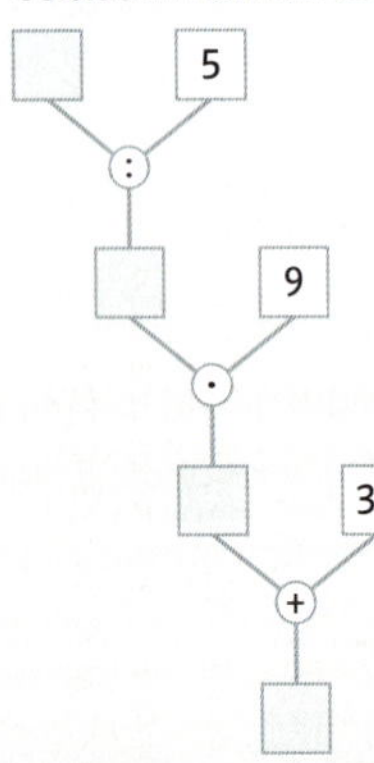

Fahrenheit in Celsius

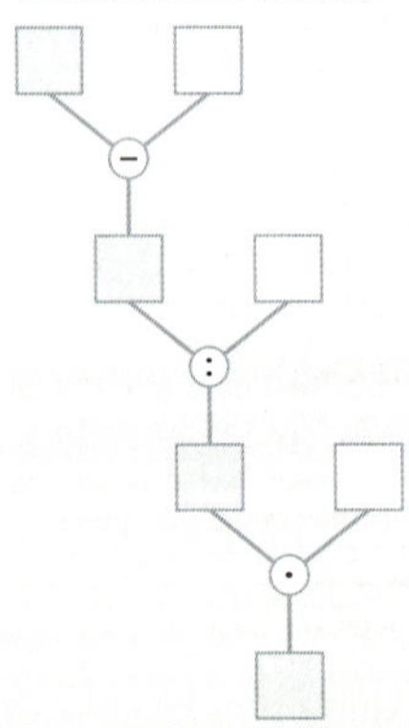

Beispiel:

$20\,°C \xrightarrow{:5} 4° \xrightarrow{\cdot 9} 36° \xrightarrow{+32} 68\,°F$

■ Rechne in Fahrenheit um.
100 °C; 0 °C; 50 °C; 10 °C und –10 °C

■ Bestimme die zugehörigen Celsiuswerte.
68 °F; 140 °F; 100 °F; 0 °F; –148 °F

■ Bei welcher Temperatur sind die Gradzahlen von Fahrenheit und Celsius gleich?

■ Tim ruft aus Miami (USA) zu Hause an: „Stell' dir vor, wir haben über 100° Lufttemperatur im Schatten." Kann das sein?

Die Tabelle zeigt Temperaturwerte der ganzen Erde.

■ Wo war es am wärmsten, wo am kältesten?

■ Herrschte auf der Nordhalbkugel Winter oder Sommer?

	Fahrenheit		Celsius
New York	81	Kapstadt	16
Los Angeles	84	Melbourne	10
Phoenix	107	Peking	32
Fairbanks	62	Kairo	35
Denver	73	Köln	31

Zusammenfassung

Rationale Zahlen

Die positiven und negativen Bruchzahlen einschließlich der Null heißen **rationale Zahlen**.

$-3{,}76$; $2\frac{1}{7}$; -4 oder $-\frac{34}{123}$ sind rationale Zahlen.

Koordinatensystem

Das **Koordinatensystem** ist eine Erweiterung des Quadratgitters nach links und nach unten.
Die waagerechte Achse heißt **x-Achse**, die senkrechte **y-Achse**.
Punkte im Koordinatensystem werden mit **Koordinaten** beschrieben. Sie bestimmen die Lage der Punkte eindeutig.

P(−2|3)

x-Wert y-Wert

Addieren

Bei **gleichen Vorzeichen** addiert man die Zahlen, ohne ihr Vorzeichen zu berücksichtigen. Das Ergebnis erhält das gemeinsame Vorzeichen beider Zahlen.

$-28 + (-14) = -42$

Bei **verschiedenen Vorzeichen** subtrahiert man die Zahlen ohne Berücksichtigung ihres Vorzeichens. Das Ergebnis erhält das Vorzeichen derjenigen Zahl, die von Null weiter entfernt liegt.

$10 + (-18) = -8$

$-25 + 37 = 12$

Subtrahieren

Eine rationale Zahl wird subtrahiert, indem man ihre Gegenzahl addiert.

$(-7) - (+11) = (-7) + (-11) = -18$
$(-17) - (-9) = (-17) + (+9) = -8$

Multiplizieren

Haben beide Faktoren das **gleiche Vorzeichen**, dann ist der Wert des Produkts **positiv**. Haben sie **verschiedene Vorzeichen**, dann ist der Wert des Produkts **negativ**.

$(-25) \cdot (-8) = +(25 \cdot 8) = 200$

$(+16) \cdot (-5) = -(16 \cdot 5) = -80$

Dividieren

Haben Dividend und Divisor **gleiche Vorzeichen**, dann ist der Wert des Quotienten **positiv**.
Haben sie **verschiedene Vorzeichen**, dann ist der Wert des Quotienten **negativ**.

$(-28) : (-4) = +(28 : 4) = 7$

$(-56) : 7 = -(56 : 7) = -8$

Verteilungsgesetz

Das Verteilungsgesetz wird zum **Ausklammern** und **Ausmultiplizieren** verwendet.

Ausmultiplizieren

$(-6) \cdot 13 + (-6) \cdot 87 = (-6) \cdot (13 + 87)$

Ausklammern

Berechnen von Rechenausdrücken

Punktrechnung **vor Strich**rechnung.
Klammern werden **zuerst** berechnet.
Innere Klammer vor **äußerer Klammer**.

$-87 - 88 : 11 = -87 - 8 = -95$
$-45 - (144 - 27 : 3) = -45 - 135 = -180$
$26 - (89 - (114 - 11 \cdot 5))$
$= 26 - (89 - 59) = 26 - 30 = -4$

Üben • Anwenden • Nachdenken

1 Ordne nach der Größe.

a) 89; −98; −809; 980; −890; −899
b) −2,76; −6,27; 2,67; −7,62; 6,72
c) 0,035; −0,503; −0,053; 0,53; −0,305
d) $-1\frac{1}{2}$; 1,55; $-1\frac{1}{4}$; 1,25; $-1\frac{1}{10}$

2 Rechne im Kopf.

a) −42 + 65 b) −23 − 77
c) (−7) · 13 d) 144 : (−12)
e) 76 − 93 f) (−16) · (−2,5)
g) −46 − 135 h) −162 : (−18)

3 Welche Zahl musst du einsetzen?

a) −85 + ☐ = −47 b) −29 − ☐ = −17
c) 63 : ☐ = −7 d) −13 · ☐ = 104
e) ☐ · (−3,25) = −58,5 f) ☐ : (−0,8) = 6

4 Runde das Ergebnis auf eine Stelle nach dem Komma.

a) (−37) : 7 b) (−2,46) · (−9,8)
c) 25,8 : (−5,2) d) (−0,76) · 0,67
e) $11{,}3 \cdot \left(-\frac{3}{4}\right)$ f) $\left(-\frac{7}{8}\right) : (-4{,}9)$

5 Rechne wie im Beispiel:

−93 + 38 + 68 − 41 + 72 − 56
= 68 + 38 + 72 − (93 + 56 + 41)
= 178 − 190 = −12

a) 74 − 143 + 26 − 57
b) 17 − 29 − 44 + 83 − 71
c) −63 + 12 + 58 − 47 − 39
d) −107 + 95 + 59 − 45 − 43 + 21
e) 71 − 48 + 133 − 29 + 109 − 42 + 57

6 Rechne möglichst vorteilhaft.

a) (−25) · 7,5 · (−4) · (−9)
b) 0,4 · (−50) · 0,8 · (−5)
c) (−1,25) · (−2,5) · (−3,8) · (−800) · (−40)
d) $\left(-\frac{2}{3}\right) \cdot \left(-\frac{2}{5}\right) \cdot \frac{3}{4}$

7 Welche Aufgabe gehört zu welchem Ergebnis? Überschlage bevor du rechnest.

3,8 + (−4,2) + 0,8	−4,9
0,9 − 7,1 + 2,7	−6,5
−7,2 − 3,5 + 5,8	0,4
−1,6 + 4,4 − 9,3	−0,4
−9,8 + 4,3 + 5,1	−3,5

8 Löse die Klammern auf und berechne.

a) −23 + (−27 + 18) − (31 − 44)
b) 82 − (37 − (−56 + 24) + 35)
c) 67 − (−29 − (−48 + 87 − 58)) − 13
d) 7,8 − (4,1 − (−2,7 − 8,3 + 0,6) − 5,9)

9 Ordne die Dominosteine.

−3,4 | (−56) : (−14)
−120 | −77 − 83
4 | (−7,5) · 16
−160 | −43 + (−26)
17,5 | (−0,4) · 8,5
−69 | −42 : (−2,4)

10 In der rechten Spalte stehen die Ergebnisse in falscher Reihenfolge. Ordne richtig zu.

a) −1 + 2 − 3 + 4 − 5 + 6	−7
b) −(1 + 2 − 3 + 4 − 5 + 6)	15
c) −(1 + 2) − (3 + 4) − (5 + 6)	7
d) −(1 + 2 − 3 + 4 − (5 + 6))	3
e) −1 + (2 − (3 + 4 − 5) + 6)	−5
f) −((1 + 2) − (3 + 4) − (5 + 6))	−21
g) −(1 + 2 − (3 + 4 − (5 + 6)))	5

11 Die Zahlenmauer hat fünf Schichten.

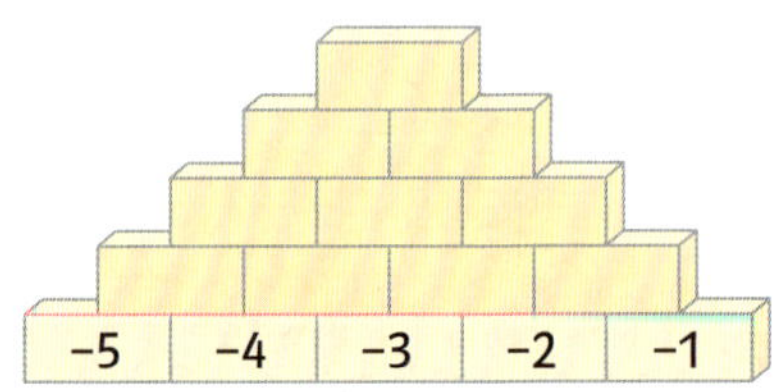

a) Nebeneinander liegende Steine werden addiert. Was beobachtest du in den einzelnen Reihen der Zahlenmauer? Erkläre.
b) In derselben Zahlenmauer werden nebeneinander liegende Steine multipliziert. Welches Vorzeichen hat die Zahl in der Spitze? Beantworte die Frage zunächst ohne zu rechnen.
c) Lissy sagt:
„Wenn in der unteren Reihe der Mauer eine ungerade Anzahl von negativen Faktoren steht, dann ist der Wert in der Spitze negativ, sonst ist er positiv."

12 Achte auf die Klammern.

a) $25 \cdot (-63 + 48) - (-24)$

b) $(-74) : (21 - (17 - 33))$

c) $-(-12 - (72 \cdot (-3) + 99))$

d) $77 - (-(83 - 98) : (-5))$

13 Übertrage ins Heft und ergänze.

a) b)

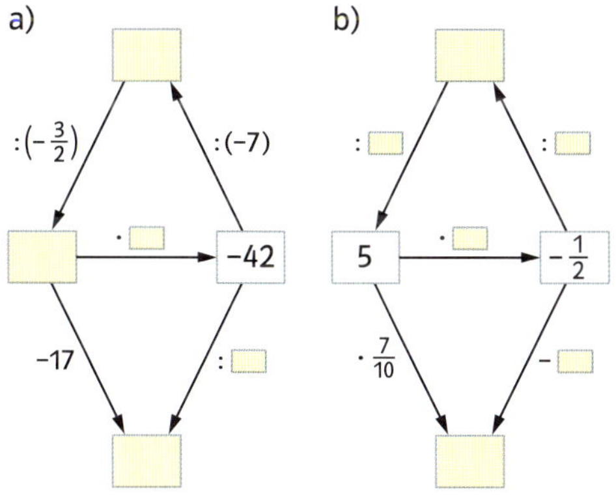

14 Bilde Aufgaben mit ganzzahligem Ergebnis.

Beispiel: $10 : (-5) + 8 \cdot (-2) = -2 - 16 = -18$

Schaffst du 5 verschiedene Aufgaben? Welche Aufgabe hat den kleinsten, welche den größten ganzzahligen Wert?

15 Gib Beispiele oder Gegenbeispiele an.

a) Die Summe zweier rationaler Zahlen ist stets größer als jeder einzelne Summand.

b) Die Differenz zweier rationaler Zahlen ist größer als Minuend und Subtrahend.

c) Der Wert eines Produktes aus rationalen Zahlen ist immer größer als einer der Faktoren.

d) Der Wert eines Quotienten aus rationalen Zahlen ist immer kleiner als der Dividend.

Rechnen im Koordinatensystem

Addiert man beim Viereck ABCD zu jeder x-Koordinate die Zahl 3 und subtrahiert von jeder y-Koordinate die Zahl 2, erhält man folgendes Bild. Das Viereck ABCD wird also verschoben.

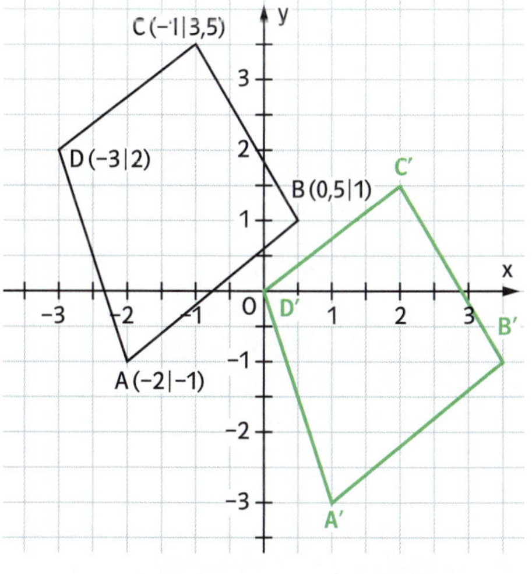

■ Das Viereck ABCD hat die Eckpunkte A(−4|−2); B(8|−4); C(5|0) und D(−5|2). Subtrahiere von den 1. Koordinaten die Zahl 3, von den 2. Koordinaten die Zahl 5.

Das Viereck ABCD hat die Eckpunkte A(7|4); B(1|6); C(−5|−2) und (8|−4). Zeichne und beschreibe, was mit dem Viereck passiert.

■ Multipliziere die 1. Koordinaten jeweils mit −1.

■ Multipliziere die 2. Koordinaten jeweils mit −1.

■ Multipliziere sowohl die 1. Koordinaten als auch die 2. Koordinaten mit −1.

■ Wie sind die Koordinaten der Bildpunkte A′; B′; C′ und D′ berechnet worden?

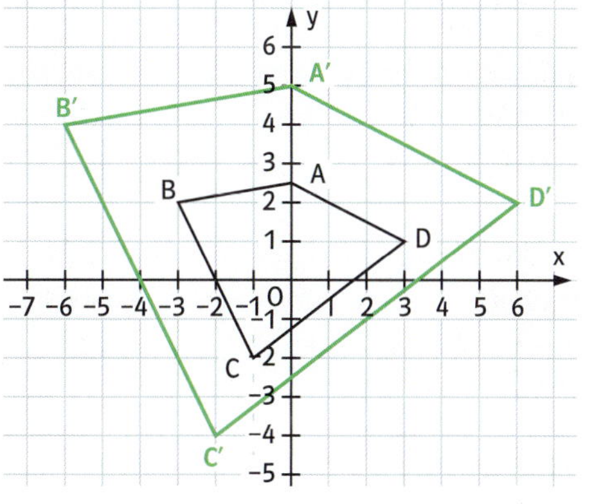

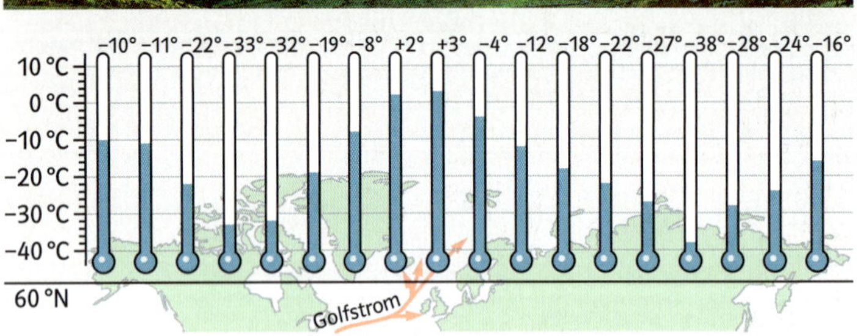

Die Grafik zeigt Durchschnittstemperaturen des Monats Januar entlang dem 60. Breitenkreis.

- Welcher Unterschied besteht zwischen der höchsten und der tiefsten Temperatur? Wo werden sie gemessen?
- Berechne die Durchschnittstemperatur aller 18 Messstationen.
- Um wie viel °C unterscheidet sich diese Durchschnittstemperatur von der in Düsseldorf, die bei 10,3 °C liegt?

	A	B	C
1	**Mittlere Monatstemperaturen**		
2			
3		Werchojansk	Reykjavík
4	Januar	-47,0	-0,5
5	Februar	-42,7	0,4
6	März	-29,8	0,5
7	April	-12,9	2,9
8	Mai	2,8	6,3
9	Juni	13,0	9,0
10	Juli	15,2	10,6
11	August	10,8	10,3
12	September	2,3	7,7
13	Oktober	-14,9	4,4
14	November	-36,7	1,1
15	Dezember	-43,6	-0,2
16			

Werchojansk (Ostsibirien) und Reykjavík (Island) liegen beide etwa auf dem 65. nördlichen Breitengrad.

- Berechne mit einer Tabellenkalkulation die jährliche Durchschnittstemperatur.
- Erstelle unterschiedliche Diagramme. Welche eignen sich gut, welche weniger?
- Die Temperaturen unterscheiden sich trotz derselben geografischen Breite enorm. Kannst du das erklären?

Die **mittlere Tagestemperatur** wird folgendermaßen bestimmt. Die Temperaturwerte eines Ortes werden zu drei fest vorgegebenen Uhrzeiten (7:30 Uhr; 14:30 Uhr und 21:30 Uhr) gemessen. Dann wird so gerechnet:

$$T_{Mittel} = \frac{1}{4}(T_{7:30} + T_{14:30} + 2 \cdot T_{21:30})$$

	7:30	14:30	21:30
Berlin	−1 °C	5 °C	2 °C
New York	−14 °C	−5 °C	−17 °C
Sydney	18 °C	33 °C	27 °C
Jakutsk	−33 °C	−19 °C	−40 °C

- Berechne die mittlere Tagestemperatur der angegebenen Städte.

In der Wüste Gobi in Zentralasien gibt es täglich große Temperaturschwankungen. Am Morgen wurden −12 °C, am Mittag 44 °C gemessen. Die mittlere Tagestemperatur wurde mit 7 °C angegeben.

- Welche Temperatur herrschte am Abend gegen 21:30 Uhr?

1 Trage auf einem Ausschnitt der Zahlengeraden ein.
a) 3; −4; 0; −3,5; −1,5; 1
b) −0,3; 0,15; $-\frac{1}{4}$; −0,2; −0,05

2 Welche Zahl liegt in der Mitte von
a) −1,5 und −3,0? b) $-\frac{1}{2}$ und 3?

3 Addiere und subtrahiere.
a) −42 + 25 b) 19 − 32
c) 53 − (−49) d) −39 + (−44)

4 Berechne.
a) (−12) · 8 b) 15 · (−7)
c) 72 : (−8) d) (−84) : (−14)
e) (−24) · (−11) f) (−144) : 36

5 Nutze Rechenvorteile.
a) −24 + 17 + 13
b) −63 + 29 + 51 − 37
c) 112 − 49 + 64 + 78 − 44 − 51
d) 84 − 57 + 38 − 34 + 7 + 52

6 Berechne.
a) 26 − 14 · 6
b) 4 · 9 − 96 : (−12)
c) 35 − 112 : (−14) + 22
d) −19 − 9 · (−11) + 87 : (−3)

7 Achte auf die Klammern.
a) −36 − (16 − 29) − (−52 + 33)
b) 94 − (67 − (−49 + 37)) − 71
c) −12 − (28 + 5 · (−7))
d) (41 − 56) · (−7) − 76 : 4
e) −144 : (−91 + 67) − (105 − 119) · 6

8 Subtrahiere von der Zahl −17 die Summe der Zahlen 23 und 36.

9 Der Förderkorb einer Kohlenzeche fährt in einer Höhe von 208 m über dem Meeresspiegel los und erreicht nach 737 m Seilfahrt das Kohleflöz.
Wie viele Meter unter dem Meersspiegel liegt das Abbaugebiet?

Rückspiegel

1 Trage auf der Zahlengeraden ein.
a) −22; −58; −40; −16; −5; −34
b) $-\frac{1}{5}$; −1,3; $\frac{3}{4}$; $-2\frac{1}{2}$; −0,7

2 Welche Zahl liegt in der Mitte von
a) −7,5 und 6,0? b) $-\frac{1}{3}$ und $-\frac{1}{2}$?

3 Addiere und subtrahiere.
a) 163 − 214 b) −74 − 97
c) −12,5 + (−23,6) d) −1,79 − (−4,83)

4 Berechne.
a) 2,5 · (−6) b) (−2,8) · (−3,2)
c) (−45,6) : 3,8 d) 127,5 : (−34)
e) $\frac{3}{4} \cdot \left(-\frac{8}{9}\right)$ f) $\left(-\frac{4}{5}\right) : \frac{2}{15}$

5 Nutze Rechenvorteile.
a) −8,2 + 6,9 − 14,8 − 5,5 + 3,1
b) −29,74 − 17,83 − 11,12 − 32,17 − 15,26
c) $\frac{3}{7} \cdot \left(\frac{7}{12} - 7\right)$
d) $23 \cdot \left(-\frac{4}{13}\right) + \left(-\frac{9}{13}\right) \cdot 23$

6 Berechne.
a) −25 + (−12) · 6 − 18 : (−0,5)
b) −12,5 + 16,2 : (−2,7) − (−44,9)
c) $\left(-\frac{1}{2}\right) - 0{,}2 - \frac{3}{4} \cdot (-8)$

7 Achte auf die Klammern.
a) (−8) · (11 + (−24) − (−27))
b) −8,1 − (−(2,3 − 4,7) − 12,8) − 5,5
c) −3 + ((−35 − 61) + (−59 + 83)) : (−36)
d) −((5,8 − 9,4) : 1,8 − 6,5) − (0,7 − 4,2 · 0,5)

8 Multipliziere die Differenz der Zahlen −88 und −76 mit dem Quotienten der Zahlen 84 und −28.

9 Beim Start eines Airbus in München (500 m über Meereshöhe) werden 9 °C gemessen. In der Reiseflughöhe (11 900 m über Meereshöhe) herrschen −48 °C.
Wie hoch ist der durchschnittliche Temperaturrückgang pro 100 m?

Dreiecks-Experimente

Dreiecke in der Schule

Mit der abgebildeten Knotenschur könnt ihr Dreiecke bilden.

Entdeckt ihr an ihnen Besonderheiten?

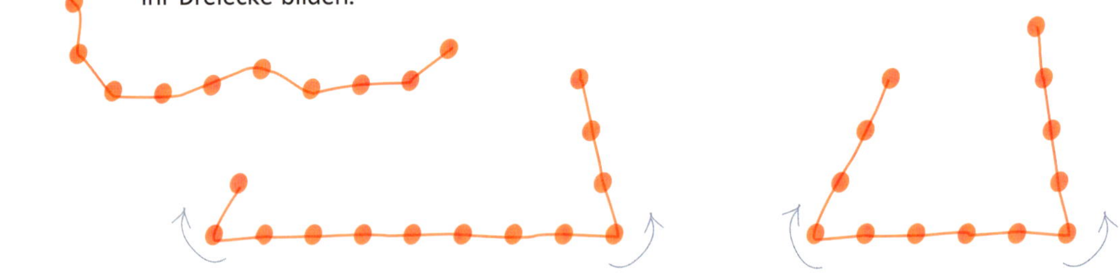

Es geht auch ohne Schnur, wenn ihr euch einfach an den Händen fasst.

Welche Dreiecke lassen sich bilden, wenn man die Anzahl der Knoten oder der Schülerinnen und Schüler verändert?

Im Team experimentieren

Jeder benötigt 5 Pappstreifen und einige Papiernieten. Die Löcher der Streifen sollen 2 cm; 4 cm; 6 cm; 8 cm und 10 cm voneinander entfernt sein.

Stellt nun in Gruppen zu je drei Schülern möglichst viele verschiedene Dreiecke her. Vergleicht eure Ergebnisse mit denen anderer Gruppen.

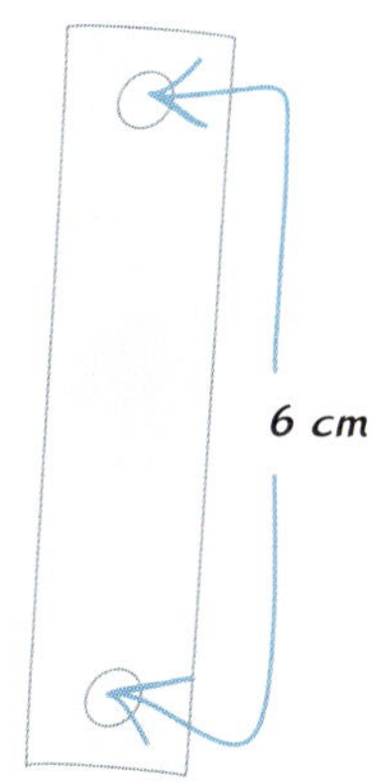

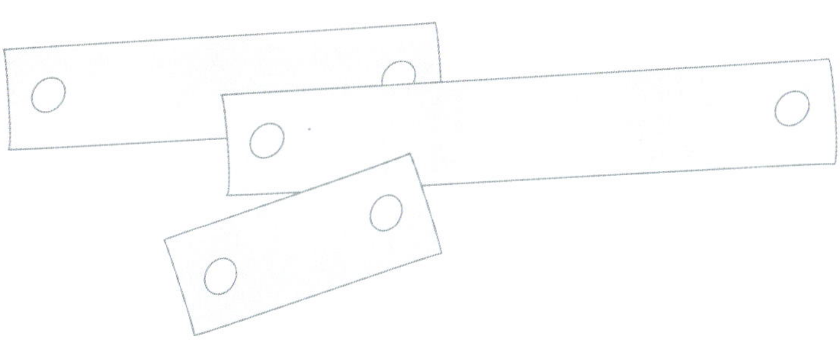

Lassen sich Streifen mit beliebigen Längen zu Dreiecken verbinden?
Versucht eine Regel zu finden.

In diesem Kapitel lernst du,

- welche Regeln für die Winkel von Dreiecken wichtig sind,
- verschiedene Arten von Dreiecken zu unterscheiden,
- wie man Dreiecke konstruiert,
- dass es in Dreiecken Linien mit besonderen Eigenschaften gibt.

1 Winkelsumme im Dreieck

Zeichne ein beliebiges Dreieck.
→ Kennzeichne die im Dreieck liegenden Winkel mit verschiedenen Farben.
→ Schneide das Dreieck aus und reiße die drei Ecken ab.
→ Wie groß ist der Winkel, der sich durch das Zusammenlegen der Dreieckswinkel ergibt? Wie heißt er?

Um die Winkelsumme im Dreieck zu bestimmen, zeichnet man zur Seite $\overline{AB}$ die Parallele durch den Punkt C.
α', γ und β' bilden einen gestreckten Winkel. Es gilt: $\alpha' + \beta' + \gamma = 180°$.
α und α' sowie β und β' sind Wechselwinkel. Damit gilt: $\alpha = \alpha'$ und $\beta = \beta'$.
Somit erhält man $\alpha + \beta + \gamma = 180°$.

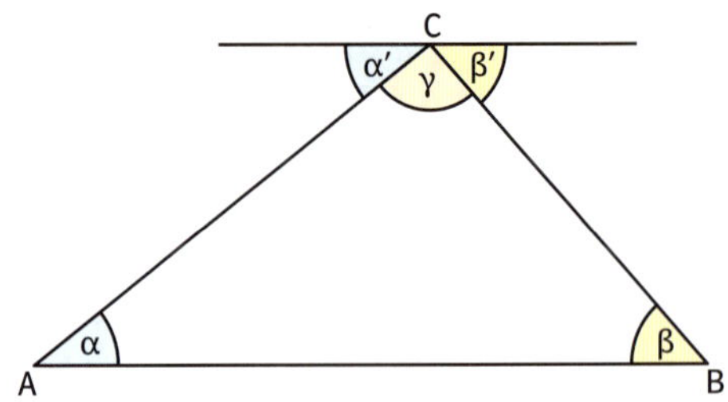

Winkelsumme im Dreieck
Die Summe der Winkel eines Dreiecks beträgt 180°: $\boldsymbol{\alpha + \beta + \gamma = 180°}$.

Beispiel

Im Dreieck ABC werden zwei Winkel gemessen: $\alpha = 32°$ und $\beta = 110°$.
Damit lässt sich γ berechnen:

$$32° + 110° + \gamma = 180°$$
$$142° + \gamma = 180°$$
$$\gamma = 38°$$

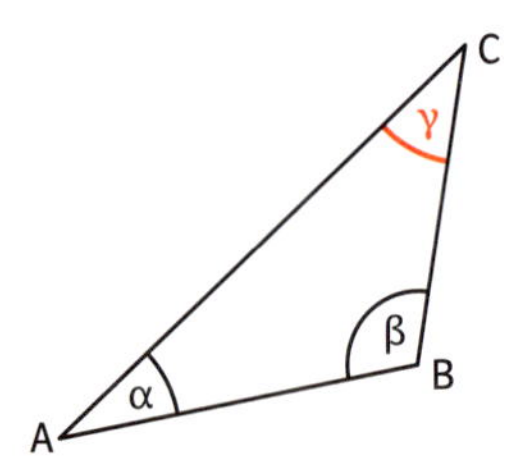

Aufgaben

1 Die neun Schnipsel waren die Ecken von drei Dreiecken.

2 Zeichne die Dreiecke in ein gemeinsames Koordinatensystem. Überprüfe die Winkelsumme durch Messung.
a) A(2|2); B(5,5|2); C(5|5)
b) A(−4,5|1,5); B(−1|1); C(−2,5|4)
c) A(−3|−3,5); B(−2|−1); C(−6|−4)
d) A(0|−2); B(3,5|−5); C(2|−2)

3 Wie viele spitze, rechte bzw. stumpfe Winkel kann ein Dreieck besitzen?

4 Ein Winkel fehlt.

	α	β	γ
a)	40°	60°	
b)	33°		87°
c)	105°	25°	

5 Berechne die fehlenden Winkel.
a) $\alpha = 25°$
$\beta = 53°$
b) $\alpha = 111°$
$\delta = 146°$

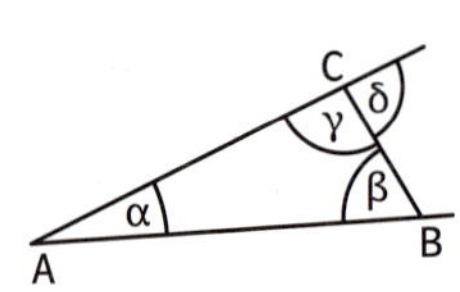

6 Berechne die Winkel.

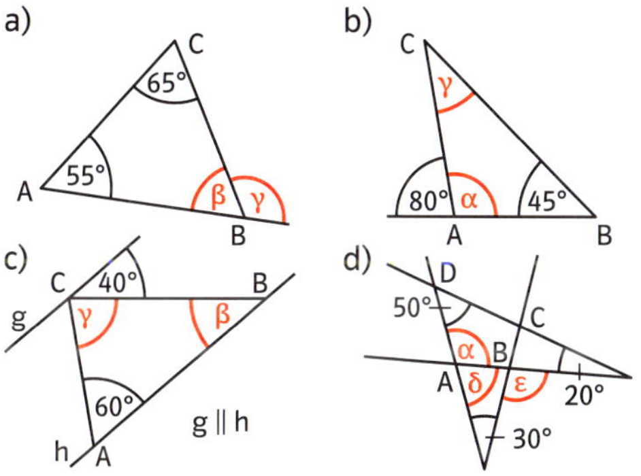

7 Berechne die Winkel β′ und γ′.

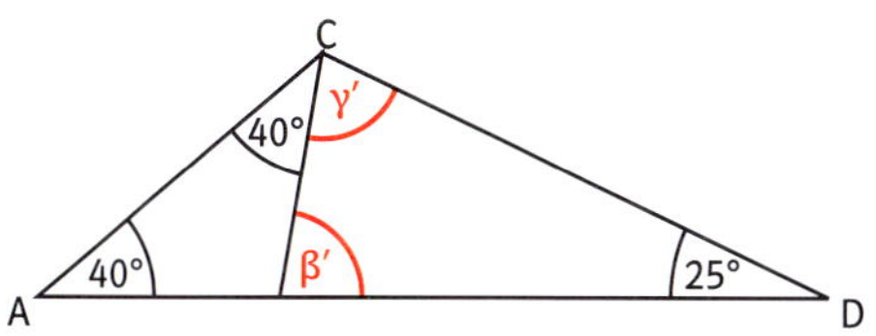

8 Die Geraden g und h sind parallel. Berechne β und γ.

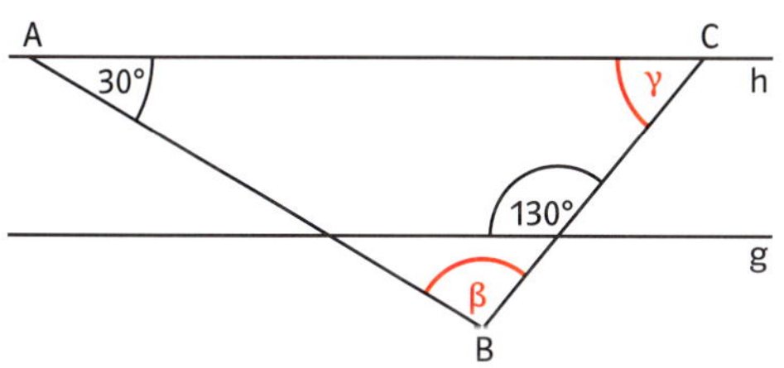

9 Im Dreieck ABC halbiert w den Winkel am Punkt A. Wie groß sind die Winkel γ und δ?

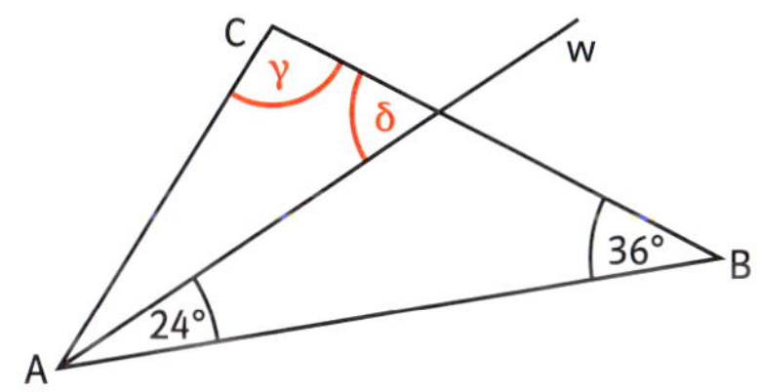

10 a) Gib alle Winkel eines Dreieckes an, wenn diese Vielfache von 15° sind.
Es gibt mehrere Möglichkeiten.
b) Formuliere weitere Aufgaben.

11 Vom Dreieck wurden zwei Ecken abgeschnitten, eine sogar abgerissen. Wie groß waren die Winkel des ursprünglichen Dreiecks? Beschreibe dein Vorgehen schrittweise.

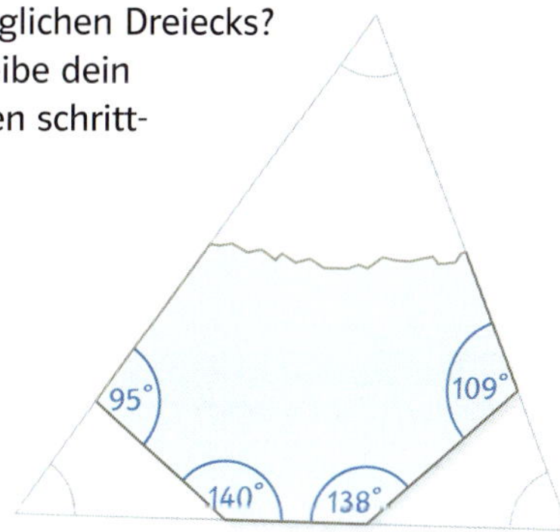

Bewegte Dreiecke

Dynamische Geometriesoftware (DGS) kann dir helfen, schnell viele Dreiecke am Computer zu untersuchen.
Du kannst folgendermaßen vorgehen:
- das Dreieck ABC zeichnen,
- die Winkel α, β und γ des Dreiecks markieren und ihre Größe messen,
- einen der Punkte A, B oder C auf der Zeichenfläche bewegen.

■ Was beobachtest du, wenn du beim Bewegen eines Eckpunkts die Summe der Winkel betrachtest?
■ Was passiert, wenn ein Winkel besonders groß (klein) wird?

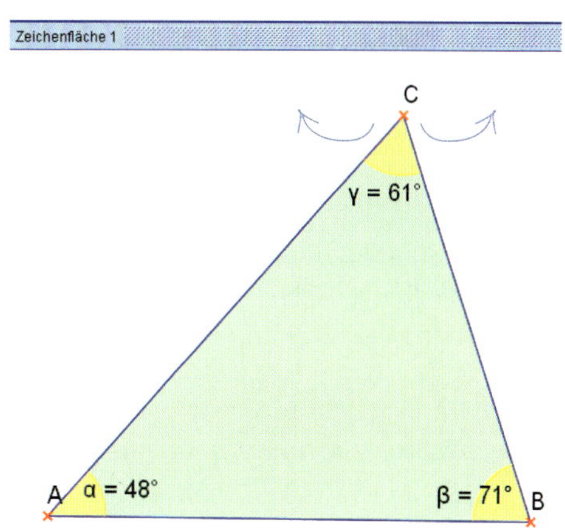

2 Dreiecksformen

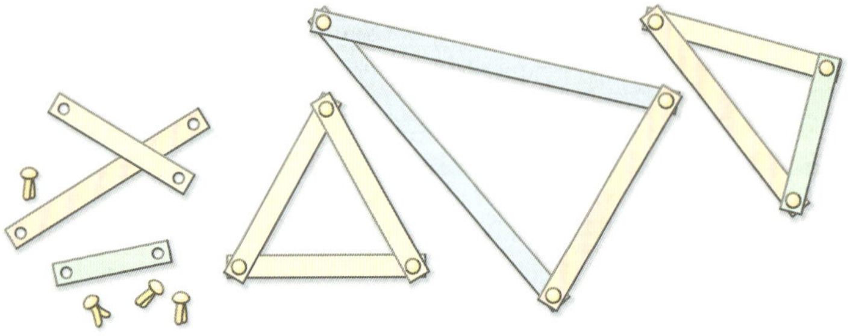

Aus Pappstreifen und Papiernieten lassen sich viele verschiedene Dreiecke legen. Stellt Pappstreifen her, deren Löcher 3 cm; 4 cm; 5 cm; 8 cm und 10 cm auseinander liegen.

→ Betrachtet Seitenlängen und Winkelgrößen. Welche Dreiecke erhaltet ihr?
→ Bildet „Dreiecksfamilien".

Dreiecke können nach der Größe ihrer Winkel eingeteilt werden.

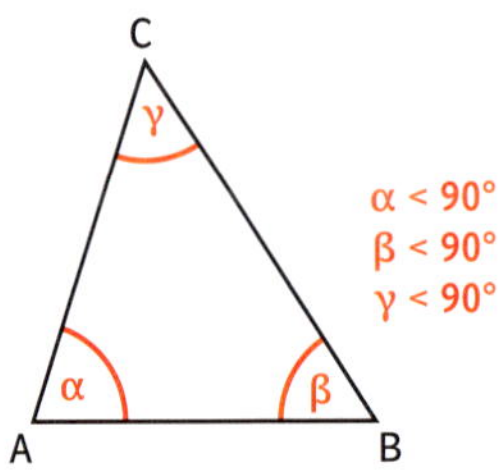

drei spitze Winkel

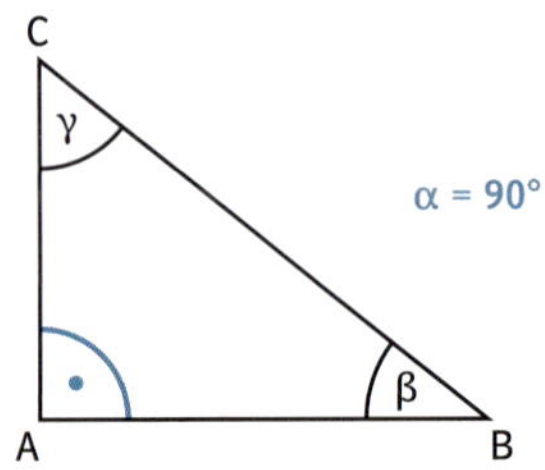

ein rechter Winkel

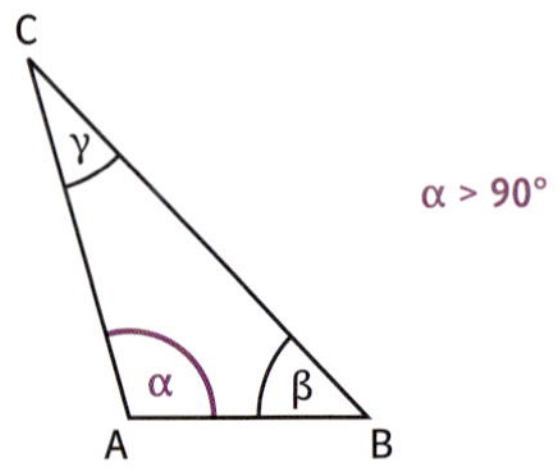

ein stumpfer Winkel

Die Art des Dreiecks wird von der Größe des größten Winkels bestimmt.

Ein Dreieck, dessen Winkel alle kleiner als 90° sind, heißt **spitzwinklig**.
Ein Dreieck mit einem 90°-Winkel heißt **rechtwinklig**.
Ein Dreieck mit einem Winkel, der größer als 90° ist, heißt **stumpfwinklig**.

Dreiecke können auch nach der Länge ihrer Seiten eingeteilt werden.

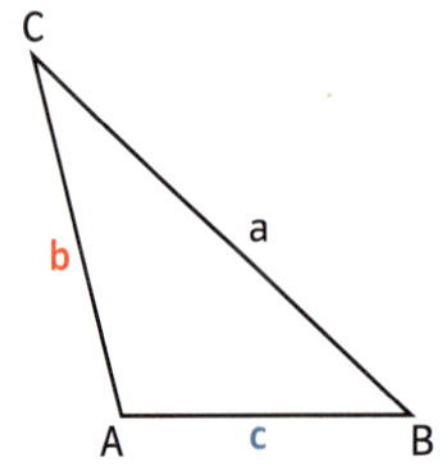

drei unterschiedlich lange Seiten

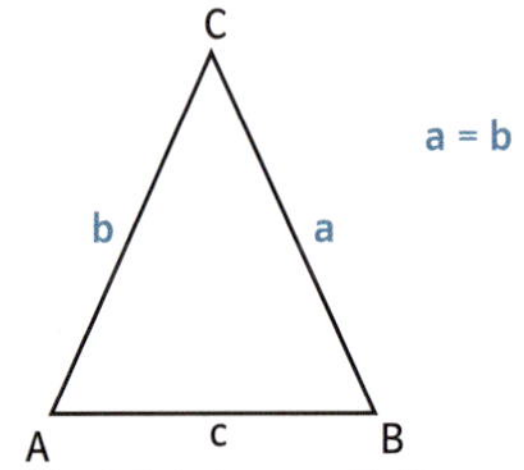

zwei gleich lange Seiten

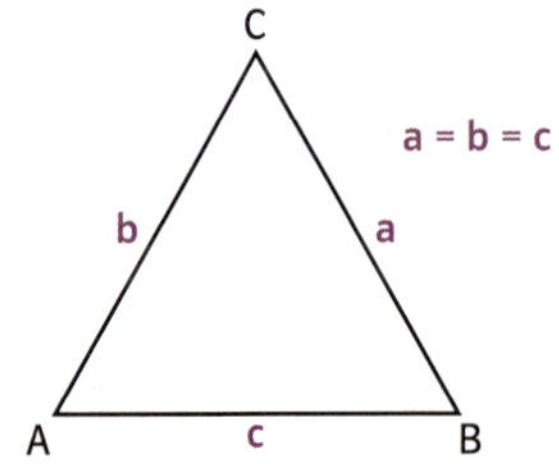

drei gleich lange Seiten

Ein Dreieck, dessen Seiten alle unterschiedlich lang sind, heißt **allgemein**.
Ein Dreieck mit zwei gleich langen Seiten heißt **gleichschenklig**.
Ein Dreieck mit drei gleich langen Seiten heißt **gleichseitig**.

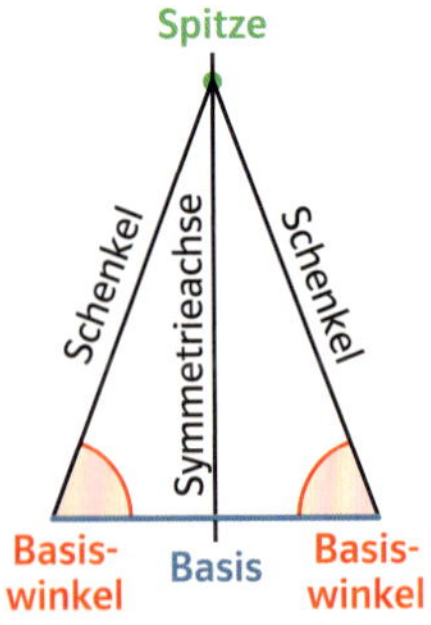

! *Im gleichschenkligen Dreieck gibt es besondere Bezeichnungen.*

Bemerkung
Das gleichseitige Dreieck mit $a = b = c$ ist ein besonderes gleichschenkliges Dreieck.

Aufgaben

1 Geht auf Entdeckungsreise.
Sucht Dreiecke in eurer Umwelt. Um welche Arten von Dreiecken handelt es sich?

2 Schreibe alle gleichschenkligen Dreiecke auf, die du in den Figuren 1 und 2 findest.
Welche Dreiecke sind gleichseitig?

1
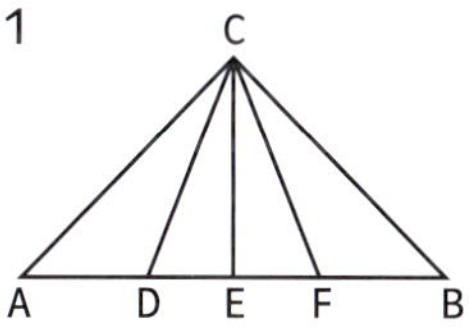

2
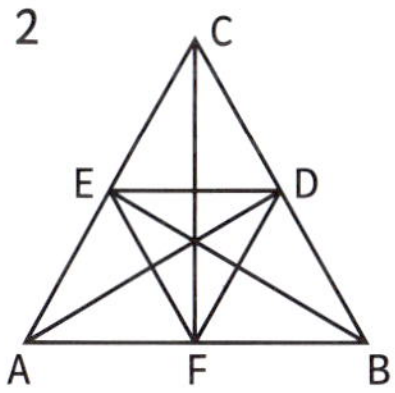

3 Vervollständige die Tabelle.
Benenne die Dreiecksart nach Winkeln.

	Winkel		
	α	β	γ
a)	30°	60°	
b)	40°		80°
c)	30°	40°	
d)		75°	16°

4 Ordne die Nummern der Dreiecke dem richtigen Feld der Tabelle zu.

	spitzwinklig	rechtwinklig	stumpfwinklig
gleichseitig			
gleichschenklig, nicht gleichseitig			
allgemein			

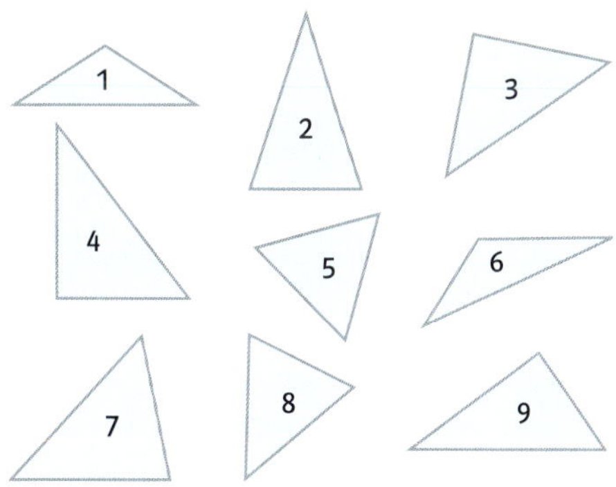

5 Zeichne das Dreieck in ein Koordinatensystem. Bestimme die Dreiecksform nach Seiten und Winkeln.
a) A(1|9); B(4|8); C(7|9)
b) A(−6|−4); B(−5|−0,5); C(−4|1)
c) A(0|−3); B(4|−3); C(4|1)
d) A(−1|4); B(−3|7,5); C(−5|4)

Du findest überall Dreiecke.

Gleiche Schenkel – gleiche Winkel?

Ihr braucht Schere, Geodreieck, Bleistift und Papier. Faltet mehrere DIN-A4-Blätter in der Mitte zu Faltblättern.

Nehmt eines eurer Faltblätter und versucht, mit nur einem Schnitt ein gleichschenkliges Dreieck herzustellen.
- Welche Funktion hat die Faltlinie?
- Messt alle drei Winkel. Was stellt ihr fest?

Ein Winkel eines zweiten auf diese Weise hergestellten Dreiecks ist 40° groß.
- Wie groß sind die anderen Winkel?

Berechnet erst und überprüft dann an Faltblättern.

Ein Winkel ist 60° groß.
- Wie groß sind die anderen Winkel?

Welches Dreieck entsteht?
- Wie viele weitere Faltungen könnt ihr vornehmen, bei denen die Ecken aufeinander zum Liegen kommen?
- Wie heißen die Faltlinien?

Erstellt durch einen Scherenschnitt an weiteren Faltblättern gleichschenklige Dreiecke, die an der Spitze
- stumpfwinklig,
- spitzwinklig oder
- rechtwinklig sind.
- Geht das auch ohne Geodreieck?
- Beschreibt euer Vorgehen.

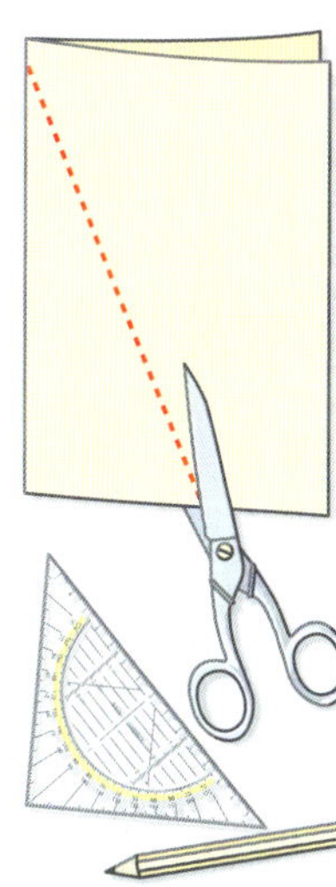

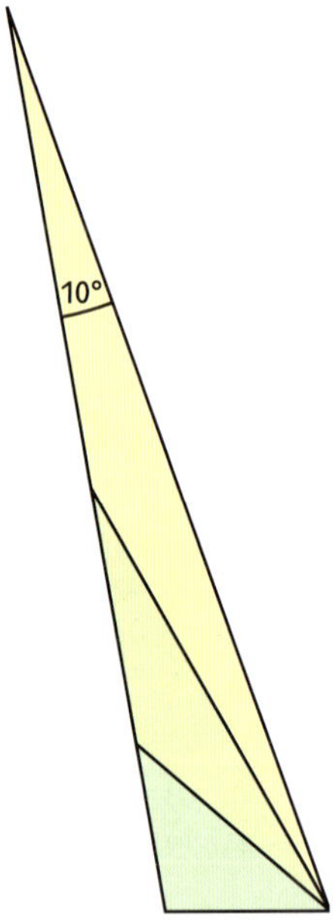

? *Die drei Dreiecke sind gleichschenklig. Welche Winkelsumme ergibt sich am gemeinsamen Eckpunkt?*

6 Ergänze das rechtwinklige Dreieck zu einem achsensymmetrischen Dreieck. Es gibt jeweils zwei Möglichkeiten.

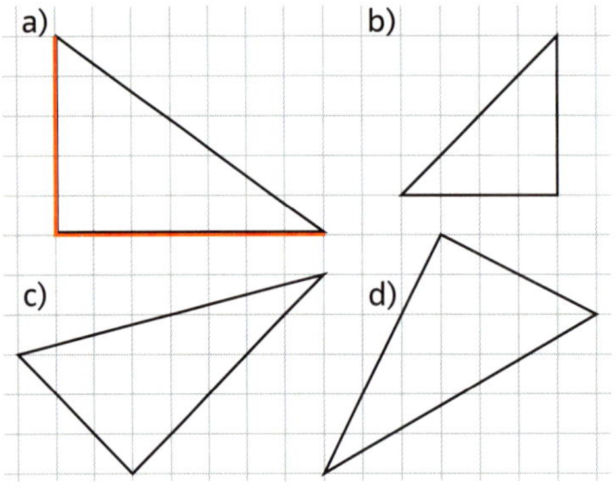

7 Ein gleichschenkliges Dreieck hat an der Basis die Winkel α und β sowie an der Spitze den Winkel γ.
a) Berechne γ aus α = 20°; 45°; 73°; 89°.
b) Berechne α aus γ = 30°; 120°; 60°; 179°.
c) Welche Dreiecksform liegt vor?

8 Das Dreieck ABC ist gleichseitig. Berechne alle farbig markierten Winkel.

a) b)

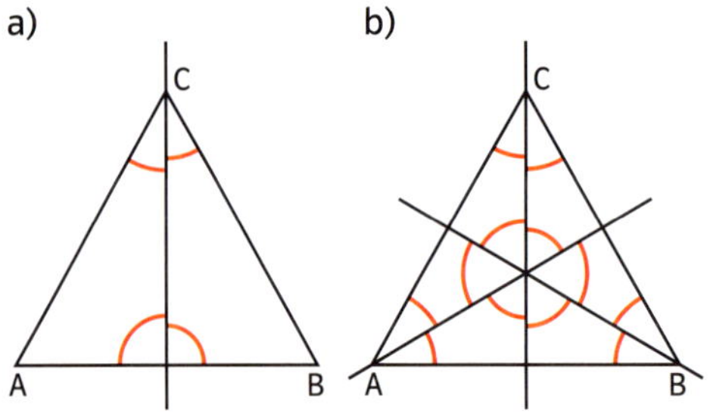

9 In einem stumpfwinkligen Dreieck, dessen Winkelmaße alle ganzzahlig sind, ist α = 86°. Wie groß können die beiden anderen Winkel sein?

10 Herr Schmidt hat an eine Hauswand eine 4 m lange Leiter angestellt. Zur Sicherheit muss der Anstellwinkel α zwischen 50° und 70° liegen. Welche Werte kann dann der Winkel β an der Hauswand annehmen?

Mit einer Zeichnung lässt sich ermitteln, wie hoch die Leiter reicht.

11 Wahr oder falsch? Begründe.
a) Ein stumpfwinkliges Dreieck hat zwei spitze Winkel.
b) Wenn ein Dreieck allgemein ist, so ist es spitzwinklig.
c) Wenn ein Dreieck gleichschenklig ist, so ist es stumpfwinklig.
d) Wenn ein Dreieck gleichschenklig ist, so ist es auch gleichseitig.
e) Wenn ein Dreieck rechtwinklig ist, so ist es nicht stumpfwinklig.

Dreiecksspiel

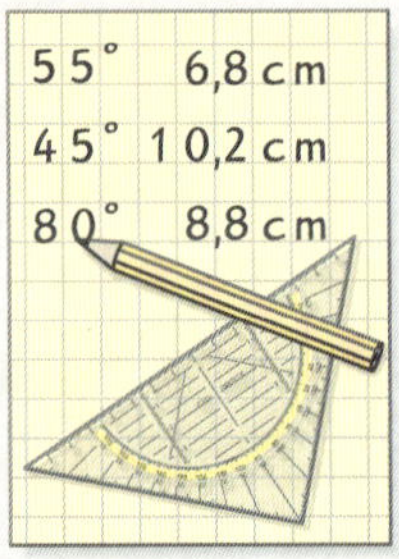

Vorbereitung:
Gespielt wird zu zweit. Jeder von euch zeichnet verdeckt ein beliebiges Dreieck und beschriftet es.
Messt alle drei Winkel und Seitenlängen und notiert verdeckt die Ergebnisse. Überprüft die Winkelsumme und die Dreiecksformen.
Jetzt notiert jeder von euch offen und unsortiert alle sechs Angaben seines Dreiecks, ohne eine Zuordnung vorzunehmen.

Spielrunde: Abwechselnd tippt ihr, welche Angabe zu welcher Seite oder zu welchem Winkel gehört. Richtige Zuordnungen werden notiert und ihr dürft gleich noch einmal fragen. Wer zuerst alle Werte zugeordnet und das Dreieck nach seiner Form benannt hat, ist Sieger.
- Spielt mehrmals und versucht, eine Regelmäßigkeit zu entdecken.
- Was gilt bei rechtwinkligen Dreiecken? Und bei gleichschenkligen?

3 Konstruktion von Dreiecken

Durch dreimaliges Würfeln erhaltet ihr drei Stücke eines Dreiecks.
→ Wer kann aus seinen Stücken ein Dreieck zeichnen?
Vergleicht eure Ergebnisse.
→ Reicht es aus, zweimal zu würfeln?
→ Was passiert, wenn ihr viermal würfelt?

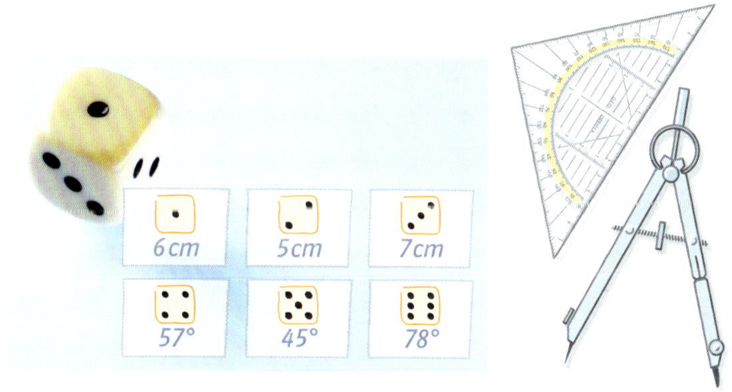

Jedes Dreieck besitzt drei Seiten und drei Winkel. Man spricht auch von sechs Stücken, die gegeben sein können. Um ein Dreieck eindeutig zu zeichnen, benötigt man mindestens drei bestimmte Stücke. Zwei Dreiecke von gleicher Form und Größe heißen **deckungsgleich** oder **kongruent**.

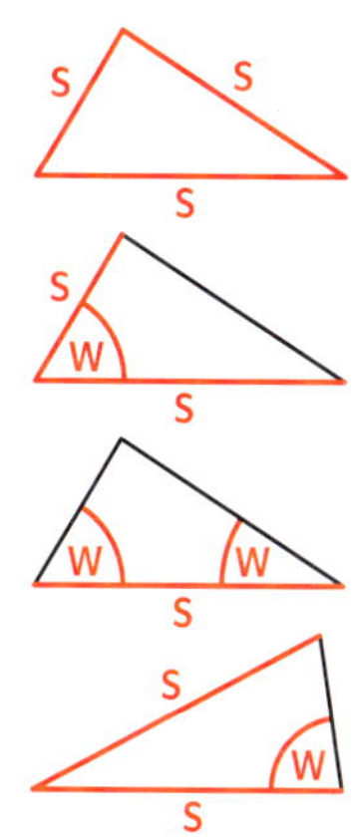

Zum **Konstruieren** eines Dreiecks mit Geodreieck und Zirkel benötigt man drei Stücke. Mit diesen erhält man kongruente Dreiecke.
Gegeben sind:
- drei Seiten (SSS)
- zwei Seiten und der eingeschlossene Winkel (SWS)
- eine Seite und die beiden anliegenden Winkel (WSW)
- zwei Seiten und der Gegenwinkel der längeren Seite (SSW)

Bemerkung
Um sich die Reihenfolge der notwendigen Schritte bei einer Konstruktion zu überlegen, wird immer eine **Planfigur** angefertigt. Eine Skizze mit den farbig hervorgehobenen gegebenen Stücken genügt.

Planfigur
Gegeben: a, b, γ

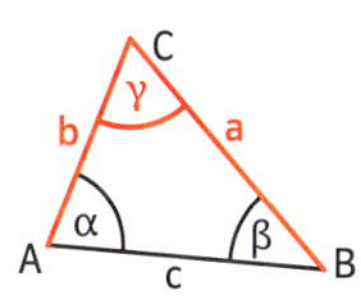

Beispiele

a) Gegeben:
a = 7 cm
b = 5 cm
c = 6 cm
SSS-Konstruktion

Planfigur

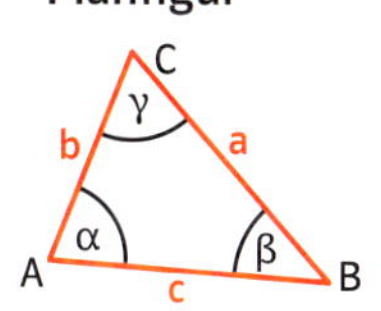

Konstruiert werden
1. die Seite c
2. der Kreis um A mit dem Radius b
3. der Kreis um B mit dem Radius a
4. der Schnittpunkt C der Kreise.

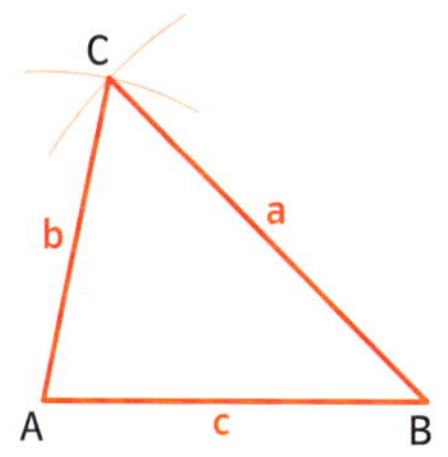

Es gibt nur ein solches Dreieck.

b) Gegeben:
b = 8 cm
c = 7 cm
α = 40°
SWS-Konstruktion

Planfigur

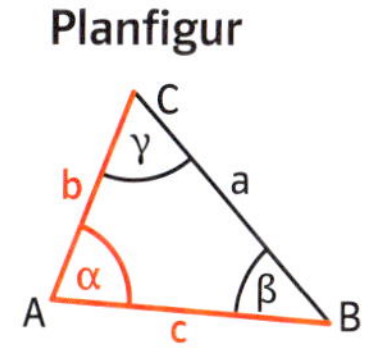

Konstruiert werden
1. die Seite c
2. der Winkel α
3. der Kreis um A mit Radius b
4. der Schnittpunkt C des Kreises mit dem freien Schenkel von α.

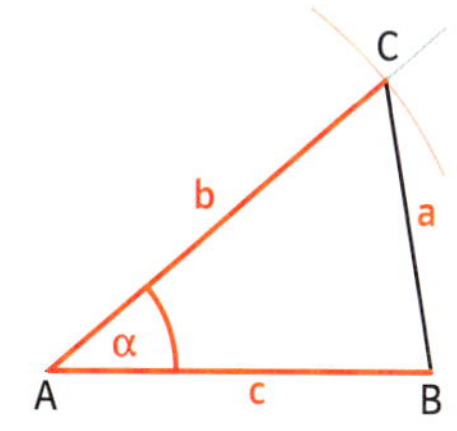

Es gibt nur ein solches Dreieck.

Zwei zueinander spiegelbildliche Dreiecke sind kongruent.

c) Gegeben:
c = 6 cm
$\alpha = 30°$
$\beta = 105°$
WSW-Konstruktion

Planfigur:

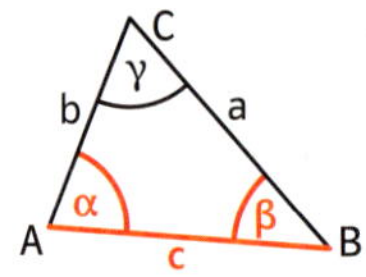

Konstruiert werden

1. die Seite c
2. der Winkel α
3. der Winkel β
4. der Schnittpunkt C der freien Schenkel von α und β.

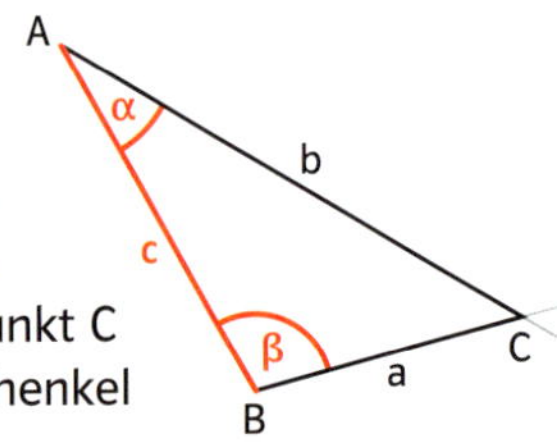

Es gibt nur ein solches Dreieck.

d) Gegeben:
c = 5 cm
b = 8 cm
$\beta = 120°$
SSW-Konstruktion

Planfigur:

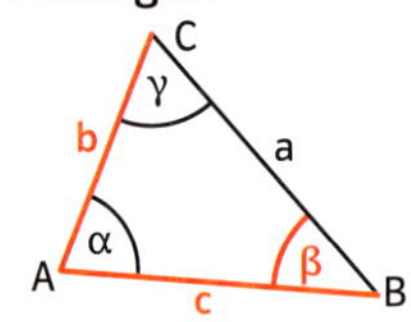

Konstruiert werden

1. die Seite c
2. der Winkel β
3. der Kreis um A mit dem Radius b
4. der Schnittpunkt C des Kreises mit dem freien Schenkel von β.

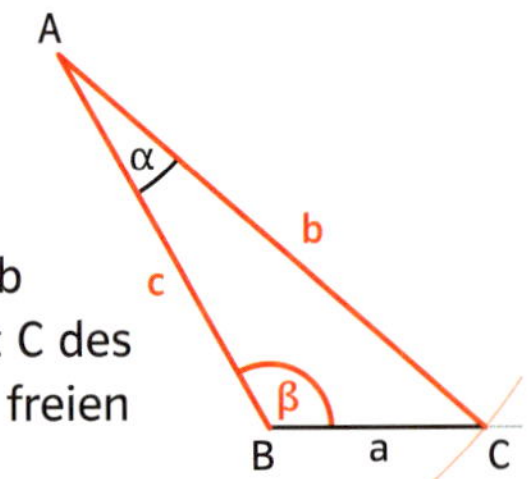

Weil der Kreis den Schenkel nur einmal schneidet, gibt es nur ein solches Dreieck.

Aufgaben

Dreiecksungleichung
In jedem Dreieck ist die Summe der Längen zweier Seiten größer als die Länge der dritten Seite.
$a + b > c$
$b + c > a$
$a + c > b$

1 Konstruiere das Dreieck aus drei gegebenen Seiten (SSS).
a) a = 7 cm; b = 8 cm; c = 9 cm
b) a = 11 cm; b = 7 cm; c = 10 cm
c) a = 5,5 cm; b = 9,3 cm; c = 7,8 cm

2 Konstruiere das Dreieck aus zwei Seiten und dem eingeschlossenen Winkel (SWS).
a) b = 9 cm; c = 10 cm; $\alpha = 40°$
b) a = 5 cm; c = 10 cm; $\beta = 124°$
c) a = 8,5 cm; b = 11,2 cm; $\gamma = 75°$

3 Konstruiere das Dreieck aus einer Seite und den zwei anliegenden Winkeln (WSW).
a) c = 7 cm; $\alpha = 30°$; $\beta = 50°$
b) b = 4 cm; $\alpha = 75°$; $\gamma = 80°$
c) a = 8,5 cm; $\beta = 20°$; $\gamma = 85°$

4 Konstruiere das Dreieck aus zwei Seiten und dem Gegenwinkel einer Seite (SSW).
a) b = 8 cm; c = 7 cm; $\beta = 50°$
b) a = 12 cm; c = 8 cm; $\alpha = 42°$
c) a = 5,3 cm; b = 8,9 cm; $\beta = 60°$

In der Kongruenzschule

Satz 1:
Zwei Dreiecke sind kongruent, wenn sie in allen drei Winkeln übereinstimmen.

Satz 2:
Zwei Dreiecke sind kongruent, wenn sie in zwei Seiten und einem Winkel übereinstimmen.

In Dreieckshausen schreibt Lehrer Winkelmann **Satz 1** an die Tafel (siehe Rand): Das gleichseitige, das gleichschenklige und das rechtwinklige Dreieck melden sich: „Nicht mit uns!“
Das allgemeine Dreieck passt nicht auf.
- Was sagt ihr?

SSW-Stunde
Das SSW-Dreieck „b = 6 cm; c = 7 cm und $\beta = 50°$“ sagt: „Herr Lehrer Winkelmann, ich weiß gar nicht, wer ich bin. Ich fühle mich manchmal so doppelt.“
Dem SSW-Bruder „b = 8 cm; c = 7 cm und $\beta = 50°$“ geht es hingegen gut.
- Lehrer Winkelmann weiß keine Erklärung. Könnt ihr ihm helfen?
- Findet eine Regel und zeichnet weitere Dreiecke, denen es ähnlich ergeht.

Lehrer Winkelmanns Satz 2 (siehe Rand)
Das Dreieck „4 cm; 6 cm; 9 cm“ sagt: „Da fragen sie mal meine Cousine, deren Seiten 1,5-mal so lang sind wie meine.“
- Was meint das Dreieck damit?
- Findet ähnliche Verwandtschaften.

5 Beschreibe deine Konstruktionsschritte wie in den Beispielen.
a) $a = 5\,cm$; $b = 7\,cm$; $\gamma = 100°$
b) $a = 9\,cm$; $\alpha = 35°$; $\beta = 55°$
c) $a = 6{,}5\,cm$; $c = 8\,cm$; $\beta = 60°$
d) $a = 8{,}5\,cm$; $b = 3\,cm$; $c = 10\,cm$
e) $b = 6\,cm$; $\beta = 30°$; $\gamma = 90°$

6 Je zwei Dreiecke sind kongruent. Prüfe durch Ausschneiden nach der Konstruktion.
1) $a = 7\,cm$; $b = 8\,cm$; $c = 3\,cm$
2) $a = 8\,cm$; $\beta = 35°$; $\gamma = 65°$
3) $\alpha = 90°$; $a = 13\,cm$; $b = 12\,cm$
4) $b = 8\,cm$; $c = 3\,cm$; $\alpha = 60°$
5) $a = 13\,cm$; $b = 12\,cm$; $c = 5\,cm$
6) $b = 8\,cm$; $\alpha = 65°$; $\beta = 80°$

7 Die Spielkarten liegen verdeckt auf dem Tisch. Zwei Partner ziehen abwechselnd. Nicht benötigte Karten werden wieder abgelegt. Gewinner ist, wer zuerst die Stücke für ein konstruierbares Dreieck zusammen hat.

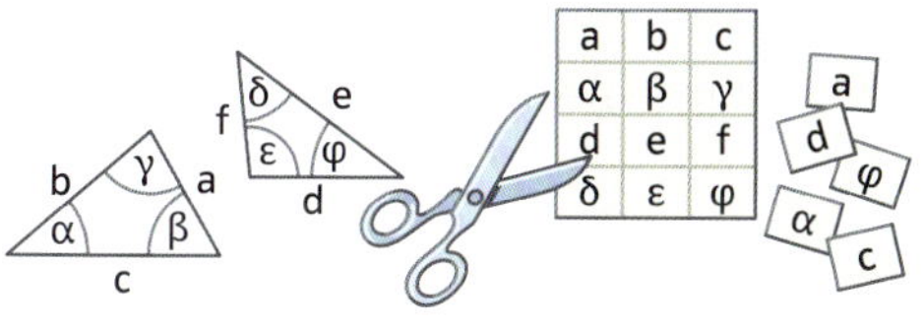

8 Konstruiere im Heft. Besprich zuvor mit einem Partner oder einer Partnerin die Reihenfolge der Konstruktionsschritte.

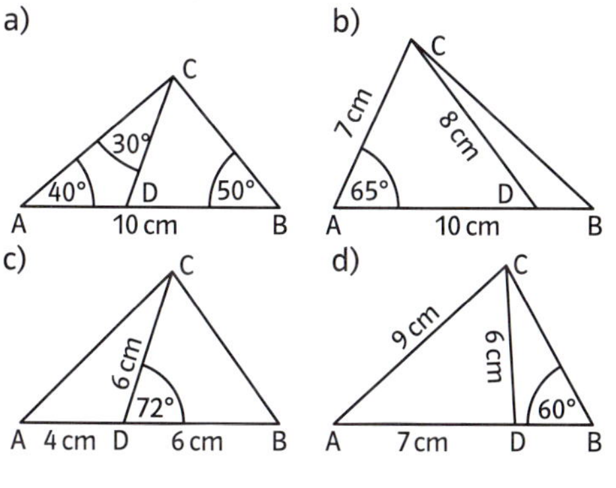

9 Konstruiere das gleichschenklige Dreieck mit Basis c und Schenkeln a und b.
a) $c = 7\,cm$; $a = 6\,cm$
b) $c = 8\,cm$; $\alpha = 52°$
c) $a = 7\,cm$; $\gamma = 110°$
d) $a = 9\,cm$; $\alpha = 35°$

10 Wenn man vom Fuß des größeren Turms des Kölner Doms 85 m entfernt steht, sieht man die Spitze des Turms unter einem Winkel von 61°.
Wie hoch ist der Turm?

Maßstab
z. B.
1 : 1000 bedeutet:
Eine 100 m lange Strecke wird
100 m : 1000
= 0,1 m = 10 cm
lang gezeichnet.

11 Auf einem Fernsehturm sind die Entfernungen und Richtungen von Orten in eine Metallplatte eingraviert.
Wie weit sind die einzelnen Orte voneinander entfernt? Zeichne und miss.

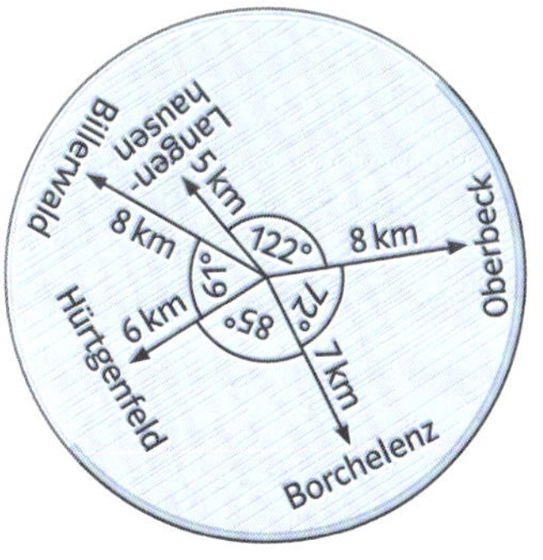

12 In der Geländevermessung werden häufig Dreiecke verwendet, da viele Orte nur schwer zugänglich sind.
Schätze die Höhe der Bergspitze zunächst.
Wie könnte man die Höhe aus den gegebenen Maßen genauer bestimmen?

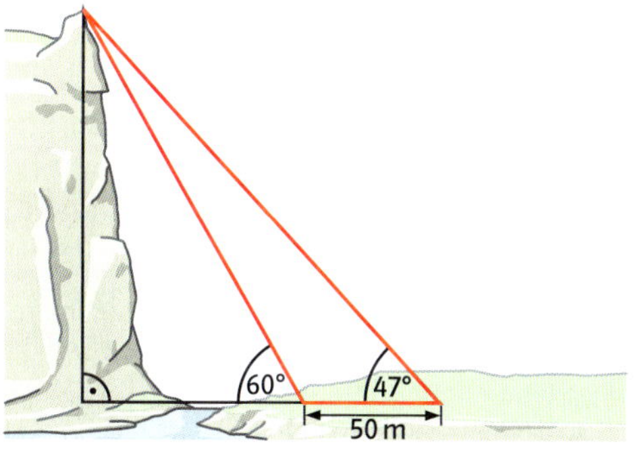

13 Konstruiere das Dreieck nach SSW.
a) $c = 8\,cm$; $\alpha = 30°$; $a = 6\,cm$
b) $c = 8\,cm$; $\alpha = 30°$; $a = 4\,cm$
c) $c = 8\,cm$; $\alpha = 30°$; $a = 2\,cm$
Es gibt unterschiedlich viele Lösungen.

14 Hier gibt es Probleme. Beschreibe.
a) $a = 5\,cm$; $b = 10\,cm$; $c = 3\,cm$
b) $c = 5\,cm$; $\alpha = 90°$; $\beta = 100°$

4 Umkreis und Inkreis*

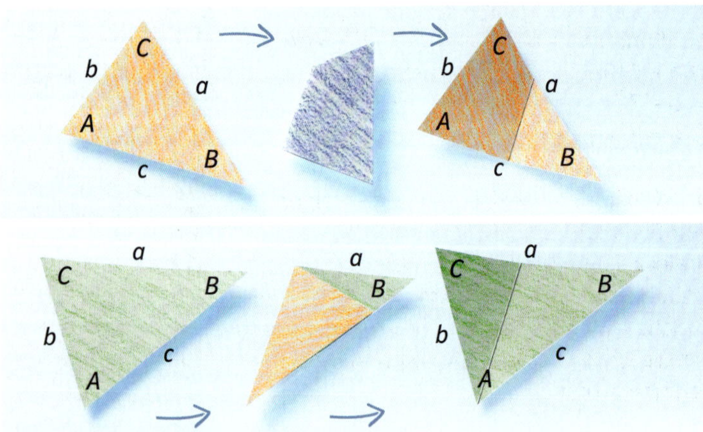

Zeichne auf einem Blatt Papier zwei große spitzwinklige Dreiecke, schneide sie aus und benenne die Eckpunkte und die Seiten wie dargestellt.

→ Falte das erste Dreieck so, dass Punkt A auf Punkt B fällt, und klappe es wieder auf. Falte ebenso B auf C und C auf A.

→ Falte das zweite Dreieck so, dass Seite b auf Seite c fällt, und klappe es wieder auf. Falte ebenso c auf a und a auf b.

→ Was stellst du in beiden Fällen fest?

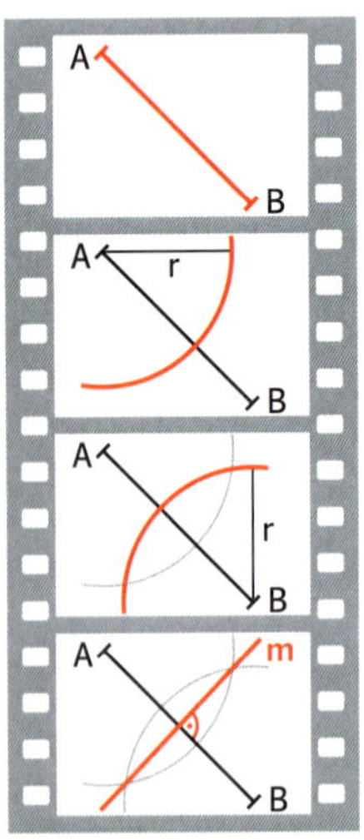

In Dreiecken gibt es Linien und Punkte mit besonderen Eigenschaften.

Die **Mittelsenkrechten m_a, m_b** und **m_c** eines Dreiecks sind Geraden, die senkrecht durch die Mittelpunkte seiner Seiten verlaufen. Jeder Punkt auf einer **Mittelsenkrechten** ist vom Anfangs- und Endpunkt der zugehörigen Dreiecksseite gleich weit entfernt. Der Schnittpunkt **M** der drei Mittelsenkrechten hat deshalb von allen drei Eckpunkten eines Dreiecks die gleiche Entfernung r. Er ist der **Mittelpunkt des Umkreises** eines Dreiecks.

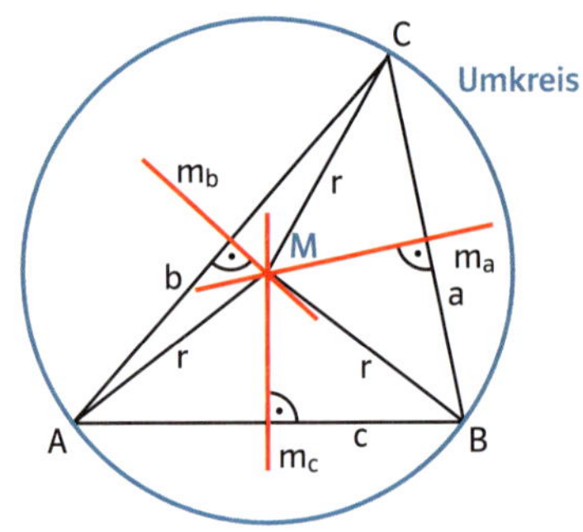

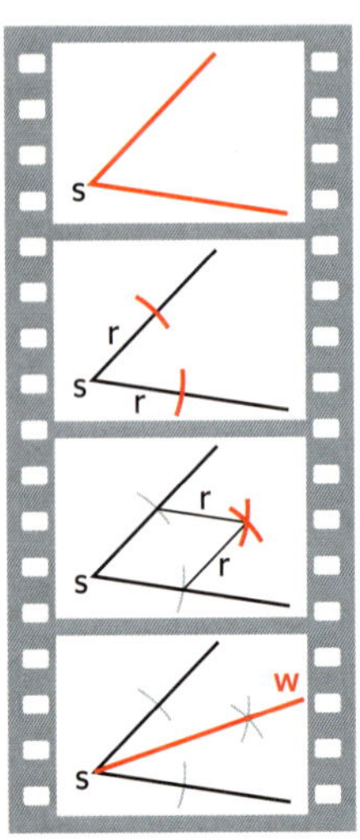

Alle Punkte, die von den Schenkeln eines Winkels den gleichen Abstand haben, liegen auf der **Winkelhalbierenden.** Winkelhalbierende sind Geraden. In jedem Dreieck schneiden sich die drei Winkelhalbierenden **w_α**, **w_β** und **w_γ** in einem Punkt **W**, dem **Mittelpunkt des Inkreises**. Der Punkt W hat von allen drei Seiten eines Dreiecks den gleichen Abstand r.

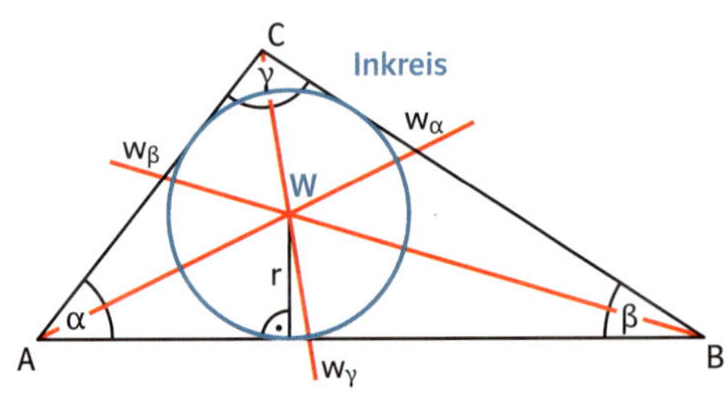

Der Schnittpunkt M der Mittelsenkrechten ist der **Mittelpunkt des Umkreises** eines Dreiecks.
Der Schnittpunkt W der Winkelhalbierenden ist der **Mittelpunkt des Inkreises** eines Dreiecks.

Bemerkung
Auf den Filmstreifen ist die Konstruktion einer Mittelsenkrechten und einer Winkelhalbierenden dargestellt.

Aufgaben

1 Zeichne drei Punkte A, B und C. Konstruiere einen Kreis, der durch alle drei Punkte verläuft.

2 Konstruiere den Umkreis des Dreiecks.
a) A(0|0); B(8|0); C(3|6)
b) A(2|1); B(10|3); C(5|8)
c) A(0|0); B(7|0); C(11|5)

3 Konstruiere Dreieck und Umkreis.
a) a = 8 cm; b = 5 cm; c = 7 cm
b) c = 7 cm; α = 35°; β = 115°
c) a = 7 cm; b = 5 cm; γ = 50°

4 Während einer Antarktisexpedition soll ein Versorgungslager eingerichtet werden, das von drei Forschungsstationen gleich weit entfernt ist.
Suche den passenden Ort.

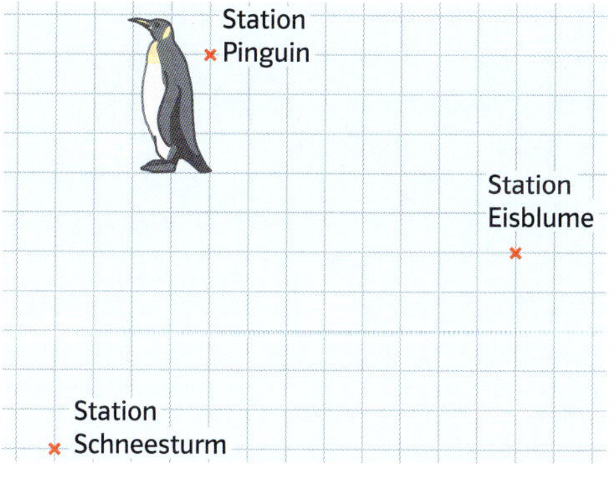

5 Zeichne das Dreieck A(0|0); B(12|0); C(0|9). Setze die Kreiskette fort. Auch so findest du einen besonderen Kreis.

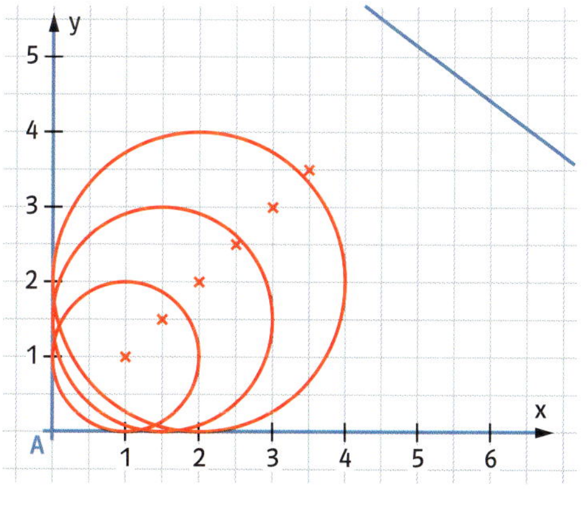

6 Beschreibe die Lage der Rosetten im Giebel des Turmdaches.

7 Konstruiere den Inkreis des Dreiecks.
a) a = 6 cm; b = 8 cm; c = 9 cm
b) b = 7,5 cm; α = 120°; γ = 36°
c) a = 5 cm; c = 11 cm; β = 90°

8 Konstruiere zwei Dreiecke mit folgenden Stücken.
Dreieck 1: a = b = 5 cm; c = 9,5 cm
Dreieck 2: a = b = c = 12 cm
Welches Dreieck hat den größeren Umkreis, welches den größeren Inkreis?
Schätze zuerst.

Dynamik im Computer

Mit einer dynamischen Geometriesoftware kannst du experimentieren.

- Wo befindet sich der Umkreismittelpunkt bei
  - spitzwinkligen,
  - stumpfwinkligen und
  - rechtwinkligen

  Dreiecken?
  Beschreibe deine Beobachtungen.

- Und der Inkreismittelpunkt?
  Ist es sinnvoll auch seine Lage zu untersuchen?

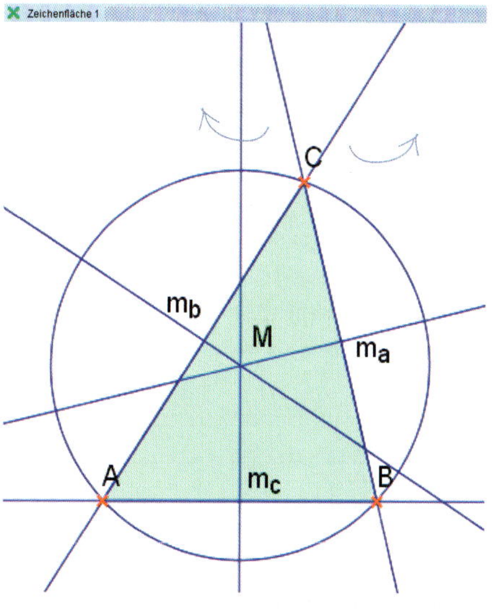

5 Schwerpunkt und Höhenschnittpunkt*

Zeichne ein Dreieck auf ein Stück Pappe und schneide es aus.

→ Kannst du das Dreieck auf einem Lineal balancieren?

→ Markiere die verschiedenen Auflagelinien. Was stellst du fest?

→ Versuche nun das Dreieck auf einer Fingerspitze zu balancieren.

Die **Seitenhalbierenden s_a, s_b** und **s_c** eines Dreiecks sind Strecken, welche die Eckpunkte mit den Seitenmitten des Dreiecks verbinden.
Die Seitenhalbierenden eines Dreiecks schneiden sich im **Schwerpunkt** S.

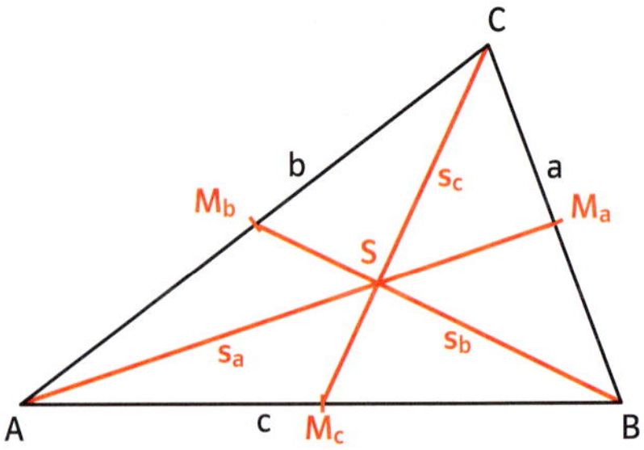

Die **Höhen h_a, h_b** und **h_c** eines Dreiecks sind Strecken, die von den Eckpunkten senkrecht zu den gegenüberliegenden Seiten verlaufen. Sie schneiden sich im **Höhenschnittpunkt** H.

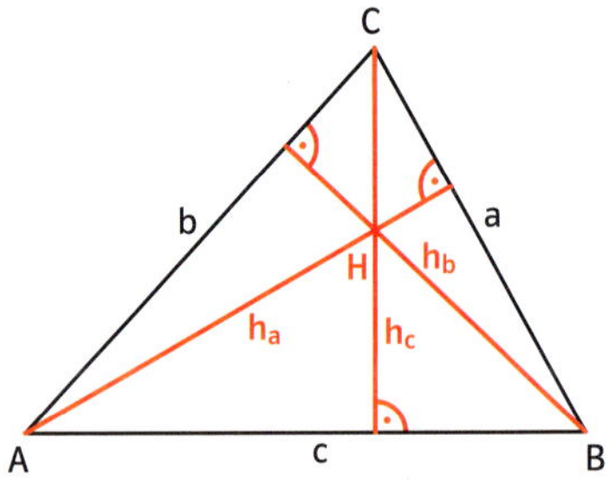

Der Schnittpunkt der Seitenhalbierenden ist der **Schwerpunkt** eines Dreiecks.
Die Höhen eines Dreiecks schneiden sich im **Höhenschnittpunkt**.

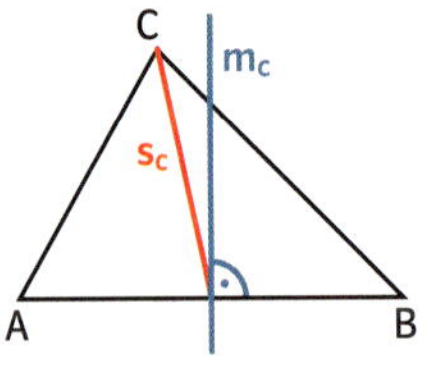

Bemerkungen

Da die Seitenhalbierenden die Gleichgewichtslinien des Dreiecks sind, heißen sie auch **Schwerlinien**.
Auch die Mittelsenkrechten eines Dreiecks halbieren die Seiten.
Sie verlaufen aber im Allgemeinen nicht durch die Eckpunkte.

Beispiel

Die Höhen eines Dreiecks kann man mit dem Geodreieck zeichnen.
Bei stumpfwinkligen Dreiecken liegen zwei Höhen außerhalb des Dreiecks. Die entsprechenden Dreiecksseiten müssen verlängert werden, um die Höhen zu zeichnen.

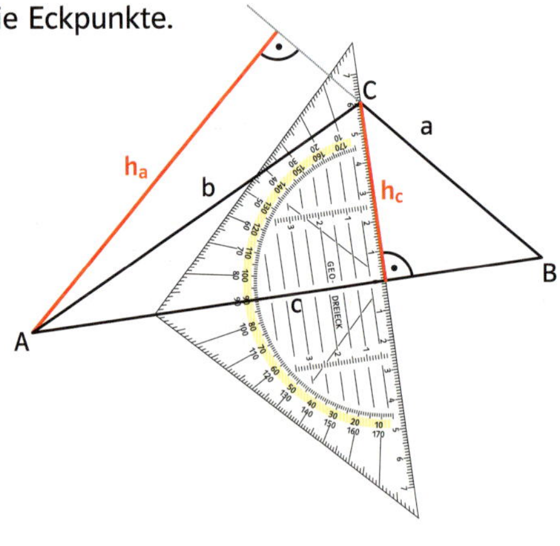

Aufgaben

1 Konstruiere den Schwerpunkt des Dreiecks.
a) A(2|2); B(8|2); C(4|10)
b) A(2|4); B(6|2); C(8|6)
c) A(3|9); B(11|3); C(8|6)

2 Konstruiere die Seitenhalbierenden und Mittelsenkrechten. Was fällt dir auf?
a) gleichschenkliges Dreieck ABC mit c = 5 cm und a = b = 7 cm
b) gleichseitiges Dreieck ABC mit a = 6 cm

3 Kongruente Dreiecke aus Karton werden schichtweise zu Körpern verklebt. Lässt sich vorhersagen, auf welcher Schnittkante der Körper liegen bleibt ohne umzukippen?

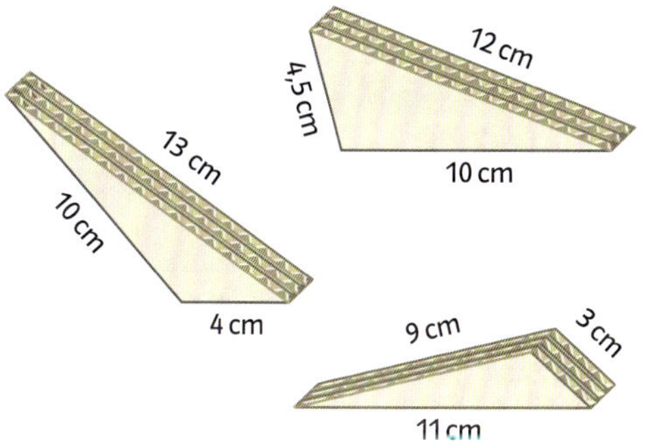

4 Kann ein Schwerpunkt so tief sinken?

5 Zeichne das Dreieck mit den Punkten A(0|0); B(12|1) und C(6|12). Zeichne die Seitenhalbierenden und den Schwerpunkt ein. Der Schwerpunkt teilt die Seitenhalbierenden. Miss die einzelnen Abschnitte. Was fällt dir auf?

6 Konstruiere das Dreieck ABC mit den Höhen und dem Höhenschnittpunkt.
a) c = 7 cm; $\alpha = 40°$; $\beta = 55°$
b) a = 10 cm; b = 5 cm; c = 7 cm
c) c = 9 cm; b = 7 cm; $\alpha = 48°$

7 Konstruiere das Dreieck ABC.
a) c = 6,5 cm; $\alpha = 40°$; $h_c = 5$ cm
b) c = 5 cm; $\beta = 111°$; $h_c = 6$ cm
c) a = 7 cm; $\beta = 37°$; $h_a = 7$ cm
d) b = 5 cm; $\gamma = 120°$; $h_b = 4$ cm
Lösungsidee:
Ist die Höhe h_c des Dreiecks gegeben, so liegt der Punkt C auf einer Parallelen im Abstand h_c zur Seite c.

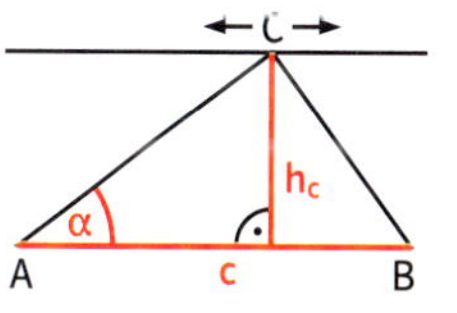

8 In welchem Abstand führt die Hauptverkehrsstraße am Krankenhaus vorbei?

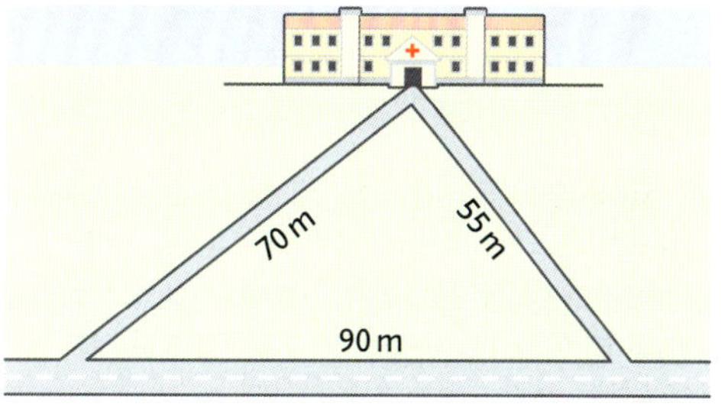

9 Welche Linien oder Punkte in einem Dreieck haben folgende Eigenschaften?
a) Der Punkt ist von A, B und C gleich weit entfernt.
b) Die Strecke teilt das Dreieck in zwei rechtwinklige Teildreiecke.
c) Der Punkt hat den gleichen Abstand von den Seiten a, b und c.
d) Die Strecke geht durch den Schwerpunkt und eine Seitenmitte.
e) Jeder Punkt der Linie ist gleich weit entfernt von A und B.
f) Jeder Punkt der Linie ist gleich weit von a und b entfernt.

10 Prüfe mit einer Partnerin oder einem Partner am Computer oder im Heft.
a) Welche Lagebeziehung gibt es zwischen den Punkten M, H und S eines Dreiecks?
b) In welchem Dreieck fallen die Punkte M, H, W und S zusammen?

Zusammenfassung

Winkelsumme im Dreieck

Die Summe der Winkel eines Dreiecks beträgt 180°: $\boldsymbol{\alpha + \beta + \gamma = 180°}$.

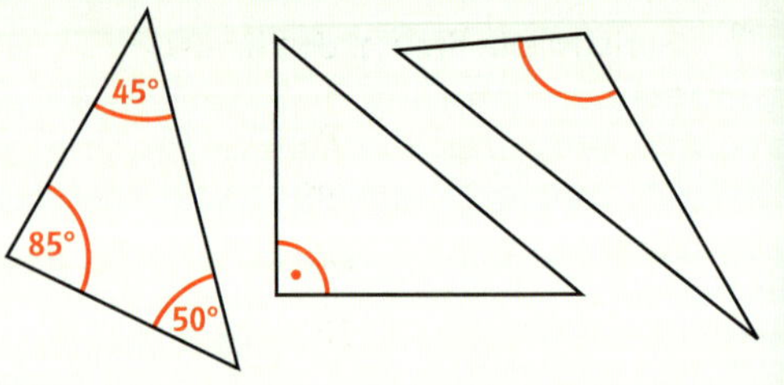

Dreiecksformen
Einteilung nach Winkeln:

spitzwinklig	Alle Winkel sind kleiner als 90°.
rechtwinklig	Ein Winkel beträgt 90°.
stumpfwinklig	Ein Winkel ist größer als 90°.

Einteilung nach Seiten:

allgemein	Alle Seiten sind unterschiedlich lang.
gleichschenklig	Zwei Seiten sind gleich lang.
gleichseitig	Alle Seiten sind gleich lang.

Konstruktion von Dreiecken

Zum **Konstruieren** kongruenter Dreiecke mit Geodreieck und Zirkel benötigt man drei Stücke. Wir unterscheiden folgende Grundkonstruktionen für Dreiecke.
Gegeben sind:
- drei Seiten (SSS),
- zwei Seiten und der eingeschlossene Winkel (SWS),
- eine Seite und die beiden anliegenden Winkel (WSW),
- zwei Seiten und der Gegenwinkel der längeren Seite (SSW).

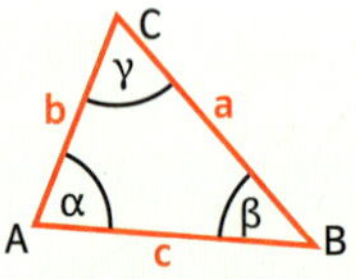

SSS-Konstruktion

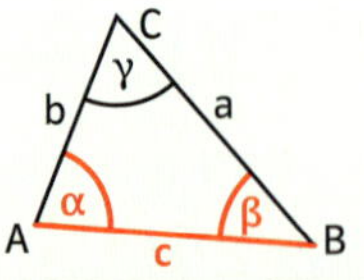

WSW-Konstruktion

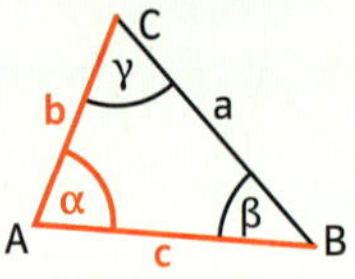

SWS-Konstruktion

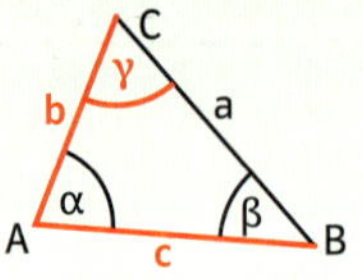

SSW-Konstruktion

Umkreis und Inkreis*

Der Schnittpunkt M der Mittelsenkrechten ist der **Mittelpunkt des Umkreises** eines Dreiecks.
Der Schnittpunkt W der Winkelhalbierenden ist der **Mittelpunkt des Inkreises** eines Dreiecks.

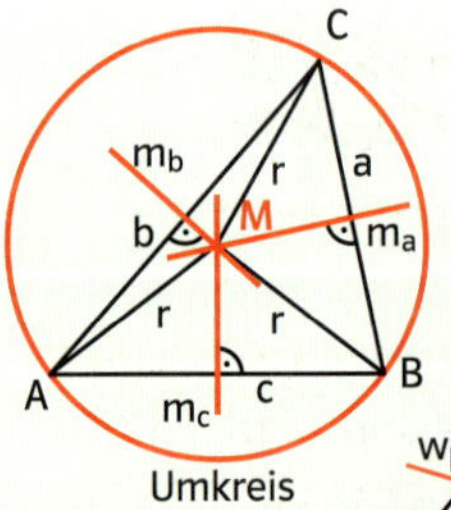

Umkreis

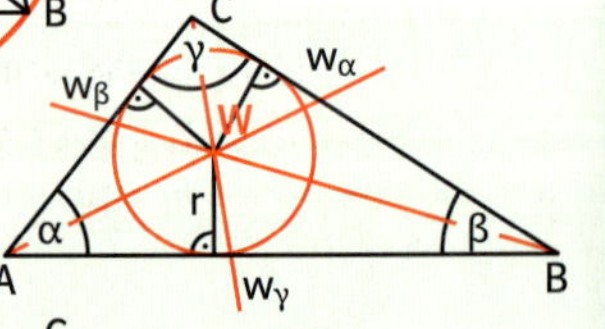

Inkreis

Schwerpunkt und Höhenschnittpunkt*

Der Schnittpunkt S der Seitenhalbierenden ist der **Schwerpunkt** eines Dreiecks.
Die Höhen eines Dreiecks schneiden sich im **Höhenschnittpunkt** H.

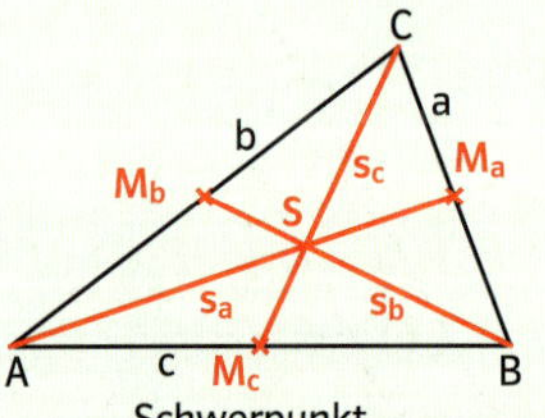

Schwerpunkt

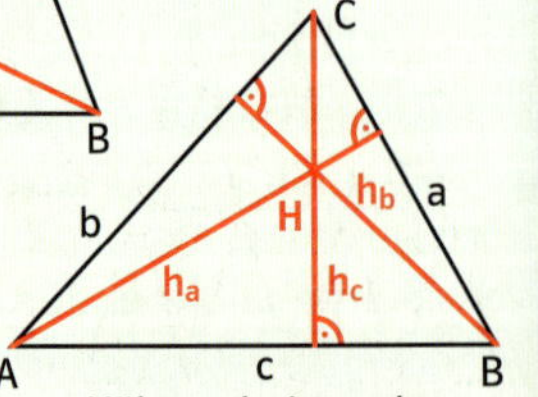

Höhenschnittpunkt

Üben • Anwenden • Nachdenken

1 Ergänze die Winkel des Dreiecks.

	α	β	γ
a)	50°	70°	
b)		120°	15°
c)	45°	90°	

2 Berechne die bezeichneten Winkel.

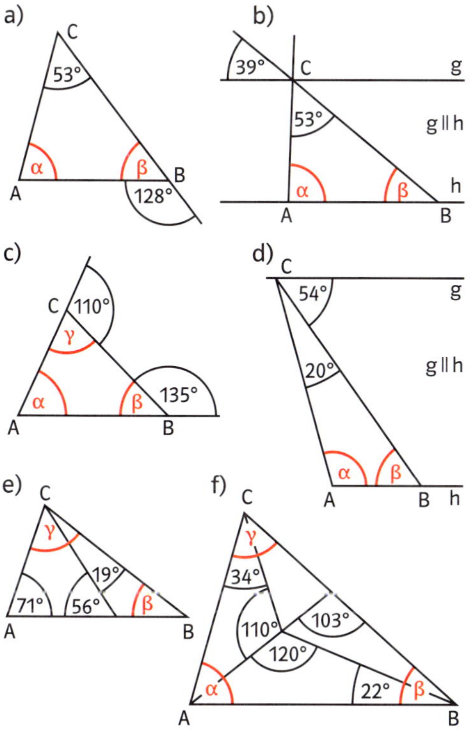

3 Wie viele gleichschenklige Dreiecke entdeckt ihr? Wie viele sind sogar gleichseitig? Erklärt euch gegenseitig.

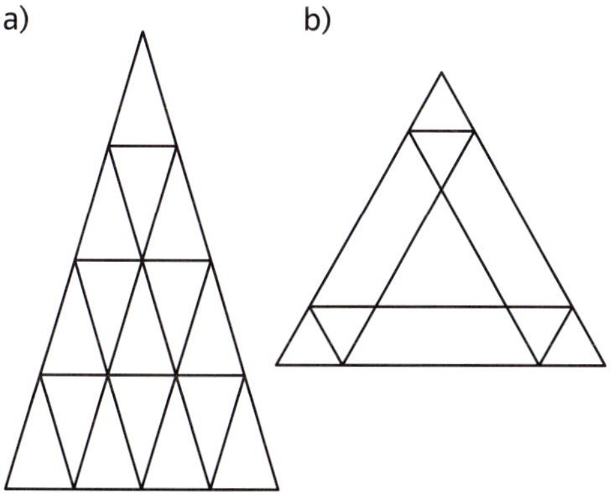

4 Gibt es ein gleichschenkliges Dreieck, bei dem die Basis doppelt so lang wie ein Schenkel ist? Begründe.

5 Zeichne Dreiecke mit verschiedenen Formen. Zerlege die Dreiecke von einem beliebigen Punkt im Inneren aus in je drei kleinere Dreiecke.
Wie viele Teildreiecke sind spitzwinklig, wie viele stumpfwinklig? Kannst du eine Regel finden?

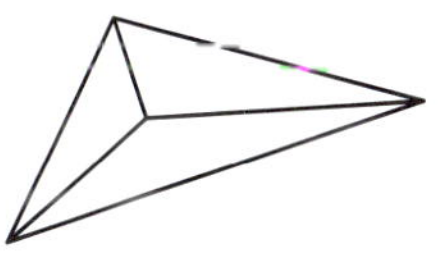

6 Übertrage die Figur in dein Heft, berechne die Winkel und trage die Ergebnisse in die Zeichnung ein.

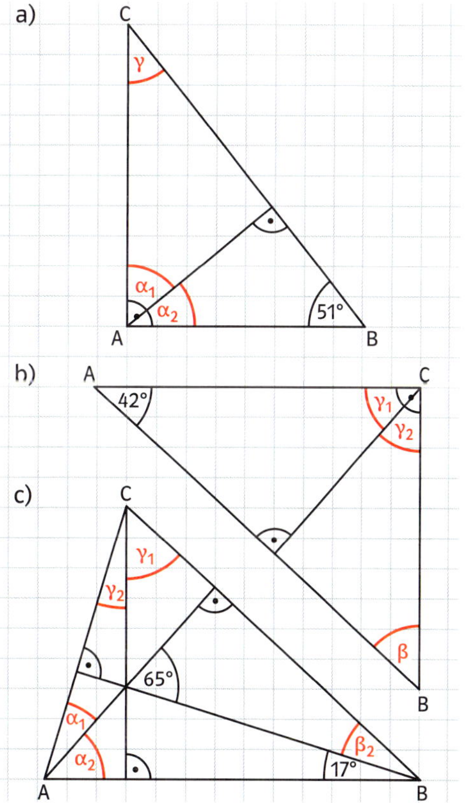

7 a) Was gehört alles zu einem Dreieck?
b) Welche besonderen Dreiecke gibt es?
c) Kann man die Winkel eines Dreiecks beliebig wählen?
d) Kann man für die drei Seiten eines Dreiecks beliebige Längen vorgeben?

? *Wie groß waren die Winkel des zerschnittenen gleichseitigen Dreiecks?*

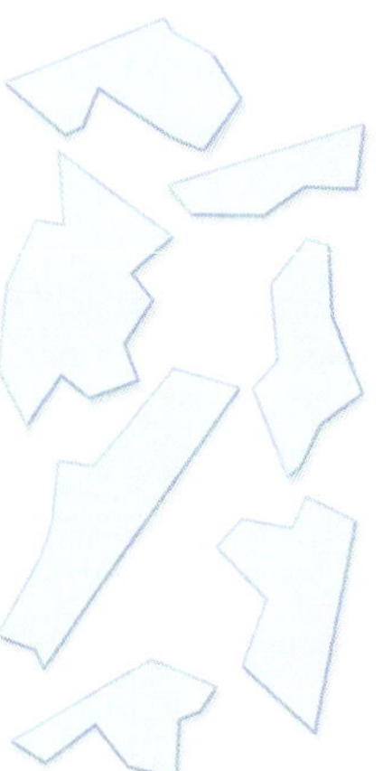

8 Jedes Dreieck kann nach der Größe seiner Seiten und Winkel eingeteilt werden. Der Eintrag in der Tabelle zeigt, dass es Dreiecke gibt, die spitzwinklig und allgemein sind. Sind alle Kombinationen möglich?

	allgemein	gleich-schenklig	gleich-seitig
spitzwinklig	ja		
rechtwinklig			
stumpfwinklig			

9 Von zwei Peilwagen aus wird ein Sender geortet. Ist der Sender eindeutig zu finden? Begründe.

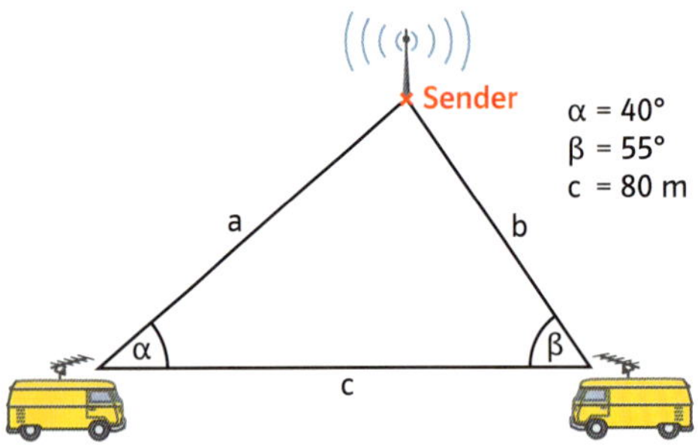

10 Richtig? Sonst gib ein Gegenbeispiel an.
a) Beim Verbinden von drei Punkten entsteht immer ein Dreieck.
b) Alle gleichseitigen Dreiecke sind gleichschenklig.
c) Rechtwinklige Dreiecke können auch gleichseitig sein.
d) Gleichseitige Dreiecke sind kongruent.
e) In einem rechtwinkligen Dreieck ist die Seite gegenüber dem rechten Winkel stets die längste Seite.
f) Der längsten Seite eines Dreiecks liegt stets ein stumpfer Winkel gegenüber.

11 Konstruiere je ein Dreieck nach einer der vier Grundkonstruktionen. Gib dir selbst je drei entsprechende Größen so vor, dass du kongruente Dreiecke erhältst.

12 Konstruiere die Dreieckskette der Randspalte. Wo musst du beginnen?

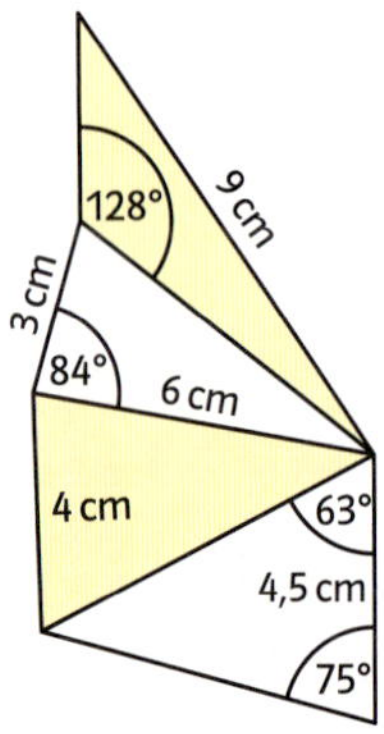

13 Konstruiere die Dreiecke nach folgenden Angaben. Schneide sie anschließend aus und vergleiche sie miteinander.
1) $\alpha = 60°$; $b = 15\,cm$; $c = 8\,cm$
2) $b = 4\,cm$; $\alpha = 70°$; $\gamma = 60°$
3) $\alpha = 60°$; $a = 6\,cm$; $b = 5\,cm$
4) $a = 8\,cm$; $b = 15\,cm$; $c = 13\,cm$
5) $c = 4\,cm$; $\alpha = 60°$; $\gamma = 50°$
6) $b = 6\,cm$; $c = 5\,cm$; $\beta = 60°$

14 Versuche das Unmögliche.
a) $c = 5\,cm$; $\alpha = 68°$; $\beta = 113°$
b) $a = 12\,cm$; $b = 5\,cm$; $c = 7\,cm$
c) $c = 7\,cm$; $b = 5\,cm$; $h_c = 6\,cm$
d) $c = 5\,cm$; $\alpha = 40°$; $s_b = 3\,cm$

15 Konstruiere
- das Dreieck ABC mit $a = 7\,cm$; $b = 4\,cm$ und $c = 6\,cm$;
- über der Seite a nach außen ein gleichseitiges Dreieck;
- ebensolche Dreiecke auch über den Seiten b und c;
- die Umkreise der drei gleichseitigen Dreiecke.

Beschreibe dein Ergebnis.

16 Wie hoch liegt die Bergspitze über dem Tal?

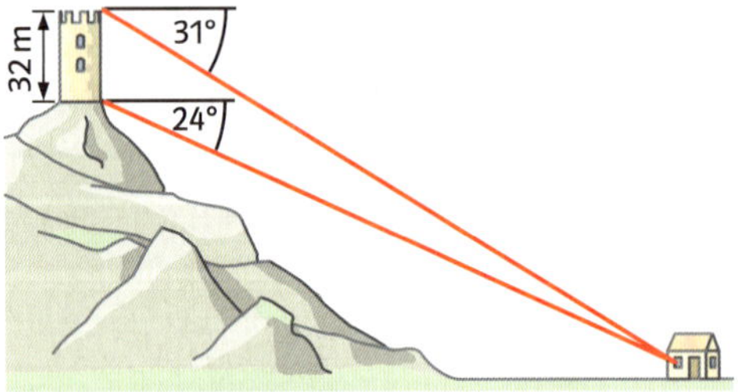

17 Konstruiere den Höhenschnittpunkt.
a) A(0|0); B(8|0,5); C(6,5|6)
b) A(2|0); B(6,5|1,5); C(0|6)
c) A(4|1); B(10|2,5); C(0,5|7)

18 Aus einer dreieckigen Metallplatte mit den Seitenlängen $a = 140\,cm$; $b = 60\,cm$ und $c = 120\,cm$ soll ein Kreis ausgeschnitten werden. Wie groß kann er höchstens werden, wenn sein Abstand vom Rand mindestens 10 cm betragen muss?

Dreiecke in der Technik

Starr …

Das Fachwerk von Gebäuden darf sich nicht verziehen. Deshalb werden massive Balken so eingefügt, dass Dreiecke entstehen.

- Beim Regal reichen zwei Streben, damit sich die Form nicht verändern kann. Warum?
- Auch im Brückenbau und bei Kränen sorgen dreieckige Konstruktionen für eine größere Stabilität. Sucht nach solchen Brücken und Kränen.

und beweglich …

Aus Baukastenteilen oder Pappstreifen lassen sich bewegliche Dreiecke herstellen.

- Wie verändert sich der Winkel α, wenn man die Seitenlänge c ändert?

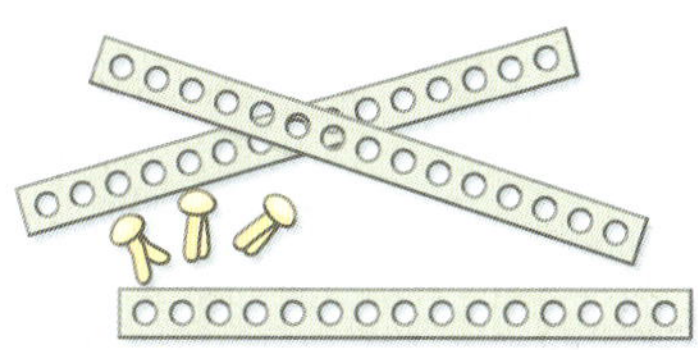

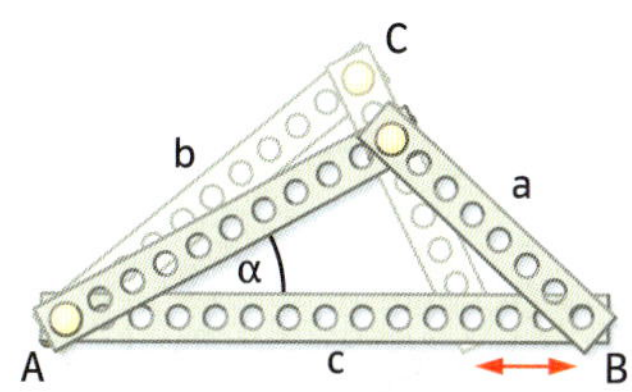

- Nach dem gleichen Prinzip funktionieren der Wagenheber, das Zeichenbrett und der Liegestuhl. Beschreibt ihre Wirkungsweise.

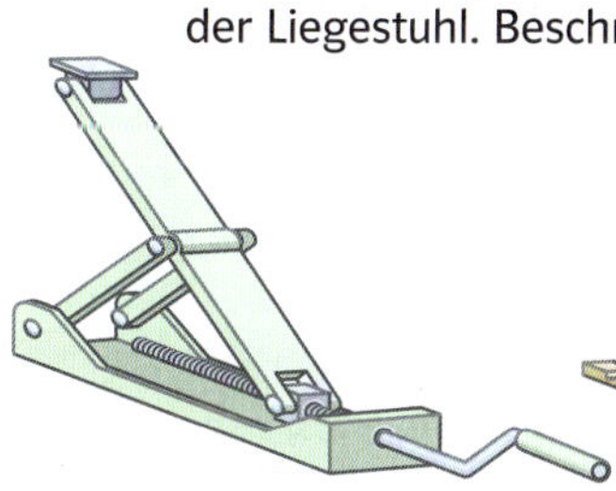

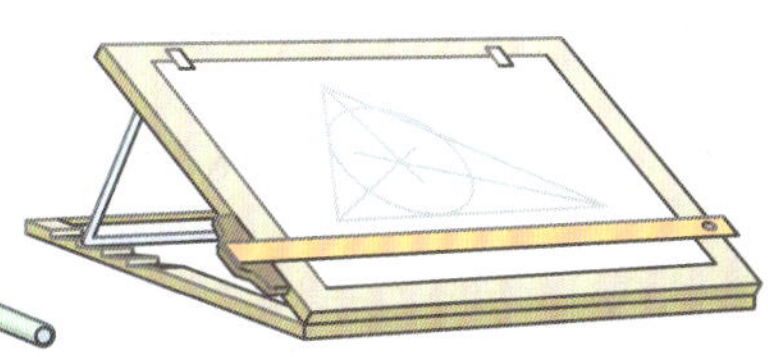

Bei großen Maschinen sind hohe Kräfte erforderlich, um eine Dreiecksseite zu verlängern bzw. zu verkürzen. Dazu werden Hydraulikzylinder verwendet.

- Sucht bewegliche Dreiecke im Alltag und benennt sie.

Erstellt ein Plakat mit Informationen zur Funktionsweise.
Präsentiert eure Ergebnisse in der Klasse.

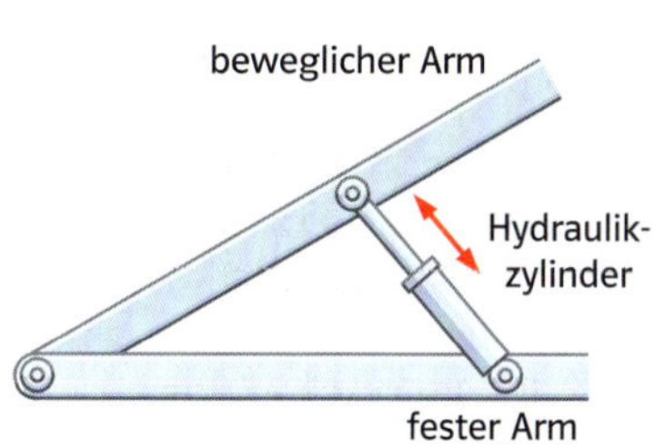

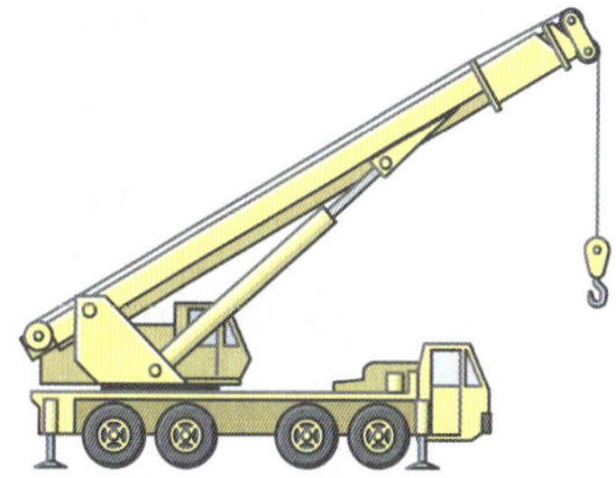

Wohin mit dem Streetballplatz?*

Für die Jugendlichen aus drei Hochhäusern wird ein Streetballplatz geplant.

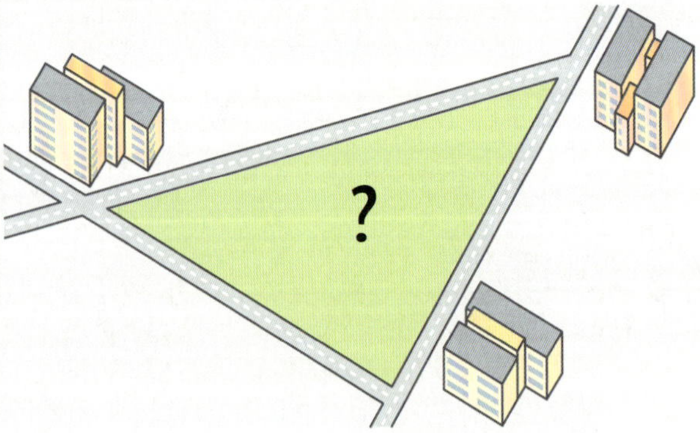

Gespräche mit Anwohnern, Ingenieuren und Vertretern des Stadtrates ergaben verschiedene Anforderungen für die Lage des Streetballplatzes:

- gleiche Entfernung zu allen Hochhäusern;
- maximaler Sicherheitsabstand zu allen Verbindungsstraßen;
- geringe Summen der Längen der anzulegenden Wege zum Streetballplatz;
- …

Wohin soll der Streetballplatz gebaut werden? Begründet unterschiedliche Standorte mit den oben angeführten Bedingungen. Verwendet zum Zeichnen den Computer. Lassen sich alle Anforderungen erfüllen oder ist ein guter Kompromiss gefragt?

Was ist, wenn

- die Straßen unterschiedlich stark befahren sind?
- die Hochhäuser unterschiedlich viele Bewohner haben?
- …

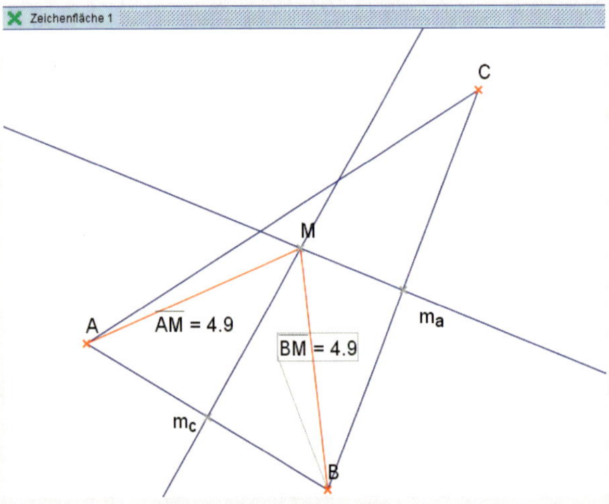

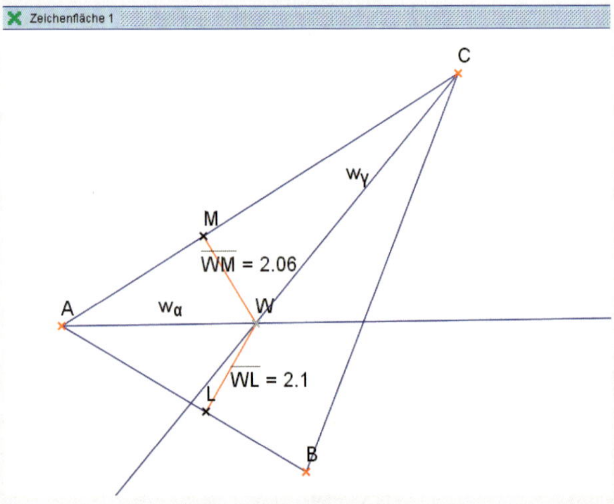

Rückspiegel

Rückspiegel

1 Berechne die fehlenden Winkel im Dreieck.

α	27°		107°	18°	62°
β	52°	79°		108°	117°
γ		62°	16°		

2 Berechne den Winkel γ.

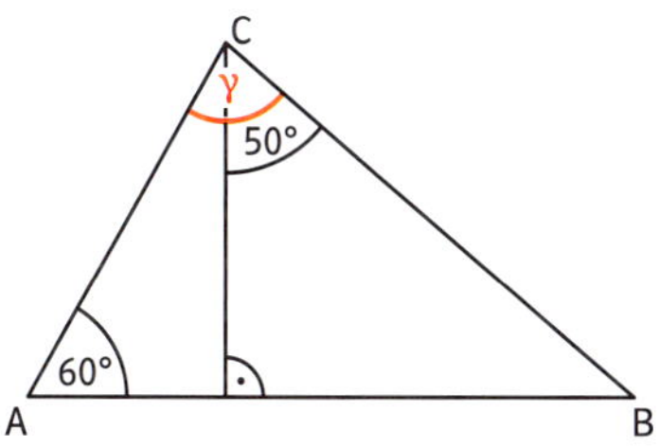

3 Welche Dreiecke sind spitzwinklig, welche stumpfwinklig?

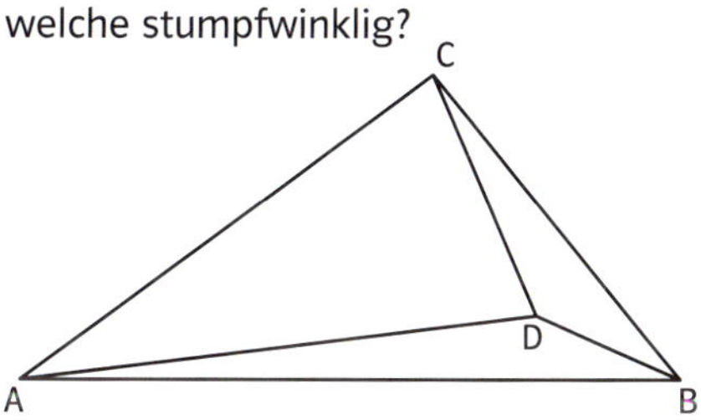

4 Konstruiere das Dreieck ABC.
a) a = 8,5 cm; b = 6 cm; c = 4,5 cm
b) b = 7,5 cm; c = 6 cm; α = 27°
c) c = 5 cm; α = 78°; β = 59°
d) b = 8 cm; c = 5 cm; β = 67°

5 Wie weit sind die Orte voneinander entfernt? Zeichne in einem geeigneten Maßstab?

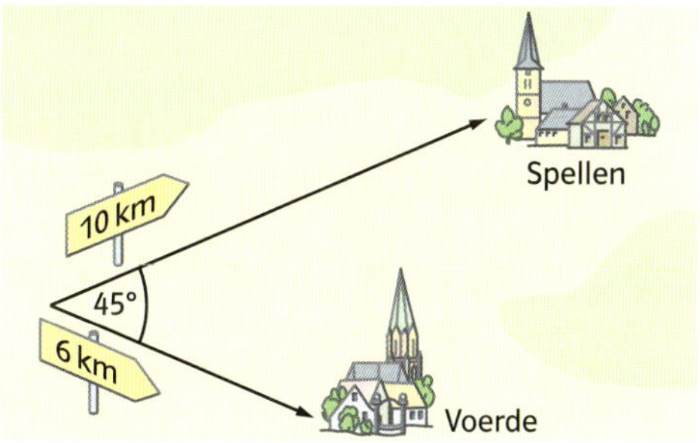

1 Berechne die bezeichneten Winkel.

a) b)

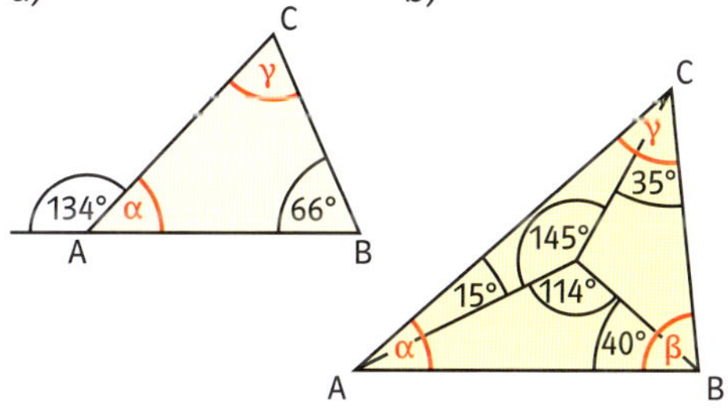

2 Berechne die fehlenden Winkel.
a) Dreieck ABC mit β = 44° und γ = 68°.
b) gleichschenkliges Dreieck ABC mit der Basis c und γ = 72°.
c) gleichschenkliges Dreieck ABC mit der Basis a und β = 28°.

3 Warum gibt es kein Dreieck
a) mit zwei rechten Winkeln?
b) bei dem eine Seite länger als die Summe der beiden anderen ist?

4 Konstruiere die Dreieckskette. Benenne jeweils die Grundkonstruktion.

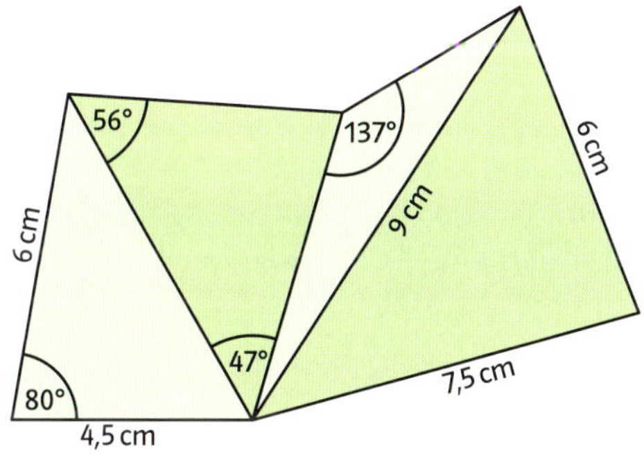

5 Wie hoch schwebt der Ballon über dem Boden?

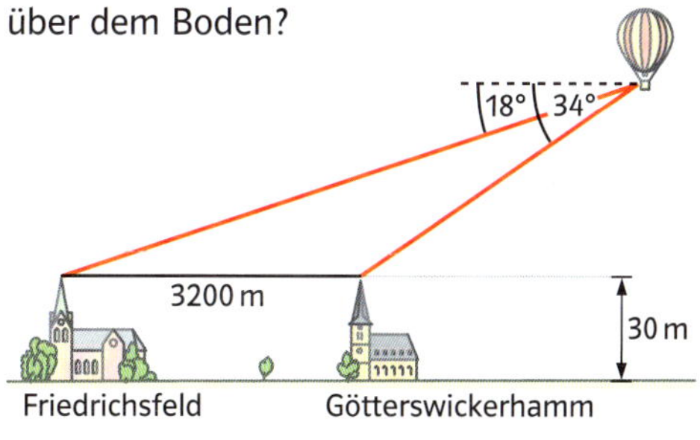

Mit Buchstaben rechnen

Labyrinthe

Ihr lasst euch per Anweisung durch ein Labyrinth dirigieren.
Dabei sind folgende Abkürzungen vereinbart:
10 n bedeutet 10 Meter nach Norden.
30 o bedeutet 30 Meter nach Osten.
20 s bedeutet 20 Meter nach Süden.
50 w bedeutet 50 Meter nach Westen.

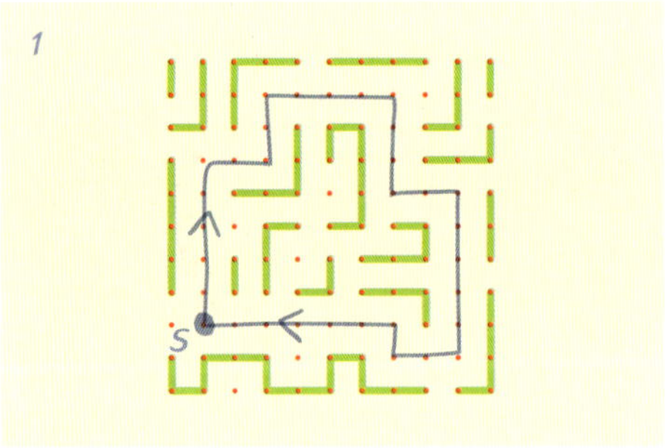

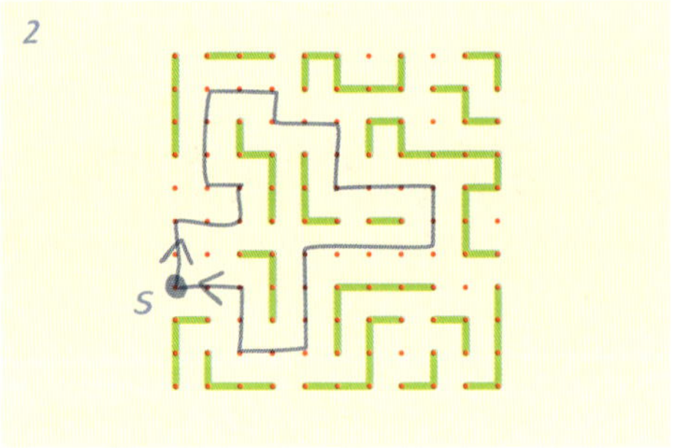

Mit der Anweisung
50 n ► 20 o ► 20 n ► 40 o ► 30 s ► 20 o ► 50 s ► 20 w ► 10 n ► 60 w
kommt ihr wieder an den Start S zurück.
Formuliert eine Anweisung, wenn ihr den Weg umgekehrt geht.

Wie lautet die Weganweisung durch Labyrinth 2?

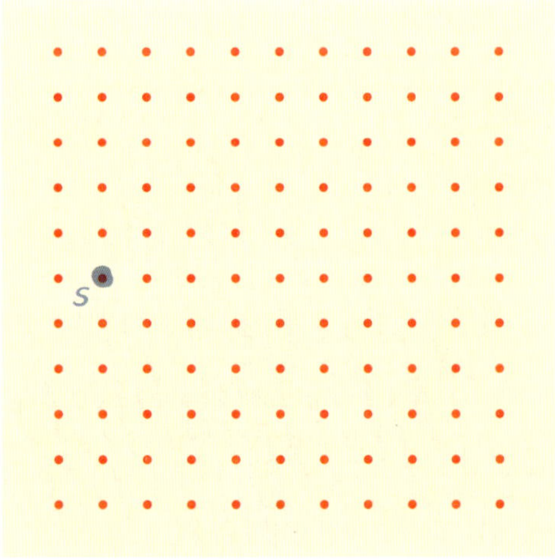

Zeichnet in ein 11 × 11-Punktegitter den Weg nach der Anweisung:
30 s ► 40 o ► 10 n ► 20 o ► 10 s ► 20 o ► 30 n ► 10 w ► 20 n ► 30 w ► 20 s ► 40 w.
Startet in der zweiten Reihe von links beim sechsten Punkt von oben.

Streichholzketten

Legt Streichhölzer so aneinander, dass eine Kette zusammenhängender Quadrate entsteht.

Aus der Anzahl der Quadrate könnt ihr die Zahl der benötigten Streichhölzer systematisch ermitteln.

Anzahl der Quadrate	1	2	3	4	…
Anzahl der Streichhölzer	4	7	10	13	…
Umfang der Gesamtfigur	4	6	8	10	…

Wie viele Streichhölzer würdet ihr für 10 Quadrate, wie viele für 100 Quadrate brauchen? Und für deren Umfang? Wie viele Quadrate könntet ihr mit 400 Streichhölzern aneinanderlegen?

In diesem Kapitel lernst du,

- was eine Variable ist,
- was man unter einem Term versteht,
- wie man den Wert eines Terms berechnet,
- wie man Terme aufstellt,
- wie man Terme mit Variablen addiert und subtrahiert,
- wie man Terme multipliziert und dividiert,
- wie man mit Klammern in Termen rechnet.

1 Terme mit Variablen

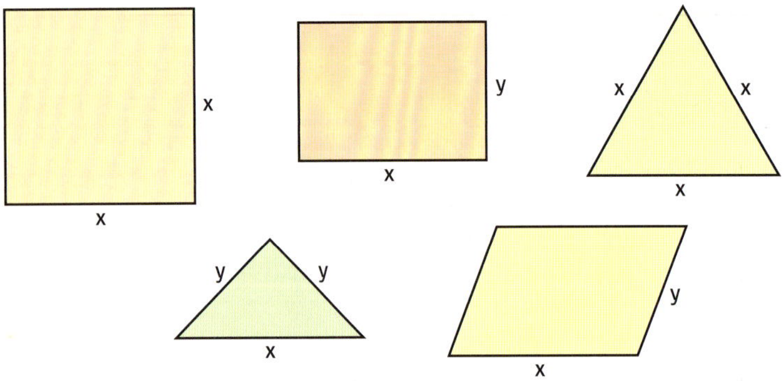

→ Welcher Rechenausdruck gehört zum Umfang welcher Figur?

- $x + 2 \cdot y$
- $4 \cdot x$
- $2 \cdot x + 2 \cdot y$
- $3 \cdot x$

Zusammenhängende Sachverhalte oder Rechenwege lassen sich allgemein mit einem Rechenausdruck oder **Term** beschreiben. Dabei werden für unbekannte Zahlen oder Größen Symbole oder Zeichen verwendet. Meist sind dies Buchstaben. Man nennt sie **Platzhalter** oder **Variablen**.

Ein Zeichen, das man anstelle von Zahlen oder Größen verwendet, nennt man **Variable**.
Terme sind Rechenausdrücke, in denen Zahlen, Variablen und Rechenzeichen vorkommen können.

Die unsichtbare Eins
$1 \cdot a = a$
$-1 \cdot b = -b$

Beispiele

$3 + 18$ $\quad 5 + \square$ $\quad \square : 7$ $\quad 2 \cdot x$ $\quad a - b - 5$ $\quad \frac{x + y}{2}$ sind Terme.

Aber auch 6; $\frac{1}{2}$; $\square$ oder z können als Term aufgefasst werden.

Aufgaben

1 Was ist damit gemeint?
a) Claus zieht eine x-beliebige Karte.
b) Diana hat x-mal versucht, Beate zu erreichen.
c) Es kamen zig-Tausende von Zuschauern.

2 Kannst du die Bedeutung erklären?
a) die Sendung „Akte X"
b) Wer A sagt, muss auch B sagen.
c) Sie lässt sich kein X für ein U vormachen.

3 a) Bilde mit den Kärtchen, die auf dem Rand stehen, Terme.
b) Bilde eine Summe als Term.
c) Bilde ein Produkt als Term.

4 Erzählt euch gegenseitig eine Geschichte zum Term.
a) $2{,}89\,€ \cdot 3 + 6{,}15\,€$
b) $(6 \cdot 1{,}2\,kg) \cdot 3 + 4 \cdot 0{,}25\,kg$
c) $25\,€ - (75 \cdot 0{,}06\,€ + 17 \cdot 0{,}12\,€)$
d) $10 \cdot (45\,ct + 55\,ct + 144\,ct)$
e) $\frac{1}{2} \cdot (1{,}20\,€ + 2{,}40\,€ - 0{,}50\,€)$

5 Wofür stehen die Variablen?
a) Umfang eines Quadrats: $4 \cdot a$
b) Umfang eines Rechtecks: $2 \cdot a + 2 \cdot b$
c) Oberfläche eines Würfels: $6 \cdot a \cdot a$
d) Volumen eines Quaders: $a \cdot b \cdot c$
e) Größe des Nebenwinkels: $180° - \alpha$
f) eine Bruchzahl: $\frac{a}{b}$

6 Welcher Rechenausdruck gehört zu welchem Kantenmodell?

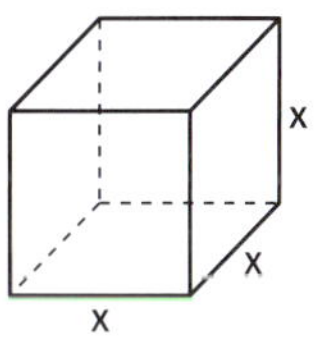

- $9 \cdot x$
- $12 \cdot x + 4 \cdot y$
- $12 \cdot x + 8 \cdot y$
- $12 \cdot x$

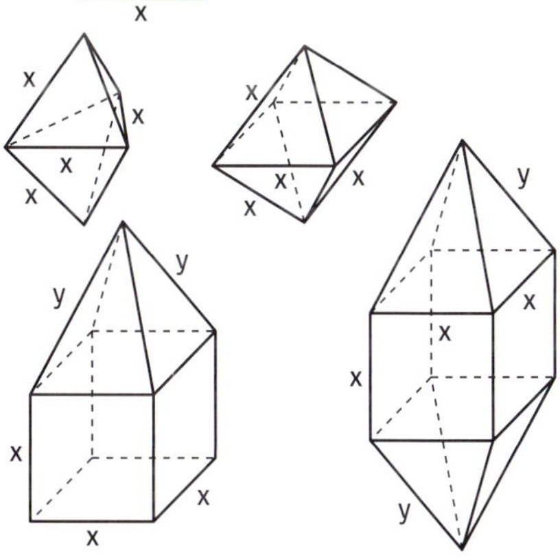

7 Ersetze die Variable so, dass eine wahre Aussage entsteht.

a) x ist die kleinste Primzahl.
b) 0,25 hat den gleichen Wert wie der Bruch y.
c) z ist eine Quadratzahl.
d) w ist Teiler von 32.
e) s ist die Quadratzahl von 25.
f) m ist das Vierfache von 17

8 Ordne die Terme den Sätzen zu und erkläre die Bedeutung der Variablen.

- $b + 20$
- $t - 3$
- $2 \cdot x - 30$
- $t \cdot 4$
- $c : 4$
- $x : 2 - 1$
- $6 \cdot a$
- $2 \cdot y + 30$

a) vom doppelten Gewicht 30 kg abziehen
b) den Kuchen in vier gleiche Teile teilen
c) Das Hochhaus ist um 20 m höher als der Bungalow.
d) Charlotte hat für diese Aufgabe sechsmal so lange gebraucht wie Sophie.
e) Das Tempo ist viermal höher als vorher.
f) Der Brief kam drei Tage später an als die Karte.
g) ein Jahr weniger als die Hälfte deines Alters
h) Es kostet 30 Euro mehr als das Doppelte des Vorjahrespreises.

9 Ordne jedem Term einen Satz zu.

$b : 6$ | $y - 3$ | $6 \cdot a + 7$ | $8 \cdot (x - 4)$ | $\frac{x}{2} - 4$ | $3 : (y - 1)$ | $(z + 3) : 2$

a) das Achtfache der Differenz aus x und 4
b) die Differenz aus der Hälfte von x und 4
c) der Quotient aus b und 6
d) die Hälfte der Summe von z und 3
e) die Summe aus dem 6-Fachen von a und 7
f) der Quotient aus der Zahl 3 und der Differenz von y und 1
g) die Differenz von y und 3

10 Erklärt euch gegenseitig die Gesetzmäßigkeit in euren eigenen Worten.

a) $a + a + a + a = 4 \cdot a$
b) $x \cdot x \cdot x = x^3$
c) $a + b = b + a$
d) $x \cdot y = y \cdot x$
e) $(a + b) + c = a + (b + c)$

11 Übersetze den Term in Worte.

a) $4 \cdot x + 1$
b) $10 - 3 \cdot x$
c) $z \cdot (5 - x)$
d) $(b + 5) \cdot \frac{1}{2}$
e) $\frac{x}{3} - 10$
f) $5 \cdot x + b \cdot \frac{1}{2}$

12 Gib zum Term eine mögliche Sachsituation an.

a) $x \cdot 3{,}50 + x \cdot 2{,}75$
b) $a \cdot 1{,}12 + b \cdot 0{,}75 - c \cdot 0{,}25$
c) $15 - 0{,}55 \cdot x - 0{,}45 \cdot y$

13 Was drückt der Term aus? Wofür steht die Variable?

Beispiel: „Peter ist 2 Jahre jünger als Ute." $y - 2$ drückt das Alter von Peter aus, die Variable y steht für das Alter von Ute.

a) Timo ist 5 Jahre älter als Turan: $x + 5$
b) Britta ist dreimal so groß wie Ina: $t \cdot 3$
c) Kai besitzt 5 Kaninchen mehr als er Meerschweinchen besitzt: $x - 5$
d) Sara hat viermal mehr Münzen als Geldscheine bei sich: $4 \cdot z$
e) Vater wiegt doppelt so viel wie Anna und noch 8 kg dazu: $2 \cdot x + 8$

2 Werte von Termen berechnen

Für den Piloten eines Kleinflugzeugs ist es sehr wichtig, vor Flugbeginn die ausreichende Kraftstoffmenge zu berechnen. Außer dem Verbrauch pro Flugstunde kommen aus Sicherheitsgründen dazu

- ein Zuschlag von einem Fünftel des stündlichen Verbrauchs,
- eine Reserve für mindestens 30 Flugminuten,
- für Anlassen und Rollen etwa sechs Liter.

Der Term für eine Maschine mit dem Verbrauch von 40 Litern je Stunde lautet:

$40 \cdot x + \frac{1}{5} \cdot 40 + \frac{1}{2} \cdot 40 + 6$

Die Variable x steht für die reine Flugzeit.

→ Berechne den Verbrauch für ein, zwei, drei Flugstunden.

→ Ein anderes Flugzeug verbraucht 50 Liter je Stunde.

Ersetzt man die Variable in einem Term durch Zahlen, erhält man als Ergebnis einen Zahlenwert. So hat der Term $x - 8$ für $x = 15$ den **Wert** 7.
Werden die Variablen in einem Term durch Zahlen ersetzt, lässt sich der **Wert des Terms** für diese Zahlen berechnen.

Beispiele

a) $5 \cdot x + 2 \cdot x$ für $x = 4$

$5 \cdot x + 2 \cdot x = 5 \cdot 4 + 2 \cdot 4$
$= 20 + 8$
$= 28$

b) $4 \cdot a - 3 \cdot b$ für $a = -6$ und $b = 5$

$4 \cdot a - 3 \cdot b = 4 \cdot (-6) - 3 \cdot 5$
$= -24 - 15$
$= -39$

c) Sollen in einen Term nacheinander mehrere Zahlen für die Variablen eingesetzt und der Termwert berechnet werden, benutzt man eine **Wertetabelle**.

Wertetabelle:

x	1	2	3	4	5	6
Term: $3 \cdot x + 2$	5	8	11	14	17	20

Bemerkung

Wenn die Werte zweier Terme nach jeder Ersetzung der Variablen durch Zahlen übereinstimmen, dann heißen die Terme **gleichwertig** oder **äquivalent**.
Die beiden Terme $6x + 3x - 2x$ und $-3x + 10x$ sind äquivalent. Beide haben den Wert 14, wenn für die Variable x die Zahl 2 eingesetzt wird. Wird für x die Zahl −3 eingesetzt, so haben beide Terme den Wert −21 usw.

Aufgaben

Der „unsichtbare Malpunkt"
$2 \cdot x = 2x$
$a \cdot b = ab$
$(-5) \cdot a = -5a$

1 Setze für x die Zahlen 1; 4; 8; 0 ein.

a) $6 \cdot x$
b) $12 \cdot x$
c) $\frac{1}{2} \cdot x$
d) $1 \cdot x + 5$
e) $x^2 + 1$
f) $x + 3 \cdot x$
g) $8 - x$
h) $2 \cdot x - x$

2 Setze die Zahlen 4; 5; 6; 10; 20 ein und gib den Wert des Terms an.

a) $q - 2$
b) $22 - a$
c) $t - 3{,}5$
d) $(35 - a) - 1$
e) $2 \cdot p - 8$
f) $100 - y - y$

3 Setze für die Variable x nacheinander die Zahlen 1 bis 10 ein.

Beispiel:

x	1	2	3	4	5	6	7	8	9	10
$2 \cdot x + 1$	3	5	7	9	11	13	15	17	19	21

a) $x + 2$
b) $26 - x$
c) $x \cdot (5 + x)$
d) $x \cdot 5 + \frac{x}{2}$
e) $\frac{1}{2} \cdot x + 2$
f) $1{,}5 \cdot (x - 1)$

4 Setze für x die Zahl 2 und für y die Zahl 1,5 ein und berechne den Wert des Terms.

a) $2 \cdot x + 3 \cdot y$
b) $2 \cdot y - x$
c) $\frac{3}{4} \cdot x + \frac{1}{2} \cdot y$
d) $x^2 - \frac{2}{3} \cdot y$

5 Erfinde eine Geschichte zum Term. Welcher Wert ergibt sich?

a) $6 \cdot x + 3 \cdot y + 8 \cdot z$
b) $5 \cdot a - 11{,}25$
c) $50 - (x \cdot 0{,}06 + y \cdot 0{,}11)$

6 Berechne den Wert des Terms für $x = 2;\ 7;\ 17;\ 729$.

$3 \cdot x - 2 \cdot x + 1 - x$

Was fällt dir auf? Erkläre.

7 Trage in die Tabelle für x und y alle natürlichen Zahlen ein, deren Summe 20 ergibt. Für welches Zahlenpaar hat das Produkt $x \cdot y$ den größten Wert?

x	y	$x \cdot y$
1	19	19
2	18	36
3	…	…
4	…	…

8 Berechne den Wert des Terms für $x = 2;\ 3;\ 4;\ 5$.

Achte auf die Rechenreihenfolge.

a) $7 \cdot x - 2 \cdot (2 \cdot x + 1)$
b) $2 \cdot x \cdot (x + 5)$
c) $\frac{1}{2} \cdot x + x^2 + 2$
d) $x : 2 + 5 \cdot x$

9 Welche natürlichen Zahlen x und y musst du in den Term $7 \cdot x + 11 \cdot y$ einsetzen, um den Wert 100 zu erhalten? Lege eine Tabelle an.

x	y	$7 \cdot x$	$11 \cdot y$	$7 \cdot x + 11 \cdot y$
1	1	7	11	18
2	1	14	11	25
2	2	14	22	36

Tabellenkalkulation I

E8 ▼ fx =SUMME(2*B8;3*C8;1,5*D8)

	A	B	C	D	E
1		Zahl der Kinder	Zahl der Erwachsenen	Zahl der Futterportionen	Tageseinnahmen
2		x	y	z	2*x+3*y+1,5*z
3	Mo	18	32	11	148,50
4	Di	24	38	18	189,00
5	Mi	22	42	16	194,00
6	Do	68	24	32	256,00
7	Fr	32	42	24	226,00
8	Sa	86	92	36	502,00
9	So	82	78	42	461,00

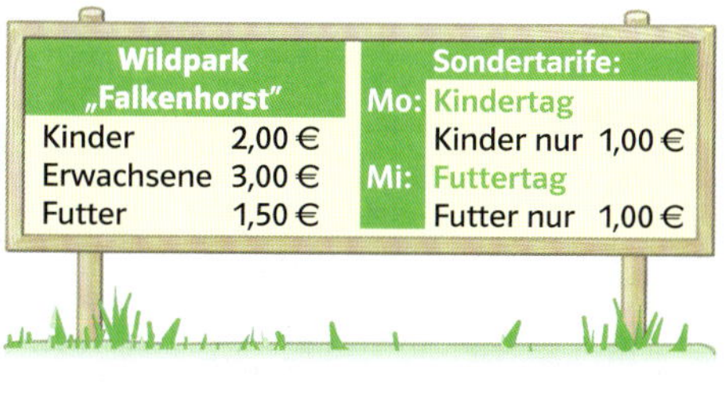

Mit einem Tabellenkalkulationsprogramm könnt ihr selbst Terme als „Formel" eingeben und deren Wert berechnen lassen.
Die Einnahmen eines Wildparks ergeben sich aus den Eintrittsgeldern und dem Verkauf von Futter. Der zugehörige Term lautet: $2 \cdot x + 3 \cdot y + 1{,}5 \cdot z$.

- Wofür stehen die Variablen x, y und z?

Tag	Mo	Di	Mi	Do	Fr	Sa	So
Kinder	18	24	22	68	32	86	82
Erwachsene	32	38	42	24	42	92	78
Futter	11	18	16	32	24	36	42
Gesamt							

- Übertragt die Tabelle in euer Tabellenkalkulationsprogramm.
- Experimentiert mit den unterschiedlichen Sondertarifen.

3 Aufstellen von Termen

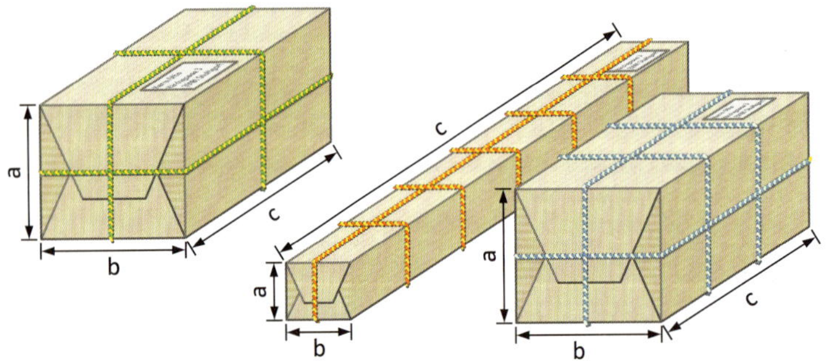

Drei Pakete sollen verschnürt werden. Bezeichnet man die Höhe mit a, die Breite mit b und die Länge mit c, lässt sich die benötigte Länge der Paketschnur (ohne Knoten) für jedes Paket mit einem Term ausdrücken.
Für das linke Paket gilt:
$4 \cdot a + 4 \cdot b + 4 \cdot c$.
→ Wie lauten die Terme für die beiden anderen Pakete?

Um eine Rechenvorschrift wie „Addiere zum Doppelten einer Zahl die Zahl 3 und dividiere dann das Ergebnis durch 4" in einem Term auszudrücken, geht man schrittweise vor. Zuerst wird für die gedachte Zahl oder Größe eine Variable festgelegt. Anschließend überträgt man die Aussagen in die mathematische Schreibweise.

Bezeichnen der gesuchten Zahl mit einer Variablen:	x
Verdoppeln der Zahl:	$2 \cdot x$
Addition der Zahl 3:	$2 \cdot x + 3$
Division des Ergebnisses durch 4:	$(2 \cdot x + 3) : 4$

Ein Term wird **aufgestellt**, indem man
- Variablen für unbekannte Zahlen oder Größen festlegt,
- Variablen sowie Größen und Zahlen durch Rechenzeichen in der richtigen Reihenfolge verknüpft.

Beispiele

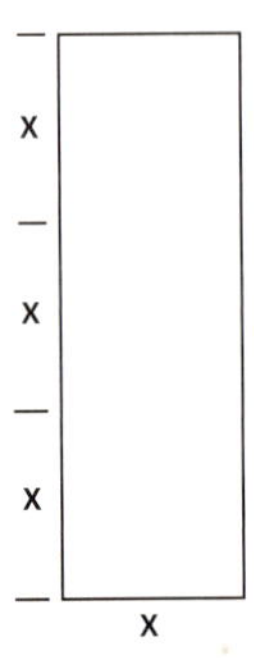

a) Den Umfang eines Rechtecks, das dreimal so lang wie breit ist, beschreibt man:

Breite des Rechtecks:	x
Länge des Rechtecks:	$3 \cdot x$
Umfang des Rechtecks:	$(3 \cdot x + x) \cdot 2$

Kommt eine Variable mehrmals vor, können die Faktoren vor der Variablen zusammengefasst werden:
$3 \cdot x + x = (3 + 1) \cdot x$
$= 4 \cdot x$

b) Addiere zum Doppelten einer Zahl das Vierfache einer zweiten Zahl und dividiere das Ergebnis durch 3.

Die gesuchte erste Zahl:	x
Das Doppelte dieser Zahl:	$2 \cdot x$
Die gesuchte zweite Zahl:	y
Das Vierfache der zweiten Zahl:	$4 \cdot y$
Die Summe daraus:	$2 \cdot x + 4 \cdot y$
Dividiert durch 3:	$(2 \cdot x + 4 \cdot y) : 3$

Aufgaben

1 Übersetze in einen Term.
a) die Differenz aus 15 und 9
b) das Produkt aus 4 und 17
c) 34 vermindert um 11
d) der Quotient aus 85 und 17
e) die Summe aus 7 und ihrem Doppelten

2 Drücke mit einer Variablen aus.
a) das Fünffache einer Zahl
b) die Hälfte einer Zahl
c) das Quadrat einer Zahl
d) die Summe aus einer Zahl und 5
e) der achte Teil einer Zahl vermindert um 1

3 Drücke die Länge der Strecke durch einen Term aus.

a)
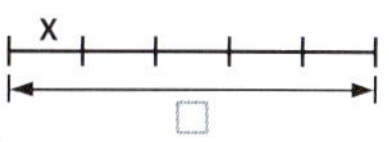

b)
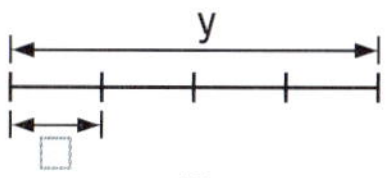

c)
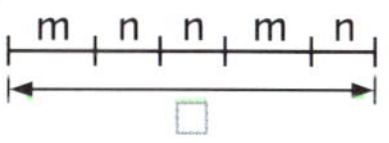

d)
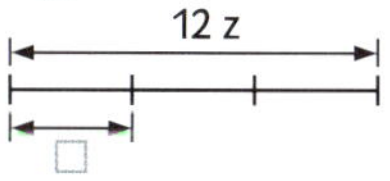

4 Schreibe als Term.

a) das Doppelte der Summe von x und 4
b) das Doppelte der Differenz von 9 und a
c) die Hälfte der Summe von x und 1
d) die Hälfte des Produkts aus z und 5
e) das Drittel der Differenz von m und 15
f) der fünfte Teil des Produkts von a und b

5 Stelle für den Umfang einen Term auf.

a)
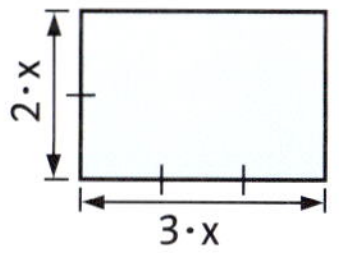

b)
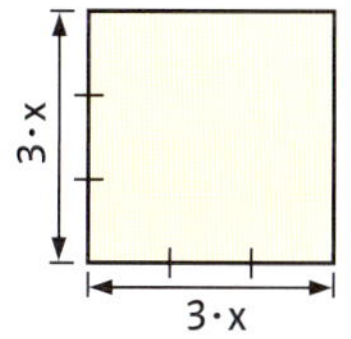

c)
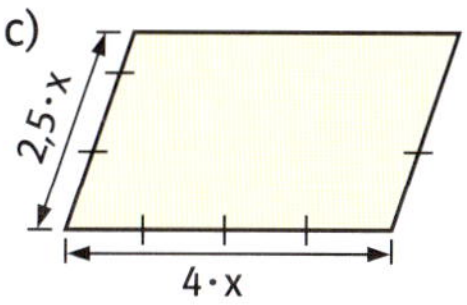

d)
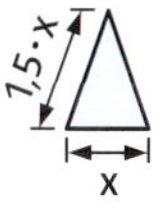

6 Drücke mit einem Term aus.

a) die Summe des dritten Teils einer Zahl und des Fünffachen einer anderen Zahl
b) das Produkt des Doppelten einer Zahl und der Differenz dieser Zahl und 10
c) die Differenz aus der Summe einer Zahl und 8 und dem Produkt einer anderen Zahl und 6
d) die Summe aus dem Produkt einer Zahl und 10 und dem Quotienten einer anderen Zahl und 3

7 Stelle für die Summe aller Teilstrecken einen Term auf.

a)
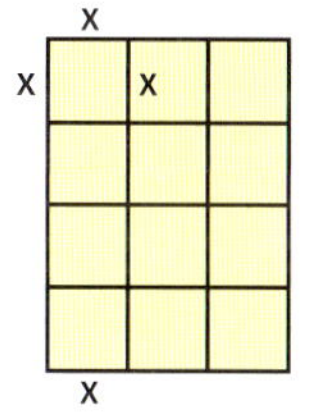

b)
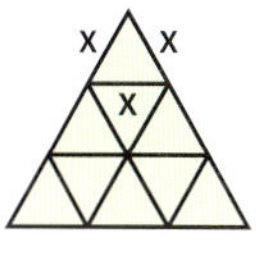

c)
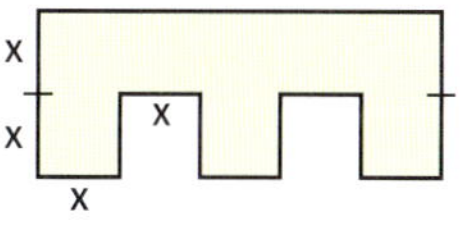

d)
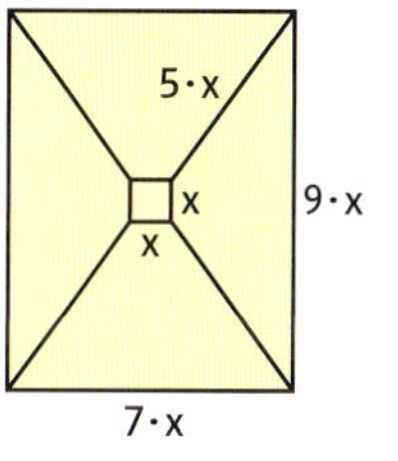

„Übersetzungshilfen"

die Hälfte, halbieren	*: 2*
der □. Teil	*: □*
das □fache	*· □*
um □ größer, vermehrt um □	*+ □*
um □ kleiner, vermindert um □	*− □*
Summe	*□ + □*
Differenz	*□ − □*
Produkt	*□ · □*
Quotient	*□/□*

Variablen festlegen

Miriam ist 20 cm größer als Fabian und 5 cm kleiner als Lisa.

Legt man für die Körpergröße von Fabian die Variable x fest, lauten die Terme für die Körpergrößen:

Fabian	x
Miriam	x + 20
Lisa	x + 20 + 5

Legt man für die Körpergröße von Miriam die Variable y fest, lauten die Terme für die Körpergrößen:

Miriam	y
Fabian	y − 20
Lisa	y + 5

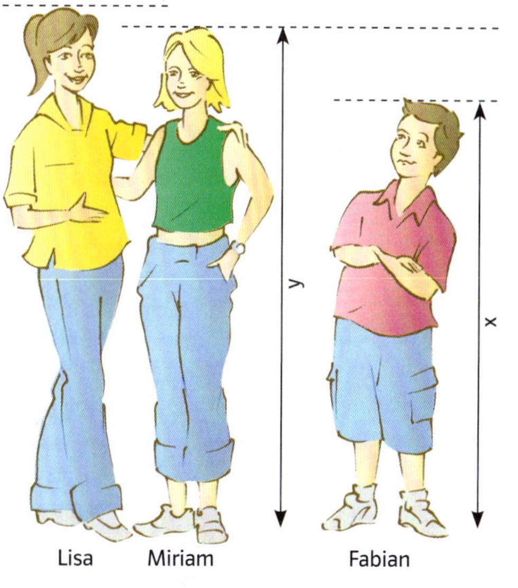

Arbeitet zu zweit. Jeder von euch legt für eine Größe (Person, Hochhaus, Preis, …) eine Variable fest und drückt damit die andere aus.

- Tamara hat 8 Münzen mehr in ihrer Geldbörse als Matthias.
- Das Hochhaus ist 6 Stockwerke höher als das Nebengebäude.
- Temels Mutter ist um zwei Jahre älter als das doppelte Alter von Temel.
- Der Preis liegt um 10 € über der Hälfte des alten Preises.

8 Durch welchen Term lassen sich die Rechenausdrücke beschreiben?

Beispiel: $8 \cdot 2 + 7$
$11 \cdot 2 + 3$
$15 \cdot 2 + 10$
Term: $x \cdot 2 + y$

a) $10 : 2 + 3$
$17 : 2 + 3$
$55 : 2 + 3$

b) $9 \cdot 5 + 9$
$12 \cdot 5 + 12$
$137 \cdot 5 + 137$

c) $11 \cdot (109 - 11)$
$11 \cdot (217 - 11)$
$11 \cdot (318 - 11)$

d) $4 \cdot 6 + 3 \cdot 9$
$4 \cdot 6 + 3 \cdot 2$
$4 \cdot 15 + 3 \cdot 10$

9 Stelle für die gesamte Kantenlänge einen Term auf. Setze für x die Zahlen 2; 4; 8; 16 ein.

a)
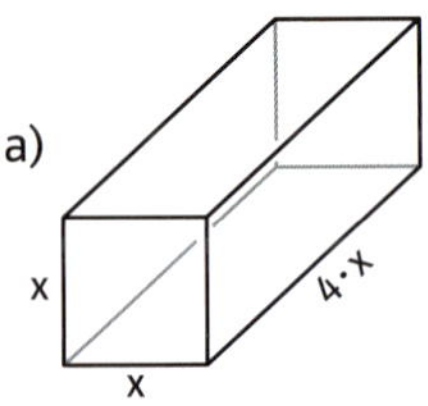

b)
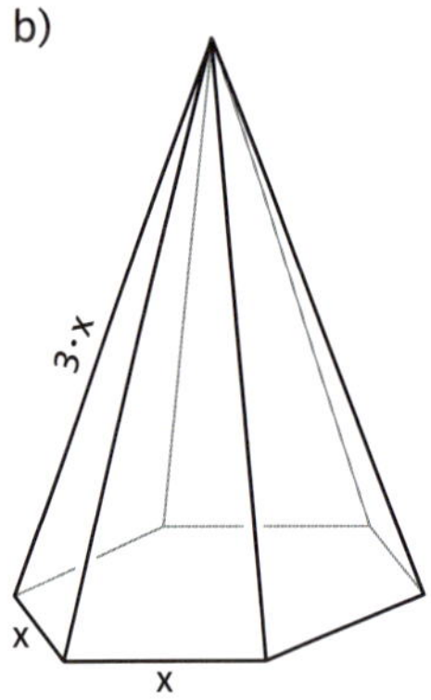

c)
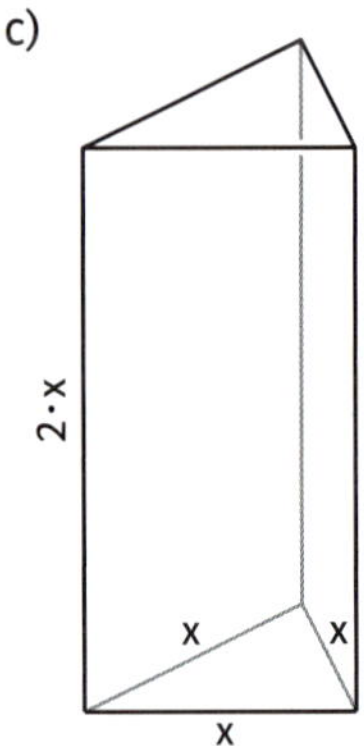

d)
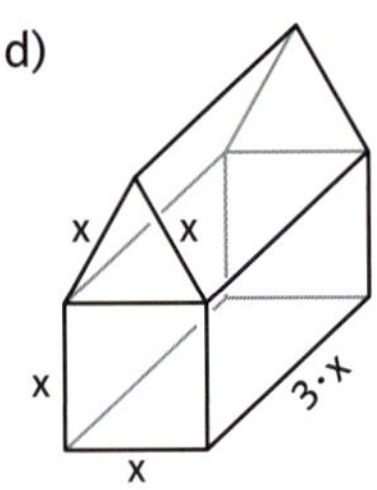

10 Übersetze den Term in Worte.

a) $5 \cdot x + 3$
b) $x : 4 - 10$
c) $(5 - z) \cdot 2$
d) $x \cdot (z + 10)$
e) $(x + 3) : 5$
f) $x \cdot 4 - z \cdot 10$
g) $(x - 5) \cdot (z + 4)$
h) $(z + 10) : (3 - x)$
i) $3 + x \cdot (5 + z)$
j) $15 - (x : 3) : 4$

11 In einer Firma, die Stahlmuttern herstellt, produziert eine Maschine 350 Stück in der Stunde.
a) Stelle einen Term auf, mit dem man für x Maschinen und y Stunden die Gesamtproduktion angeben kann.
b) Berechne mit verschiedenen Werten für x und y die erzielten Stückzahlen.
c) Die Stahlmuttern, die nicht verkauft werden können, werden aussortiert. Man nennt das Ausschuss. Der Betrieb rechnet damit, dass 1% der Schraubenmuttern Ausschuss sind.

Abrechnungen

	A	B	C	D	E
2		Einheiten	Grundgebühr	Zählergebühr	Abrechnung
3					
4		x	32,97	2,80	66,57 + 0,1316 · x
5					
6	Jahr 1	300	32,97	33,60	106,05
7	Jahr 2	400	32,97	33,60	119,21
8	Jahr 3	500	32,97	33,60	132,37
9	Jahr 4				

Eine Stromrechnung setzt sich aus Grund- und Zählergebühr und den Verbrauchskosten zusammen.
Grundgebühr: 32,97 Euro pro Jahr
Zählergebühr: 2,80 Euro pro Monat
Preis pro Einheit: 13,16 ct pro kWh

- Beschreibt den Rechnungsbetrag für den Jahresverbrauch mit einem Term.
- Wie hoch sind die Kosten bei einem jährlichen Verbrauch von 500 kWh (600 kWh, 700 kWh, …)?
Ein Tabellenkalkulationsprogramm kann euch bei der Berechnung helfen.

Auch der Wasser-, Abwasser- und Gasverbrauch werden jährlich ermittelt und abgerechnet:

	Gas	Wasser	Abwasser
jährliche Grundgebühr	120 €	85,92 €	–
Preis pro Einheit	3,83 ct pro kWh	1,15 € pro m^3	2,50 € pro m^3

Der Abwasserverbrauch ist genauso hoch wie der Frischwasserverbrauch.

- Stellt je einen Term auf zur Berechnung der jährlichen Kosten für Gas und für Wasser/Abwasser.
- Ein 4-Personen-Haushalt verbraucht meist zwischen 2000 und 5000 kWh Strom und zwischen 50 und 100 m^3 Wasser im Jahr. Ermittelt mithilfe eures Tabellenkalkulationsprogramms die Verbrauchskosten für Strom und Wasser in 500-kWh-Schritten bzw. in 5-m^3-Schritten.
- Jede Abrechnung erhöht sich um die gesetzliche Umsatzsteuer von 16 % für Gas und 7 % für Wasser.

4 Addition und Subtraktion von Termen

Für den Bausatz der Modellrennbahn gibt es eine Grundausstattung an Fahrbahnstücken.
→ Drücke die Länge jeder Rennstrecke mithilfe eines Terms aus, der die Variablen l, k und b enthält.
Vergleicht eure Terme.
→ Entwirf eigene Rennstrecken und beschreibe ihren Aufbau mit einem Term.

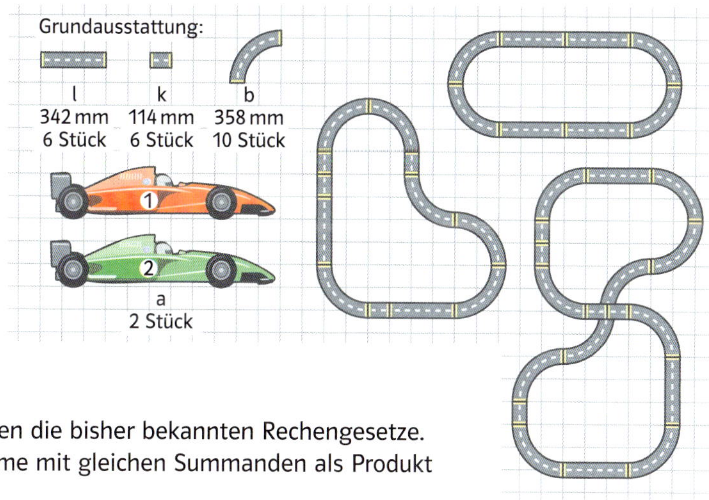

Terme lassen sich oft vereinfachen. Dabei gelten die bisher bekannten Rechengesetze. Wie bei den rationalen Zahlen kann eine Summe mit gleichen Summanden als Produkt geschrieben werden:

$x + x + x + x$
$= 4x$

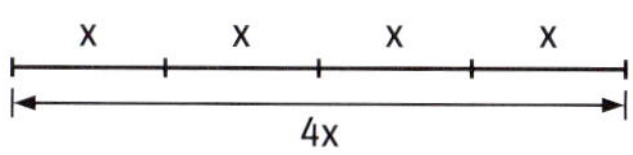

In machen Termen lassen sich die Summanden vor dem Zusammenfassen ordnen. Dazu wendet man das Vertauschungsgesetz an:

$x + y + x + y + x$
$= x + x + x + y + y = 3x + 2y$

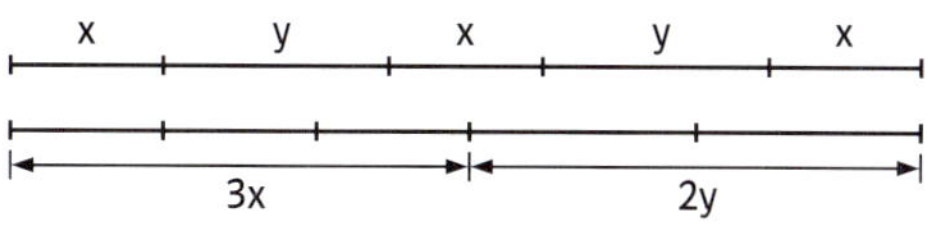

In einem Term wie $5x$ oder $7a$ nennt man 5 bzw. 7 den **Koeffizienten**. Unterscheiden sich Terme wie $3x$, $6x$ oder $-2x$ nur in ihren Koeffizienten, nennt man sie **gleichartig**. Sie lassen sich dann mithilfe des Verteilungsgesetzes zusammenfassen:
$5x - 3x = (5 - 3) \cdot x = 2x$

Gleichartige Terme lassen sich durch Addieren und Subtrahieren zusammenfassen, verschiedenartige dagegen nicht.

! *$3x$ und $5x$ sind gleichartig, $3x$ und $5x^2$ nicht.*

Bemerkung
Beim Zusammenfassen entstehen äquivalente Terme.

Beispiele

a) Der Term wird vereinfacht.
$a - b + 2a - b$
$= a + 2a - b - b$
$= 3a - 2b$

b) $-x - 2y + 3x - 4y + 5z$
$= -x + 3x - 2y - 4y + 5z$
$= (-1 + 3) \cdot x + (-2 - 4) \cdot y + 5z$
$= 2x - 6y + 5z$

c) Die Terme sind äquivalent.

	T_1: $4x + x - 8x$	T_2: $-3x$
$x = 4$	$16 + 4 - 32 = \mathbf{-12}$	$-3 \cdot 4 = \mathbf{-12}$
$x = -1$	$-4 - 1 + 8 = \mathbf{3}$	$-3 \cdot (-1) = \mathbf{3}$

d) Die Terme sind äquivalent.

	T_1: $3x - 5y - 4x$	T_2: $-x - 5y$
$x = 3{,}5$ und $y = -2$	$10{,}5 + 10 - 14 = 6{,}5$	$-3{,}5 + 10 = 6{,}5$

Aufgaben

1 Schreibe als Produkt.
a) a + a + a + a b) x + x
c) y + y + y d) z + z + z + z + z
e) b + b + b + b + b f) c + c + c + c

2 Addiere.
a) 3a + 4a + 2a b) 5f + 3f + 2f
c) 7m + 3m + 4m d) 10d + 2d + 6d
e) 11n + 12n + 20n f) 8x + 16x + 9x
g) 12r + r + 13r h) 25p + 17p + p

3 Addiere und subtrahiere.
a) 4x − x b) y + 5y
c) −s + 3s d) 9t − t
e) 7g − g f) −z − z + y

4 Fasse zusammen.
a) 3p + 5p + 11q b) 12a − 6a + 5b
c) −9p + 8t + 16p d) 26y − 13z + 42z
e) 18x − 12 − 11x f) 29b + 13b − 13

5 Ergänze.
a) 36a + 10a − □ = 20a
b) □ + 28g − 17g = 55g
c) 44e − □ + 12e = 19e
d) 12b − □ − 15b = −10b
e) □ − 2x + 4x = −x

6 Fülle durch Addieren und Subtrahieren.

a)
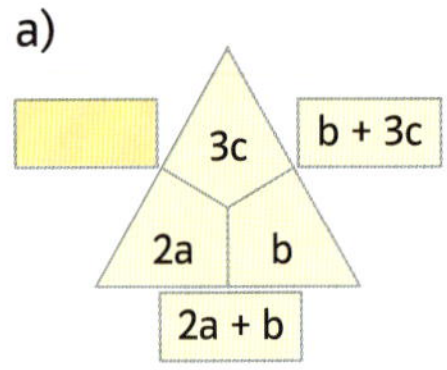

b)
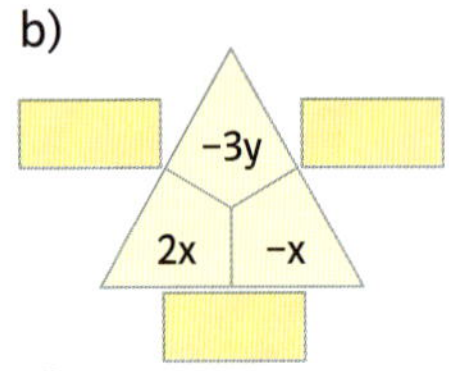

c)
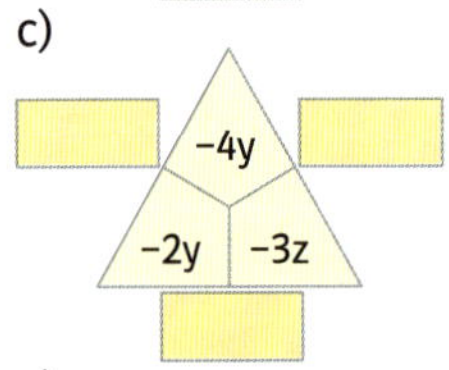

d)
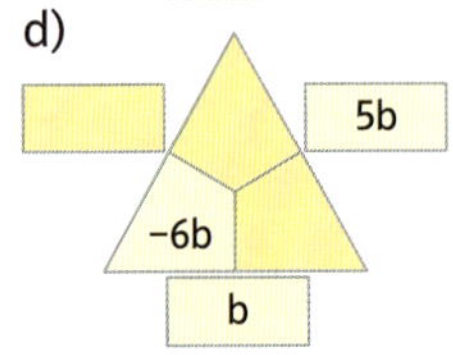

e)
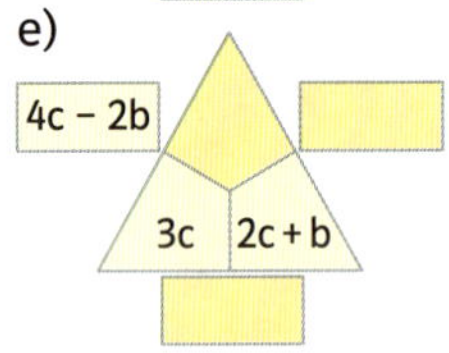

f)
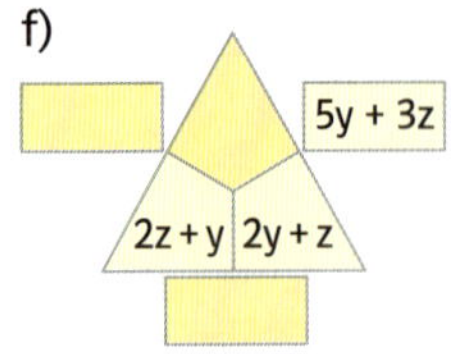

7 Achte auf gleichartige Summanden.
a) 46m + 2m + 46 b) 46m + 2 + 46
c) 46m + m − 46 d) 46m − 46 − m
e) −46m + m + 46 f) −46m + 46m − 2

8 Ergänze. Gib zwei Möglichkeiten an.
a) □ + □ − □ = 8a
b) −□ + □ − □ = −5x
c) □ − □ + □ = 2z − y
d) −□ + □ + □ = −6x + 2y

Terme mauern ?!

■ Nachbarsteine werden addiert.

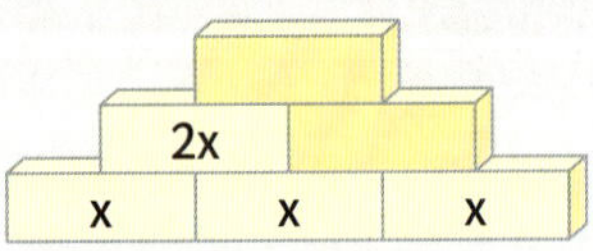

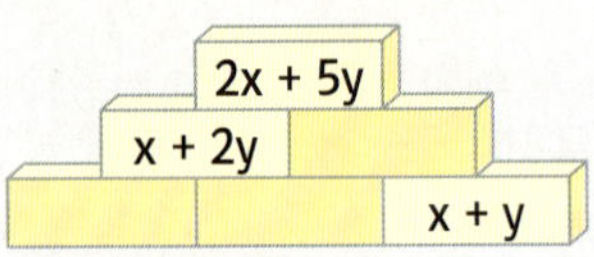

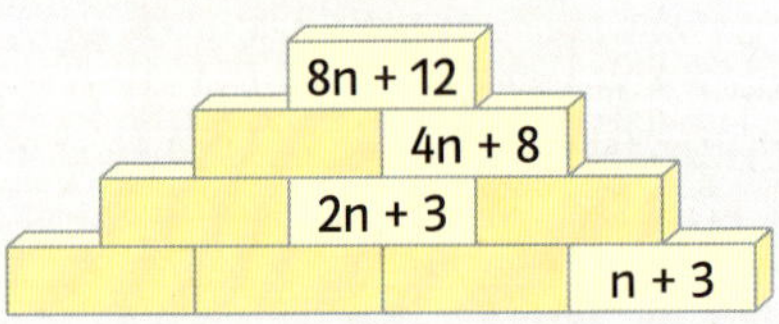

■ Erkennst du eine Regel für die Summe im oberen Stein?

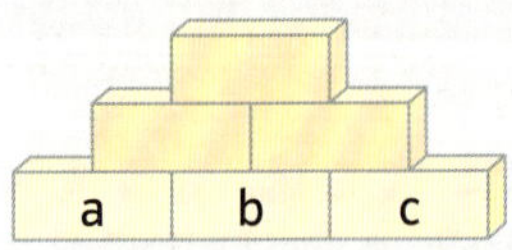

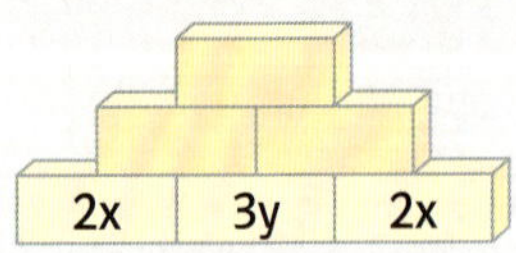

■ Erkennst du eine Regel auch für vierstufige Steinmauern?

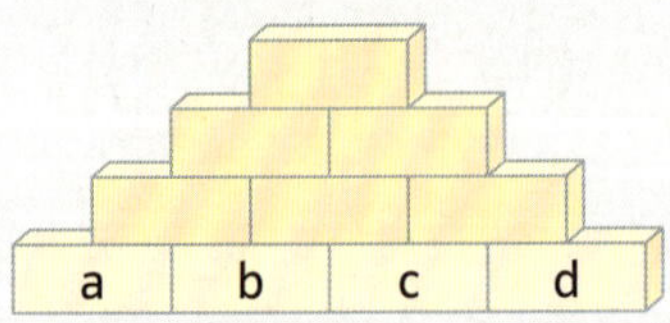

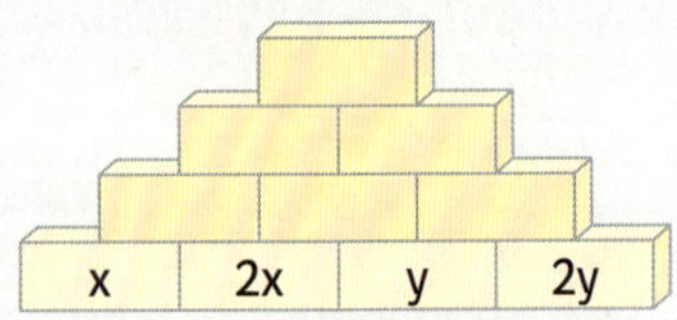

■ Übertrage deine Regel auf eine Mauer mit fünf Steinen in der unteren Reihe.
■ Vergleicht die Ergebnisse. Formuliert eine allgemeine Regel.

5 Multiplikation und Division von Termen

Das Flurbild in vielen Regionen Deutschlands zeigt, dass es Jahrhunderte lang üblich war, die Ackerflächen in gleichen Teilen zu vererben.
Auf dem Bild siehst du eine aufgeteilte Ackerfläche. Die schmalen Flächenstücke haben die Länge $a = 100\,m$ und die Breite $b = 40\,m$.

→ Gib die verschiedenen Teilflächen in m^2 und Ar an.

→ Drücke die einzelnen Flächen mit den Variablen a und b aus.

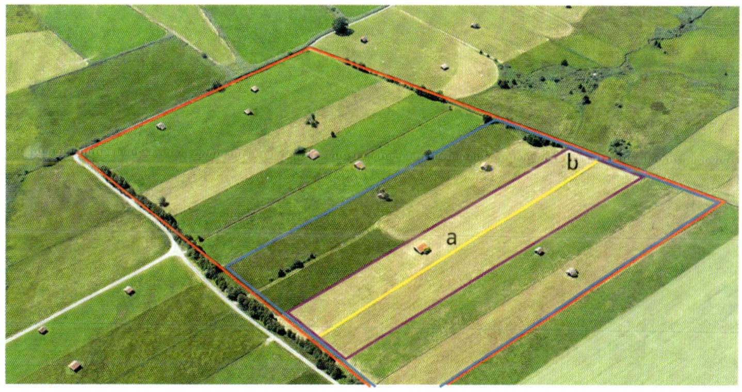

Ein Term aus einer Variablen und einem Koeffizienten wird mit einer Zahl muliplziert, indem der Koeffizient mit der Zahl multipliziert wird.

$2x \cdot 5$
$= 5 \cdot 2 \cdot x$ Vertauschungsgesetz
$= (5 \cdot 2) \cdot x = 10x$ Verbindungsgesetz

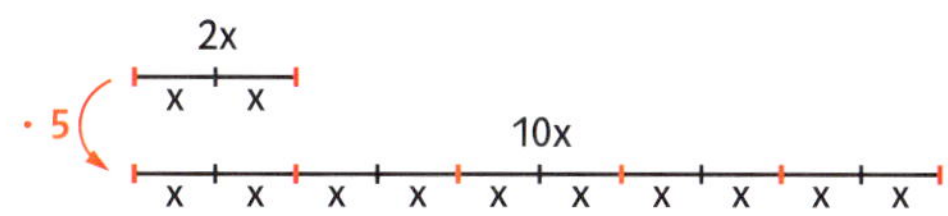

Produkte aus Termen mit Variablen und Koeffizienten werden vereinfacht, indem die Koeffizienten und Variablen jeweils miteinander multipliziert werden.

$2x \cdot 5y$
$= 2 \cdot 5 \cdot x \cdot y$ Vertauschungsgesetz
$= 10 \cdot x \cdot y$ Verbindungsgesetz

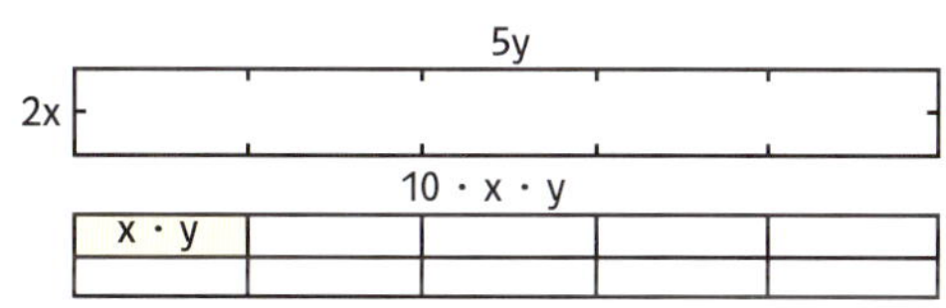

Wird eine Variable mit sich selbst multipliziert, schreibt man sie als Potenz.

$x \cdot x$
$= x^2$

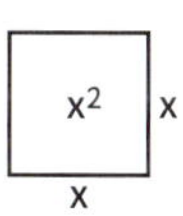

$x \cdot x \cdot x$
$= x^3$

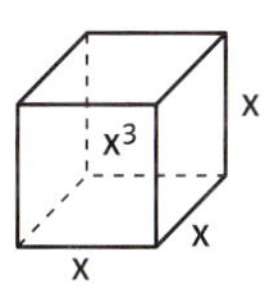

$3x \cdot 5x$
$= 3 \cdot x \cdot 5 \cdot x$
$= (3 \cdot 5) \cdot x \cdot x$
$= 15x^2$

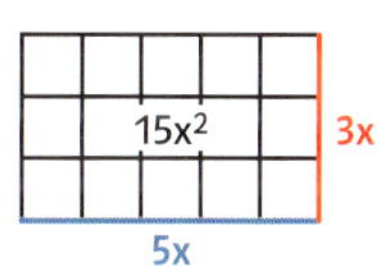

Ein Produkt aus Zahlen und Variablen lässt sich vereinfachen, indem man die Koeffizienten und die Variablen getrennt multipliziert.
Beim Dividieren eines Terms durch eine Zahl wird der Koeffizient dividiert.

Beispiele

a) $3x \cdot 5y$
$= (3 \cdot 5)x \cdot y$
$= 15xy$

b) $7 \cdot x \cdot x \cdot y$
$= 7 \cdot (x \cdot x) \cdot y$
$= 7x^2y$

c) $3m \cdot 6n + 5m \cdot n$
$= (3 \cdot 6) \cdot m \cdot n + 5m \cdot n$
$= 23mn$

d) $2x \cdot y \cdot 5y \cdot w$
$= 2 \cdot 5 \cdot x \cdot y \cdot y \cdot w$
$= 10wxy^2$

e) $15x : 3$
$= (15 : 3) \cdot x$
$= 5x$

Zur besseren Übersicht werden in Produkten mit mehreren Faktoren die Koeffizienten vorangestellt und nachfolgend die Variablen alphabetisch angeordnet.

! $y \cdot x = x \cdot y = xy$
$a \cdot b \cdot c = abc$

Unterscheide:

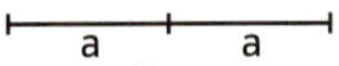

$a + a = 2a$

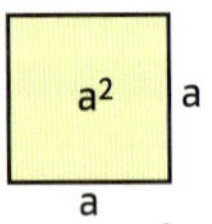

$a \cdot a = a^2$

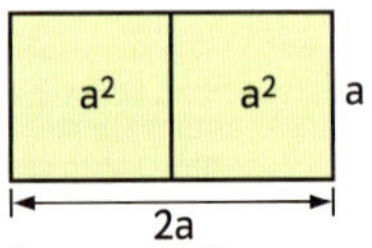

$2a \cdot a = 2a^2$

? $a + a^2 = ?$
$a \cdot a^2 = ?$

Aufgaben

1 Multipliziere im Kopf.

a) $3 \cdot 2x$; $4 \cdot 3x$; $1{,}5 \cdot 4x$
b) $6 \cdot 4a$; $3 \cdot 8a$; $4 \cdot 2{,}5a$
c) $7 \cdot 2w$; $8 \cdot 4t$; $10 \cdot 3u$
d) $3c \cdot 8$; $5f \cdot 9$; $4g \cdot 17$
e) $11t \cdot 5$; $12s \cdot 7$; $9r \cdot 13$
f) $15y \cdot 4$; $16m \cdot 8$; $18p \cdot 6$

2 Fasse zusammen.

a) $a \cdot a$; $b \cdot b$; $x \cdot x$
b) $z \cdot z \cdot z$; $n \cdot n \cdot n \cdot n$; $t \cdot t \cdot t \cdot t \cdot t$
c) $a \cdot a \cdot b$; $m \cdot n \cdot n$; $p \cdot p \cdot q$
d) $t \cdot t \cdot t \cdot z$; $a \cdot a \cdot b \cdot b$; $x \cdot y \cdot x \cdot y$
e) $y \cdot a \cdot y \cdot y$; $x \cdot b \cdot b \cdot x$; $d \cdot s \cdot d \cdot s$
f) $g \cdot h \cdot h \cdot g$; $r \cdot s \cdot s \cdot r \cdot r$; $r \cdot t \cdot r \cdot t \cdot r$

3 Ordne vor dem Multiplizieren.

a) $2xy \cdot 5a \cdot 3bx$
b) $6r \cdot 4uv \cdot 6vw$
c) $4x \cdot 8xy \cdot 5yb$
d) $16r \cdot 3uv \cdot 2uv$
e) $4cd \cdot 5ce \cdot 6de$
f) $7ux \cdot 7vx \cdot 7uv$

Summe aus Produkten

Der Term xy ist ein Produkt, $x + y$ dagegen eine Summe.
Wie vereinfacht man nun den Term $xy + xy$?
Nach der Rechenregel „Punkt vor Strich" musst du so vorgehen:

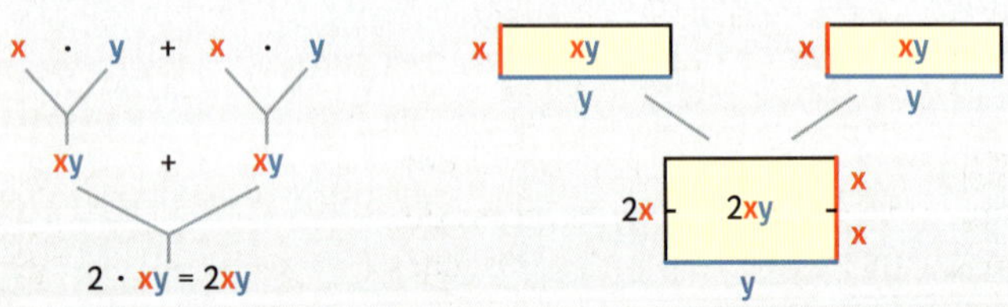

Das Produkt xy wird behandelt wie ein Summand. Achte darauf, dass auch hier nur gleichartige Terme zusammengefasst werden können. Faktoren können auch vertauscht sein:
$2ab^2 + ba^2 + ab^2 = 2ab^2 + ab^2 + a^2b = 3ab^2 + a^2b$

■ Schreibe als Produkt.
$cd + cd$; $nt + nt + nt$
$2vw + 2vw$; $31pc + pc + pc$
$12y^2 + 12y^2$; $10de - 3de + de$

■ Fasse zusammen.
$5ab + 3mn - ab + 2mn$
$4xy + 9gh + 7xy - 5gh$
$5ft - 3ft + 12ab + 8ab$

■ Vereinfache.
$xy - yx$; $abc + bac + cba$
$ot + to$; $otto + toto$
Finde ähnliche Beispiele.

■ Hier ist Sorgfalt angesagt!
$xyz + x^2y - xy^2z - xyx$
$snr + sn^2r - ns^2 + ss - sn^2r$
$r^2st + rs^2t + rst + s^2tr - tsr^2$

4 Vereinfache und unterscheide.

a) $5 + 5$; $5 \cdot 5$
b) $y + y$; $y \cdot y$
c) $a + a + a$; $a \cdot a \cdot a$
d) $x^2 + x^2$; $x^2 \cdot x^2$
e) $2n + 2n$; $2n \cdot 2n$
f) $2 + 3t$; $2 \cdot 3t$
g) $b + 3b$; $b \cdot 3b$
h) $x + x^2$; $x \cdot x^2$

5 Ergänze die Produktterme.

a)
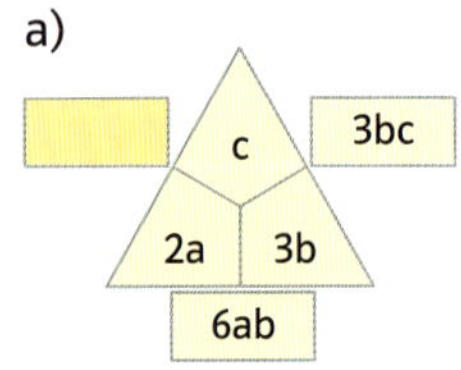

b)
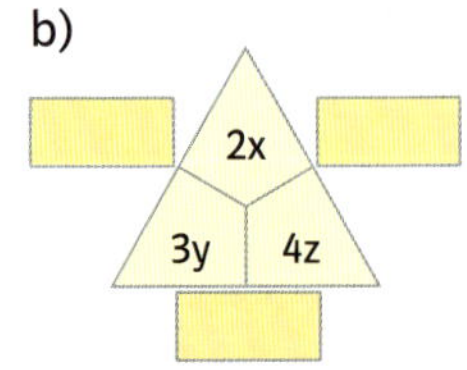

c)
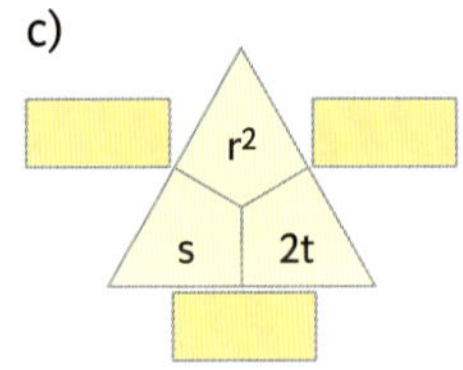

d)
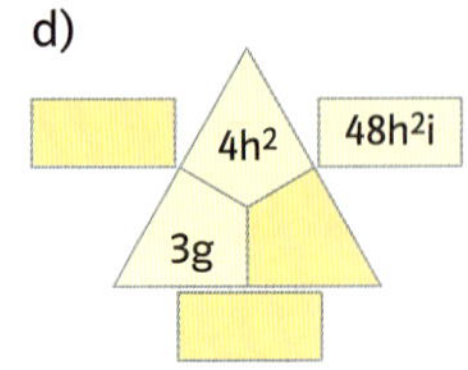

e)
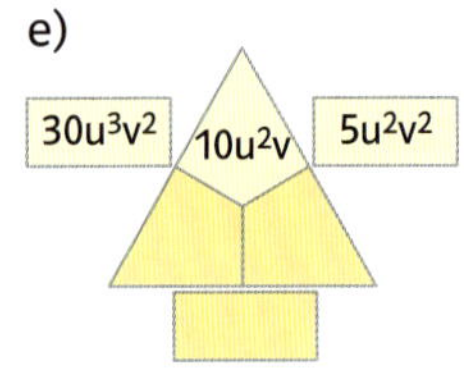

f)
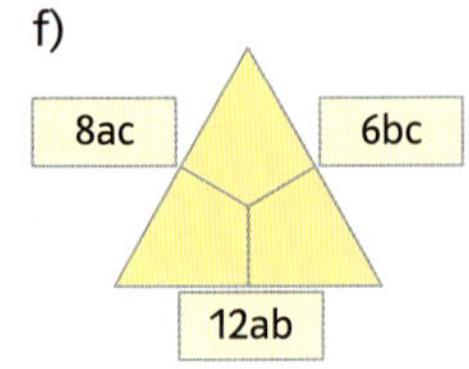

6 Vereinfache so weit wie möglich.

a) $2 \cdot x \cdot 4 \cdot y$
b) $y \cdot 3y \cdot 5$
c) $x^2 \cdot 5x \cdot 3x$
d) $3n \cdot 4p \cdot 5n^2p$
e) $y^2 \cdot 4y \cdot (-3)$
f) $t^2 \cdot 5s \cdot t \cdot 2s$
g) $3a^2 \cdot 2b^3 \cdot ab$
h) $c^2 \cdot d \cdot 3c^2 \cdot (-4)$

7 Ergänze.

a) $\square \cdot 7x = 28xy$
b) $3r \cdot \square = 33rs$
c) $5b \cdot \square = 45bc$
d) $\square \cdot (-6g) = -54gp$
e) $\square \cdot 16x^2 = 80x^2z$
f) $-8z \cdot \square = -96z^2x$
g) $-13v \cdot \square = 91v^2w$
h) $\square \cdot (-15t^2s) = 75s^2t^2$

8 Es gibt mehrere Möglichkeiten.
Gib mindestens drei davon an.

a) $\square \cdot \square = 18ab$
b) $\square \cdot \square = -22cd$
c) $\square \cdot \square = 32a^2c^2$
d) $\square \cdot \square = 60xy^2z$
e) $\square \cdot \square = -24t^2s^2$
f) $\square \cdot \square = 5{,}6pqr^2$
g) $\square \cdot \square = -7{,}2s^3t^3$
h) $\square \cdot \square = 7{,}5a^2b^3c$

9 In der Tabelle sind die Produkte durcheinander geraten.

	$2a$	$3ab$	$0{,}5a^2$	$8a^2b^2$
$4ab$	$\frac{1}{24}a^3$	$\frac{5}{4}a^2bc$	$\frac{1}{4}a^2b$	$\frac{1}{6}a^2$
$12a^2$	$\frac{2}{3}a^3b^2$	$24a^3$	$20a^2b^3c$	$7{,}5ab^2c$
$2{,}5bc$	$6a^4$	$2a^3b$	$32a^3b^3$	$8a^2b$
$\frac{1}{12}a$	$12a^2b^2$	$96a^4b^2$	$5abc$	$36a^3b$

10 Vereinfache.

a) $7ax \cdot 7ab \cdot (-3b)$
b) $18xy \cdot (-4v) \cdot 3vx$
c) $2c^2 \cdot (-2a) \cdot b^2 \cdot a$
d) $25ab \cdot (-40bc) \cdot (-5c)$
e) $3ab \cdot (-4bc) \cdot 5cd \cdot (-6de) \cdot 7ef$
f) $5xyz \cdot (-12xz) \cdot (-6yz) \cdot 5xy \cdot (-4)$

11 Berechne die fehlenden Angaben des Rechtecks.

	Länge	Breite	Umfang	Flächeninhalt
a)	$2a$	a	☐	☐
b)	$3a$	b	☐	☐
c)	$5a$	☐	☐	$30ab$
d)	☐	$2b$	$6a + 4b$	☐
e)	$4a$	$2ab$	☐	☐
f)	$3a^2$	☐	☐	$3a^3$

12 Wo steckt der Fehler?
Formuliere Tipps, wie sich der Fehler vermeiden lässt.

a) $a + 2a = 3a^2$
b) $x + x^2 = 2x^3$
c) $2b + 3b^2 = 5b^3$
d) $n^2 \cdot 2n = 3n^2$
e) $2z^2 + 2z^2 = 4z^4$
f) $ef + ef = 2e^2f^2$

13 Dividiere den Term durch die angegebene Zahl.

a) $8de : 2$; $10g^2 : 5$; $9mn : 9$
b) $12x : 4$; $7s^2 : 2$; $15pt : 3$
c) $10rs : (-2)$; $18w : (-6)$; $21xy : (-3)$
d) $6ab : 0{,}2$; $13rst : 0{,}1$; $8p^2q : 0{,}4$
e) $wm : 2$; $t^2v : 3$; $hg : 4$
f) $-2tv : 3$; $3p^2q : 5$; $-6yz^2 : 9$

14 Welche Lösung gehört zu welchem Term?

a) $0{,}5a \cdot 3b \cdot (-2c) \cdot 0{,}4b$
b) $1{,}2a^2 \cdot (-4b) \cdot 2c \cdot (-5bc)$
c) $\frac{3}{2}x \cdot \left(-\frac{5}{8}yz\right) \cdot \frac{4}{5}x \cdot \frac{4}{3}$
d) $4{,}2b^2c \cdot 0{,}5a \cdot (-4a)$
e) $b \cdot (-0{,}1a^2) \cdot 0{,}7c^2 \cdot (-8b)$
f) $11{,}5ac \cdot 0{,}4b^2 \cdot (-0{,}2c) \cdot ab$
g) $\frac{5}{8}yx \cdot \frac{4}{3}z \cdot \left(-\frac{2}{5}z^2\right) \cdot \left(-\frac{3}{2}x\right)$

$-x^2yz$
$48a^2b^2c^2$
$0{,}56a^2b^2c^2$
$-1{,}2ab^2c$
$0{,}5x^2yz^3$
$-8{,}4a^2b^2c$
$-0{,}92a^2b^3c^2$

15 Nachbarsteine werden multipliziert.

a)
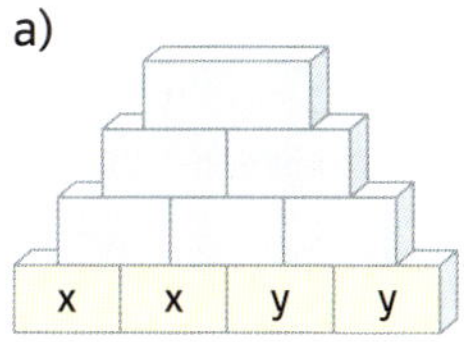

b)
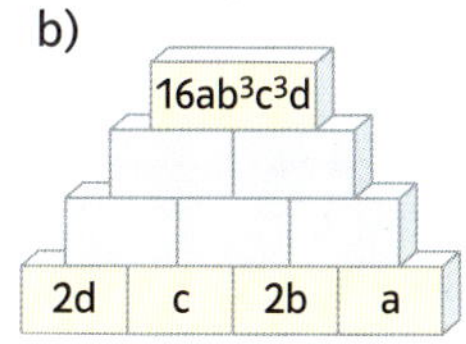

c)
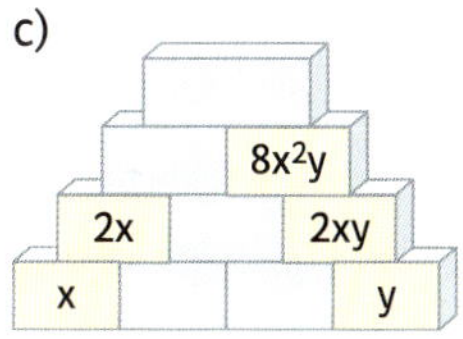

d)
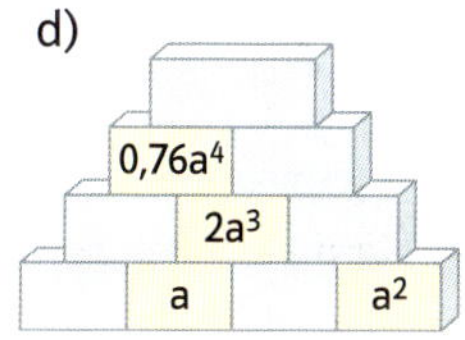

Würfel stapeln ?!

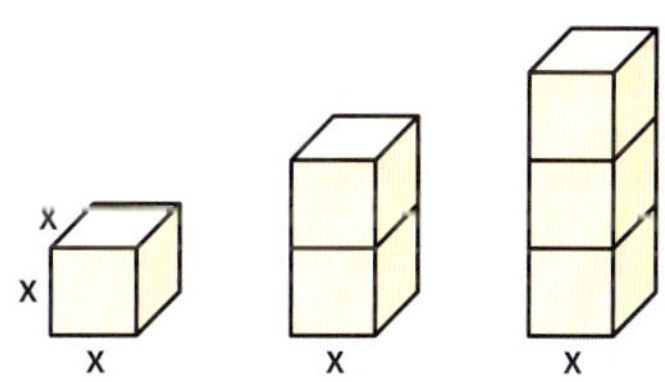

- Drücke Oberfläche und Volumen der Türme mithilfe von x aus. Entdeckst du eine Regelmäßigkeit? Eine Tabelle hilft:

	Turm bestehend aus			
	1 Würfel	2 Würfeln	3 Würfeln	…
O	$6 \cdot x^2$	$10 \cdot x^2$	…	
V	x^3			

- Was ergibt sich für den 100er-Turm?
- Bedeutet doppeltes Volumen auch doppelte Oberfläche? Erkläre.
- Wie verändert sich die Oberfläche, wenn das Volumen halbiert wird?
- Marcel meint: „Wenn du mir die Oberfläche deines Turmes verrätst, sage ich dir, aus wie vielen Würfeln dein Turm besteht.“ Wie funktioniert der Trick?

Zauberquadrat
Prüfe die Produkte der Zeilen, Spalten und Diagonalen!
Suche Gruppen von vier Feldern, die das magische Produkt ergeben.

ab	c	d	ab
ad	b	bc	a
bc	ad	a	b
1	ab	ab	cd

6 Terme mit Klammern

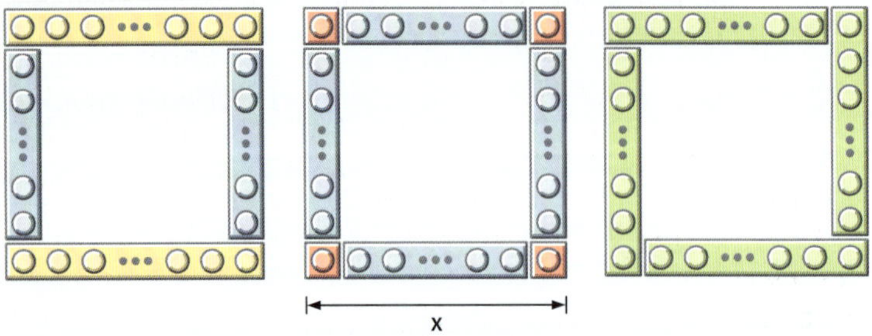

? $4 \cdot (x - 1)$
$2x + 2 \cdot (x - 2)$
$4 \cdot (x - 2) + 4$

Die Randpunkte von Quadraten werden gezählt.
Dabei gibt es verschiedene Möglichkeiten. Drei davon sind mithilfe von Termen angegeben:

$4 \cdot (x - 1)$
$2x + 2 \cdot (x - 2)$
$4 \cdot (x - 2) + 4$

→ Zu welcher Abzählung gehört welcher Term?

→ Wie viele Punkte liegen insgesamt auf dem Rand eines Quadrats, auf dessen Seite 100 Randpunkte liegen?

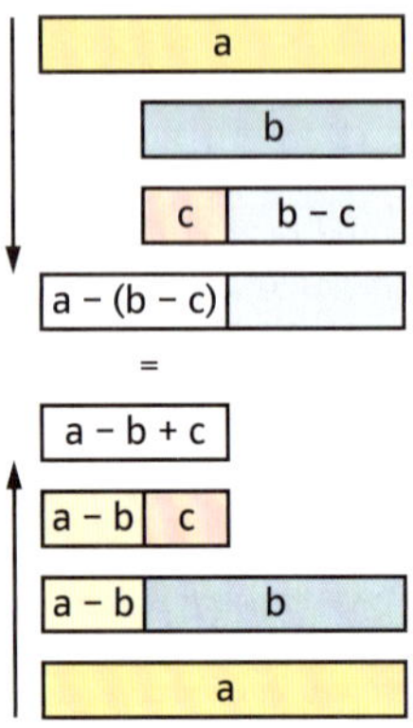

Wird zu einem Term eine Summe oder Differenz addiert, darf die Klammer wegfallen. Rechenzeichen und Vorzeichen ändern sich dabei nicht:

$4a + (2b - 3a)$
$= 4a + 2b - 3a = a + 2b$

Wird eine Summe oder Differenz subtrahiert, darf die Klammer wegfallen, wenn dabei alle Pluszeichen in der Klammer zu Minuszeichen werden und umgekehrt:

$3b - (-2a + 4b)$
$= 3b + 2a - 4b = 2a - b$

Summen und Differenzen werden mit einem Faktor multipliziert, indem jedes Glied der Klammer mit dem Faktor multipliziert wird **(Verteilungsgesetz)**. Entsprechendes gilt für die Division.

$4a \cdot (3b - 2a)$
$= 4a \cdot 3b - 4a \cdot 2a$
$= 12ab - 8a^2$

$(24b - 15c) : 3$
$= 24b : 3 - 15c : 3$
$= 8b - 5c$

Addition einer Summe:	$a + (b + c) = a + b + c$
Subtraktion einer Summe:	$a - (b + c) = a - b - c$
Subtraktion einer Differenz:	$a - (b - c) = a - b + c$
Multiplikation einer Summe:	$a \cdot (b + c) = ab + ac$
Division einer Summe:	$(a + b) : c = a : c + b : c$

Beispiele

a) $6a + (-5b + 3a)$
$= 6a - 5b + 3a$
$= 9a - 5b$

b) $6a - (-5b + 3a)$
$= 6a + 5b - 3a$
$= 3a + 5b$

c) $6a \cdot (-5b + 3a)$
$= 6a \cdot (-5b) + 6a \cdot (3a)$
$= -30ab + 18a^2$

d) $(6a - 3b) : 3$
$= 6a : 3 - 3b : 3$
$= 2a - b$

! *Achte auf das „unsichtbare" Pluszeichen:*
$4x - (-2x + 3y)$
$= 4x + (2x - 3y)$
$= 4x + 2x - 3y$
$= 6x - 3y$

Beim Vereinfachen von Termen ist es oft notwendig, Summen in Produkte zu verwandeln. Dies erfolgt durch **Ausklammern** beziehungsweise **Faktorisieren**.

e) $3a + 3b$
$= 3 \cdot (a + b)$

f) $2x + 5xy$
$= x \cdot (2 + 5y)$

g) $6ab + 8ac$
$= 2 \cdot 3 \cdot a \cdot b + 2 \cdot 4 \cdot a \cdot c$
$= 2a \cdot (3b + 4c)$

Bemerkung

Der Malpunkt zwischen Faktor und nachfolgender Klammer kann weggelassen werden:
$7 \cdot (a + b) = 7(a + b)$.

Aufgaben

1 Stelle den Term als Figur aus Rechtecken dar.

Beispiel:

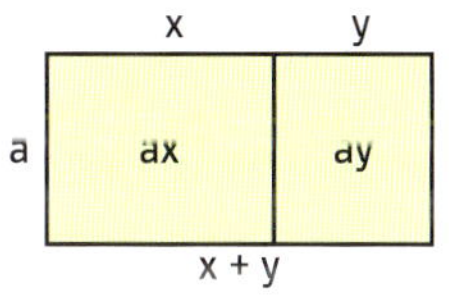

a · (x + y) = a x + a y

a) 2 a · (b + c) b) a · (2 b + 2 c)
c) 2 a · (2 b + 2 a) d) (b + 1,5 c) · a
e) c · (a + b + c) f) (a + 2 a + 3 a) · a

2 Schreibe ohne Klammer.

a) a + (b + c) b) q + (r − s)
c) m − (n + o) d) 23 + (g − h)
e) 50 − (k − m) f) 32 − (−p + q)
g) 2 u − (2 w − 2 u) h) −5 v + (6 v − 12)
i) −2 x − (3 y + 4 z) j) 3 y − (−2 x + z)
k) 8 w + (−5 s + 16) l) 11 a + (−3 c − 4 d)
m) 3,5 a + (−6,1 b − 2 a) n) −0,4 x − (0,7 v − x)

3 Übertrage die Figur in dein Heft.

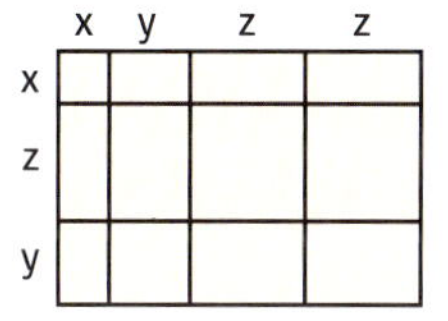

a) Finde zu jedem Term die passende Fläche und umrande sie mit Farbe.
x · (x + y) y · (y + z)
y · z + x · y (z + z) · y
(x + y + z) · y y · (z + y)
b) Forme jeden Term in einen äquivalenten Term um.
c) Stellt euch gegenseitig solche Aufgaben.

? *a* + (*a* + *a*) = ☐
a + (*a* − *a*) = ☐
a − (*a* + *a*) = ☐
a − (*a* − *a*) = ☐

4 Vereinfache den Term.

a) (4 a + 5 b) + (2 a + 3 b)
b) (4 a + 5 b) + (−2 a − 3 b)
c) (−4 a + 5 b) − (2 a + 3 b)
d) (4 a − 5 b) − (−2 a + 3 b)
e) (−4 a − 5 b) − (−2 a − 3 b)
f) (4 a − 5 b) + (−2 a − 3 b)

? *a* + (−*a* + *a*) = ☐
a + (−*a* − *a*) = ☐
a − (−*a* + *a*) = ☐
a − (−*a* − *a*) = ☐

Terme benennen

Um mit Termen sicher umzugehen, solltest du ihren Aufbau genau kennen. Nach den Vorrangregeln kannst du die Reihenfolge der Rechenschritte feststellen. Die zuletzt angewandte Rechenart benennt den Term.

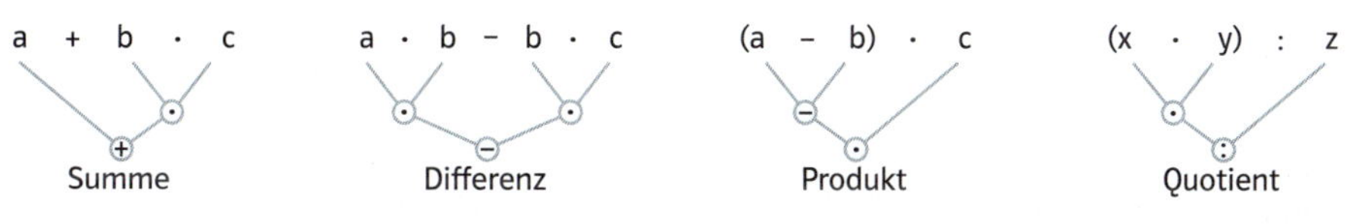

■ Benenne sowohl die Terme als auch ihre Einzelglieder.

8 a + (3 s − 5 t) 2 a · (3 a · 5 b)
8 a − 3 s · 5 t 16 − (−18 g − 17 h)
(8 a − 3 s) · 5 t 3 y + [2 x − (6 a + 5 b)]
8 a − 3 s : 5 t (a + 2 b) − (4 a − b) · 2
x − (12 a − 3 b) −5 r · [8 s · (−3 t)]

■ Schreibe einen Term auf, der das Produkt aus zwei Summen ist.
■ Notiere einen Term, der die Summe aus zwei Produkten ist.
■ Notiere einen Term, der die Differenz aus einer Summe und einem Quotienten ist.

Rechenart	Term	Name des Terms	a	b
Addieren	a + b	Summe	1. Summand	2. Summand
Subtrahieren	a − b	Differenz	Minuend	Subtrahend
Multiplizieren	a · b	Produkt	1. Faktor	2. Faktor
Dividieren	a : b	Quotient	Dividend	Divisor

5 Beschreibe den Aufbau des Terms und benenne ihn.

a) $(a + b) \cdot c$ b) $a \cdot (b + c)$
c) $a + b \cdot c$ d) $a \cdot b + c$
e) $ac + bc$ f) $a + (b + c)$
g) $a - (b - c)$ h) $ab - c$

6 Löse die Klammern auf und fasse zusammen.

a) $10m - (3m + 5n) - (n - 2m)$
b) $6u - (4v + 5u) + (-10u + 2v)$
c) $-5r - (3s - 8r) - (7s + 4r)$
d) $(1{,}4d - 0{,}9c) - (0{,}8c - 2d) + 0{,}2c$
e) $-(2{,}1b - 1{,}7c) + (6{,}1a - 1{,}9b) + 4{,}3c$

7 Ergänze den fehlenden Term.

a) $a + 12 - b = a + (\square)$
b) $x - 7 + z = x + (\square)$
c) $8c - 2d - 5 = 8c + (\square)$
d) $5m - 4n - 3 = 5m - (\square)$
e) $8r - 9s + 10t = 8r - (\square)$
f) $3k + 5b - 6m = 3k - (\square)$
g) $10x + 2y + 5z = 10x - (\square)$

8 Schreibe ohne Klammer.

a) $4 \cdot (a + 6)$ b) $12 \cdot (a + 1)$
c) $10 \cdot (c - 7)$ d) $13 \cdot (b - 3)$
e) $15 \cdot (-s + 2t)$ f) $36z \cdot (-3x - y)$
g) $(2w + 3) \cdot 10w$ h) $(9m - 10n) \cdot mn$
i) $(6m - 12n - 5) \cdot (-9)$
j) $(-10a - 15b - 2a^3) \cdot (-ab)$

9 Erkläre den Fehler.

a) $8(5r - s) = 40r + s$
b) $20z(3y - 2z) = 60yz - 40z$
c) $18a(2b - a) = 36ab + 19a$
d) $15g(8h - 6i) = 120gh - 9gi$
e) $(10z + 8x) \cdot 0{,}5x = 5zx + 8{,}5x^2$
f) $(6ab - 4b) \cdot 5b = 30ab^2 + 20b^2$

10 Dividiere.

a) $(14x - 21x) : 7$ b) $(18u + 9w) : 3$
c) $(24y - 12) : 6$ d) $(16a + 36b) : 4$
e) $(32s^2 + 24t) : 8$ f) $(17pq - 34) : (-17)$
g) $(28xy - 70y^2) : 0{,}5$ h) $(65st - 13s) : (-1{,}3)$

11 Klammere den Faktor 2 aus.

a) $6x + 38$ b) $14ab + 74c$
c) $6z - 20xy$ d) $-8p - 34r^2$
e) $26xz - 2$ f) $30yz - 2$

12 Was geschieht mit der Startzahl S?

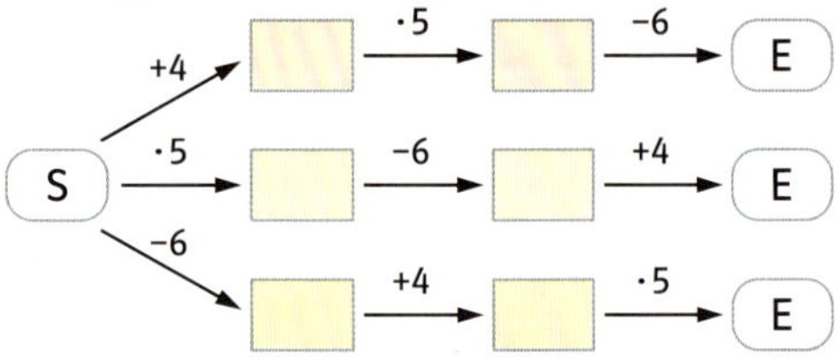

a) Setze Startzahlen ein und vergleiche die Ergebnisse.
b) Nimm als Start die Variable x und beschreibe die Rechenwege in Termen.
c) Welcher Term liefert die höchsten Werte? Begründe.

13 a) Drücke die Summe der Kantenlängen eines jeden Körpers in einem möglichst einfachen Term aus.
b) Gib die Oberflächen der beiden Quader in je einem Term an.
c) Gib die Oberfläche des Quaders mit Aussparung in einem Term an. Was fällt auf?

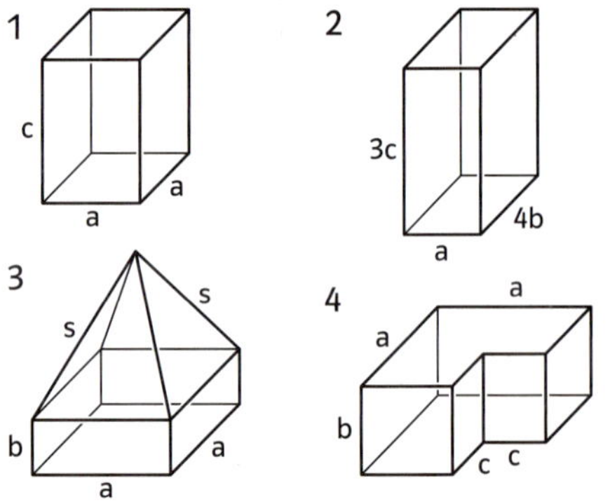

14 Die Darstellung zeigt ein Quadernetz.

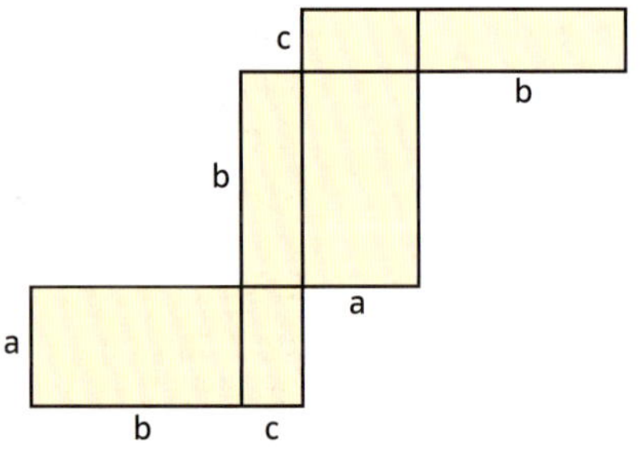

Gib einen Term für die Netzfläche an und vereinfache ihn. Vergleiche dann mit dem Term für die Oberfläche.

Zusammenfassung

Variable

Buchstaben oder Symbole, die für Größen oder Zahlen stehen, nennt man **Variablen**.

$5 \cdot a$; $y - 6z$

Term

Terme sind **Rechenausdrücke** aus Zahlen, Variablen und Rechenzeichen.

$-18 - 7$; 3^2; $x : 5$; $3 \cdot y \cdot (y - 6)$; $\frac{1}{2}$; a

Wert des Terms

Werden die Variablen in einem Term durch Zahlen ersetzt, lässt sich der **Wert des Terms** berechnen.

Term: $3 \cdot x - 1$

x	1	2	3	4	5	6
$3 \cdot x - 1$	2	5	8	11	14	17

Äquivalente Terme

Zwei **Terme** heißen **äquivalent** (gleichwertig), wenn ihre Werte nach jeder Ersetzung der Variablen durch Zahlen übereinstimmen.

	T_1: $2x - 3x + 4x$	T_2: $3x$
$x = 2$	$4 - 6 + 8 = 6$	$3 \cdot 2 = 6$
$x = -1$	$-2 + 3 - 4 = -3$	$3 \cdot (-1) = -3$
…		

Aufstellen von Termen

Variablen, Größen und Zahlen werden durch Rechenzeichen miteinander verknüpft.

Term für den Umfang eines Rechtecks

$u = 2 \cdot a + 2 \cdot b$

$= 2 \cdot (a + b)$

Addieren und Subtrahieren von Termen

Gleichartige Terme lassen sich durch Addieren oder Subtrahieren zusammenfassen, verschiedenartige dagegen nicht.

$2x + 3x + x = 6x$ aber $x + 2 \cdot y = x + 2 \cdot y$

$3 \cdot y + 5 \cdot y = 8 \cdot y$ aber $x^2 + x = x^2 + x$

Verkürzte Schreibweise:

$3 \cdot x = 3x$ $\quad$ $1 \cdot x = x$

Multiplizieren und Dividieren von Termen

Terme mit Variablen werden **multipliziert**, indem die Koeffizienten und die Variablen getrennt multipliziert werden.

$2x \cdot 6 = 12x$

$3a \cdot 4b \cdot 5c = 60abc$

Produkte mit gleichen Variablen gibt man in Potenzschreibweise an.

$3x \cdot 4x \cdot y = 12x^2y$

$5a^2 \cdot 6b = 30a^2b$

Beim **Dividieren** eines Terms wird der Koeffizient dividiert. Die Variable bleibt unverändert.

$12x : 4 = 3x$

Verkürzte Schreibweise:

$x \cdot y = xy$

Terme mit Klammern

Beim Addieren von Summen oder Differenzen kann die Klammer entfallen. Die Rechen- und Vorzeichen bleiben unverändert. Beim Subtrahieren von Summen oder Differenzen darf die Klammer wegfallen, wenn dabei alle Pluszeichen in der Klammer zu Minuszeichen werden und umgekehrt.

Plusklammer

$3x + (4y - 5z)$

$= 3x + 4y - 5z$

Minusklammer

$5a - (3a - 2b)$

$= 5a - 3a + 2b$

$= 2a + 2b$

Verteilungsgesetz

Auch beim Rechnen mit Termen gilt das **Verteilungsgesetz**.

$5x \cdot (4x - 3y)$

$= 5x \cdot 4x - 5x \cdot 3y$

$= 20x^2 - 15xy$

$4x + 6y$

$= 2 \cdot 2x + 2 \cdot 3y$

$= 2 \cdot (2x + 3y)$

Üben • Anwenden • Nachdenken

Die Summe der Spalten, Zeilen und Diagonalen beträgt 3x. Ergänze das magische Quadrat.

x − y		
	x	
x − z		

1 Stelle einen Term auf.
a) die Summe aus 12 und x
b) die Zahl 30, vermindert um 18
c) das Doppelte einer Zahl um 10 vermehrt
d) die auf x folgende natürliche Zahl
e) die Summe aus einer Zahl und dem Doppelten dieser Zahl

2 Stelle einen Rechenausdruck auf.
a) In einer Klasse sind n Kinder. Drei Viertel davon sind Jungen.
b) Luigi ist y Jahre alt. Seine Mutter ist dreimal so alt wie er.
c) Ina hat 4 Goldfische mehr als sie Goldorfen hat.
d) Vier Hefte und 5 Umschläge kosten zusammen 6 Euro.

3 Erzähle eine passende Geschichte.
a) $2 \cdot x + 5$
b) $2 \cdot x + 2 \cdot y$
c) $3 \cdot z - 2 \cdot y$
d) $8 + 4 \cdot b$
e) $x : 2 - x : 3$
f) $5 \cdot a - 4 + 2 \cdot b$

4 Wie viel Draht braucht man für das Kantenmodell? Drücke den Bedarf auch allgemein mit einem Term aus. Alle Angaben in cm.

a)
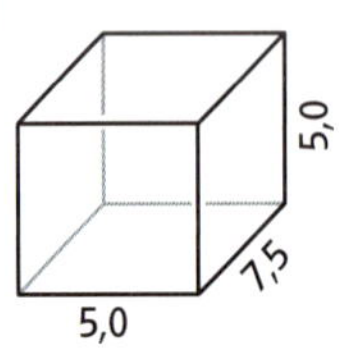

b)
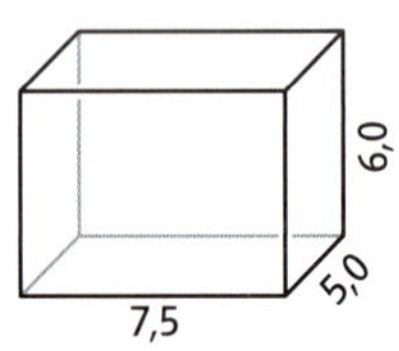

c)
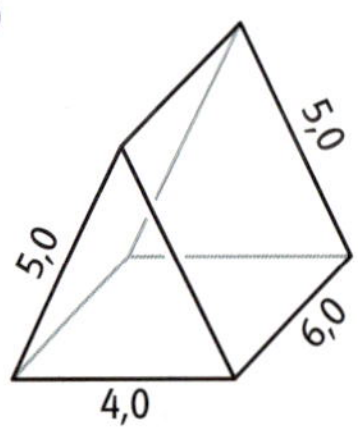

d)
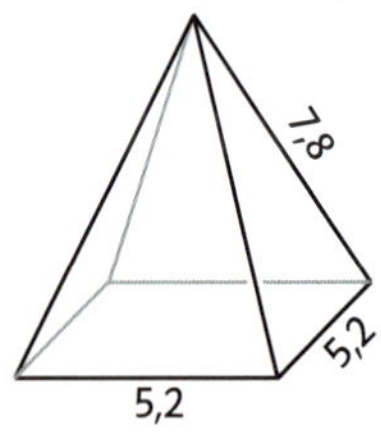

5 Übertrage die Tabelle ins Heft und berechne die Werte der Terme.

x	0	2	7	12	18
x + 3					
4 · x + 2					
x · 4 − x					

6 Setze die Zahlen in die beiden Terme $4x - 3y + 5$ und $x \cdot (1 + x) - y + 1$ ein und berechne deren Werte.

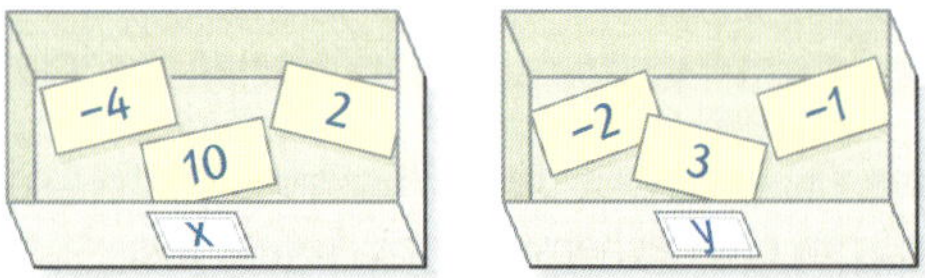

a) Für welche Einsetzungen erhält man den größten bzw. den kleinsten Termwert?
b) Welche Zahlen müssen für x und y eingesetzt werden, damit man bei beiden Termen den Wert 4 erhält?

Würfel über Würfel ?!

Bei einem liegenden Würfel sieht man fünf Quadratflächen.
Bei zwei aufeinander liegenden Würfeln sieht man neun Quadratflächen.
Bei drei aufeinander liegenden Würfeln sieht man …

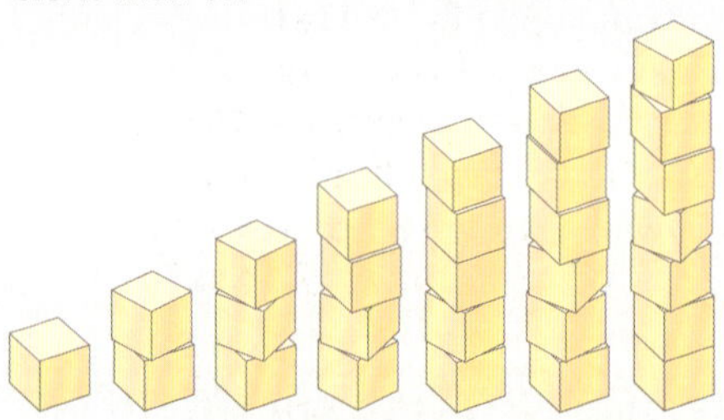

- Baut den Turm Etage für Etage höher und zählt dann die sichtbaren Quadratflächen. Wie zählt man geschickt? Fällt euch eine Regelmäßigkeit auf? Eine Tabelle kann hilfreich sein.
- Stellt einen Term auf, mit dem die Anzahl der sichtbaren Quadratflächen bei einem Turm aus x Würfeln berechnet werden kann.
- Berechnet mithilfe eures Terms, wie viele Quadrate bei einem 53er-Turm zu sehen sind.

7 Ergänze die Summenbausteine.

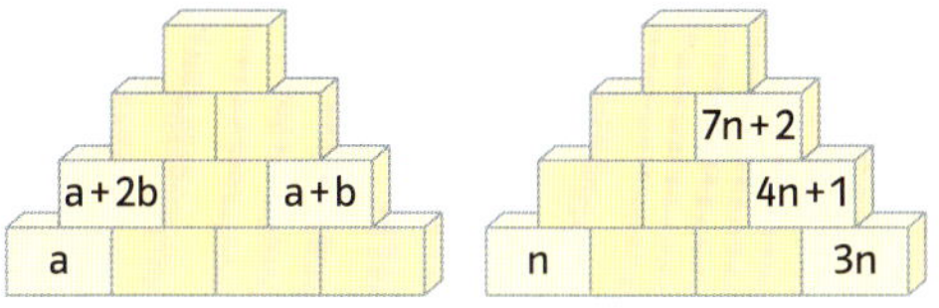

8 a) Starte mit der Variablen x und drücke die Rechenwege als Terme aus. Vergleiche sie.
b) Beginne mit einer Variablen in den Endfeldern und rechne bis zum Feld S.
c) Starte mit der Variablen in einem beliebigen Feld und ergänze die übrigen Felder.

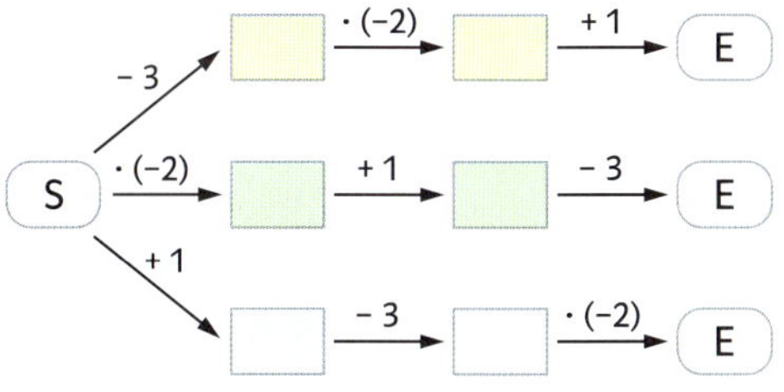

9 Fülle die Lücken aus.
a) $4a(2a + \square) = 8a^2 + 12ab$
b) $3x(\square - 7x) = 18xy - 21x^2$
c) $(8pq - \square) \cdot 5p = 40p^2q - 25q^2p$
d) $15b(4ab + \square) = 60ab^2 - 45ab$
e) $20r(\square - 7rs) = -80rs^2 - 140r^2s$
f) $(\square + 13xy) \cdot 3x = -48x^2 + 39x^2y$

10 a) Addiere die Terme entlang des vorgegebenen Weges.

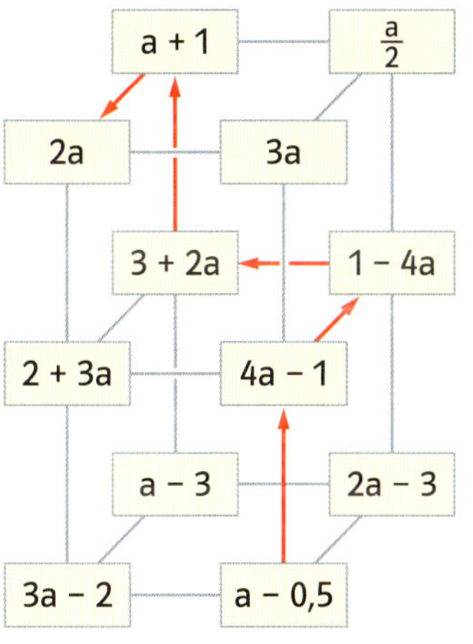

b) Schlage eigene Wege ein.
c) Stellt euch gegenseitig Aufgaben und überprüft die Ergebnisse.
d) Suche Wege mit den Summen $2a - 7$ und $10a - 3$.
e) Baue einen Würfel mit den Ecktermen a; 2a; …; 8a und bilde entlang der Kanten verschiedene Produktterme.

11 Lange Terme, kurze Ergebnisse.
a) $6(5m + 4n) - 4(2n + m) - 5(5m + 3n)$
b) $9a(5c - 3b) + (7b - 11c) \cdot 4a$
c) $2(22s - 18t^2) - (12t^2 - 15s) \cdot (-3)$
d) $(-12a + 20b) \cdot 15x - 20x(14b - 9a)$
e) $12m(8n + 9m) - (16n + 18m - p) \cdot 6m$

Zahlen erraten ?!

- Addiere zu einer natürlichen Zahl 5. Multipliziere die Summe mit 18 und subtrahiere vom Ergebnis das Dreifache der Ausgangszahl. Dividiere das Ergebnis durch 15 und subtrahiere deine gedachte Zahl. Welches Ergebnis erhältst du? Rechne mit einer weiteren Zahl. Was fällt dir auf? Stelle den Rechenterm auf und begründe. Schreibt ähnliche Aufgaben.
- Ich errate dein Geburtsdatum!
Nimm die Tageszahl deines Geburtsdatums und verdopple sie. Addiere 5 und multipliziere das Ergebnis mit 50. Addiere die Monatszahl und subtrahiere 250. Nenne mir dein Ergebnis und ich weiß, wann du Geburtstag hast.
- Zahl erraten!
Denke dir eine beliebige natürliche Zahl. Addiere 8 und verdreifache das Ergebnis. Subtrahiere nun deine gedachte Zahl und halbiere dieses Ergebnis. Vermindere diese Zahl um 12. Nenne mir dein Ergebnis und ich weiß, welche Zahl du gewählt hast. Stelle einen Term zu diesem Rätsel auf. Erkennst du das Geheimnis?
- Erfinde selbst ähnliche Aufgaben.

Mit mathematischen Zaubertricks kannst du verblüffende Effekte erzielen, ohne viel vorbereiten oder üben zu müssen. Sie funktionieren aufgrund einfacher mathematischer Überlegungen. Probier es doch selbst mal aus.

Die fünf magischen Zahlen

Der Zauberlehrling Tobias stellt seinem Meister eine Aufgabe:
„Denke dir eine beliebige Zahl. Bilde dann die Summe dieser Zahl und der vier darauf folgenden Zahlen. Dividiere die Summe durch fünf, addiere sechs und nenne das Ergebnis für alle laut und deutlich."

Nach kurzem Nachdenken nennt der Meister seine Ergebniszahl. Tobias greift zum Zauberstab, hält ihn zwischen seine beiden Zeigefinger, nennt den Zauberspruch und kann dem Meister die anfangs gedachte Zahl sofort sagen.

Fünf Zahlen wurden hier addiert,
dann hast du auch mal dividiert,
das Ergebnis laut genannt:
Ich geb' die geheime Zahl bekannt.

- Führe den Trick nacheinander mit fünf selbst gewählten Zahlen durch. Notiere deine Startzahlen und die Ergebnisse übersichtlich in einer Tabelle. Was fällt dir auf?

Startzahl	45	12	...	...	...
Ergebnis	53	...	...	...	...

- Schreibe die Zauberanweisungen in Form eines Terms und vereinfache diesen anschließend so weit wie möglich. Schaue dir jetzt die gedachte Zahl und das entsprechende Ergebnis der Reihe nach an. Wie konnte Tobias die gedachte Zahl so schnell nennen?
- Entwickle weitere Tricks, bei denen beispielsweise nicht die vier folgenden Zahlen, sondern die nächsten sechs oder acht folgenden Zahlen addiert werden. Vielleicht kannst du ja auch eine Multiplikation einbauen?

Erbsenzauber

Anstelle der Erbsen kannst du auch Münzen und für die Becher die linke und die rechte Hand nehmen.

- Versuche herauszufinden, wie der Zaubertrick funktioniert. Tipp: Stelle einen Term auf zur Berechnung der Summe, die der Kandidat am Ende nennt.
- Erfinde selbst einen ähnlichen Zaubertrick, teste ihn mit deiner Nachbarin oder deinem Nachbarn und stelle ihn dann der Klasse vor.

Rückspiegel

1 Setze für x die Zahl 5 und für y die Zahl 3 ein und berechne den Term.

a) $2 \cdot x + 3 \cdot y$ b) $2 \cdot y + 3 \cdot x$
c) $2 \cdot (2x + y)$ d) $3x - (2y - x)$

2 Drücke sowohl die Summe aller Kanten des Quaders als auch seine Oberfläche mit einem Term aus.

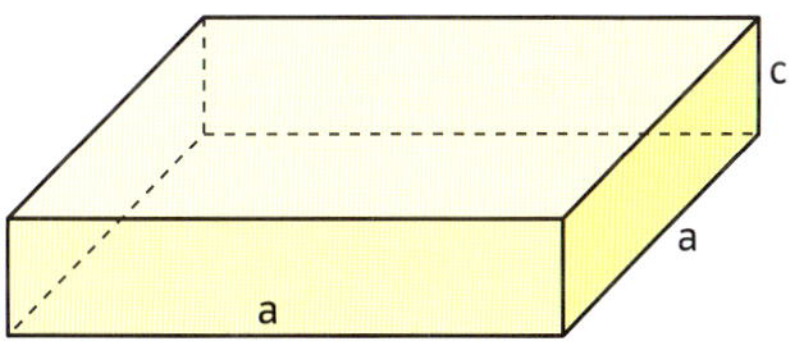

3 Vereinfache.

a) $25a - 17b - 3b + 15a$
b) $14x + 7y - 4x + 13y$
c) $19a - 3c + 28c - 9a$
d) $46x - 24y - 37x - 28y$

4 Ergänze.

a) $2x \cdot \square = 18xy$ b) $6xy \cdot \square = 72x^2y$
c) $\square \cdot 13a = 65abc$ d) $\square \cdot 3ab = 75a^2b^2$
e) $\square \cdot \square = 32x^2y$ f) $\square \cdot \square = 48p^2qr$
g) $15xy : 3 = \square$ h) $3p^2q : 5 = \square$
i) $8t^2v : 0{,}5 - \square$ j) $-6yz^2 : (-1{,}2) = \square$

5 Löse Klammern auf und vereinfache.

a) $4p(3q - p)$ b) $(xy - 3x) \cdot 6y$
c) $7(2x - y) + 4(3y + 4x)$
d) $3x(4 - y) - y(1 - x) + xy$

6 Klammere aus.

a) $6xy + 8$ b) $3ab + 12a$
c) $21cd + 7ce$ d) $48xy - 32x^2$
e) $15r^2s - 60rs^2$ f) $-81st^2 + 9t^2$

7 Schreibe als Term und vereinfache.

a) Subtrahiere vom Produkt x und 5 das Doppelte der Summe x und 3.
b) Multipliziere die Summe 3 und y mit x und subtrahiere anschließend das Produkt aus x und y.
c) Halbiere die Summe aus dem Produkt 10 und b und der Differenz 2a und 6.

Rückspiegel

1 Setze für x die Zahl −2 und für y die Zahl −0,5 ein und berechne den Term.

a) $3 \cdot x - 2 \cdot y$ b) $-y - 4x$
c) $2 \cdot (3y - 3x)$ d) $-4 \cdot (-6y + x)$

2 Drücke sowohl die Summe aller Kanten des Quaders als auch seine Oberfläche mit einem Term aus.

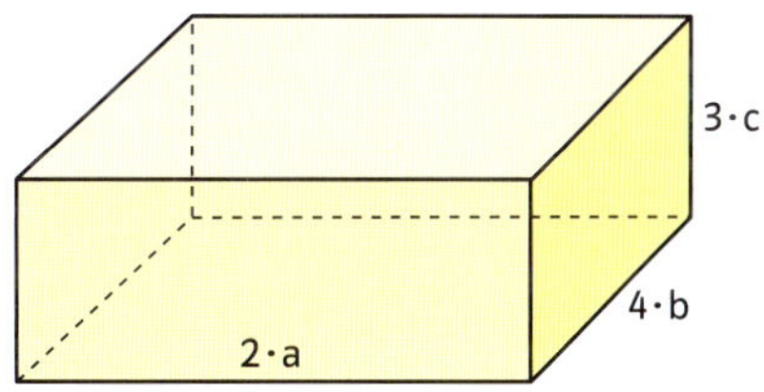

3 Vereinfache.

a) $14a - 8b - 10b + 6a + 18b$
b) $13r - 17s - 28r - 13s$
c) $18{,}5x + 23{,}9y - 10{,}1y - 20{,}5x$
d) $-19{,}8c - 33{,}9d + 17{,}1d - 42{,}8c$

4 Berechne.

a) $3x \cdot (-5xy)$ b) $-4ab \cdot 15a^2c$
c) $-7uv \cdot (-9vw)$ d) $0{,}5a \cdot (-3b) \cdot 0{,}4b$
e) $7{,}5v^2 \cdot (-0{,}4v^2w^2)$ f) $(-0{,}5rs) \cdot (-16rs^2t)$
g) $-19ab^2 : 3$ h) $-54x^2y^2 : (-9)$
i) $t^2v^2 : (-4)$ j) $-4{,}8a^2bc^2 \cdot (-12)$

5 Löse Klammern auf und vereinfache.

a) $(2c + 3d - e) \cdot 4c$
b) $1{,}5g^2(-4h + 6g - 1)$
c) $6x \cdot 2y - (4x - 1) \cdot y - y$
d) $20xy - (5x^2 - 8x(2x - 3y))$

6 Verwandle in ein Produkt.

a) $48m^2 + 16n^2$ b) $rs + rt + ru$
c) $2a^2b + 4ab - 2ab^2$ d) $12x + 5x^2 - 3xy$
e) $8ab - 6a + 10b$
f) $28x^2y - 42xy^2 + 7xy$

7 Überprüfe die Aussage mit Zahlen. Rechne mit Variablen zum Begründen.

a) Die Summe aus einer Zahl und ihrem Doppelten ist immer durch 3 teilbar.
b) Die Summe von drei aufeinander folgenden Zahlen ist immer durch 3 teilbar.

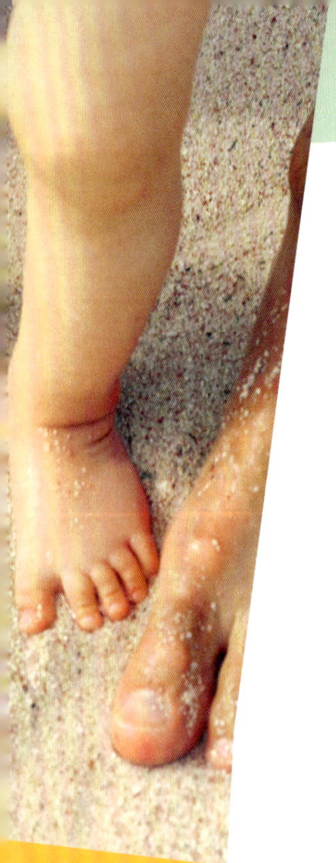

Zahlen lernen laufen

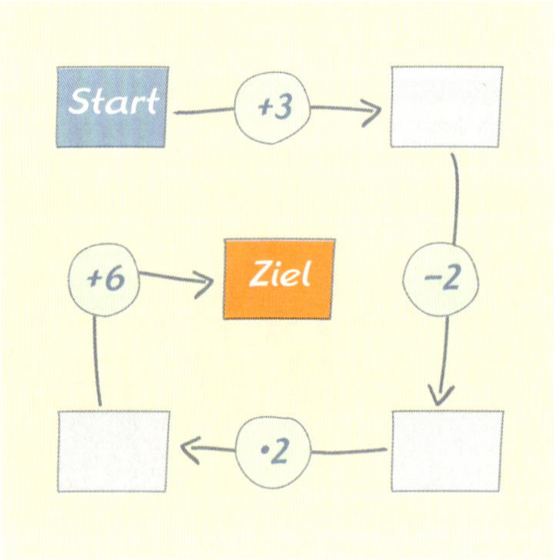

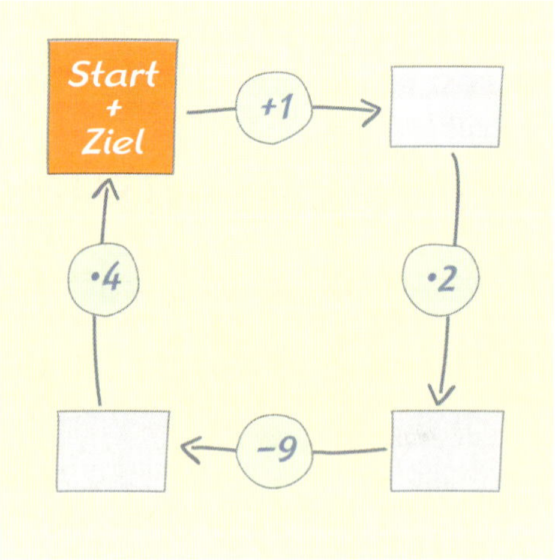

Schickt Zahlen durch die Spirale.

Welche Startzahl verwandelt sich in die Zielzahl 20?

Welche Zahl wird zur 100?

Gibt es eine Zahl, die sich in die 60 verwandelt?

Denkt euch ein Spiel mit dieser Spirale aus.

Das rote Feld ist Start und Ziel. Manche Zahlen werden auf einem Rundlauf größer, manche kleiner. Gibt es eine, die sich nicht verändert?

Ihr könnt auch die Zahlen in der Gegenrichtung auf die Runde schicken.

Entwerft selbst Rechenspiralen und Rundläufe. Der Würfel nennt euch eure Zielzahl. Welche Zahl muss am Start antreten, damit im Ziel eure gewürfelte Zahl ankommt?

Wie sieht die Startzahl aus, wenn sie zwei Runden drehen muss? Und bei dreien?

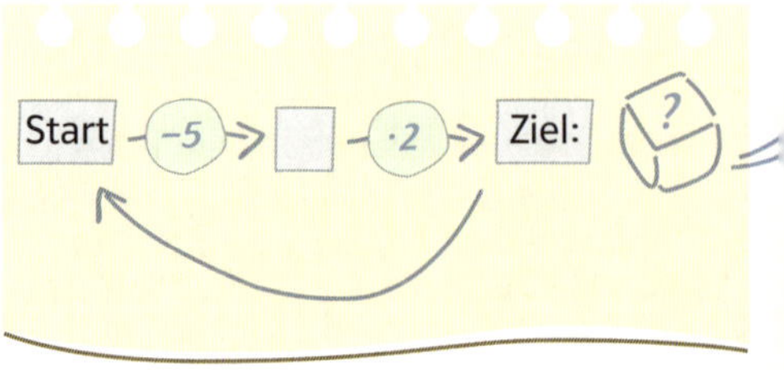

Das Anna-und-Maria-Spiel

Die Klasse vereinbart:
Anna ist heute 14 Jahre und Maria 10 Jahre alt.

Karin bekommt den Ball als Erste und sagt ihren Satz über das Alter von Anna und Maria:
In 16 Jahren wird Anna 3-mal so alt sein wie Maria heute ist.

Sie wirft den Ball Torsten zu und er sagt seinen Satz:
In 10 Jahren wird Anna 8-mal so alt sein wie Maria vor 7 Jahren war.

Torsten bringt Tina an die Reihe:
Zwei Jahre bevor Anna doppelt so alt war wie Maria, war sie 4-mal so alt wie Maria.

Birthe sagt:
In 4 Jahren wird Anna 4 Jahre älter sein als Maria.

Hanna sagt:
Nie war Anna 4-mal so alt wie Maria.

Mika hat sich einen echten Hirnverdreher ausgedacht:
Wenn Maria so alt sein wird wie Anna heute ist, wird Anna 3-mal so alt sein wie Maria, als Anna so alt war, wie Maria heute ist.

Haben alle Schüler die Wahrheit gesagt?
Spielt das Spiel in eurer Klasse. Ihr könnt auch absichtlich falsche Sätze sagen. Wer damit durchkommt, erhält Extrapunkte, wer dabei erwischt wird, verliert seine Punkte.

Anna heute ... Anna in ? Jahren ... ... in ? Jahren

In diesem Kapitel lernst du,

- was eine Gleichung ist,
- wie man Gleichungen löst,
- wie man mit Klammern in Gleichungen umgeht,
- was man unter Äquivalenzumformungen versteht,
- wie man Textaufgaben liest und löst.

1 Einfache Gleichungen

Beim Dart-Spiel beginnen alle mit demselben Punktestand, z. B. 301. Wer als Erster mit möglichst wenig Würfen genau 0 erreicht, ist Sieger. Dabei zählen die Treffer in den Farbringen sogar mehrfach.

→ Bei einem Punktestand von 59 Punkten rechnet sich Simon mit zwei Würfen noch Siegchancen aus. Wie muss er werfen?

→ Renata hat mit den ersten drei Würfen zusammen 51 Punkte erzielt. Dabei steigerte sie sich beim zweiten Wurf um 2 Punkte, beim dritten Wurf sogar um 4 Punkte gegenüber dem ersten Wurf.

Häufig ist für einen Term mit einer Variablen ein bestimmter Wert vorgegeben. Dann muss man für die Variable die passende Zahl suchen.
Dies lässt sich mit einer **Gleichung** beschreiben:
Bei einfachen Gleichungen kann man die gesuchte Zahl durch **Probieren** finden.

$3 \cdot x + 2 = 14$
$3 \cdot 1 + 2 = 5$
$3 \cdot 2 + 2 = 8$
$3 \cdot 3 + 2 = 11$
$3 \cdot 4 + 2 = 14$
$3 \cdot 5 + 2 = 17$
...

Die Zahl, die man einsetzen muss, um 14 zu erhalten, ist also die Zahl 4.

Eine **Gleichung** besteht aus zwei Termen, die durch ein Gleichheitszeichen miteinander verbunden sind.
Gleichungen lösen heißt, für die Variable die Zahl zu finden, die beide Terme der Gleichung zu demselben Wert führt.

Beispiele

a) $2 \cdot x + 3 = 9$ $5 \cdot \square = 20$ $9 \cdot x - 5 = 40$ und $3 \cdot x + 12 = 7 \cdot x$ sind Gleichungen, aber auch $y = \frac{1}{3}$.

b) Einfache Gleichungen kannst du im Kopf lösen:

$x + 6 = 15$	$12 - y = 5$	$a \cdot 5 = 60$
$x = 9$	$y = 7$	$a = 12$

c) Lösen einer Gleichung durch systematisches Probieren:

	$9 \cdot x + 2 = 29$	
11	$9 \cdot 1 + 2 \neq 29$	29
20	$9 \cdot 2 + 2 \neq 29$	29
29	$9 \cdot 3 + 2 = 29$	29

Die gesuchte Zahl ist 3.

	$x \cdot 4 - 8 = 32$	
	...	
40	$12 \cdot 4 - 8 \neq 32$	32
28	$9 \cdot 4 - 8 \neq 32$	32
32	$10 \cdot 4 - 8 = 32$	32

Die gesuchte Zahl ist 10.

	$3 \cdot x + 12 = 7 \cdot x$	
15	$3 \cdot 1 + 12 \neq 7 \cdot 1$	7
18	$3 \cdot 2 + 12 \neq 7 \cdot 2$	14
21	$3 \cdot 3 + 12 = 7 \cdot 3$	21
24	$3 \cdot 4 + 12 \neq 7 \cdot 4$	28

Die gesuchte Zahl ist 3.

Aufgaben

1 Ordne die Gleichungen den Sätzen zu und erkläre die Bedeutung der Variablen.

$a - 4 = 6$	$6 = 4 \cdot y$
$a + \frac{a}{2} = 6$	$2 \cdot x - 4 = 6$
$n + 1 = 6$	$3 \cdot y + y = 6$

a) Eine Zahl vermindert um 4 ergibt 6.
b) Das Doppelte einer Zahl vermindert um 4 beträgt 6.
c) Die Summe des Dreifachen einer Zahl und der Zahl selbst beträgt 6.
d) Eine Zahl vermehrt um die Hälfte dieser Zahl beträgt 6.
e) Der Nachfolger einer Zahl ist 6.
f) Das Vierfache einer Zahl beträgt 6.

2 Wie heißt die gesuchte Zahl?
a) Das Fünffache einer Zahl ist 70.
b) Eine Zahl vermehrt um 13 ist 85.
c) Die Summe aus einer Zahl und 7 ist 10.
d) Ein Viertel einer Zahl ist 18.
e) Subtrahiert man von einer Zahl 6, erhält man 7.
f) Schreibe selbst ein Rätsel.

3 Löse die Gleichung im Kopf.

a) $17 + x = 34$	b) $x + 15 = 16$
c) $y - 12 = 29$	d) $17 - y = 1$
e) $3 \cdot z = 39$	f) $16 = z \cdot 4$
g) $m : 3 = 15$	h) $42 = m : 2$
i) $7 + 2 \cdot x = 37$	j) $3 \cdot x - 7 = 20$
k) $6 = 12 - 3 \cdot x$	l) $18 - 2 \cdot x = 15 + x$

4 Wer hat die Scheibe eingeschossen?
Wenn man die Trikotnummer des Unglücksschützen verdoppelt und 4 addiert, dann wiederum 7 subtrahiert, erhält man 13.

Der Trick mit der Gleichung ?!

Auf einem Bücherbrett stehen Lexika, Sachbücher und Romane. Insgesamt sind es 39 Bücher. Es sind 6 Sachbücher mehr als Romane und 3 Lexika weniger als Romane.

$$(x + 6) + x + (x - 3) = 39$$
$$x + 6 + x + x - 3 = 39$$
$$3 \cdot x + 3 = 39$$

Durch Probieren kommt man auf die Zahl 12. Es sind also 12 Romane, 18 Sachbücher und 9 Lexika.

Jetzt bist du an der Reihe.

- In Turgays Klasse gehen insgesamt 31 Schülerinnen und Schüler. Es gibt 7 Mädchen mehr als es Jungen gibt.
- Natalies Klasse besuchen 29 Jugendliche, neun Jungen mehr als Mädchen.
- Eine 58 cm lange Leiste wird in zwei Teile zersägt. Das größere Stück ist 14 cm länger als das andere.
- Katrin warf doppelt so viele Tore wie ihre Mitspielerin Sonja. Beide warfen zusammen 27 Tore.
- Die Summe aus jeweils zwei Seiten des Dreiecks ist bekannt. Wie lang sind die einzelnen Seiten?

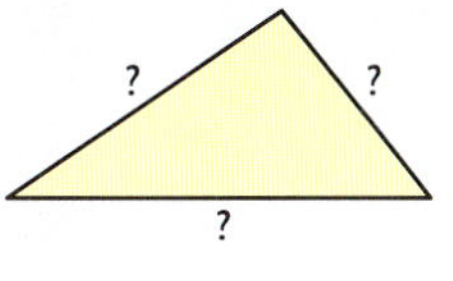

$a + b = 12\,cm$
$b + c = 16\,cm$
$c + a = 14\,cm$

5 Übertrage die Tabelle ins Heft und bestimme mit ihrer Hilfe die Lösung der Gleichung.

a)

x	$15 \cdot x = 90$
0	
1	
…	

b)

x	$3 \cdot x - 2 = 7$
1	
2	
…	

c)

x	$2 \cdot x + 2 = 18$
0	
2	
…	

d)

y	$88 + 8 \cdot y = 30 \cdot y$
0	
1	
…	

6 Löse und überprüfe am Text.
a) Max und Moritz sind zusammen 312 cm groß. Max überragt Moritz um 6 cm.
b) Ein Füller und ein Bleistift kosten zusammen 11 €. Der Füller ist 10 € teurer als der Bleistift.

7 Ordne die Lösung richtig zu.

a) $7 \cdot x + 4 = 8 \cdot x$	$x = 2$
b) $12 + x = 6 + 2 \cdot x$	$x = 8$
c) $3 \cdot x + 6 = 38 - x$	$x = 4$
d) $6 \cdot x - 7 = 5 \cdot x + 7$	$x = 14$
e) $2 \cdot x - 5 = 3 - 2 \cdot x$	$x = 6$

8 Löse durch Einsetzen der Zahlen von 1 bis 10.
a) $4 \cdot x - 12 = 16$
b) $80 - 5 \cdot x = 35$
c) $x : 4 + 9 = 11$
d) $30 - x : 3 = 27$
e) $5 \cdot x - 3 = 2 \cdot x + 15$
f) $3 \cdot x + 10 = x + 30$
g) $x + 5 = 2 \cdot x + 3$
h) $5 \cdot x - 2 = 8 \cdot x - 23$
i) $4 + 5 \cdot x = 15 \cdot x - 86$
j) $3 \cdot x + 4 \cdot x = 42$

9 a) Denke dir eine Zahl. Verdopple sie und addiere 3. Multipliziere dann das Ergebnis mit 5 und subtrahiere schließlich 6. Nenne mir das Ergebnis und ich verrate dir deine Zahl.
b) Merke dir eine gerade Zahl. Verdreifache sie. Halbiere das Ergebnis und verdreifache wiederum. Dividiere das Ergebnis durch 9. Nenne das Ergebnis und ich sage dir deine Zahl.

Tabellenkalkulation II

Wenn du durch Probieren nicht so schnell zur Lösung kommst, kannst du einen Computer zu Hilfe nehmen.

$3 \cdot x + 116 = 5 \cdot x$

D10 ▾ fx =5*B10

	A	B	C	D	E
1					
2				Schrittweite:	2
3					
4			Linke Seite	Rechte Seite	
5		x	3x+116	5x	
6		50	266	250	
7		52	272	260	
8		54	278	270	
9		56	284	280	
10		58	290	290	
11		60	296	300	
12					

für $x = 58$ ergibt sich:

Wert des linken Terms	Wert des rechten Terms
$3 \cdot 58 + 116$ $= 174 + 116$ $= 290$	$5 \cdot 58$ $= 290$

■ Löse ebenso.
a) $7 \cdot x - 225 = 2 \cdot x$
b) $110 + 9 \cdot x = 526 + 5 \cdot x$
c) $348 - 4 \cdot x = 3 \cdot x + 82$

10 Die Figur hat einen Umfang von 56 cm.

a)
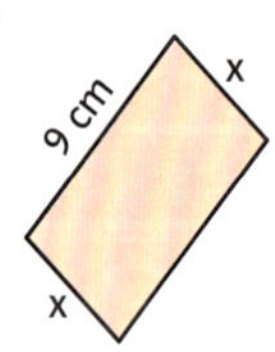

b)
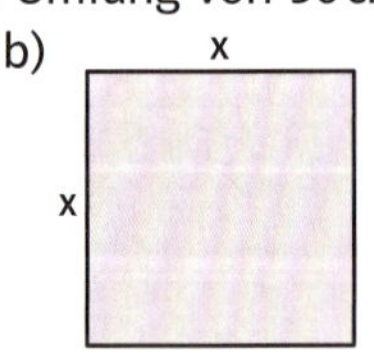

c)
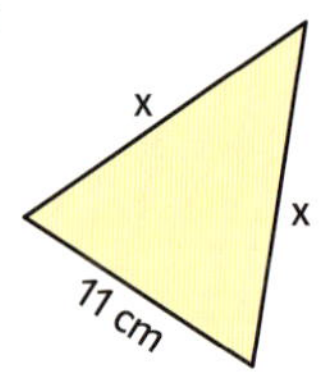

d)
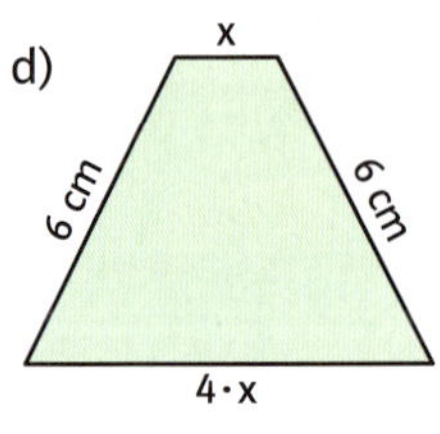

11 a) Ein Ziegelstein wiegt 1 kg und einen halben Ziegelstein.
b) Bei einem Fisch macht der Kopf ein Drittel, der Schwanz ein Viertel des Gewichts aus, das Mittelstück wiegt 1 kg.

2 Lösen durch Umformen

Die Waagen sind im Gleichgewicht.
→ Wie viele Kugeln wiegen genau so viel wie ein Würfel?
→ Formuliere deine Denkschritte.
→ Beschreibe die Gewichtsverteilung an der Waage mit einer Gleichung.
Schreibe w für das Gewicht eines Würfels und k für das Gewicht einer Kugel.

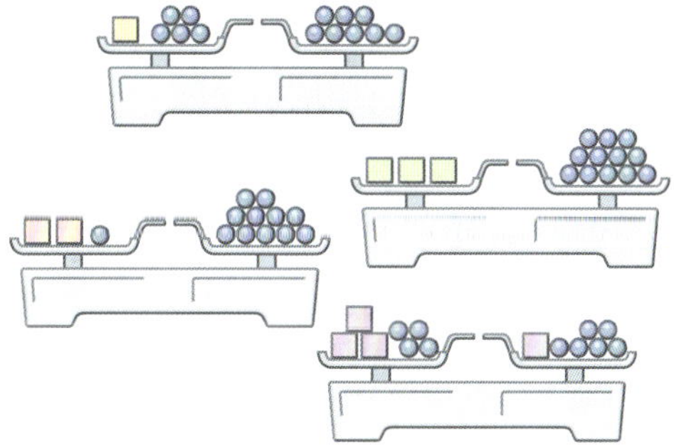

Lässt sich das Ergebnis einer Gleichung durch Probieren nur schwer finden, löst man die Gleichung durch Umformungen. Dabei sind die vier Grundrechenarten zugelassen. Jede Umformung wird immer auf beiden Seiten der Gleichung durchgeführt. Man formt so lange um, bis die Variable auf einer Seite alleine steht.

$x - 3 = 1$	$x + 2 = 5$	$\frac{x}{4} = 3$	$6 \cdot x = -30$
addiere 3	subtrahiere 2	multipliziere mit 4	dividiere durch 6
$x - 3 + 3 = 1 + 3$	$x + 2 - 2 = 5 - 2$	$(x : 4) \cdot 4 = 3 \cdot 4$	$(6 \cdot x) : 6 = -30 : 6$
$x = 4$	$x = 3$	$x = 12$	$x = -5$

Die Umformungen lassen die Lösung unverändert. Die Gleichungen $4 \cdot x + 5 = 13$; $4 \cdot x = 8$ und $x = 2$ nennt man daher **äquivalent**. Umformungen, die die Lösung unverändert lassen, heißen **Äquivalenzumformungen**.

$$\begin{aligned} 4 \cdot x + 5 &= 13 \quad &| -5 \\ 4 \cdot x + 5 - 5 &= 13 - 5 \\ 4 \cdot x &= 8 \quad &| :4 \\ (4 \cdot x) : 4 &= 8 : 4 \\ x &= 2 \end{aligned}$$

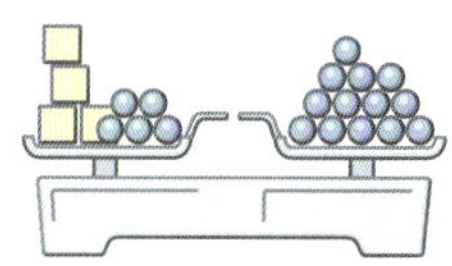
$4x + 5 = 13$

Zum Lösen einer Gleichung wendet man **Äquivalenzumformungen** an:
- Man darf auf beiden Seiten der Gleichung denselben Term addieren oder subtrahieren.
- Man darf beide Seiten der Gleichung mit derselben Zahl (außer Null) multiplizieren oder dividieren.

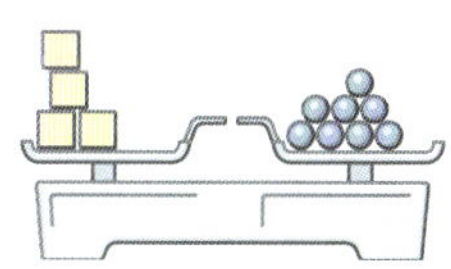
$4x = 8$

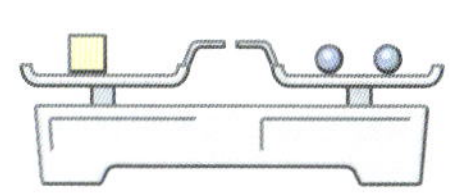
$x = 2$

Beispiele

a)
$$\begin{aligned} 6 \cdot x - 11 &= 31 \quad &| +11 \\ 6 \cdot x &= 42 \quad &| :6 \\ x &= 7 \end{aligned}$$

b)
$$\begin{aligned} 22 &= 18 - 4x \quad &| -18 \\ 4 &= -4x \quad &| :(-4) \\ -1 &= x \end{aligned}$$

c)
$$\begin{aligned} x - 1 &= 6 \cdot x - 4 \quad &| -x \\ -1 &= 5 \cdot x - 4 \quad &| +4 \\ 3 &= 5 \cdot x \quad &| :5 \\ 0{,}6 &= x \end{aligned}$$

Bemerkung

Zur Kontrolle wird die **Probe** durchgeführt.

linker Term	rechter Term
$6 \cdot 7 - 11$	31
$42 - 11$	31
31	31

linker Term	rechter Term
22	$18 - 4 \cdot (-1)$
22	$18 + 4$
22	22

linker Term	rechter Term
$0{,}6 - 1$	$6 \cdot 0{,}6 - 4$
$-0{,}4$	$3{,}6 - 4$
$-0{,}4$	$-0{,}4$

Aufgaben

1 Drücke das Gewicht eines Würfels durch das Gewicht von Kugeln aus.

a) 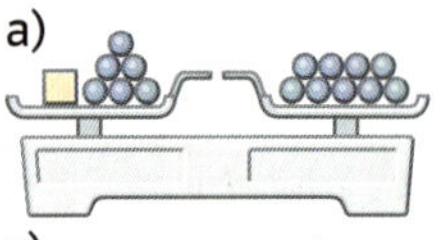
b) 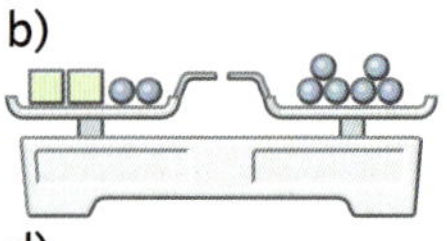
c) 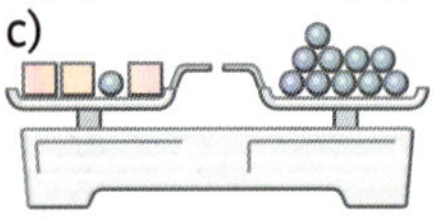
d) 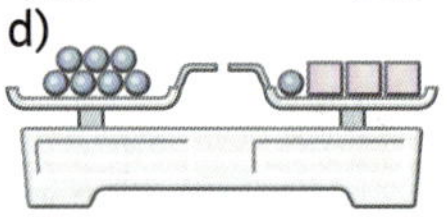

2 Das Mobile ist im Gleichgewicht. Drücke das Gewicht eines quadratischen Plättchens durch das Gewicht eines runden Plättchens aus. Stelle eine Gleichung auf.

a) 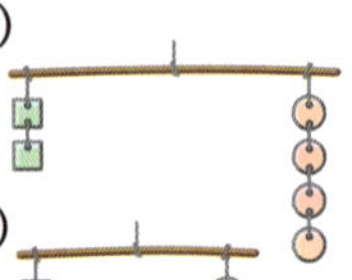
b) 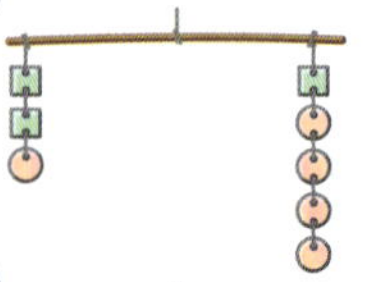
c) 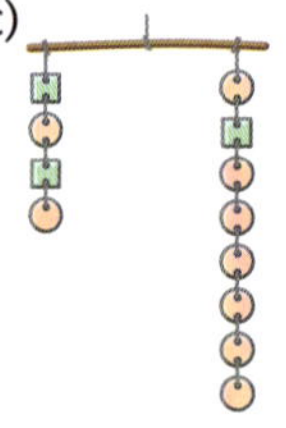
d) 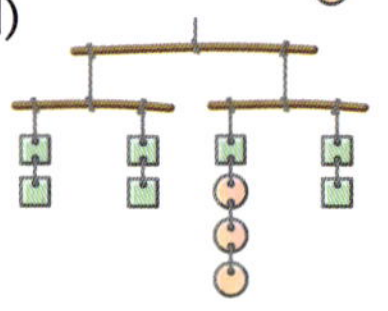

3 Jonas und Laura haben gleich viele Murmeln. In jedem Becher ist die gleiche Anzahl Murmeln. Wie viele Murmeln sind im Becher?

d) Stelle Gleichungen auf.

4 Löse und gib die Äquivalenzumformungen wie im Beispiel an.

Beispiel: $x + 4 = 8$ ⟶ -4 ⟶ $x = 4$ (auf beiden Seiten -4)

a) $x + 6 = 8$ b) $x + 2 = -5$
c) $0 = x + 5$ d) $x - 4 = -3$
e) $9 \cdot x = 54$ f) $-72 = 12 \cdot x$
g) $82 = 13 + x$ h) $32 + x = 23$
i) $x \cdot 5 = 110$ j) $0 = 15 \cdot x$
k) $15 \cdot (-1) = x$ l) $15 \cdot x = \frac{1}{15}$

5 Notiere die Äquivalenzumformungen.

Beispiel:

$\frac{1}{5}x = 6$ (auf beiden Seiten $\cdot 5$)
$\frac{1}{5}x \cdot 5 = 6 \cdot 5$
$x = 30$

So oder so?
$\frac{1}{5}x : \frac{1}{5} = □$
$\frac{1}{5}x \cdot 5 = □$

a) $\frac{x}{3} = 10$ b) $5 = x : 10$
c) $\frac{1}{10}x = 2$ d) $\frac{x}{4} = 32$
e) $1 = x : \frac{1}{2}$ f) $x : 7 = -7$
g) $50 = \frac{x}{5}$ h) $4 = x : \left(-\frac{1}{4}\right)$
i) $x : 2\frac{1}{2} = 30$ j) $-\frac{x}{8} = -0{,}5$

6 Ergänze zu äquivalenten Gleichungen.

a) $2x = 6$ (□ auf beiden Seiten) $2x + 2 = □$
b) $3 + x = 8$ (□ auf beiden Seiten) $10 + x = □$
c) $4x = -12$ (□ auf beiden Seiten) $□ + 4x = -1$
d) $4x + 1 = 7$ (□ auf beiden Seiten) $4x - □ = 0$
e) $6x = -4$ (□ auf beiden Seiten) $□ = -12$
f) $7x = -2{,}5$ (□ auf beiden Seiten) $56x = □$
g) $\frac{1}{2}x = 6$ (□ auf beiden Seiten) $□ = 24$
h) $\frac{1}{4}x = -2$ (□ auf beiden Seiten) $□ = -16$

7 Beachte den Unterschied zwischen Produkt und Summe.

Beispiel: $2x = 6$ (auf beiden Seiten $: 2$) $x = 3$ und $6 = 2 + x$ (auf beiden Seiten -2) $4 = x$

a) $8 = 4 \cdot x$ und $8 = 4 + x$
b) $3 \cdot x = -15$ und $3 + x = -15$
c) $x \cdot 12 = 6$ und $x + 12 = 6$
d) $x \cdot 2 = 4$ und $x + 2 = 4$
e) $\frac{x}{3} \cdot 6 = 12$ und $\frac{x}{3} + 6 = 12$
f) $20 = 8 \cdot \frac{x}{4}$ und $20 = 8 + \frac{x}{4}$

8 Hier heißt die Variable nicht immer x. Führe zur Kontrolle eine Probe durch.

Beispiel: $5a - 3 = 17$; $a = 4$

$5 \cdot 4 - 3 = 17$

$20 - 3 = 17$

$17 = 17$

a) $z + 18 = 38$ b) $57 = y + 25$
c) $72 = 55 + y$ d) $y - 59 = 12$
e) $26 + z = 33$ f) $44 = 39 + w$
g) $0 = a - 9$ h) $a + 86 = 87$
i) $z + 36 = 35$ j) $-22 = z - 21$

Die Summe aller Lösungen beträgt 160.

9 Die Reihenfolge der Umformungen ist beliebig.
Führe eine Probe durch.

a) $4x + 1 = 2x + 17$
b) $5x - 6 = x - 12$
c) $6x - 14 = 4x - 18$
d) $8 + 6x = 32 + 3x$
e) $7x - 5 = 79 - 7x$
f) $7x + 15 - x = x + 8$
g) $12 - 6x = 29 - 1 - 8x$

10 Welche Kärtchen gehören zusammen?

$2x + 3 = x + 2$ $2x = 2$ $3x + 2 = -1$ $3x - 5 = -2$ $3x = -3$ $x + 6 = 5$ $4x + 2 = 6$

11 Erfinde über Äquivalenzumformungen schwierigere Gleichungen.

a) $x = 5$ b) $x = -2$ c) $x = \frac{3}{2}$

12 Hier haben sich Fehler eingeschlichen.

a) $x + 28 = 6$
$x = 34$

b) $x - 1 = 0$
$x = -1$

c) $10x = 10$
$x = 0$

d) $2x = 4$
$x = \frac{1}{2}$

e) $2x - 2 = 10$
$2x = 8$

f) $5x = 15$
$x = 10$

g) $4 + 2x = 12$
$6x = 12$

h) $\frac{x}{4} = 16$
$x = 4$

13 Welche Gleichungen haben dieselbe Lösung? Um rasch ans Ziel zu kommen, brauchst du nicht alle Gleichungen umzuformen.

$9x + 1 = 10$ $3{,}5x + x = 18$ $6x - 8 = 4$ $-37 + 12x = 35$ $5x - 12 = 13$ $6x - 14 = 4x - 4$ $4x + 8 = 32$ $15x + 4 = 5x + 24$ $3x + 6 = 18$ $12x - 18 = 8x - 17 + 3x$

Schritt für Schritt

Gleichungen lassen sich übersichtlich lösen, wenn zu jeder Zeile die vorgenommene Umformung notiert wird.
Dies geschieht in kurzer Form mit einem senkrechten Strich, hinter dem der Rechenschritt angegeben wird.

$6x + 9 - 2x = 13 - x + 6$ | zusammenfassen

„Ich fasse die Terme auf beiden Seiten so weit wie möglich zusammen."

$4x + 9 = 19 - x$ | + x

„Ich addiere auf beiden Seiten x mit dem Ziel, die Variablen nur auf einer Gleichungsseite vorzufinden."

$5x + 9 = 19$ | − 9

„Ich subtrahiere auf beiden Seiten 9, um die Zahlen auf der anderen Gleichungsseite vorzufinden."

$5x = 10$ | : 5

„Ich dividiere beide Seiten durch den Koeffizienten von x, um so x zu bestimmen." $x = 2$

In Kurzform:

$6x + 9 - 2x = 13 - x + 6$	zusammenfassen
$4x + 9 = 19 - x$	+ x
$5x + 9 = 19$	− 9
$5x = 10$	: 5
$x = 2$	

- Beschreibe die Umformung der Gleichung $9x + 8 = 4x + 33$ ausführlich.

- Und jetzt in der Kurzform. $8x - 12 - 3x = 32 + 2x - 20$

Nicht jede Lösung zählt!

- Diana sagt: Multipliziere ich die Anzahl meiner 1€-Stücke mit 8, so ist das Ergebnis um 11 größer als wenn ich die Anzahl mit 6 multipliziere.
Jana rechnet nach und sagt: Du hast wohl nicht die Anzahl der Münzen, sondern den Betrag in deinem Geldbeutel gemeint.

Viele Sachsituationen lassen sich durch Gleichungen lösen. Die Lösung muss aber überprüft werden, denn die Sachsituation bestimmt die so genannte **Grundmenge** der Gleichung. Ist die Grundmenge beispielsweise die Menge der natürlichen Zahlen, sind Bruchzahlen als Lösungen unbrauchbar.
Stelle Gleichungen auf und überprüfe die Lösung am Text.

- Simon behauptet: Das 3-Fache der Anzahl der Münzen in meiner Spardose ist um 20 größer als die 5-fache Anzahl.
- Vera merkt sich eine ungerade Zahl, multipliziert sie mit 6, subtrahiert 15 und bekommt 9.
- Jan denkt sich eine natürliche Zahl und addiert 17. Er verdoppelt diese Summe und erhält 22.
- Patrick behauptet: Hätte ich doppelt so viele Münzen wie jetzt in der Tasche und bekäme ich noch drei dazu, hätte ich 12 Münzen!
- Ein Dreieck hat einen Umfang von 2,03 m. Eine Seite ist 125 cm, die andere 79 cm lang. Wie lang ist die dritte Seite?

14 Ergänze so, dass für die Gleichung die unterschiedlichen Lösungen $x = 6$; $x = 1$; $x = 2{,}5$; $x = -5$; $x = 0$ möglich werden.

a) $8x - \square = 5$
b) $2x + \square = 10$
c) $\square \cdot x + 3 = 33$
d) $\square + 4x = 10$
e) $15x - \square = 5x$
f) $6x - \square = 6 + 3x$

15 Löse die Gleichung.

a) $7x + 19 = 12x - 1$
b) $15 - y = 15 + y$
c) $5 - 6z = 6z - 5$
d) $-2 - 3x = 5 + 2x$
e) $3{,}2x + 0{,}8 = 0{,}8x + 1{,}6$
f) $8z - 6 = 11z - 7$
g) $-z + 4{,}5 = -2z + 5{,}1$

16 Der Faktor vor der Variablen kann auch ein Bruch sein:

Beispiel:

$$\frac{2}{3}x + 7 = 15 \quad | -7$$
$$\frac{2}{3}x = 8 \quad | \cdot \frac{3}{2}$$
$$x = 12$$

a) $\frac{1}{9}x - 1 = 2$
b) $-9 + \frac{1}{12}x = -3$
c) $\frac{2}{3}x + 9 = 21$
d) $17 + \frac{3}{5}x = 68$
e) $\frac{5}{6}x - \frac{2}{3} = \frac{8}{3}$
f) $-42 + \frac{5}{6}x = 13$
g) $\frac{3}{10} + \frac{3}{5}x = \frac{7}{10}$
h) $\frac{3}{8}x - 29 = 28$
i) $-\frac{1}{5} + \frac{1}{12}x = \frac{2}{5}$
j) $-\frac{1}{12} + \frac{3}{8}x = \frac{5}{12}$

17 Finde zur Gleichung eine Textaufgabe und stelle sie der Klasse vor.

Beispiel: $8x - 3 = 13$

Wenn ich vom Achtfachen einer Zahl 3 subtrahiere, erhalte ich 13.

a) $3x + 22 = 46$
b) $6 + 4x = 10$
c) $8x = 40 + 3x$
d) $5x - 1 = 7x - 5$
e) $4 + 5x = 6 + 4x$
f) $16{,}5x : 3 = 10 + 1{,}5x$

18 Löse die Gleichung.

a) $5{,}7 - 8x = 83{,}7 + 4x$
b) $5x - 3{,}4 = -0{,}3x - 36{,}77$
c) $6{,}2 - 7{,}6x = -0{,}8x - 73{,}8$
d) $\frac{2}{5} + \frac{4}{3}x = -\frac{1}{3}x - 9\frac{3}{5}$
e) $1 - \frac{3}{2}x = \frac{3}{2}x - 17$

3 Gleichungen mit Klammern

→ Welche Werte errechnet ihr für die Variablen x und y?
→ Beschreibt, wie ihr vorgegangen seid.
→ Stellt die Gleichung zur Bestimmung von x bzw. y auf.
→ Gestaltet eigene Rechenschnecken und lasst sie von einer Nachbarin oder einem Nachbarn lösen.

Kommen in einer Gleichung Terme mit Klammern vor, werden diese zuerst mithilfe von Termumformungen vereinfacht.

$5(4x - 5) = 23 - (12x - 16)$	| Klammer ausmultiplizieren	(Termumformung)
$20x - 25 = 23 - (12x - 16)$	| Minusklammer auflösen	(Termumformung)
$20x - 25 = 23 - 12x + 16$	| Zusammenfassen	(Termumformung)
$20x - 25 = 39 - 12x$	| $+ 12x$	(Äquivalenzumformung)
$32x - 25 = 39$	| $+ 25$	(Äquivalenzumformung)
$32x = 64$	| $: 32$	(Äquivalenzumformung)
$x = 2$		

Eine Gleichung löst man schrittweise mithilfe von Äquivalenz- und Termumformungen:
- Klammern auflösen
- Terme auf beiden Seiten vereinfachen
- Summanden **mit Variablen** auf der einen Seite und Summanden **ohne Variablen** auf der anderen Seite ordnen und zusammenfassen
- durch den Koeffizienten der Variablen dividieren.

! ***Plusklammer*** *auflösen:*
$+(a - b) = a - b$
Minusklammer *auflösen:*
$-(a - b) = -a + b$
Klammer nach dem ***Distributivgesetz*** *auflösen bzw. ausmultiplizieren:*
$a \cdot (b + c) = a \cdot b + a \cdot c$

Beispiele

a) Addition und Subtraktion von Summen

$4x - (5x - 17) = 7 - x + (x + 6)$
$4x - 5x + 17 = 7 - x + x + 6$
$-x + 17 = 13 \quad | -17$
$-x = -4 \quad | :(-1)$
$x = 4$

b) Multiplikation von Summen

$12(2x + 1) - 15(x + 3) = 30$
$24x + 12 - 15x - 45 = 30$
$9x - 33 = 30 \quad | +33$
$9x = 63 \quad | :9$
$x = 7$

c) Durch Multiplikation mit einem gemeinsamen Nenner kann man Brüche beseitigen.

$3 - \frac{5 + x}{7} = 1 - \frac{9 - x}{14} \quad | \cdot 14$
$3 \cdot 14 - \frac{5 + x}{7} \cdot 14 = 1 \cdot 14 - \frac{9 - x}{14} \cdot 14$
$42 - (5 + x) \cdot 2 = 14 - (9 - x)$
$42 - 10 - 2x = 14 - 9 + x$
$32 - 2x = 5 + x \quad | -x$
$32 - 3x = 5 \quad | -32$
$-3x = -27 \quad | :(-3)$
$x = 9$

Probe:

linker Term:
$3 - \frac{5 + 9}{7}$
$= 3 - 2$
$= 1$

rechter Term:
$1 - \frac{9 - 9}{14}$
$= 1 - 0$
$= 1$

Aufgaben

1 Die Lösungen ergeben den Namen eines bedeutenden Mathematikers.

a) $(4 - 5x) + (10 + 6x) = 8$
b) $3x + 14 + (2x - 7) = 7x + (19 - 4x)$
c) $4x + (15 + 3x) + (25 + x) = 88 - 4x$
d) $12 = (25 - x) - (16 - 2x)$
e) $9x + 33 - (45 - 15x) = 15 - 3x$
f) $6x - (8x - 10) = 87 - (21 + 10x)$
g) $7 - (10 - 8x) = 23 - (4 + 14x)$
h) $(19x - 17) - (3x - 72) = -13 + (13x + 83)$
i) $(42x + 42) - (26 - 34x) = 26x + 216$

2 Löse die Gleichung und führe eine Probe durch.

a) $(x + 6) \cdot 8 = 32x$
b) $3(5 + 2x) = -3$
c) $6(3x - 7) = 6x - 6$
d) $(3y - 5) \cdot 7 = 7 + 7y$
e) $43y + 4 = 15(5y - 4)$
f) $5y - 4(5y - 6) = 4$

3 Gib die Lösung an und überprüfe sie.

a) $4(2x + 3) = 3(3x + 2)$
b) $(12 - 3x) \cdot 2 = 9(7x + 18)$
c) $22 - 2(4 - y) = (7 - 3y) \cdot (-10)$
d) $4(x + 3) - 15 = 2(x + 7) - 15x$
e) $3(2x - 18) - 4 = 3x - 4(3x - 8)$
f) $7(4a - 3) - (2a + 1) \cdot 9 = 2(a - 9)$

4 Ordne die Lösung richtig zu.

a) $0{,}8(2u - 3) = (2u + 4) \cdot 0{,}6$	3
b) $0{,}3(u + 1) + 6u = 4{,}9 + 4m$	−1
c) $0{,}5(1 - 2u) = 2{,}5 - 0{,}6u$	2
d) $0{,}6 = 0{,}6 - 3(0{,}5 - 0{,}5w) - w$	−5
e) $-0{,}4w - (1 + 1{,}2w) \cdot 0{,}1 = 0{,}42$	12

5 Die Lösungen lauten: 27; −7; 4; 1 und −1.

a) $7m + 2(m - 12) = 2(m - 13) + 3(2m + 1)$
b) $8(m - 1) - 17(3 - m) = 4 - 12(3 - 2m)$
c) $4(m + 6) - 3(2m + 1) = 2(4m + 7) + 17$
d) $7(6n + 3) - 8(3 - 4n) = 12(2n + 3) + 161$
e) $8(2n - 3) - 5(2n + 8) = 38 - 4(1 - 5n)$

Aus Fehlern lernen

Mathe-Test Nr. 2 — Sven Müller

1)
$4 + 2x = 12$
$6x = 12$
$x = 2$

2)
$\frac{x}{4} = 14 - \frac{x}{3} \quad | \cdot 12$
$3x = 14 - 4x \quad | + 4x$
$7x = 14 \quad | : 7$
$x = 2$

3)
$-(x - 6) = 2(2x + 3)$
$-x - 6 = 4x - 6 \quad | - 4x$
$-5x = -6 \quad | : (-5)$
$x = \frac{-5}{-6}$
$x = -\frac{5}{6}$

4)
$8(x - 1) = 6x + 3$
$8x - 1 = 6x + 3 \quad | - 6x$
$2x - 1 = 3 \quad | + 1$
$2x = 4 \quad | : 2$
$x = 2$

5)
$2(5 - \frac{1}{3}x) = -1(8 - \frac{x}{3})$
$10 - \frac{2}{3}x = -8 + \frac{x}{3}$
$10 - 0{,}6x = -8 + 0{,}3x \quad | + 0{,}6x$
$10 = -8 + 0{,}9x \quad | + 8$
$18 = 0{,}9x$
$0{,}9x = 18 \quad | : 0{,}9$
$x = 20$

- Korrigiere den Test und gib Tipps, wie Sven die Fehler in Zukunft vermeiden kann.

Gleichungen mit Brüchen

Lars und Lea haben eine Idee, wie man Gleichungen mit Brüchen lösen könnte.

- Versetze dich mit deinem Partner oder deiner Partnerin in die Rolle von Lea bzw. Lars. Erklärt euch gegenseitig den Lösungsweg.

- Gibt es einen Lösungsweg den ihr bevorzugt? Begründet.

$\frac{2x}{3} + \frac{5x}{6} + \frac{1}{3} = \frac{x}{6}$ | Nenner gleichnamig machen

$\frac{4x}{6} + \frac{5x}{6} + \frac{2}{6} = \frac{x}{6} \quad | -\frac{x}{6}$

$\frac{4x}{6} + \frac{5x}{6} - \frac{x}{6} + \frac{2}{6} = 0 \quad | -\frac{2}{6}$

$\frac{4x + 5x - x}{6} = -\frac{2}{6}$

$\frac{8x}{6} = -\frac{2}{6} \quad | \cdot \frac{6}{8}$

$x = -\frac{2}{6} \cdot \frac{6}{8}$

$x = -\frac{1}{4}$

(gemeinsamer Nenner)

$\frac{2x}{3} + \frac{5x}{6} + \frac{1}{3} = \frac{x}{6} \quad | \cdot 6$

$\frac{2x \cdot 6}{3} + \frac{5x \cdot 6}{6} + \frac{6}{3} = \frac{x \cdot 6}{6}$ | Kürzen

$4x + 5x + 2 = x \quad | -x$

$4x + 5x - x + 2 = 0 \quad | -2$

$8x = -2 \quad | :8$

$x = -\frac{2}{8}$

$x = -\frac{1}{4}$

6 Löse die Gleichung mit Brüchen.

a) $\frac{3}{4}y - \frac{4}{5} = \frac{7}{10}$
b) $\frac{2}{5}y - \frac{3}{4} = \frac{17}{20}$
c) $\frac{3}{5}y - \frac{1}{4} = \frac{7}{20}$
d) $\frac{1}{4}y + \frac{1}{6} = \frac{2}{5}$
e) $-\frac{1}{2} + \frac{1}{3}y = \frac{2}{5}$
f) $\frac{3}{8}y + \frac{2}{5} = \frac{1}{2}$
g) $\frac{7x}{4} = \frac{3x}{2} + \frac{5}{2}$
h) $\frac{5x}{4} + \frac{2}{3} - \frac{7x}{6} = \frac{4}{3}$

7 Gib die Lösung an.

a) $\frac{4}{3}x - \frac{2}{3} = 1 - \left(\frac{1}{2} - \frac{1}{8}x\right)$
b) $\frac{1}{4}x - \left(\frac{1}{2} + \frac{1}{4}x\right) = 1 - \left(\frac{1}{2}x - \frac{1}{2}\right)$
c) $\frac{1}{2} - \left(\frac{x}{3} - x\right) = \frac{5}{3} - \frac{1}{2}x$
d) $\frac{4}{5}x - \left(1 - \frac{4}{3}x\right) = \frac{4}{5} + \frac{1}{3}$

8 Löse die Gleichung.

a) $\frac{x}{7} - \frac{9x}{14} - \frac{4}{7} = -\frac{3x}{14}$
b) $\frac{3x}{4} + \frac{2x}{3} = \frac{7x}{6} + 6$
c) $4\left(\frac{1}{2}x - \frac{3}{2}\right) - \left(\frac{3}{5} - x\right) = \frac{4}{5}x$
d) $-\frac{1}{4}(12 + 8y) = \frac{1}{2}(y - 1)$
e) $\frac{3}{4}x - \frac{1}{4} = 1 - \left(\frac{1}{3} - \frac{2}{3}x\right)$
f) $\frac{1}{3}x - \left(\frac{1}{6} + \frac{1}{3}x\right) = 1 - \left(\frac{1}{6}x - \frac{1}{6}\right)$

9 Löse die Gleichung.

a) $2(49 + 7x) = (19 - 9x) \cdot 3$
b) $\frac{1}{4}(12x + 1) + \frac{1}{3}\left(9x - \frac{1}{4}\right) = \frac{1}{2}\left(4x + \frac{1}{3}\right)$
c) $3(x - 5) = \frac{7}{2} + 2x$

10 Multipliziere mit einem gemeinsamen Nenner.

a) $\frac{x - 4}{2} = \frac{x - 1}{3}$
b) $\frac{x - 5}{2} = \frac{x + 5}{3}$
c) $\frac{x + 3}{10} = \frac{x - 6}{7}$
d) $\frac{x - 4}{2} = \frac{4 - x}{3}$
e) $\frac{2x - 1}{3} = \frac{6 - 2x}{2}$
f) $\frac{x - 5}{4} = 2 \cdot \frac{5 - x}{3}$

11 Gib die Lösung an. Du brauchst die Gleichung nicht umzuformen.

a) $x + x = 2x$
b) $x \cdot x = 2x$
c) $x \cdot 0 = x$
d) $x \cdot 0 = 0$
e) $x + 3 = 3(x + 1) - 2x$
f) $2x - 2(x + 3) = -6$

12 Löse die Gleichung. Kommentiere dein Ergebnis.

a) $6x - 7 = 5x - 7$
b) $x - \frac{1}{2}x = \frac{1}{2}x$
c) $3(x + 1) = 3x + 3$
d) $2x - x + 3x = 0$

13 Ersetze das Kästchen in der Gleichung
$2x + \square = 5$
so, dass sie
a) die Lösung $x = 2$; $x = 1$; $x = \frac{1}{2}$; $x = 0{,}8$ hat.
b) als Lösung eine negative Zahl hat.
c) keine Lösung hat.

4 Lesen und Lösen

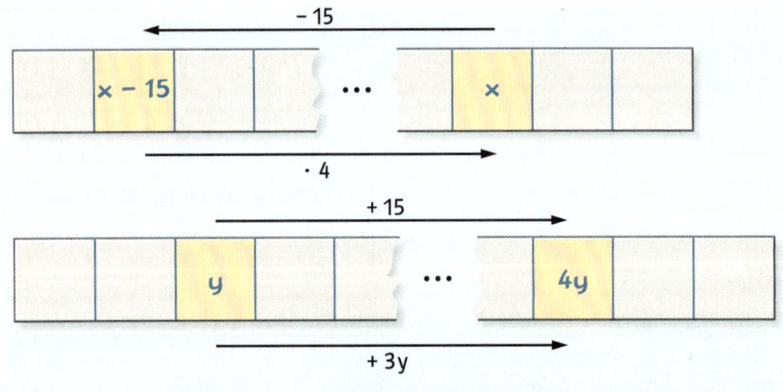

Heute ist Anna 4-mal so alt wie sie vor 15 Jahren war. Wie alt ist sie heute?

→ Tina zeichnet eine Zeitleiste und liest ab: Wenn Anna heute x Jahre alt ist, war sie vor 15 Jahren (x − 15) Jahre alt. Dieses Alter, mit 4 multipliziert, ist das heutige Alter. Also $4 \cdot (x - 15) = x$.

→ Auch Thea überlegt an einer Zeitleiste: Vom Alter y kommt man zu 4y durch Addition von 3y.
Jetzt kann sie eine Gleichung hinschreiben.

→ Torsten probiert Zahl für Zahl in einer Tabelle aus. Er hat Glück und findet schnell die Lösung.

→ Tobias schaut sich Torstens Tabelle an und sagt: „Das geht schneller. Anna muss heute doch 16 oder 20 oder 24; ... Jahre alt sein."

früheres Alter	früheres Alter + 15		4 · früheres Alter
0	15	≠	0
1	16	≠	4
2	17	≠	?
3	?	≠	?
...	...	...	...

Wer Textaufgaben sicher lösen will, muss einige Verfahrensregeln beachten.

Lies die Aufgabe sorgfältig von Anfang bis Ende und gib sie in eigenen Worten wieder. Zur Lösung kommst du in folgenden Schritten:

1. Was ist gesucht? – Benenne die gesuchten Größen.
2. Wie helfe ich mir? – Lege möglichst eine Skizze an.
3. Wie gehe ich vor? – Wähle ein Lösungsverfahren, z. B. Tabelle oder Gleichung.
4. Wie rechne ich? – Stelle Rechenausdrücke oder Gleichungen auf.
5. Was kommt heraus? – Führe die Rechnungen aus.
6. Wie gut habe ich gerechnet? – Prüfe das Ergebnis am Text nach.
7. Was antworte ich? – Schreibe einen Antwortsatz.

Beispiel

Die Seite a eines Dreiecks ist 22 cm kürzer als der Umfang, die Seite b ist dreimal so lang wie a, und c ist 10 cm lang. Wie groß ist der Umfang?

1. Der Umfang wird mit u bezeichnet.
2. Der Umfang wird als Strecke mit Unterteilungen skizziert. Auf die wahre Größe kommt es dabei nicht an.
3. Für u wird eine Gleichung aufgestellt.
4. Der Umfang setzt sich aus drei Teilen zusammen:
   $(u - 22\,\text{cm}) + 3(u - 22\,\text{cm}) + 10\,\text{cm} = u.$

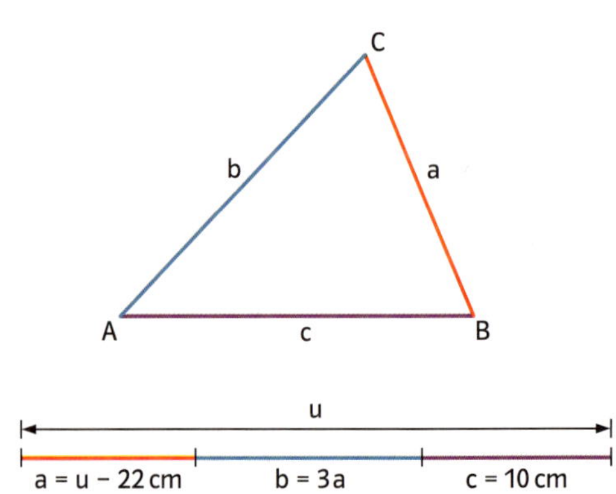

5. $(u - 22\,cm) + 3(u - 22\,cm) + 10\,cm = u$

$$
\begin{aligned}
u - 22\,cm + 3u - 66\,cm + 10\,cm &= u \\
4u - 78\,cm &= u \quad | -u \\
3u - 78\,cm &= 0 \quad | +78\,cm \\
3u &= 78\,cm \quad | :3 \\
u &= 26\,cm
\end{aligned}
$$

6. Probe: $a = 4\,cm$; $b = 12\,cm$; $a + b + c = 4\,cm + 12\,cm + 10\,cm = 26\,cm = u$
7. Das Dreieck hat einen Umfang von 26 cm.

Aufgaben

1 a) Heute ist Claudia 3-mal so alt wie sie vor 14 Jahren war.
b) Frau Clausen ist heute 8-mal so alt wie sie vor 35 Jahren war.
c) Herr Clausen ist heute 9-mal so alt wie er vor 40 Jahren war.

2 Marc und seine Mutter sind heute zusammen 65 Jahre alt. Vor 10 Jahren war die Mutter 4-mal so alt wie Marc. Wie alt ist Marc heute? Wie alt ist seine Mutter heute?
Tipp: Bei 2-Personen-Aufgaben hilft eine 4-Felder-Tabelle.

	Alter heute	Alter vor 10 Jahren
Mutter	x	$x - 10$
Marc	$65 - x$	$(65 - x) - 10$

($\cdot 4$)

Gleichung: $x - 10 = 4 \cdot ((65 - x) - 10)$

3 Vickys Vater ist heute 3-mal so alt wie seine Tochter. In 4 Jahren wird er 8-mal so alt sein wie Vicky vor 7 Jahren war.

4 Iras Tante ist heute 3-mal so alt wie Ira und 4-mal so alt wie Ira vor 5 Jahren war.

5 a) In 5 Jahren wird Benno 4-mal so alt sein wie er vor 7 Jahren war.
b) In 3 Jahren wird Alice 3-mal so alt sein wie sie vor 3 Jahren war.
c) In 3 Jahren wird Chris die Hälfte des Alters haben, das er in 20 Jahren haben wird.
d) In 32 Jahren wird Sonja 6-mal so alt sein wie sie in 4 Jahren sein wird.

6 Alf ist 26 Jahre jünger als seine Mutter, Bernd hat $\frac{1}{3}$ ihres Alters, Claus ist 13 Jahre alt. Die Mutter ist so alt wie ihre drei Söhne zusammen.

7 Ann is 24 and two times as old as Mary was, when Ann was as old as Mary is now.
Diese Aufgabe beschäftigte vor vielen Jahren halb New York. Kannst du sie wenigstens übersetzen?

So erfinde ich eine Altersaufgabe

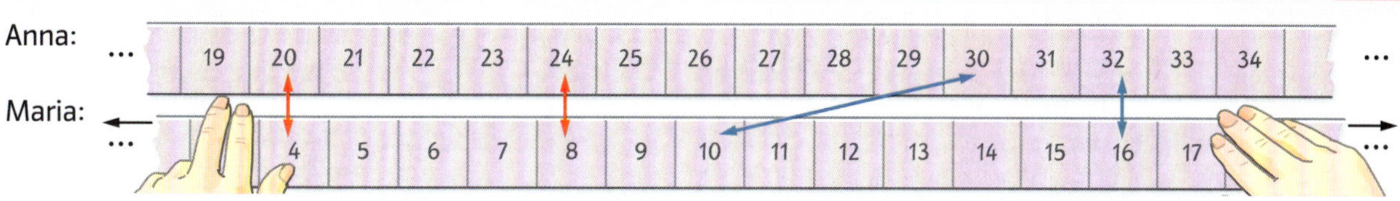

Anna ist heute 3-mal so alt wie Maria. Vor 4 Jahren war sie 5-mal so alt wie Maria damals war. (●)
Anna ist heute doppelt so alt wie Maria. Vor 2 Jahren war sie 3-mal so alt wie Maria vor 6 Jahren war. (●)

- Stellt euch gegenseitig solche Aufgaben. Zieht einfach die untere Zeitleiste nach links oder rechts.
- Wer Aufgaben stellt, muss sie auch kontrollieren können. Eine Tabelle wie in Aufgabe 2 hilft.

Wie groß sind die Strecken und Winkel?

8 Die Seite a eines Dreiecks ist 23 cm kürzer als der Umfang, die Seite b ist 4-mal so lang wie a, und c ist 11 cm lang.
Wie groß ist der Umfang?
Wie lang sind die Seiten?

9 Wie groß sind die Winkel?

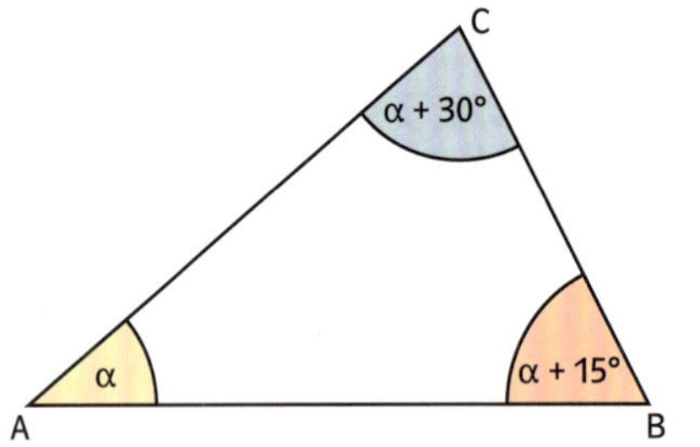

10 a) Die erste Seite eines Dreiecks nimmt $\frac{1}{3}$ des Umfangs ein, die zweite Seite $\frac{5}{12}$, die dritte ist 6 cm lang.
b) Zwei Seiten eines Dreiecks nehmen $\frac{1}{3}$ und $\frac{1}{5}$ des Umfangs ein, die dritte Seite ist 9 cm lang.
c) Die längste Seite eines Dreiecks ist doppelt so lang wie die kürzeste und $1\frac{1}{2}$-mal so lang wie die mittlere.
Der Umfang beträgt 13 cm.

11 a) In einem Dreieck ist Winkel β um 40° größer als α, beide zusammen dagegen 40° kleiner als Winkel γ.
b) In einem gleichschenkligen Dreieck ist der Winkel an der Spitze halb so groß wie ein Basiswinkel.

12 Berechne Seiten und Umfang.

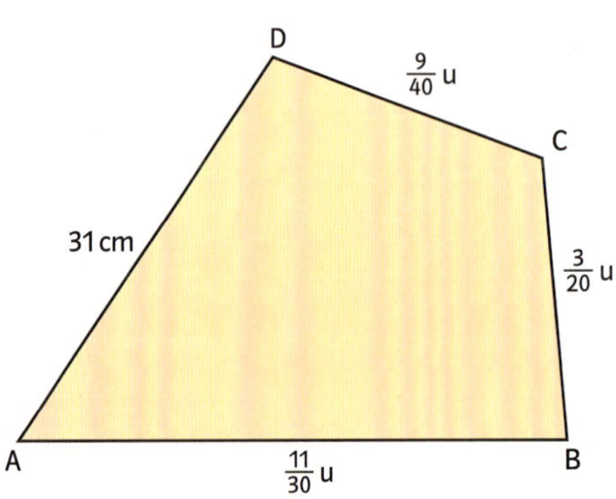

Wie heißt die Zahl?

13 Welche Aufgabe ist am Zahlenband eingetragen? Wie heißt die Zahl x?

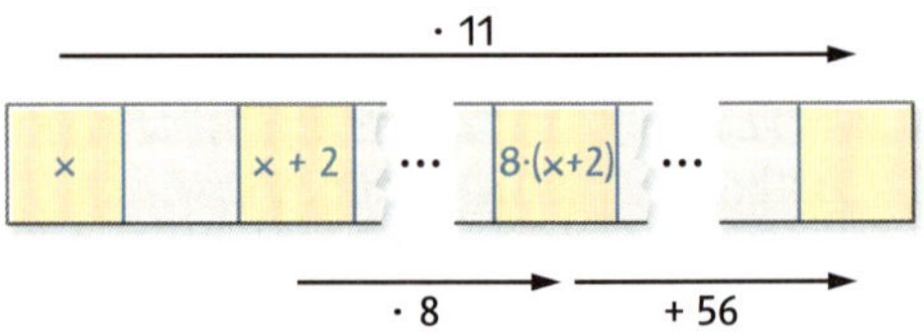

14 a) Das 5-Fache einer um 16 vermehrten Zahl ist das 7-Fache der um 10 vermehrten Zahl.
b) Das 7-Fache einer um 9 vermehrten Zahl ist das 9-Fache der um 7 verminderten Zahl.

15 a) Das Doppelte einer Zahl ist ebenso groß wie die um 2 vermehrte Zahl.
b) Das 3-Fache einer Zahl ist ebenso groß wie die um 3 vermehrte Zahl.
c) Setze die in a) und b) begonnene Aufgabenreihe fort. Erkennst du eine Regel für die Lösung?

16 Addiert man zum 3-Fachen einer Zahl das Doppelte der um 2 vergrößerten Zahl, so erhält man das 4-Fache der um 3 vergrößerten Zahl.

17 Welche Aufgaben sind hier am Zahlenstrahl gestellt?
Trage die gelöste Aufgabe in einen richtig unterteilten Zahlenstrahl ein.

a)

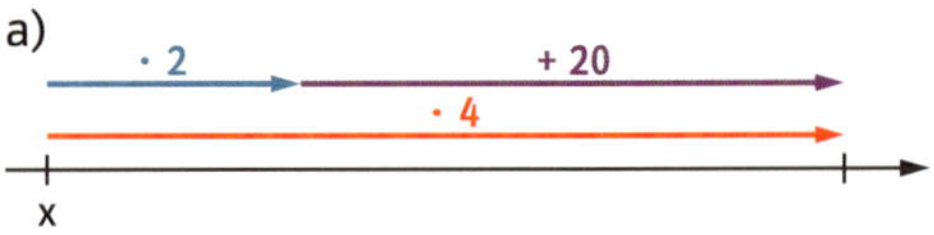

b)

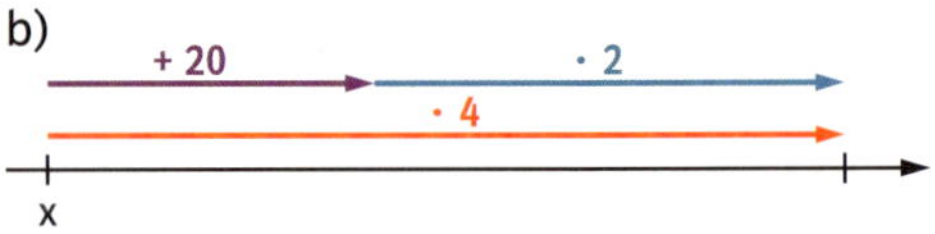

c)

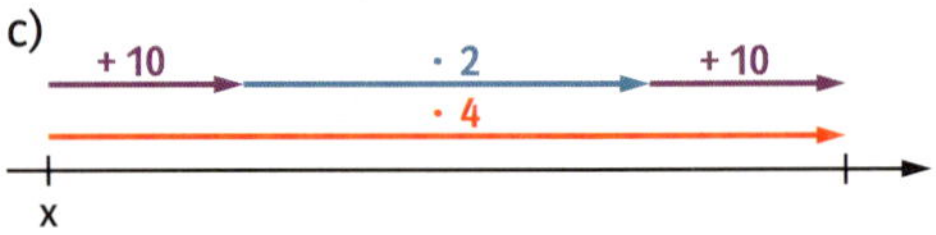

d) Stellt euch gegenseitig eigene Aufgaben am Zahlenstrahl.

Zusammenfassung

Gleichungen

Eine **Gleichung** besteht aus zwei Termen, die durch das Gleichheitszeichen verbunden sind.

$18 + 2 \cdot x = x + 20$

Lösen von Gleichungen

Um eine Gleichung **durch Probieren** zu lösen, sucht man für die Variable die Zahl, die beide Terme der Gleichung zu demselben Wert führt.

	$x \cdot 4 - 8 = 32$	
	…	
24	$8 \cdot 4 - 8 \neq 32$	32
28	$9 \cdot 4 - 8 \neq 32$	32
32	$10 \cdot 4 - 8 = 32$	32

Die gesuchte Zahl ist 10.

Eine Gleichung kann man auch durch **Umformungen** in eine einfachere Gleichung überführen, ohne dass sich dabei die Lösung ändert.

$$
\begin{aligned}
-9x + 38 &= 15x - 58 && \mid -15x \\
-24x + 38 &= -58 && \mid -38 \\
-24x &= -96 && \mid :(-24) \\
x &= 4
\end{aligned}
$$

Äquivalenzumformungen

Die Umformungsschritte zur Lösung einer Gleichung nennt man **Äquivalenzumformungen**.

- Man darf auf beiden Seiten der Gleichung denselben Term addieren oder subtrahieren.
- Man darf beide Seiten der Gleichung mit derselben Zahl (außer Null) multiplizieren oder dividieren.

Probe:

linker Term	rechter Term
$-9 \cdot 4 + 38$	$15 \cdot 4 - 58$
$= -36 + 38$	$= 60 - 58$
$= 2$	$= 2$

Gleichungen mit Klammern

Kommen in einer Gleichung Klammern vor, werden diese zuerst aufgelöst.

$$
\begin{aligned}
3(2x - 18) - 4 &= 3x - (12x - 32) \\
6x - 54 - 4 &= 3x - (12x - 32) \\
6x - 54 - 4 &= 3x - 12x + 32 \\
6x - 58 &= -9x + 32 && \mid +9x \\
15x - 58 &= +32 && \mid +58 \\
15x &= 90 && \mid :15 \\
x &= 6
\end{aligned}
$$

Textaufgaben lesen und lösen

Lies die Aufgabe sorgfältig von Anfang bis Ende und gib sie in eigenen Worten wieder. Zur Lösung kommst du in folgenden Schritten:

1. Was ist gesucht? – Benenne die gesuchte Größe.
2. Wie helfe ich mir? – Lege möglichst eine Skizze an.
3. Wie gehe ich vor? – Wähle ein Lösungsverfahren, z. B. Tabelle, Gleichung.
4. Wie rechne ich? – Stelle Rechenausdrücke oder Gleichungen auf.
5. Was kommt heraus? – Führe die Rechnungen aus.
6. Wie gut habe ich gerechnet? – Prüfe das Ergebnis am Text nach.
7. Was antworte ich? – Schreibe einen Antwortsatz.

Üben • Anwenden • Nachdenken

1 Löse die Gleichung.

a) $9x + 1 = 10$ b) $5x - 10 = 490$
c) $x : 3 = 100$ d) $x \cdot 3 = 111$

2 Sind die Gleichungen äquivalent?

a) $6x + 15 = 33$ und $6x - 6 = 12$
b) $5x = 20$ und $2x + 12 = 20$
c) $41 - 9y = -31$ und $-5 - 7x = -61$

3 Gib die Lösung an.

a) $\frac{1}{2}x + 4 = 13$ b) $\frac{1}{3}x + 7 = 11$
c) $\frac{3}{5}x + 4 = 25$ d) $\frac{1}{2}x - 3 = -5\frac{1}{2}$
e) $7 + \frac{5}{4}x = 12$ f) $-9 + \frac{1}{12}x = -3$

Wie lang ist x?

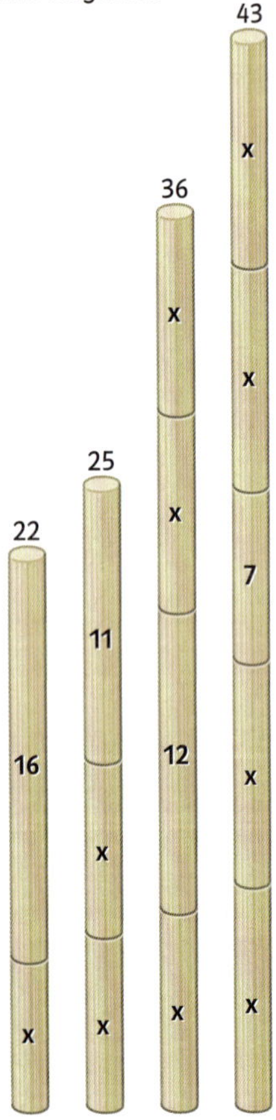

4 Fülle die Lücken so aus, dass äquivalente Gleichungen entstehen.

a) $4x = \square$
$x = 2$
$x + 3 = \square$

b) $2x = \square$
$x = 15$
$x - 8 = \square$

c) $7x = \square$
$x = -4$
$x + 5 = \square$

d) $x + 3 = \square$
$x = 9$
$2x + 3 = \square$

e) $x - 8 = \square$
$x = 5$
$3x + 1 = \square$

f) $x \square = 12$
$x = -7$
$3x \square = -30$

5 Erfinde interessante Gleichungen.

Beispiel:
$x = 2$
$\cdot 2$ ↓ ↓ $\cdot 2$
$2x = 4$
$+1$ ↓ ↓ $+1$
$2x + 1 = 5$

a) $x = 3$ b) $x = 1$ c) $x = -4$
d) $x = -10$ e) $x = 2{,}5$ f) $x = \frac{3}{4}$

6 Verpacke die Zahl in einer Gleichung. Verpacke mindestens dreimal.

a) 3   b) 1   c) −2   d) −22
e) 0   f) 2,5   g) $\frac{1}{2}$ h) $-\frac{1}{3}$

7 Es werden je 144 cm Draht benötigt.

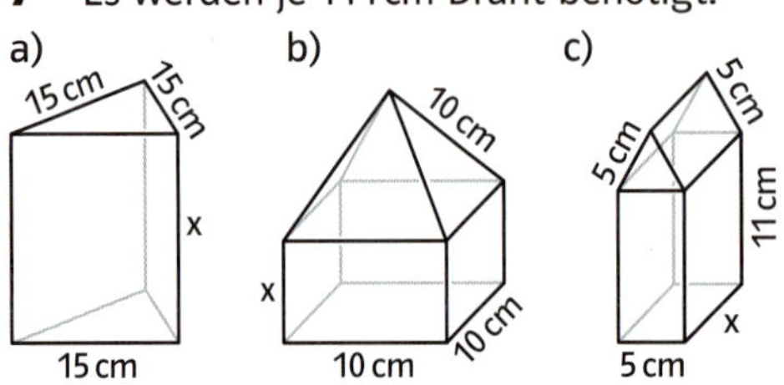

8 Löse die Gleichung.

a) $\frac{3}{5} + \frac{1}{2}y = \frac{9}{10}$ b) $\frac{5}{6} - \frac{4}{3}y = \frac{2}{3}$
c) $\frac{3}{4} = \frac{3}{2} - \frac{3}{8}y$ d) $\frac{4}{5} - \frac{3}{20}y = \frac{3}{4}$
e) $-\frac{2}{15}y + \frac{4}{9} = 1\frac{1}{3}$ f) $-1\frac{1}{6} = -\frac{9}{10} - \frac{1}{15}y$

9 Welche Lösung gehört zu welcher Gleichung?

a) $\frac{2}{3} - \left(9x - \frac{1}{3}\right) = \frac{5}{3} - 11x$	$\frac{5}{12}$
b) $1 - \left(3x + \frac{2}{5}\right) = x - \left(\frac{9}{10} + 3x\right)$	$\frac{1}{3}$
c) $\frac{1}{8} - \left(4x - \frac{1}{8}\right) = \frac{1}{2} - \left(x + \frac{3}{2}\right)$	$\frac{3}{2}$

10 Wie heißt die Lösung? Führe eine Probe durch.

a) $12y = 4y + 4$
b) $13y - 80 = -7y$
c) $4x + 1 = 2x + 17$
d) $4{,}7x - 3{,}2 = 1{,}1x + 7{,}6$
e) $5{,}5x - 9x + 9 = 13{,}5 - 1{,}5x + 23{,}5$

11 Ergänze so, dass die Gleichung die angegebene Lösung hat.

a) $4x + \square = x + 10$ $x = 3$
b) $2x + 9 = \square + 4x$ $x = 6$
c) $4x + 7 = 2x - \square$ $x = -5$
d) $\square \cdot x + 5 = 2x + 1$ $x = \frac{1}{2}$

12 Findest du Zahlen, die die Gleichung erfüllen?

a) $3x + 1 = 4x + 2 - x$
b) $8x = 3x + 5x$
c) $9x - 6 = 12x - 3x$
d) $7x - 2 = 5x - 3 + 2x + 1$

13 Die Lösungen stehen auf den Kärtchen.

a) $2(3x - 4) = 5x$ b) $-3(x - 5) = 15$
c) $6x = (5 - 2x) \cdot (-4)$
d) $12(a - 1) = 52 - 14(a - 1)$
e) $z - 2(z + 1) = 3z - (20 - 5z)$
f) $8(z + 3) + 7(z + 2) = 5z + 6(z + 1)$
g) $7(4z - 11) - 5(1 + 2z) = 41 + 3(2z + 7)$

14 Beim Umformen sind Fehler passiert.

a) $3x = 24$
$x = 21$

b) $\frac{x}{2} = 8$
$x = 4$

c) $x : 9 = 9$
$x = 1$

d) $11 = -x$
$x - 11 = 0$

e) $-y - 4 = 2y + 4$
$-y = 2y - 4$

f) $\frac{x}{2} - \frac{x}{5} = 3$
$5x - 2x = 13$

g) $10x + 11 = 7x + 22$
$10x = 7x + 33$

h) $\frac{x}{2} = x + 3$
$x = 2x + 3$

15 Stelle die Gleichung auf und löse sie.

a)

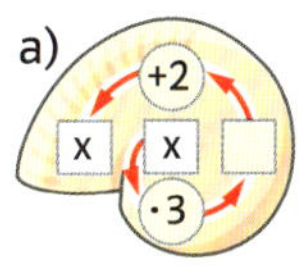

$x \cdot 3 + 2 = x$

b)

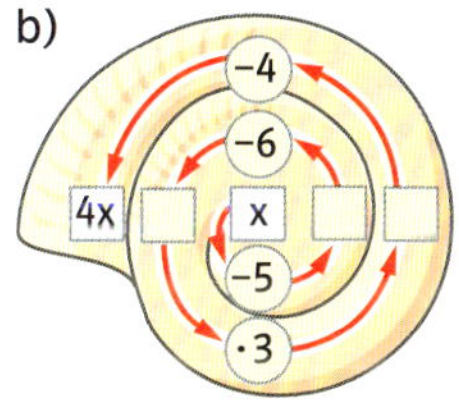

c)

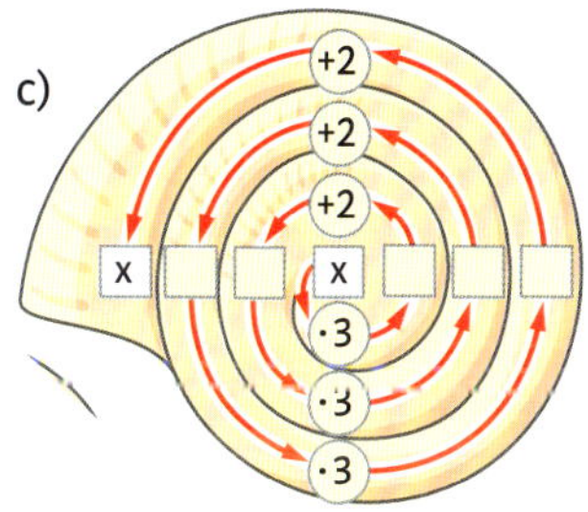

Geschickte Zeichnungen ?!

Eine geschickte Zeichnung hilft euch bei der Lösung von Aufgaben. Sie kann euch sogar dabei helfen, eine Gleichung zu finden. Eine solche Zeichnung nennt man **informative Figur**, weil sie die wichtigsten Informationen einer Aufgabe enthält.

Beispiele

a) In einem Bus ist ein Drittel der Plätze mit Kindern besetzt. Sechs Plätze mehr werden durch Erwachsene belegt. Neun Plätze bleiben frei. Wie viele Plätze hat der Bus?

gesucht: Anzahl der Plätze im Bus

informative Figur:

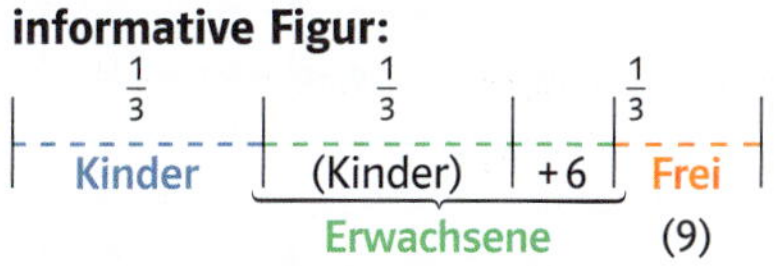

$6 + 9 = 15$ entsprechen einem Drittel der Plätze.
Kinder besetzen demnach 15 Plätze.
Anzahl der Plätze im Bus: $15 \cdot 3 = 45$

b) In eine Schulklasse gehen 31 Kinder. Es sind sieben Mädchen mehr als Jungen.

gesucht: Anzahl der Mädchen und Jungen

informative Figur:

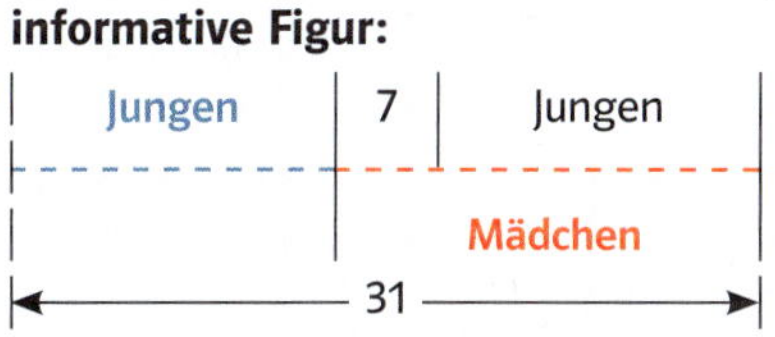

$31 - 7 = 2 \cdot$ Anzahl der Jungen
$24 : 2 =$ Anzahl der Jungen
$12 + 7 =$ Anzahl der Mädchen
In der Klasse sind 19 Mädchen und 12 Jungen.

Löse die folgenden Aufgaben mithilfe einer informativen Figur.

- In einer Schulklasse mit 28 Kindern sind sechs Jungen mehr als Mädchen.
- Heute ist Lana dreimal so alt, wie sie vor 14 Jahren war.
- Anne, Olaf und Iris erhalten wöchentlich von ihren Eltern zusammen 30 € Taschengeld. Da die Kinder unterschiedlich alt sind, erhält Anne doppelt so viel wie Iris und Olaf 2 € mehr als Iris.
- Eine Erbschaft soll auf vier Erben verteilt werden. Ein Erbe erhält ein Drittel des Geldes und jeder der drei anderen Erben erhält 6500 €.
- Das Ergebnis der Wahl zur besten Band der Schule wurde verkündet: „Ask Alice" bekam $\frac{2}{5}$ der Stimmen. „Schocktherapie" halb so viele wie „Ask Alice" und „Pupils in Black" 87 Stimmen mehr als „Schocktherapie". Welche Band hat gewonnen?

Solche Aufgaben stellte Fibonacci. Sein eigentlicher Name war Leonardo di Pisa. Er war Kaufmann und Mathematiker (etwa 1170–1250).

Ein Kaufmann reist von Pisa nach Lucca. Dort verdoppelt er durch gute Geschäfte sein Kapital, muss aber 16 Denare ausgeben.
Er reist nach Florenz weiter. Dort verdoppelt er sein neues Kapital erneut und hat wieder Kosten von 16 Denaren.
Nach Pisa zurückgekehrt erlebt er wieder dasselbe.
Er schaut jetzt in seine Geldkatze und findet darin – nichts.

Skizze

14 ← $2 \cdot \square - 16 = 12$; $2 \cdot 14 - 16 = 12$ ← $2 \cdot \square - 16 = 8$; $2 \cdot 12 - 16 = 8$ ← $2 \cdot \square - 16 = 0$; $2 \cdot 8 - 16 = 0$

Einfach rückwärts rechnen! Der Kaufmann ist mit 14 Denaren aus Pisa abgereist.

Probieren mit System

Starte mit einer beliebigen Anzahl von Münzen.

Pi	Lu	Fl	Pi	???
10	4	−8	−32	zu wenig
20	24	32	48	zu viel
15	14	12	8	zu viel
14	12	8	0	aha!

■ Könnte der Kaufmann auch mit 16 Denaren nach Pisa zurückgekehrt sein?

■ Wie viel Geld hatte er bei der Abreise, wenn seine Geldkatze erst nach zwei oder sogar drei Rundreisen leer ist?

Von der Tabelle zur Gleichung

	Kapital bei Ankunft	Einnahme	Ausgabe	Kapital bei Abreise
Pi	–	–	–	x
Lu	x	x	16	2x − 16
Fl	2x − 16	2x − 16	16	4x − 48
Pi	4x − 48	4x − 48	16	8x − 112

Gleichung: $8x - 112 = 0$

■ Löse einige der Aufgaben dieses Kapitels mit einer Skizze oder einer Tabelle.

■ Erfindet selbst Aufgaben. Die verschiedenen Lösungswege könnt ihr in einem gemeinsamen Poster vorführen.

Rückspiegel

1 Löse die Gleichung.

a) $4x + 5 = 21$ b) $6x + 7 = 43$
c) $3x - 12 = 15$ d) $9x - 41 = -5$
e) $-23 + 4x = 7$ f) $-1 = -19 - 6x$

2 Löse.

a) $\frac{2}{5}x - \frac{1}{10} = \frac{7}{10}$ b) $\frac{2}{3}x + \frac{4}{9} = \frac{7}{9}$
c) $-\frac{1}{5} + \frac{1}{10}x = \frac{2}{5}$ d) $\frac{3}{8}x - \frac{1}{4} = \frac{1}{2}$
e) $\frac{3}{4}y - \frac{4}{5} = \frac{7}{10}$ f) $\frac{2}{5}y - \frac{3}{4} = \frac{17}{20}$

3 Wo steckt der Fehler? Erkläre.

a) $x + 28 = 4$
$x = 24$
b) $x + 5 = 20$
$x = 25$
c) $3x = 18$
$x = 54$
d) $22x = 22$
$x = 0$

4 Wie heißt die Lösung?

a) $(4 - 5x) + (10 + 6x) = 8$
b) $12 = (25 - x) - (19 - 2x)$
c) $3x - (19 - 4x) + 14 = 7x - (2x - 7)$
d) $(3u - 5)7 = 7 + 7u$
e) $3(2u - 18) - 4 = 3u - 4(3u - 8)$

5 a) Das Doppelte einer Zahl vermehrt um 7 ergibt 21.
b) Die Summe aus einer Zahl und dem um 4 vermehrten Doppelten der Zahl ist ebenso groß wie die um 50 vermehrte Zahl.

6 a) Heute ist Bianca 6-mal so alt, wie sie vor 10 Jahren war.
b) Daniel und sein Vater sind heute zusammen 56 Jahre alt. Vor 8 Jahren war der Vater 3-mal so alt wie Daniel.

7 Berechne den Umfang und die nicht angegebenen Seiten des Dreiecks.

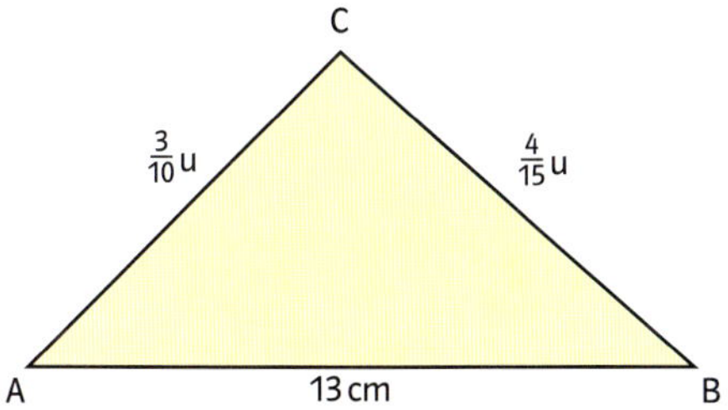

Rückspiegel

1 Löse die Gleichung.

a) $12x - 49 = -1$ b) $55 - 5x = 40$
c) $81 - 3x = -57$ d) $-83 = -12y - 35$
e) $61 = -26y + 22$ f) $2{,}5 + 14y = -3{,}1$

2 Löse.

a) $\frac{3}{5}x - \frac{1}{4} = \frac{7}{20}$ b) $\frac{1}{4}x + \frac{1}{6} = \frac{2}{5}$
c) $\frac{1}{3}x - \frac{2}{3} = \frac{1}{2} + \frac{1}{8}x$ d) $1\frac{1}{2} - \frac{1}{2}x = \frac{3}{4}x - 1$
e) $\frac{1}{2} + \frac{2}{3}x = \frac{5}{3} - \frac{1}{2}x$ f) $\frac{4}{5}x - 1 = -\frac{4}{3}x + \frac{17}{15}$

3 Wo steckt der Fehler? Erkläre.

a) $10x = 20$
$x = 10$
b) $14x = 7$
$x = 2$
c) $5 + 4x = 27$
$9x = 27$
d) $1\frac{1}{2}x - x = x + 2$
$1\frac{1}{2} = x + 2$

4 Wie heißt die Lösung?

a) $6x - (8x - 10) = 87 - (21 + 10x)$
b) $(19x - 17) - (3x - 72) = -13 + (13x + 83)$
c) $3(y + 1) + 60y = 49 + 40y$
d) $11 - 6(6y - 1) + 3(2 + y) = 8 - 3y$
e) $8(2y - 1) - 17(3 - y) = 16(-3y - 2)$

5 a) Addiert man zum 6-Fachen einer Zahl 17, so erhält man 41.
b) Dividiert man eine Zahl durch 6, addiert zum Ergebnis 5 und multipliziert das neue Ergebnis mit 3, so erhält man wieder die ursprüngliche Zahl.

6 a) In 20 Jahren wird Bianca 9-mal so alt sein, wie sie vor 4 Jahren war.
b) Daniel ist 3-mal so alt wie Marvin. In 10 Jahren wird er doppelt so alt sein, wie Marvin in 8 Jahren ist.

7 Berechne die Winkel des Dreiecks.

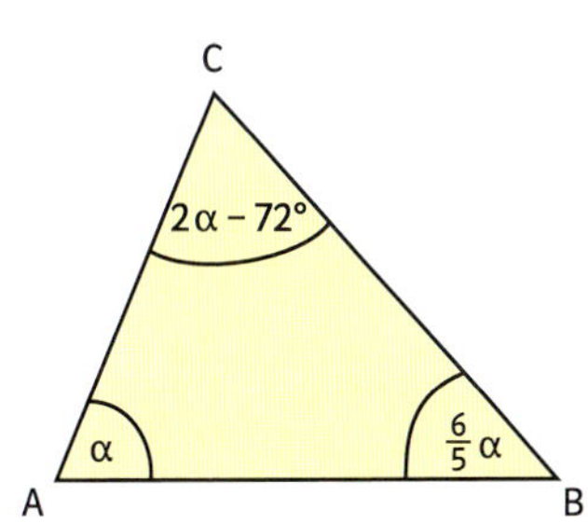

Wenn wir 100 wären …

Beim Rechnen mit Prozenten dreht sich alles um die Zahl 100.

In die Klasse 7a der Schloss-Realschule gehen 11 Jungen und 14 Mädchen. Sechs Schülerinnen und Schüler sind 12 Jahre, zwölf sind 13 Jahre und sieben sind 14 Jahre alt.
Elf kommen mit dem Fahrrad, sechs zu Fuß und acht mit öffentlichen Verkehrsmitteln zu Schule.

- Wie sähen die entsprechenden Zahlen in einer Klasse mit 100 Schülerinnen und Schülern aus?
- Berechnet oder schätzt die entsprechenden Anteile in eurer Klasse.
- Ihr findet bestimmt noch ein paar weitere Unterscheidungsmerkmale in eurer Klasse.

In ein 10 × 10-Quadrat könnt ihr die verschiedenen Anteile einzeichnen.

- Stellt die unterschiedlichen Aufteilungen jeweils in einem 10 × 10-Quadrat dar. Dabei könnt ihr für die Anteile unterschiedliche Farben verwenden.
- Verwendet auch andere bekannte Diagramm-Arten zur Darstellung und vergleicht mit dem 10 × 10-Quadrat.

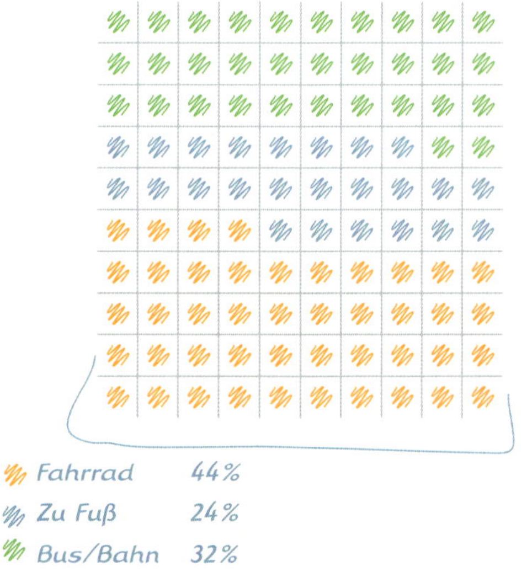

Umfrage

60 Schülerinnen und Schüler werden gefragt, welche Sportart sie betreiben.

Ergebnis:
Leichtathletik 20, Fußball 30, Volleyball 22, Schwimmen 14, Tischtennis 6

Warum könnt ihr Ergebnisse von Umfragen, bei denen Mehrfachnennungen möglich sind, auf diese Art nicht grafisch darstellen?
Sucht andere Darstellungsmöglichkeiten.

10 × 10-Quadrate

Zeichnet in euer Heft einige Quadrate.

- Färbt jedes vierte Kästchen ein.
  Stellt den Anteil zusammenhängend dar.
  Welcher Anteil des gesamten Quadrats ist jetzt gefärbt?
- Wie sieht euer Ergebnis aus, wenn ihr jedes zweite Kästchen einfärbt?
  Ihr könnt die Frage bestimmt auch beantworten, ohne die Flächen zu färben.
- Wie ist es bei jedem fünften Kästchen, wie bei jedem zehnten?
- Welche Probleme treten auf, wenn ihr jedes dritte oder jedes achte Kästchen ausmalt?

Kennt ihr schon Prozentangaben, die ihr für die Beschreibung der bemalten Anteile verwenden könntet?

Welchen Anteil kann man geschickt mithilfe eines Kreises darstellen?

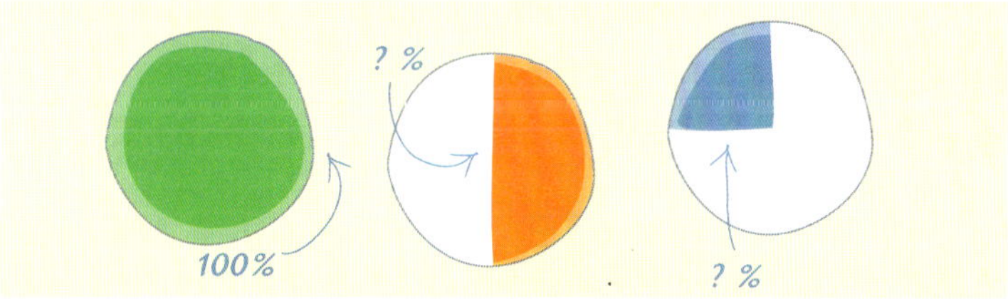

In diesem Kapitel lernst du,

- wie man Anteile als Prozente darstellt,
- wie man prozentuale Anteile ausrechnet,
- wie man Prozente in Diagrammen darstellen kann,
- wie man mit Prozenten rechnen kann.

1 Absoluter und relativer Vergleich

In der Handball-Bundesliga wird eine Statistik über die abgewehrten Siebenmeter geführt.

Torhüter Ramota hat von 30 geworfenen Siebenmetern 8 gehalten, Fritz von 24 Versuchen 6, Bitter von 28 Versuchen 7.
→ Wer ist der beste Torhüter?
→ Wie begründest du deine Antwort?

In zwei aufeinander folgenden Jahren wurden in einer Schule Sicherheitsüberprüfungen an Fahrrädern durchgeführt.

Absolut gesehen wurden im zweiten Jahr mehr Mängel festgestellt, es waren aber auch mehr Fahrräder.
Um die Anteile besser vergleichen zu können werden beide Ergebnisse durch Erweitern als Brüche mit demselben Nenner geschrieben.
Dann sieht man, dass im ersten Jahr **relativ** gesehen mehr Mängel vorhanden waren.

	1. Jahr		2. Jahr
Anzahl der Mängel	40		50
Anzahl der Fahrräder	120		180
Anteile	$\frac{40}{120} = \frac{120}{360}$		$\frac{50}{180} = \frac{100}{360}$
Absoluter Vergleich	40	$<$	50
Relativer Vergleich	$\frac{120}{360}$	$>$	$\frac{100}{360}$

Beim **absoluten Vergleich** werden die Zahlen- oder Größenangaben direkt miteinander verglichen.
Beim **relativen Vergleich** werden die Anteile miteinander verglichen.

Beispiele

a) Von 150 Boskop-Äpfeln sind 18 faul, von 50 Äpfeln der Sorte Jonathan sind 8 faul.
Absolut verglichen sind damit mehr Boskop-Äpfel faul.
Für den relativen Vergleich müssen die Anteile $\frac{8}{50}$ und $\frac{18}{150}$ miteinander verglichen werden.
Es gilt $\frac{8}{50} = \frac{24}{150}$. Da $\frac{24}{150} > \frac{18}{150}$ ist, sind relativ gesehen mehr Äpfel der Sorte Jonathan faul.

b) Biowaschmittel wird in zwei Packungsgrößen angeboten:
Die 5-kg-Packung ist absolut gesehen billiger, weil sie 9,75 € kostet.
Relativ gesehen ist aber die 10-kg-Packung für 19,25 € günstiger, weil zwei 5-kg-Packungen 19,50 € kosten.

Aufgaben

1 Welcher Anteil ist größer?
a) $\frac{4}{5}$ oder $\frac{7}{10}$; $\frac{9}{15}$ oder $\frac{24}{45}$; $\frac{7}{8}$ oder $\frac{15}{16}$
b) $\frac{7}{12}$ oder $\frac{11}{15}$; $\frac{18}{25}$ oder $\frac{23}{40}$; $\frac{19}{18}$ oder $\frac{21}{20}$

2 Vergleiche die Anteile nach ihrer Größe.
a) $\frac{3}{4}$ oder $\frac{7}{10}$; $\frac{2}{3}$ oder $\frac{4}{5}$; $\frac{3}{5}$ oder $\frac{5}{8}$
b) $\frac{1}{3}$ oder $\frac{4}{9}$; $\frac{9}{10}$ oder $\frac{13}{15}$; $\frac{7}{12}$ oder $\frac{11}{18}$

3 Ordne die Anteile nach der Größe.

a) $\frac{1}{2}$; $\frac{2}{3}$; $\frac{1}{6}$; $\frac{1}{3}$; $\frac{5}{6}$ b) $\frac{15}{20}$; $\frac{7}{10}$; $\frac{11}{15}$; $\frac{17}{30}$

c) $\frac{19}{80}$; $\frac{61}{240}$; $\frac{39}{160}$; $\frac{27}{120}$ d) $\frac{17}{12}$; $\frac{23}{18}$; $\frac{50}{36}$; $\frac{31}{24}$

4 Manchmal ist es beim Vergleichen von Anteilen sinnvoll, Brüche in Dezimalbrüche umzuwandeln.
Entscheide selbst, wie viele Nachkommaziffern du berechnen musst.

a) $\frac{4}{7}$; $\frac{5}{8}$; $\frac{7}{10}$; $\frac{11}{15}$ b) $\frac{11}{50}$; $\frac{17}{70}$; $\frac{19}{80}$; $\frac{21}{90}$

5 Ordne nach der Größe.

$\frac{3}{7}$; 0,55; $\frac{2}{5}$; 0,33; $\frac{1}{3}$; 0,5; $\frac{3}{10}$

Erkläre, wie du beim Ordnen der Zahlen vorgegangen bist.

6 Beim Basketball traf Jens bei 15 Freiwürfen 7-mal in den Korb, Manuel traf 9-mal bei 20 Freiwürfen.
Bewerte die Leistungen der beiden Spieler.

7 Die beiden siebten Klassen der Hermann-Hesse-Realschule haben Batterien gesammelt.
Die 7a brachte es auf 23 kg, die 7b auf insgesamt 27 kg. In der 7a sind 25 Schülerinnen und Schüler, in der Parallelklasse dagegen 30. Die 7a behauptet, sie hätte die fleißigeren Sammler.

8 In der Tabelle sind die Schülerzahlen der Elly-Heuss-Knapp-Realschule für die einzelnen Klassenstufen nach Jungen und Mädchen getrennt aufgelistet.

	Jungen	Mädchen
5	32	38
6	42	38
7	35	40
8	39	31
9	42	41
10	37	43

a) Was kannst du aus diesen Daten entnehmen?
b) Veranschauliche deine unterschiedlichen Aussagen in verschiedenen Schaubildern.

9 Frau Schwan hat bei einer Lotterie Lose für 200 € gekauft. Sie hat einen Preis in Höhe von 12 000 € gewonnen. Herr Gans hat mit einem einzigen Los für 10 € dagegen 1000 € gewonnen.
a) Welche Person möchtest du sein?
b) Wer hat – relativ gesehen – mehr gewonnen? Ist dies interessant?
c) Wie viel Euro hätte Frau Schwan gewinnen müssen, um relativ gesehen denselben Gewinn wie Herr Gans zu haben?

10 Eine Arzneimittelfirma testet zwei Hustenmittel an zwei Patientengruppen. Mittel A bewirkt bei 38 von 74 erkrankten Personen eine Besserung.
Bei Mittel B war eine Besserung bei 118 von 236 Patienten festzustellen.
Für welches Mittel würdest du dich entscheiden und warum?
Kannst du schnell entscheiden, ohne ganz genau zu rechnen?

Aus der Zeitung

Wie unvernünftig sind doch die Leute!
7 von 10 Personen waren bereit, 20 Minuten mit dem Auto zu fahren, um für einen Taschenrechner 15 € statt 25 € zu bezahlen. Nur 3 von 10 wollten diesen Weg auf sich nehmen, wenn sie für einen DVD-Player 115 € statt 125 € zahlen sollten.

- Was meint ihr dazu?

Bei einer Umfrage unter den weiblichen Einwohnern von Herrenstadt zur Einkaufssituation im Zentrum war jede zehnte Frau unzufrieden und forderte Verbesserungen. Von den männlichen Einwohnern war es nur jeder achte der Befragten.
Der Vorsitzende der Kommission „Kundenfreundliche Innenstadt" will nun ein Diskussionsforum für Frauen anbieten.

- Könnt ihr die Aussagen in diesem Zeitungsartikel erklären?

? *Jenny hat einen Freiwurf erhalten und verwandelt. Mandy hat 6 von 10 Freiwürfen verwandelt. Wer trifft sicherer?*

2 Prozentschreibweise

Drei Radiosender ermitteln durch eine Umfrage den beliebtesten Radiosprecher ihres Senders.
Es ergab sich folgendes Ergebnis:

Steve Maier (MDR)	216 von 400 Stimmen
Ulla West (SWR)	192 von 300 Stimmen
Sabine Blum (WDR)	255 von 500 Stimmen

→ Wer hatte im eigenen Radiosender den höchsten Stimmenanteil? Vergleiche.
→ Stelle deinen Lösungsweg der Klasse vor.

„Per cento" kommt aus dem Italienischen und heißt übersetzt „von hundert".

Anteile oder Verhältnisse können mit Brüchen dargestellt werden. Zum Vergleichen wird in vielen Fällen der gemeinsame Nenner 100 verwendet.

6 von 25 oder $\frac{6}{25}$ entsprechen 24 von 100 oder $\frac{24}{100}$.

Für **Hundertstelbrüche** kann man auch die **Prozentschreibweise** verwenden.

$\frac{24}{100}$ ist dasselbe wie 24 Prozent, man schreibt auch 24%.

Alle Prozentangaben kann man auch in der Dezimalbruchschreibweise darstellen.

24% = 0,24 oder 3,5% = 0,035

Prozente sind Anteile mit dem Nenner 100.

1 Prozent bedeutet: $\frac{1}{100}$ $\qquad$ $1\% = \frac{1}{100}$

p Prozent bedeutet: $\frac{p}{100}$ $\qquad$ $p\% = \frac{p}{100}$

p ist die **Prozentzahl.**

Beispiele

a) Wenn 16 Schüler von 50 einen Handyvertrag haben, so kann man auch sagen, das sind 32%.
$\frac{16}{50} = \frac{32}{100} = 0{,}32 = 32\%$

b) Vier Fünftel der Fläche sind gefärbt.
$\frac{4}{5} = \frac{80}{100} = 80\%$

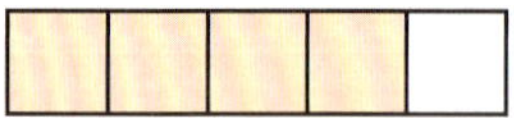

Präge dir diese Prozentsätze als Brüche und Dezimalbrüche ein:

$\frac{1}{100} = 0{,}01 = 1\%$
$\frac{5}{100} = 0{,}05 = 5\%$
$\frac{1}{10} = 0{,}1 = 10\%$
$\frac{1}{5} = 0{,}2 = 20\%$
$\frac{1}{4} = 0{,}25 = 25\%$
$\frac{1}{2} = 0{,}5 = 50\%$
$\frac{3}{4} = 0{,}75 = 75\%$
$\frac{1}{3} = 0{,}\bar{3} = 33\frac{1}{3}\%$

Aufgaben

1 Erkläre die Aussage. Finde weitere.
a) Jeder zehnte Autofahrer fuhr an der Radarfalle zu schnell vorbei.
b) Sieben von zehn Haushalten haben einen Mikrowellenherd.
c) Fabian sagt: Ich bin mir zu 100% sicher.
d) Mehr als ein Drittel aller Schülerinnen und Schüler kommt von auswärts.
e) Ungefähr 20% aller Teilnehmer errangen eine Ehrenurkunde.

2 Verwandle in einen Bruch mit dem Nenner 100 oder in einen Dezimalbruch und gib an, wie viel Prozent das sind.
a) $\frac{3}{10}$; $\frac{7}{10}$; $\frac{9}{10}$; $\frac{7}{20}$; $\frac{17}{20}$; $\frac{13}{25}$; $\frac{24}{25}$; $\frac{19}{50}$
b) $\frac{1}{2}$; $\frac{1}{4}$; $\frac{3}{4}$; $\frac{1}{5}$; $\frac{3}{5}$; $\frac{4}{5}$
c) $\frac{34}{200}$; $\frac{198}{200}$; $\frac{33}{300}$; $\frac{213}{300}$; $\frac{24}{400}$; $\frac{288}{400}$; $\frac{75}{500}$
d) $\frac{14}{40}$; $\frac{15}{50}$; $\frac{12}{30}$; $\frac{12}{15}$; $\frac{9}{60}$; $\frac{36}{80}$; $\frac{144}{240}$; $\frac{91}{130}$

3 Verwandle die Prozentangabe in einen Bruch und kürze.
a) 30 %; 60 %; 55 %; 45 %; 5 %
b) 14 %; 28 %; 48 %; 64 %; 96 %
c) 25 %; 12,5 %; 62,5 %; 2 %; 4 %

4 Schreibe als Dezimalbruch.
a) 12 %; 27 %; 39 %; 88 %; 99 %
b) 3 %; 5 %; 9 %; 20 %; 90 %; 10 %; 150 %
c) 4,5 %; 6,8 %; 34,5 %; 0,7 %; 0,12 %

5 Gleiche Kästchenzahl – unterschiedliche Anteile!

a)
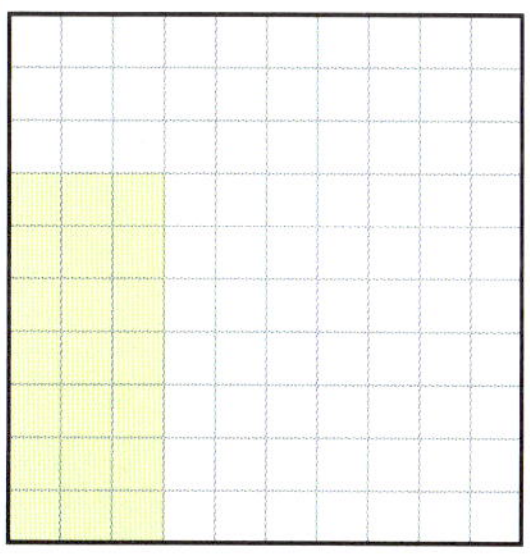

b)
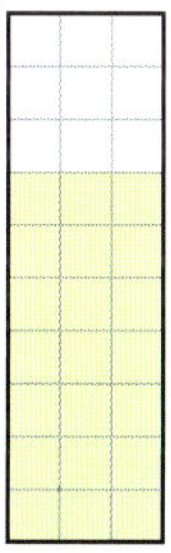

c)
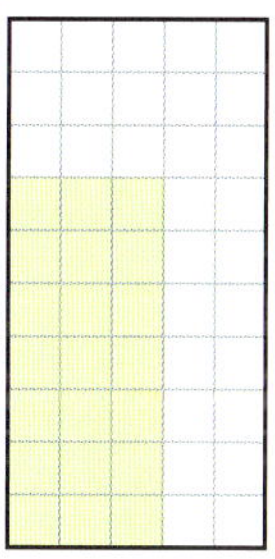

d)
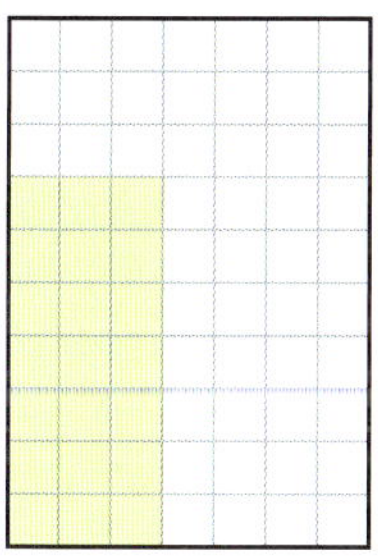

6 Setze <, > oder = ein.

a) 0,2 ☐ 2 %
$\frac{3}{5}$ ☐ 60 %
0,7 ☐ 75 %
0,91 ☐ 90 %

b) 5,5 % ☐ 0,55
70 % ☐ $\frac{3}{4}$
0,8 ☐ 0,08
11 % ☐ $\frac{1}{11}$

7 a) Was sagst du dazu?
Jeder dritte Schüler kommt mit dem Fahrrad in die Schule. Petra sagt: „Das sind genau 30 %."
b) Was ist großzügiger?
„Jeder siebte Besucher erhält eine Freikarte" oder „15 % der Besucherinnen und Besucher bekommen Freikarten"
c) Ein Möbelhaus wirbt mit „Preissenkung bis zu 200 %!" Ist das möglich?

8 Das Quadrat ist in 7 Teile zerlegt.

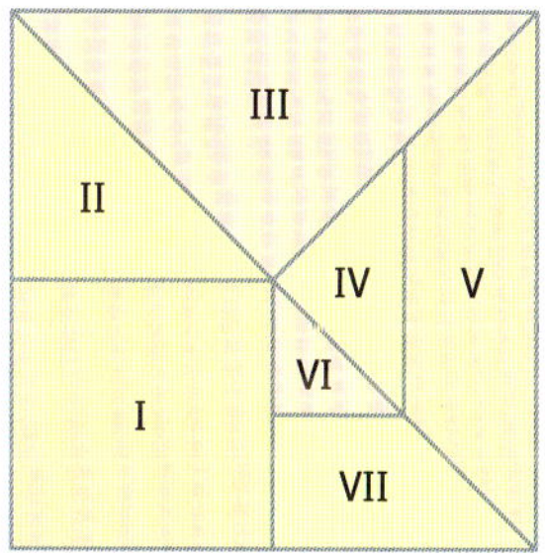

a) Gib die Anteile in Prozent an.
b) Stelle auf unterschiedliche Art Anteile zusammen, die 50 % ergeben.
c) Zeichne das Quadrat mit der Seitenlänge 10 cm und färbe in diesem Quadrat gleich große Teilflächen mit der gleichen Farbe.

Thomas A. Edison sagte:

„Wir wissen nicht einmal ein Millionstel Prozent aller Dinge."

$\frac{1}{1\,000\,000}$ % = 0,000 000 01

9 Ergänze.

39 %	10 %			8,5 %			9,9 %		
$\frac{39}{100}$		$\frac{17}{100}$			$\frac{18}{25}$			$\frac{1}{20}$	
0,39			0,41			0,04			0,33

Runden

Wird ein Anteil als Dezimalbruch dargestellt, kann dieser sehr viele Nachkommastellen enthalten. Beim Arbeiten mit dem Taschenrechner ist es aber oft nicht sinnvoll, die gesamte Anzeige abzuschreiben.

Beispiel
In einer Klasse kommen 12 von 29 Schülerinnen und Schülern mit dem Bus zur Schule. Für die Angabe eines sinnvollen Ergebnisses kann man auf einige Nachkommastellen verzichten. In der gegebenen Situation bietet es sich an, auf drei Stellen zu runden. 0,414 = 41,4 %

■ Runde sinnvoll. Gib die Anteile in Prozentschreibweise an.
- 13 von 27 in der Klasse
- 15 von 43 Medaillen
- Jeder neunte Schüler
- Ein Siebtel von 345 Teilnehmern

Ergebnisse einer Umfrage: „Wie kommst du zur Schule?" (in Prozent):
Bus 55 %
Rad 30 %
zu Fuß 15 %

Prozentanteile grafisch darstellen

Zu den häufig verwendeten Streifendiagrammen und Kreisdiagrammen gehören beim Darstellen von Prozentanteilen der **Prozentstreifen** und der **Prozentkreis**.
Beim **Prozentstreife**n entspricht 100 % der Gesamtlänge des Streifens. Für die Streifenlänge wählt man vorteilhaft 10 cm für 100 %.

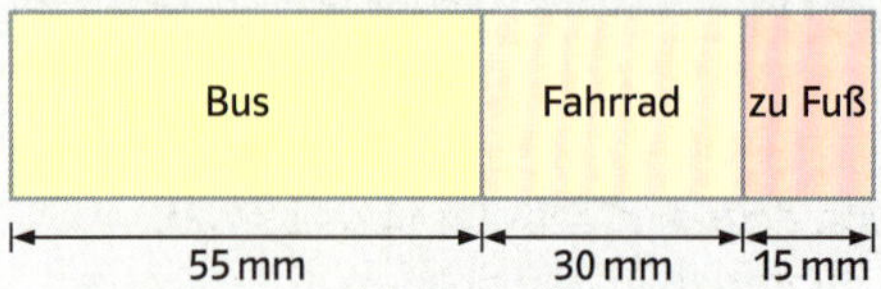

Beim **Prozentkreis** entspricht 100 % dem Vollwinkel 360°.

1 % von 360° sind $360° : 100 = 3{,}6°$
55 % von 360° sind $3{,}6° \cdot 55 = 198°$
30 % von 360° sind $3{,}6° \cdot 30 = 108°$
15 % von 360° sind $3{,}6° \cdot 15 = 54°$

Auf diese Weise lassen sich für alle Prozentanteile schnell die zugehörigen Winkel berechnen.

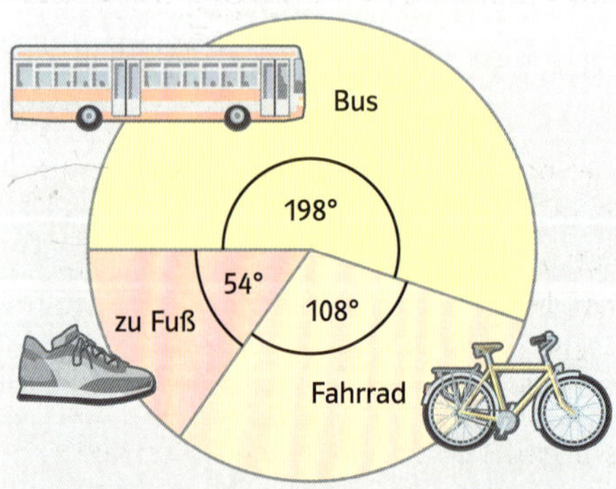

- Fertige zu dieser Umfrage andere Diagramme an und vergleiche. Wo haben die einzelnen Diagramme ihre Vorteile?
- Erfasse die Daten von deiner Klasse und fertige ebenfalls einen Prozentstreifen und einen Prozentkreis an.
- Überlege dir noch andere Fragestellungen, die du dann ebenfalls auswerten kannst.

Es ist gut, wenn du diese Entsprechungen für Prozentkreise im Kopf hast:

1 %	3,6°
5 %	18°
10 %	36°
12,5 %	45°
20 %	72°
25 %	90°
$33\frac{1}{3}$ %	120°
50 %	180°
$66\frac{2}{3}$ %	240°
75 %	270°

10 Aus der 6. Klasse kennst du noch die Winkelscheibe, mit der du gelernt hast, Winkel zu schätzen.
Du kannst sie jetzt dazu verwenden, Prozentanteile zu schätzen.
Auf die Rückseite musst du jetzt die entsprechenden Prozentzahlen schreiben.
Schätzt zu zweit.

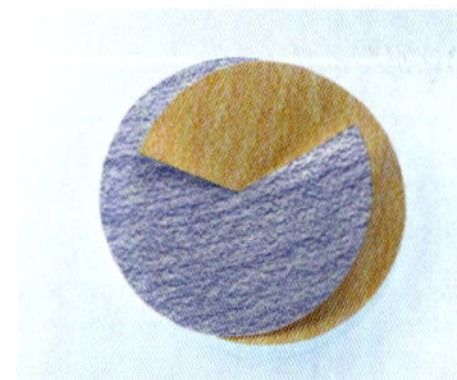

11 Von 25 Schülerinnen und Schülern der Klasse 7c spielen 8 Handball, 40 % spielen Tennis und $\frac{14}{50}$ spielen Fußball.
a) Welche Sportart ist am beliebtesten?
b) Ermittle die Anzahl für jede Sportart.
c) Wie groß sind die Prozentanteile?
Stelle sie in einem Prozentstreifen und in einem Prozentkreis dar.
d) Welche Ergebnisse erhältst du in deiner eigenen Klasse?
e) Befrage 25 Jungen und 25 Mädchen aus anderen Klassen.
Stelle die Ergebnisse zunächst getrennt nach Jungen und Mädchen dar. Vergleiche mit dem Diagramm, das sich ergibt, wenn man beide zusammen darstellt.
f) Vergleiche auch mit den Ergebnissen deiner Mitschülerinnen und Mitschüler.

3 Prozentsatz

Eine Umfrage an der Schiller-Realschule unter 50 Schülerinnen und Schülern der siebten Klassen ergab, dass 38 ein eigenes Handy besitzen.
In einer Untersuchung einer Zeitung stand zu lesen, dass 81% der 14-Jährigen ein eigenes Handy besitzen.
→ Überprüfe die Zeitungsmeldung in deiner Klasse.

Die Klasse 7b hat 25 Schülerinnen und Schüler, von denen 10 mit dem Bus fahren.
Das heißt 10 von 25 Kindern, also $\frac{10}{25} = \frac{40}{100} = 40\,\%$ fahren mit dem Bus.
Der Wert 25, der das Ganze bezeichnet, heißt **Grundwert G**.
Der Wert 10, der einen Teil des Ganzen bezeichnet, heißt **Prozentwert W**. Wird der Anteil $\frac{10}{25}$ auf den Nenner 100 erweitert, so nennt man den Bruch $\frac{p}{100}$ den **Prozentsatz p%**.

Prozentsatz

$p\,\% = \frac{p}{100}$

Anteile können mit dem **Prozentsatz** $p\,\% = \frac{p}{100}$ angegeben werden.

Man berechnet den Prozentsatz aus Prozentwert und Grundwert.

Prozentsatz = $\frac{\textbf{Prozentwert}}{\textbf{Grundwert}}$ kurz: $\mathbf{p\,\% = \frac{W}{G}}$

Bemerkung

Wenn alle 25 Kinder einer Klasse ein Fahrrad besitzen, dann ist der Anteil $\frac{25}{25} = \frac{100}{100} = 100\,\%$.
Der Grundwert entspricht also immer 100%.

Beispiele

a) Von 400 Mitgliedern eines Musikvereins spielen 184 ein Instrument.
Grundwert G = 400
Prozentwert W = 184
$p\,\% = \frac{184}{400} = \frac{46}{100} = 0{,}46 = 46\,\%$
46% aller Mitglieder des Vereins spielen ein Instrument.

b) In den letzten fünf Jahren hat sich die Anzahl der Ehrenurkunden bei den Mädchen von 18 auf 36 erhöht, also verdoppelt.
Grundwert G = 18
Prozentwert W = 36
$p\,\% = \frac{36}{18} = \frac{200}{100} = 2{,}00 = 200\,\%$
Es ergibt sich ein Prozentsatz von 200%.

c) Der Benzinpreis pro Liter hat sich um 3 Cent erhöht.
Davor lag er bei 126 Cent.
Grundwert G = 126 Cent
Prozentwert W = 3 Cent
$p\,\% = \frac{3}{126} = 0{,}0238\ldots = 2{,}38\ldots\,\%$

Wenn man das Ergebnis sinnvoll rundet, ergibt sich eine Preiserhöhung um etwa 2,4%.

d) Bei der Darstellung der Anteile eines Ganzen ergeben die Prozentsätze in der Summe immer 100%.

28%	17%	34%	?%

Man berechnet den fehlenden Prozentsatz:
$100\,\% - (28\,\% + 17\,\% + 34\,\%)$
$= 100\,\% - 79\,\% = 21\,\%$

Aufgaben

W	G	p%
176 m	320 m	
294 kg	980 kg	
11,7 l	78 l	
75,9 g	230 g	
30,6 km	85 km	
95,20 €	140 €	
4,93 l	5,8 l	
2,85 m	7,5 m	
6,3 h	105 h	

1 Berechne den Prozentsatz im Kopf.

a) 17 von 100
38 von 200
99 von 300

b) 13 von 50
8 von 25
17 von 20

c) 3,5 von 5
6,3 von 20
9 von 75

d) 23 von 200
44 von 250
17 von 51

2 Wie viel Prozent sind es?

a) 36 m von 72 m
15 kg von 60 kg
12 l von 60 l

b) 0,35 m von 1 m
71 l von 1 hl
450 g von 1 kg

c) 11 m von 25 m
2 km von 40 km
28 kg von 80 kg

d) 45 min von 1 h
30 min von 2 h
3 h von 1 d

3 Gib den Prozentsatz zunächst durch Überschlag an.
Berechne dann auf zwei Nachkommaziffern genau.

a) 27 € von 105 €
3,50 € von 12 €
4,95 € von 210 €

b) 72 t von 680 t
17 kg von 36 kg
88 cm von 99 cm

4 Bei den Bundesjugendspielen erhielten von 450 Teilnehmern 63 eine Ehrenurkunde und weitere 216 eine Siegerurkunde.
a) Drücke die Anteile in Prozent aus.
b) Wie viel Prozent der Teilnehmer bekamen keine Urkunde?
c) Veranschauliche die Ergebnisse in einem geeigneten Diagramm.

5 Eine Umfrage unter 350 Mitarbeitern der Firma Meyer ergab:

Mit dem Computer arbeiten	
Das traue ich mir zu	235
Ich denke, das liegt mir nicht	39
Er ist für mich ein vertrautes Werkzeug	172
Das entspricht meinem Interesse	156
Ich habe eine andere Meinung	54

a) Gib die einzelnen Umfrageergebnisse in Prozent an.
Runde sinnvoll.
b) Warum ergibt die Summe der Prozentsätze mehr als 100 %?
c) Welche Diagrammformen sind hier nicht sinnvoll?
Begründe deine Entscheidung.

Diagramme am PC

Mit einem Tabellenkalkulationsprogramm kannst du schnell Prozentsätze ausrechnen und die zugehörigen Diagramme darstellen. Du musst die Daten und die Formeln zur Berechnung der Prozentsätze in das Tabellenblatt eingeben.
Wenn du die gewünschten Daten mit der Maus markierst, kannst du mit dem Diagrammassistenten ein gewünschtes Diagramm erstellen.

	A	B	C	D
1	**Klasse 7a**			
2	Jungen	Mädchen	Gesamt	
3	12	18	=A3+B3	
4	=A3/C3	=B3/C3	=A4+B4	
5				
6				
7				
8				
9				
10				
11				
12				

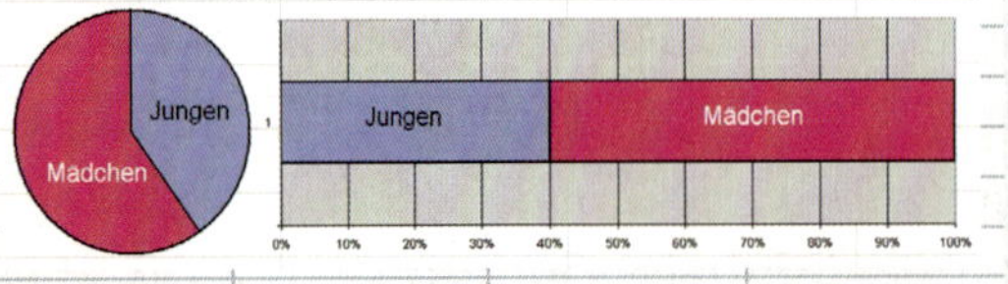

Bei einer Änderung der Ausgangsdaten berechnet das Programm automatisch die neuen Prozentsätze und verändert die zugehörigen Diagramme.

Versuche es bei folgendem Beispiel:
Klasse 7a hat 12 Jungen und 18 Mädchen.

- Berechne die Prozentsätze und erstelle das dazugehörige Diagramm.
- Wie ändern sich die Verhältnisse von Jungen und Mädchen, wenn je ein Junge und Mädchen zusätzlich in die Klasse kommen?
- Wie sieht die Änderung aus, wenn je ein Junge und ein Mädchen die Klasse verlassen?
Kannst du das Ergebnis voraussagen?
- Ein Mädchen verlässt die Klasse und ein Junge kommt neu dazu. Setze diese Veränderungen fort, bis genauso viele Jungen wie Mädchen in der Klasse sind.
Betrachte die zugehörigen Diagamme.

4 Prozentwert

Für den Schüleraustausch mit der Partnerschule aus England stehen in der Burg-Realschule jedes Jahr 24 Plätze zur Verfügung.
Die 10 a hat 30, die 10 b hat 27 und die 10 c hat 24 Schülerinnen und Schüler.
24 von 81 sind etwa 30 Prozent.
→ Verteile die Plätze gerecht.

Will man 40 % einer Größe oder einer Zahl berechnen, so sucht man den **Prozentwert W**.
Der Wert für 40 % von 200 € ist derselbe wie $\frac{40}{100}$ von 200 €, also $\frac{40}{100} \cdot 200\,€ = 80\,€$.
Man berechnet den Prozentwert also, indem man den Grundwert mit dem Prozentsatz multipliziert.

Prozentwert = Grundwert · Prozentsatz
kurz: $W = G \cdot p\,\% = G \cdot \frac{p}{100}$

Beispiel
Bei einem Bazar sollen 85 % der Einnahmen für die Patenschule in Peru gespendet werden. Der Rest muss für die entstandenen Kosten eingesetzt werden. Insgesamt wurden 6000 € eingenommen.

1. Lösungsmöglichkeit:
Anwendung der Formel $W = G \cdot \frac{p}{100}$
Grundwert $G = 6000\,€$
Prozentsatz $p\,\% = 85\,\%$
$W = 6000\,€ \cdot \frac{85}{100}$
$W = 5100\,€$

2. Lösungsmöglichkeit:
Dreisatzverfahren
100 % sind 6000 €
1 % sind $\frac{6000}{100}$ €
85 % sind $\frac{6000\,€ \cdot 85}{100}$
= 5100 €

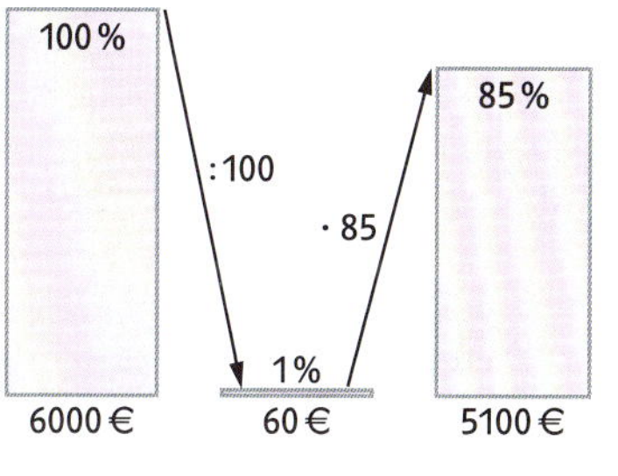

85 % von 6000 € sind 5100 €. Es können 5100 € gespendet werden.

Bemerkungen
a) Besonders beim Rechnen mit dem Taschenrechner ist die Dezimalschreibweise vorteilhaft.
85 % = 0,85 also rechnet man: $6000\,€ \cdot 0{,}85 = 5100\,€$
b) Da Prozentsatz und Prozentwert proportional zueinander sind, kann man die Prozentwerte auch aus einem geeigneten Schaubild ablesen.
Die Gerade verläuft durch den Ursprung und durch den Punkt (100 | G).

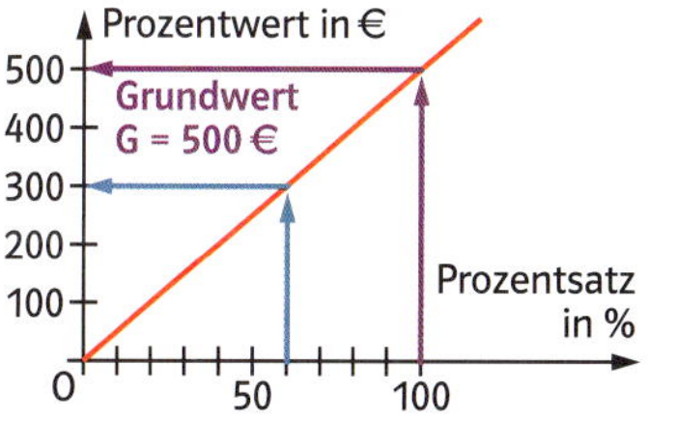

p%	G	W
12%	50 kg	
17%	83 m	
39%	72 €	
8,5%	174 l	
87,5%	38 km	
10,5%	978 g	
$3\frac{1}{2}$%	538 €	
$34\frac{1}{4}$%	230 m	
$7\frac{3}{4}$%	85 kg	

Aufgaben

1 Rechne im Kopf.

a) 10% von 240
50% von 17
70% von 110
80% von 125

b) 27% von 200
34% von 300
25% von 160
15% von 80

c) 15% von 1€
27% von 1 ha
30% von 1 min
40% von 1 d

d) 25% von 2 h
72% von 2 m
35% von 4 m^2
5% von 45 kg

2 Berechne.

a) 15% von 360€
72% von 240€
38% von 170€
120% von 450€

b) 3% von 3,8 kg
7% von 4,5 t
8% von 2,5 m
6% von 1,5 l

c) 2,5% von 12€
12,5% von 180 m
8,25% von 400 l

d) $7\frac{1}{2}$% von 250 l
$3\frac{1}{4}$% von 390€
$6\frac{3}{4}$% von 540 m

3 Schätze zunächst und berechne dann den Wert mit einer sinnvollen Genauigkeit.
a) 21% von 1245,50€ mussten an die Gemeindekasse bezahlt werden.
b) 3,9% der 3391 km Gesamtstrecke wurden bei der Tour de France als Zeitfahren zurückgelegt.
c) Das Skelett eines 85 kg schweren Erwachsenen macht 18% seines Körpergewichts aus.

Zusammensetzung des Menschen

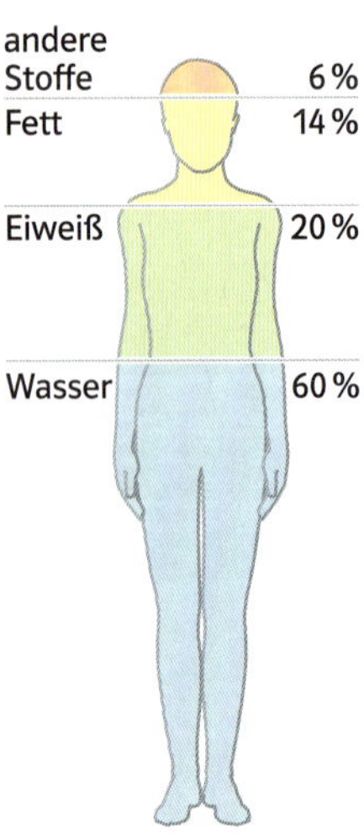

4 Hartmut sagt: „10% von 50 ist dasselbe wie 50% von 10."
Darauf sagt Claus: „Dann muss 2% von 20 auch dasselbe sein wie 20% von 2", und Achim ergänzt: „Oder 40% von 100 ist dasselbe wie 100% von 40."
Prüfe. Kannst du diese Aussage erklären?

5 Auf dem Rand ist die chemische Zusammensetzung des Menschen abgebildet.
a) Gib die Werte für einen Erwachsenen mit einem Körpergewicht von 80 kg und für ein Kind mit 45 kg an.
b) Wie viel Wasser „steckt" in eurer gesamten Familie? Bei Jugendlichen ist der Anteil an Wasser übrigens 65%.

Gesund essen

In der Mittagspause kauft sich Andy einen Hamburger und eine Portion Pommes frites. Beides zusammen wiegt etwa 300 Gramm. Davon sind 32% Fett. Marina geht mit ihrer Freundin nach Hause und macht sich Eierpfannkuchen mit Äpfeln. Ihre Portion wiegt 250 Gramm bei einem Fettgehalt von 8%. Sowohl Andy als auch Marina essen danach noch eine 80-Gramm-Portion Eis. Das Sahneeis von Andy enthält 26% Fett, das Fruchteis von Marina 1,8%. Der durchschnittliche Fettbedarf pro Tag beträgt etwa 1 Gramm pro Kilogramm Körpergewicht.

- Berechne, wie viel Gramm Fett Andy und Marina gegessen haben.
- Welches Körpergewicht müssten die beiden haben, wenn sie den Fettbedarf an diesem Mittag gedeckt hätten?

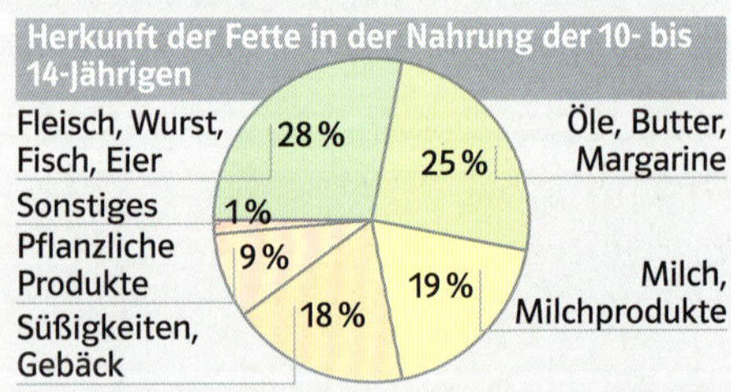

- Auf vielen Nahrungsmitteln ist der Fettgehalt angegeben. Kontrolliere deine tägliche Ernährung.
- Stelle einen Ernährungsplan für einen Tag auf, bei dem Fettaufnahme und Körpergewicht im Einklang stehen.

5 Grundwert

Einen Tag nach dem Triathlonwettbewerb standen die beiden folgenden Schlagzeilen in der örtlichen Presse:

Nur 80 Teilnehmer erreichten das Ziel beim mörderischen Triathlonwettbewerb!

60 Prozent der Gestarteten konnten das Ziel nicht erreichen!

→ Wie viele Teilnehmer waren eigentlich an den Start gegangen?

Der Preisnachlass von 60 € beim Kauf einer Jacke entspricht 25 %. Man kann auf das Ganze, also 100 %, schließen. Somit kann man den **Grundwert G** berechnen.

Man schließt auf 1 %, indem man die 60 € durch 25 teilt: $60\,€ : 25 = 2{,}40\,€$

Von 1 % schließt man dann wieder durch Multiplikation mit 100 auf 100 %: $2{,}40\,€ \cdot 100 = 240\,€$

In einer Rechnung zusammengefasst: $G = 60\,€ \cdot \frac{100}{25} = 240\,€$

Man erhält den Grundwert aus dem Prozentwert, indem man mit dem Kehrbruch des Prozentsatzes multipliziert.

$$\textbf{Grundwert} = \frac{\textbf{Prozentwert}}{\textbf{Prozentsatz}}$$

kurz: $G = \frac{W}{p\,\%} = W \cdot \frac{100}{p}$

Beispiel

Nach 114 km waren 76 % der gesamten Strecke zurückgelegt.
Man kann die Länge der gesamten Strecke berechnen.

1. Lösungsmöglichkeit:
Anwendung der Formel

Prozentwert $W = 114\,km$
Prozentsatz $p\,\% = 76\,\%$
$G = 114\,km \cdot \frac{100}{76}$
$G = 150\,km$

2. Lösungsmöglichkeit:
Dreisatzverfahren

76 % sind 114 km
1 % sind $\frac{114}{76}$ km
100 % sind $\frac{114\,km}{76} \cdot 100$
$= 150\,km$

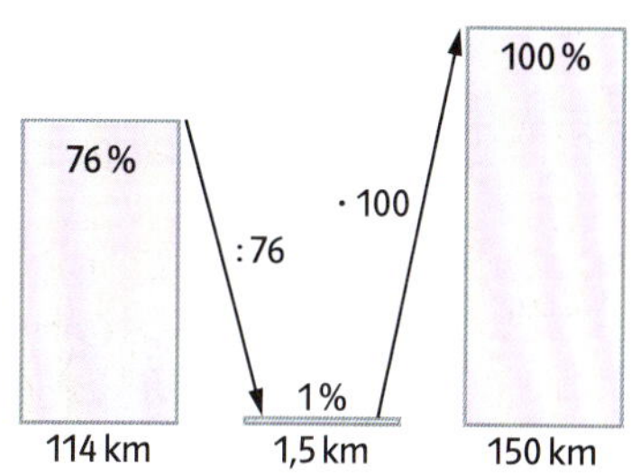

100 % sind 150 km. Die gesamte Strecke war 150 km lang.

Bemerkung

Beim Rechnen mit dem Taschenrechner ist es geschickter, den Prozentwert durch den Prozentsatz in Dezimalbruchschreibweise zu dividieren.
$G = 114\,km : 0{,}76 = 150\,km$.

p%	W	G
12 %	72 €	
15 %	13,5 m	
18 %	115,2 g	
44 %	352 ha	
56 %	252 a	
7,5 %	6,75 m	
15,5 %	93 t	
0,3 %	1,65 hl	
41,8 %	334,4 g	

Aufgaben

1 Berechne den Grundwert. Runde wenn nötig auf die nächst kleinere Einheit.

a) 10 % sind 15 €
20 % sind 46 m
25 % sind 35 km
50 % sind 3,8 g

b) 1 % sind 7,5 m
2 % sind 9 kg
4 % sind 11 t
5 % sind 20 min

c) 12,5 % sind 55 €
3,5 % sind 71,25 kg
28,5 % sind 1,25 kg
0,25 % sind 1,5 m^2

d) 77,7 km sind 37 %
292,4 l sind 68 %
23,56 € sind 31 %
0,184 kg sind 23 %

2 Stelle im Heft 100 % dar.

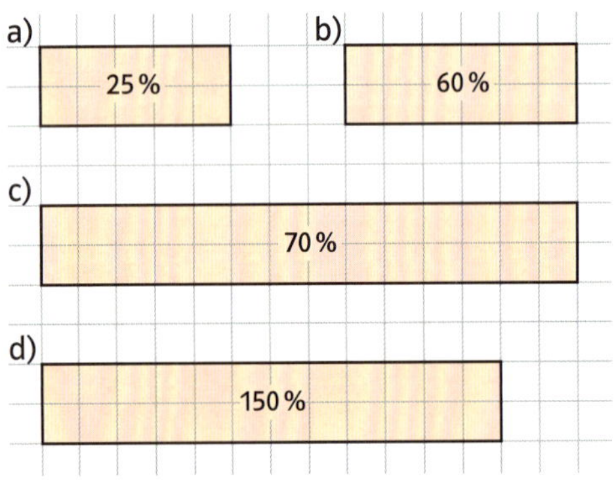

3 Bestimme den Grundwert.

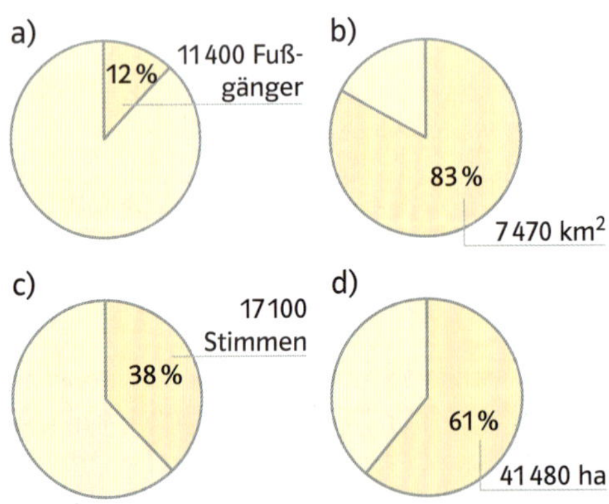

4 a) Sarahs Eltern müssen ab März nur noch 75% der Nebenkosten für ihre Wohnung zahlen. Das sind 105 €.
b) Maras Schulweg ist nur noch 800 m lang. Das sind etwa 25 % von Leons Weg.
c) Marc braucht für die Fruchtbowle nur zwei Drittel der angegebenen Menge. Er schüttet $\frac{1}{2}$ Liter Saft in die Karaffe.

5 Berechne jeweils den Grundwert und vergleiche die Ergebnisse.
a) W = 300 €; p % = 15 % (30 %; 60 %)
b) W = 500 €; p % = 10 % (20 %; 30 %)
c) W = 150 €; W = 300 €; p % = 20 %
d) W = 200 €; W = 300 €; p % = 40 %
Erkläre, was dir aufgefallen ist.

6 Berechne den Grundwert.
a) Wenn man zum Grundwert noch 20 % addiert, erhält man 120 €.
b) Wenn man vom Grundwert 20 % subtrahiert, erhält man 120 €.
c) Vermehrt man den Grundwert um ein Viertel, so erhält man 500 kg.
d) Vermindert man den Grundwert um ein Viertel, so erhält man 500 kg.
e) Vergleiche die Ergebnisse der Aufgaben miteinander. Vergleiche auch die Differenzen zwischen Grundwert und Prozentwert.

7 a) Ein Händler erhöht den Preis der Schuhe um 20 %. Der neue Preis ist 150 €.
b) Der Preis einer Kette wird um 20% gesenkt. Sie kostet jetzt 150 €.
c) Eine Hose wird in zwei unterschiedlichen Geschäften angeboten. Im „Hosenladen“ kostet sie nach einer Preissenkung um 15 % noch 84,15 €. Die „Klamottenkiste“ verlangt nach einer Preiserhöhung von 5 % 99,75 €. Jan hat vor der Preisänderung in der „Klamottenkiste“ eingekauft – hätte er im „Hosenladen“ günstiger kaufen können?

8 In deutschen Wörtern kommen die Vokale a, e, i, o und u unterschiedlich oft vor. Das Wort Natur hat mit a und u 40 % Vokale. Das Wort Aal besteht zu $66\frac{2}{3}$ % aus dem Vokal a.
a) Suche Wörter, die zu 40 % aus Vokalen bestehen.
b) Finde Wörter, die zu $33\frac{1}{3}$ % aus demselben Vokal bestehen.
c) Wer findet das Wort mit dem höchsten und das mit dem niedrigsten Prozentanteil an Vokalen? Es sind auch Wörter aus anderen Sprachen erlaubt.
d) Nehmt einen deutschen, englischen und französischen Text und bestimmt den prozentualen Anteil an a, e, i, o und u.

Zusammenfassung

Absoluter und relativer Vergleich

Beim **absoluten Vergleich** werden die **Zahlen-** oder Größenangaben **direkt** miteinander verglichen.
Beim **relativen Vergleich** werden die **Anteile** miteinander verglichen.

In der 7a haben 6 von 25 eine Ehrenurkunde erhalten, in der Klasse 7b 5 von 20. Absolut gesehen ist die 7a besser.
6 Urkunden sind mehr als 5 Urkunden.
Relativ gesehen erhält die 7b mehr Urkunden.

$\frac{5}{20} = \frac{25}{100}$ $\qquad$ $\frac{6}{25} = \frac{24}{100}$

$\frac{25}{100} > \frac{24}{100}$

Prozent

Anteile mit dem Nenner 100 werden als **Prozente** bezeichnet. Sie können auch als Dezimalbruch dargestellt werden.

$\frac{24}{100} = 0{,}24 = 24\,\%$

$\frac{p}{100} = p\,\%$

Diagramme mit Prozentangaben

Für die Darstellung von Prozentanteilen verwendet man häufig **Prozentstreifen** oder **Prozentkreise**.

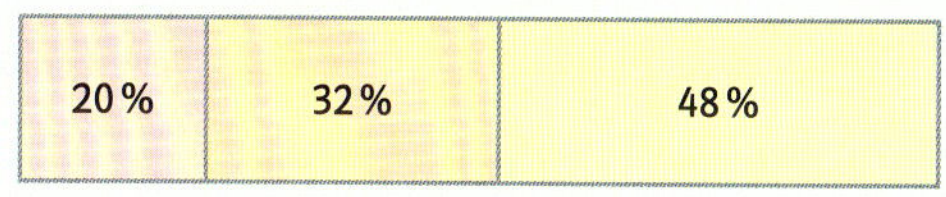

Beim Prozentstreifen entspricht 100 % der Gesamtlänge des Streifens.
Günstigerweise wählt man 10 cm für 100 %.

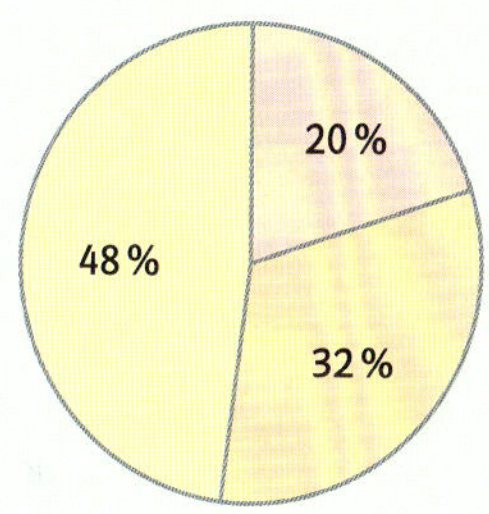

Beim Prozentkreis entspricht 100 % dem Vollwinkel 360°.

Prozentsatz

Anteile können als **Prozentsatz p %** angegeben werden.
Man erhält den Prozentsatz, indem man den Prozentwert durch den Grundwert dividiert.

16 von 25 Teilnehmern kamen ins Ziel.
W = 16 und G = 25; p % = ?

$p\,\% = \frac{W}{G}$

$p\,\% = \frac{16}{25} = \frac{64}{100} = 0{,}64 = 64\,\%$

Prozentwert

Ein prozentualer Anteil des Grundwerts wird als **Prozentwert W** bezeichnet. Man erhält den Prozentwert, indem man den Grundwert mit dem Prozentsatz multipliziert.

64 % der Teilnehmer kamen ins Ziel.
p % = 64 % und G = 25; W = ?

$W = G \cdot p\,\%$

$W = 25 \cdot \frac{64}{100} = 16$

16 Teilnehmer kamen ins Ziel.

Grundwert

Das Ganze wird als **Grundwert G** bezeichnet. Der Grundwert entspricht immer 100 %. Er ist die Vergleichsgröße.
Man erhält den Grundwert, indem man den Prozentwert durch den Prozentsatz dividiert.

16 kamen an, das waren 64 %.
p % = 64 % und W = 16; G = ?

$G = W : p\,\%$

$G = 16 : \frac{64}{100} = 16 \cdot \frac{100}{64} = 25$

Es waren insgesamt 25 Teilnehmer.

Üben • Anwenden • Nachdenken

Der Mathematiklehrer sagt:
„Heute haben wieder 50 % die Prozentrechnung nicht verstanden."
Darauf ein Schüler:
„So viele sind wir ja gar nicht."

1 Gib den Bruch als Prozentsatz und als Dezimalbruch an.
$\frac{1}{2}$; $\frac{4}{5}$; $\frac{7}{10}$; $\frac{13}{20}$; $\frac{19}{100}$; $\frac{38}{400}$; $\frac{6}{15}$; $\frac{9}{25}$; $\frac{17}{30}$

2 Stelle die Prozentangabe in der Dezimalbruchschreibweise dar, dann als Bruch und kürze wenn möglich.
a) 40 %; 55 %; 33 %; 12 %; 8 %; 9 %; 20 %
b) 12,5 %; 4,2 %; 2,5 %; 0,5 %; 120 %; 200 %

3 Falte ein Blatt Papier so, dass du die folgenden Prozentsätze erkennen kannst:
25 %; 6,25 %; 37,5 %; 75 %; 12,5 %; $33\frac{1}{3}$ %

4 Ein Pullover besteht zu 50 % aus Baumwolle, zu 30 % aus Acrylfaser.
Der Rest ist Wolle.
a) Stelle die Zusammensetzung in einem Prozentstreifen der Länge 10 cm dar.
b) Wie sieht die Zusammensetzung in einem Prozentkreis mit Radius 4 cm aus?
c) Beate hat 800 g Material verarbeitet. Berechne die jeweiligen Anteile in Gramm.
d) Wie schwer ist ein Pullover, der 180 g Wolle enthält?

Umgang mit einfachen Formeln

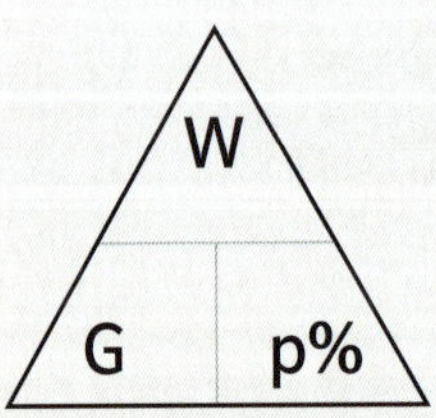

Bei einfachen Formeln wie z. B. $p\% = \frac{W}{G}$ kannst du mithilfe dieses Dreiecks die Umformungen schnell erkennen, wenn du die jeweils gesuchte Größe einfach mit deinem Finger abdeckst.

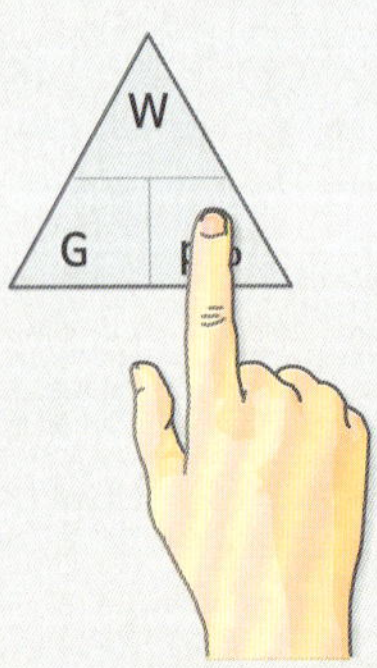

■ Probiere es einfach aus und prüfe dein Ergebnis:
In der Tabelle fehlt jeweils eine Größe. Berechne sie mithilfe der Formel bzw. der Umformungen.

Grundwert	Prozentsatz	Prozentwert
12,50 €	7 %	
456 m		114 m
	65 %	52 kg

5 In der Klassenstufe 6 der Theodor-Heuss-Realschule haben von 80 Schülern 55, von den 60 Schülerinnen 24 ein Handy. In Klassenstufe 7 haben von 40 Schülern 36, von den 100 Schülerinnen dagegen 86 ein Handy.
a) Wie viel Prozent der Jungen bzw. der Mädchen haben in den beiden Klassenstufen ein Handy?
b) Wie ist die prozentuale Verteilung, wenn man beide Klassenstufen zusammen auswertet?
c) Vergleiche die Ergebnisse der Teilaufgaben a) und b).
d) Stelle alle Verteilungen in verschiedenen Diagrammen dar.

6 In einer Untersuchung von Schülerinnen und Schülern einer 7. Klasse über die Mediennutzung ergaben sich folgende Durchschnittswerte in Minuten pro Tag. Werte die Daten aus, indem du die prozentualen Anteile berechnest und Diagramme für die unterschiedlichen Merkmale erstellst.

Medien	an Schultagen		am Wochenende	
	m	w	m	w
Fernsehen	40	45	150	130
Radio/CD	170	195	230	235
Computerspiele	30	10	50	15
Internet	5	3	10	5
Zeitung/Zeitschrift	10	15	10	12
Buch	5	10	10	15

Ist Inline-Skaten ein gefährlicher Sport?

Nach einer Aussage der Deutschen Gesellschaft für Chirurgie ist Inline-Skaten besonders für Anfänger eine Sportart mit hohem Verletzungsrisiko.
Dabei sind 50 % der Verletzungen Brüche. Experten behaupten, dass nur einer von vier Skatern ohne Verletzung bleibt.

- Beschreibt die beiden Diagramme. Vergleicht die Häufigkeiten. Haltet ihr die Art der Darstellung für geeignet?
- In der unten abgebildeten Tabelle seht ihr das Ergebnis einer Befragung bei Skatern über das Tragen von Schutzkleidung. Gibt es einen direkten Zusammenhang mit dem Prozentkreis „Verletzungen“?

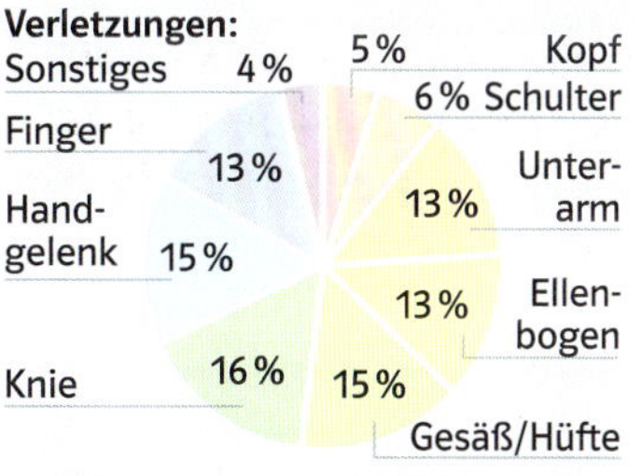

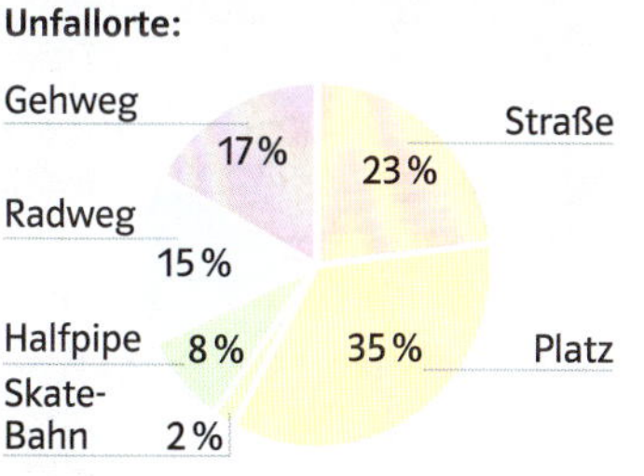

Schutzkleidung	ja	nein
Helm	89	545
Ellenbogenschutz	217	417
Handgelenkschutz	389	245
Knieschutz	305	329
ohne Schutz	163	471

- Befragt eure Mitschülerinnen und Mitschüler nach dem Tragen von Schutzkleidung. Vergleicht die Ergebnisse.

In der Abbildung sind die unfallträchtigsten Sportarten erfasst. Das Diagramm zeigt die absoluten Zahlen.

- Macht das Diagramm eine Aussage darüber, welche Sportart am gefährlichsten ist? Begründe.

Die Entfernung zwischen zwei Orten wird auf der Karte horizontal gemessen.
Das Verhältnis von Höhenunterschied und horizontaler Entfernung wird als **Steigung** bezeichnet.

13 % Steigung bedeutet: Die Straße steigt auf 100 m horizontaler Entfernung um 13 m an.

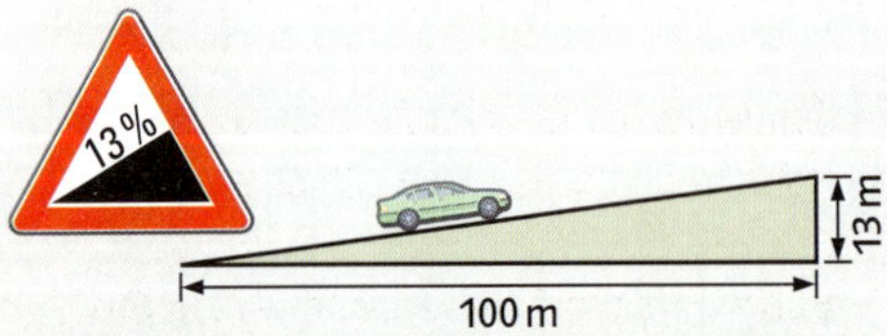

- Berechnet den Höhenunterschied für 800 m bei 16 % Steigung und für 1600 m bei 8 % Steigung.
- Zeichnet die Steigungen 5 %; 10 %; 15 %; 20 %; 25 % und 50 % in ein Dreieck und messt den Steigungswinkel. So könnt ihr euch die Steigungen besser vorstellen.

Steigung an Treppen

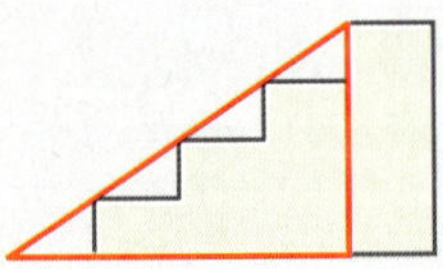

Für den Bau von Treppen gibt es empfohlene Maße:

	Stufenhöhe	Trittbreite
in Schulen	16 cm	30 cm
in Häusern	18,5 cm	28 cm
in Kellern	21 cm	25 cm

- Berechnet die Steigungen der verschiedenen Treppen in Prozent.
- Erklärt die Unterschiede.

Rampen für Rollstuhlfahrer

Nach der Bauverordnung dürfen diese Rampen nicht steiler als 6 % sein.
Wie müssten dann Treppen mit derselben Steigung in Schulen gebaut werden?

Für Rollstuhlfahrer sind Rampen wichtig, um in Gebäude zu kommen, zu denen sie sonst keinen Zugang hätten.

Die steilste Straße der Welt in Dunedin (Neuseeland)

Beim Wandern

- Stefan stellt fest, dass nach 3 km Weg ein Höhenunterschied von 300 m bewältigt wurde. Er freut sich über diese 10 %ige Steigung.

Aus der Zeitung

Steiler gehts nimmer
St. Moritz. – Von null auf 137 km/h in sieben Sekunden, ein Gefälle von 100 % – der steilste Starthang der Welt auf der Corviglia (2840 m hoch) verlangt den Fahrern beim Abfahrtslauf der Ski-WM gleich alles ab.

- Überlegt, welcher Steigungswinkel bei dieser Steigung vorliegt.

Es gibt auch Steigungen über 100 %!

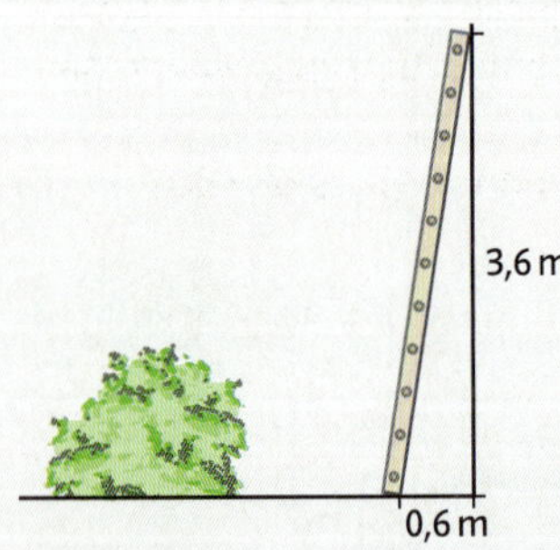

Steigung: $\frac{3{,}6\,\text{m}}{0{,}6\,\text{m}} = 6 = 600\,\%$

- Findet weitere Beispiele für Steigungen über 100 %.
- Wann ist eine Steigung größer als 100 %? Formuliert eine Regel.

Rückspiegel

Rückspiegel

1 Schreibe in Prozent mit einer Dezimalen.

a) $\frac{15}{300}$; $\frac{18}{40}$; $\frac{4}{5}$; $\frac{55}{250}$; $\frac{1}{3}$

b) $\frac{8}{15}$; $\frac{9}{11}$; $\frac{10}{12}$

c) Jeder Vierte; 7 von 10

2 Schreibe als Dezimalbruch.
85 %; 17 %; 9 %; 120 %; 3,5 %

3 Berechne das Ergebnis der Klassensprecherwahl in Prozent und stelle es in einem Prozentstreifen dar.

Jan	12 Stimmen
Kira	8 Stimmen
Leon	4 Stimmen
Sina	1 Stimme

4 Berechne die fehlenden Werte.

Grundwert	Prozentwert	Prozentsatz
520 €	56 €	
48,5 m		76 %
	17,5 kg	38 %

5 Beim Räumungsverkauf wurde ein Mantel um 35 % ermäßigt.
Ursprünglich kostete der Mantel 298 €.
Berechne den neuen Preis.

6 In dem Prozentstreifen ist die Verteilung einer Umfrage über Schülerlotsen dargestellt. Insgesamt wurden 500 Jugendliche befragt, wie wichtig sie Schülerlotsen finden.
Wie viele Stimmen waren es jeweils?

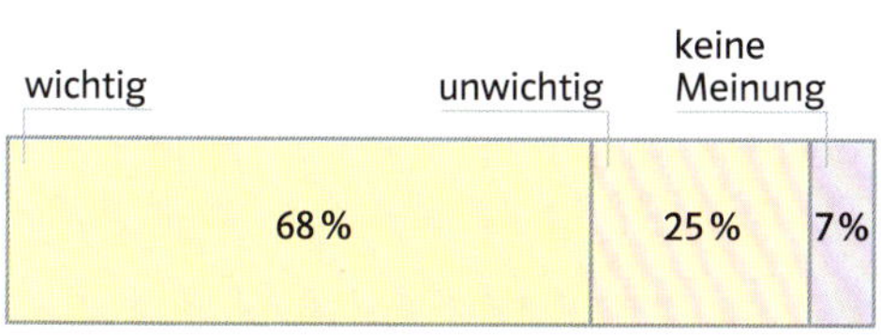

7 Nach Abzug eines Rabatts von 20 % musste Herr Kleinschmidt noch 720 € für sein Trekkingrad bezahlen.
Wie hoch war der Preis ohne Rabatt?

1 Schreibe in Prozent mit einer Dezimalen.

a) $\frac{2}{3}$; $\frac{12}{25}$; $\frac{42}{70}$; $\frac{9}{250}$; $\frac{11}{20}$

b) $\frac{12}{65}$; $\frac{25}{45}$; $\frac{15}{8}$

c) drei von 50; jeder Zweite der Hälfte

2 Schreibe als Dezimalbruch.
7 %; 12,5 %; 2,25 %; $3\frac{1}{4}$ %; 250 %

3 Berechne die Flächenanteile der Erdteile in Prozent und stelle sie in einem Prozentkreis dar.

Europa	10,4 Mio. km²
Asien	43,8 Mio. km²
Afrika	30,3 Mio. km²
Amerika	42,2 Mio. km²
Australien	5,9 Mio. km²
Antarktis	14,1 Mio. km²

4 Berechne die fehlenden Werte.

Grundwert	Prozentwert	Prozentsatz
107,25 €	3,75 €	
3,8 km		125 %
	11,25 kg	$4\frac{1}{2}$ %

5 Beim Räumungsverkauf wird ein Mantel, der ursprünglich 198 € gekostet hat, für 149 € angeboten. Um wie viel Prozent wurde der Preis ermäßigt?

6 2001 wurden in einer Region 80 Mio. Tonnen Kohlendioxid freigesetzt.
Berechne die drei Anteile in Mio. Tonnen.

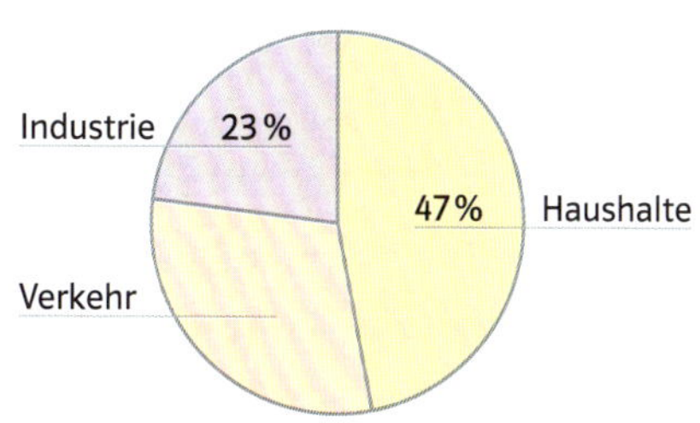

7 Beim Kauf eines kleinen Zelts sparte Marina durch einen Nachlass von 5 % 12,50 €. Wie viel Euro musste sie bezahlen?

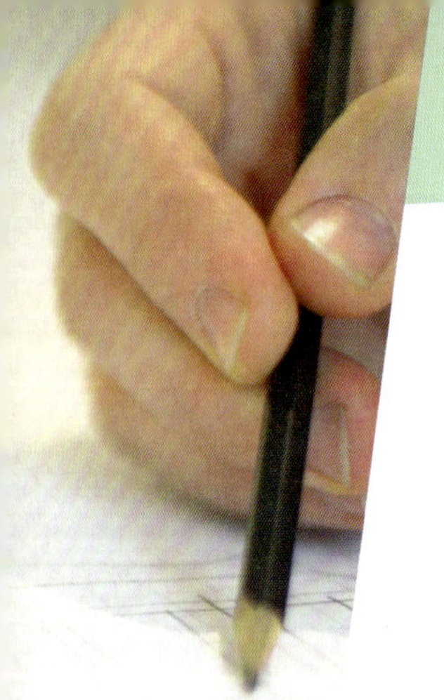

Würfeltest

Bei vielen Spielen wie „Mensch ärgere dich nicht", Malefiz, Monopoly oder Kniffel wird gewürfelt. Dabei ist oft eine bestimmte Augenzahl, etwa die Sechs, von besonderer Bedeutung.
Nennt weitere Beispiele.

Manchmal hat man das Gefühl, dass das Werfen einer Sechs besonders schwierig sei.
Ob das stimmt, wollen wir untersuchen. Jeder von euch wirft 50-mal einen Würfel und notiert, wie oft die Sechs vorgekommen ist. Anschließend fasst ihr das Ergebnis der Klasse wie im Beispiel dargestellt zusammen.

Anzahl der Versuche	Häufigkeit der Sechs
50	6
100	17
150	27
200	31
...	...

Zeichnet ein Säulendiagramm. Es hat eine besondere Eigenschaft.

Ist die Sechs wirklich seltener als die anderen Zahlen?
Zur Beantwortung der Frage hilft euch vielleicht eine Tabelle weiter, in der ihr statt der Häufigkeit angebt, in wie viel Prozent der Fälle eine Sechs geworfen wurde.

Anzahl der Versuche	Häufigkeit für eine Sechs in Prozent
50	12
100	17
150	18
200	15,5
...	...

Zeichnet ein Säulendiagramm und vergleicht es mit dem ersten Säulendiagramm.

In wie viel Prozent der Fälle müsste eigentlich die Sechs auftauchen?

In wie viel Prozent der Fälle wird bei diesen Würfeln mit einer Sechs zu rechnen sein?

Anzahl der Würfe	Häufigkeit der Augensumme 2	3	4	5	6	7	8	9	10	11	12
50											
100											
150											
200											
250											
…											

Beim Monopolyspiel wird mit zwei Würfeln geworfen und die Augensumme gebildet. Ob dabei wohl jede Augensumme ebenso oft vorkommt wie die Augenzahl beim Wurf mit einem Würfel?

Welche Augensumme erwartet ihr am h äufigsten, welche wird wohl am seltensten gewürfelt? Begründet.

Um eure Vermutung zu überprüfen, macht erneut einen Versuch. Werft 50-mal zwei Würfel und notiert die Augensumme.

Die Würfelergebnisse werden für die ganze Klasse ausgewertet und grafisch dargestellt. Dies könnt ihr im Heft oder mit einem Tabellenkalkulationsprogramm machen.

Fasst die Ergebnisse der Klasse in einer Tabelle wie dargestellt zusammen.

Fertigt eine Tabelle an, in der die Häufigkeit, mit der eine Augensumme vorkommt, in Prozent angegeben wird.

Das Säulendiagramm hat ein besonderes Aussehen. Was bedeutet das?

In diesem Kapitel lernst du,

- was Zufälle und Zufallsgeräte sind,
- dass Gewinnchancen mit Brüchen beschrieben werden können,
- wie groß die Wahrscheinlichkeit ist, in einem Spiel zu gewinnen oder zu verlieren,
- wie man Wahrscheinlichkeiten schätzen kann.

1 Zufallsversuche

Sechs Kinder spielen „Bleistiftdrehen". Nachdem der Bleistift gedreht wurde, erhält derjenige, auf den die Bleistiftspitze zeigt, einen Punkt. Wer als Erster fünf Punkte erzielt, hat gewonnen.

→ Spielt das Bleistiftdrehen in Kleingruppen nach.

→ Marco meint, dass es Zufall sei, ob man gewinnt oder nicht. Was meint er damit? Erkläre.

→ Nenne weitere Glücksspiele.
Mit welchen Spielgeräten wird bei diesen Glücksspielen ermittelt, wer gewinnt?

Wenn eine Münze geworfen wird, sind die möglichen **Ergebnisse** Wappen oder Zahl. Es kann nicht vorhergesagt werden, ob Wappen oder Zahl oben liegt. Das Ergebnis des Münzwurfs ist **zufällig**. Deshalb heißt ein solcher Versuch auch **Zufallsversuch**.
Die Münze, mit der das Ergebnis des Zufallsversuchs ermittelt wird, heißt **Zufallsgerät**.

Um zufällige Ergebnisse zu erzeugen, führt man einen **Zufallsversuch** mit einem geeigneten **Zufallsgerät** durch.

Beispiel
Das Ziehen eines Loses ist ein Zufallsversuch. Das Ergebnis Gewinn oder eine Niete ist nicht vorhersagbar, also zufällig. Die Lostrommel ist das Zufallsgerät.

Aufgaben

1 Beschreibe die möglichen Ergebnisse. Welche sind zufällig, welche nicht?
a) Ein Würfel wird geworfen.
b) Eine Kerze wird ausgeblasen.
c) Ein Wasserhahn wird aufgedreht.
d) Aus einem Skatspiel wird eine Karte gezogen.
e) Zwei Münzen werden geworfen.

2 Welche möglichen Ergebnisse haben die folgenden Zufallsversuche.
a) Unter vier Streichhölzern befindet sich ein kurzes.
Ein Streichholz wird gezogen.
b) Das abgebildete Glücksrad wird gedreht.
c) Es werden zwei Würfel geworfen.

3 Sarah, Hannes, Max und Jana möchten Verstecken spielen.
Welche der abgebildeten Zufallsgeräte würdest du wählen, um zu ermitteln, wer als erster suchen muss? Begründe deine Entscheidung. Testet in Vierergruppen eure Wahl.

4 Suche geeignete Zufallsgeräte, um in folgenden Situationen entscheiden zu können.
a) Welche Fußballmannschaft hat den Anstoß?
b) Sieben Mannschaften starten zur Stadtrallye. Welche Mannschaft startet als erste, welche als zweite usw.?
c) Auf welcher Bahn startet welcher der sechs Schwimmer?

5 Glücksspiel oder nicht?
Welches Zufallsgerät entscheidet?
a) Mensch ärgere dich nicht
b) Schach
c) Halma
d) Skat
e) Roulette
f) Mikado
g) Domino
h) schwarzer Peter

Glücksräder

Glücksräder kannst du auch selbst herstellen. Nachfolgend siehst du die Bastelanleitung zur Herstellung eines achteckigen Glücksrads.

- Zeichne einen Kreis mit einem Radius von 4 cm und unterteile ihn in acht gleich große Teile. Trage dazu Winkel von 45° ab.
- Färbe die Felder wie abgebildet und nummeriere sie von 1 bis 8.
- Um ein regelmäßiges Achteck zu erhalten, musst du entlang der gestrichelten Linie die Kreisabschnitte abschneiden.
- Stecke durch den Mittelpunkt des Achtecks einen abgebrochenen Schaschlikspieß (oder Ähnliches) mit der Spitze nach unten.

■ Ihr könnt nun zu zweit euer Glück versuchen. Jeder hat zu Beginn des Spiels drei Spielmarken. Der Gewinner erhält vom Verlierer jeweils eine Spielmarke. Spielt so lange, bis einer von euch keine Spielmarken mehr hat.

1. Spielvariante
Ein Spieler gewinnt bei einer geraden, der andere bei einer ungeraden Zahl.

2. Spielvariante
Ein Spieler gewinnt bei Rot, der andere bei Blau. Bei Grün ist das Spiel unentschieden.

Beurteilt die beiden Spiele. Bei welcher Variante möchtest du welcher Spieler sein?

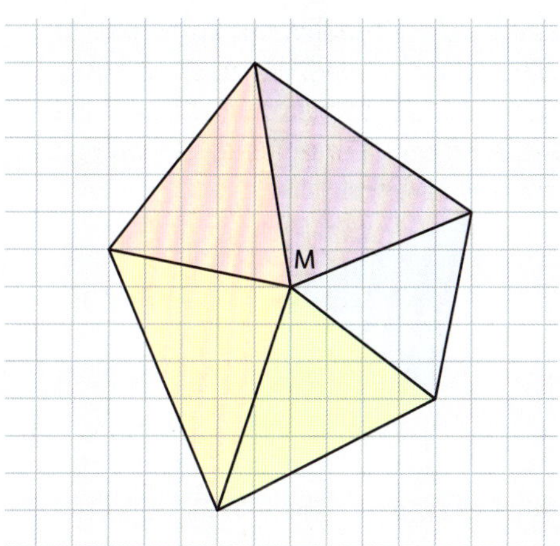

Bei einem regelmäßigen Achteck kann man schnell erkennen, wer die besseren Gewinnaussichten hat. Ist das Glücksrad aber ein unregelmäßiges Vieleck, so gelingt dies nicht mehr.
■ Zeichne das abgebildete Fünfeck und schneide es aus. Stecke durch den Punkt M einen abgebrochenen Schaschlikspieß oder Ähnliches. Auf welche Farbe würdest du setzen? Begründe deine Entscheidung.
■ Wie könnte man herausfinden, bei welcher Farbe die Gewinnaussichten am besten sind?
■ Hast du eine Idee, wie man das obere Glücksrad manipulieren könnte?

2 Wahrscheinlichkeiten

Larissa und Harkan würfeln.
Harkan meint, dass die Chance, eine 6 zu werfen, für ihn genauso groß ist wie die, eine 1 zu werfen. Larissa behauptet, dass für ihren Würfel das Gleiche gilt.

→ Was meinst du?

→ Wer von den beiden hat die größere Chance, eine 6 zu werfen? Begründe deine Meinung.

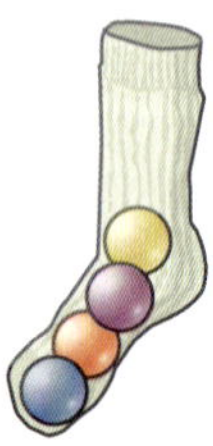

Wird aus einem Strumpf mit lauter verschiedenfarbigen Kugeln eine Kugel gezogen, dann gibt es so viele mögliche Ergebnisse, wie es Kugeln im Strumpf gibt. Die Chance für jedes Ergebnis ist gleich. Statt von Chance spricht man in der Mathematik von **Wahrscheinlichkeit**. Ist nur eine Kugel im Strumpf, dann gibt es auch nur ein mögliches Ergebnis, das mit 100%iger Sicherheit eintritt. Bei vier Kugeln gibt es vier mögliche Ergebnisse mit gleicher Wahrscheinlichkeit. Die 100 % werden also auf vier mögliche Ergebnisse gleichmäßig verteilt. Die Wahrscheinlichkeit für jedes der vier Ergebnisse ist deshalb
$100\,\% : 4 = 25\,\% = 0{,}25 = \frac{1}{4}$.

Bei einem Zufallsversuch gibt es verschiedene Ergebnisse.
Die Summe aller Wahrscheinlichkeiten ist $100\,\% = 1$.
Sind alle Ergebnisse gleich wahrscheinlich, so ist die **Wahrscheinlichkeit eines Ergebnisses**

$$\frac{1}{\text{Anzahl aller möglichen Ergebnisse}}.$$

Gibt es n Ergebnisse, so ist die Wahrscheinlichkeit eines Ergebnisses $\frac{1}{n}$.

Bemerkung
Die Wahrscheinlichkeit wird als Bruch, als Dezimalbruch oder in Prozent angegeben.

Beispiele
a) Beim Münzwurf Zahl zu werfen, ist eines von zwei möglichen Ergebnissen, die Wahrscheinlichkeit ist also $\frac{1}{2} = 0{,}5 = 50\,\%$.

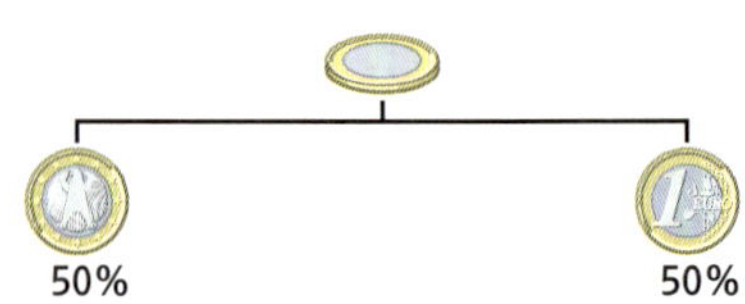

b) Beim Wurf mit dem Würfel die Augenzahl Vier zu werfen, ist ein Ergebnis von sechs möglichen Ergebnissen. Die Wahrscheinlichkeit ist also $\frac{1}{6} \approx 16{,}7\,\%$.

Die Wahrscheinlichkeit, mit dem Würfel eine Vier zu werfen, ist kleiner, als mit der Münze eine Zahl zu werfen.

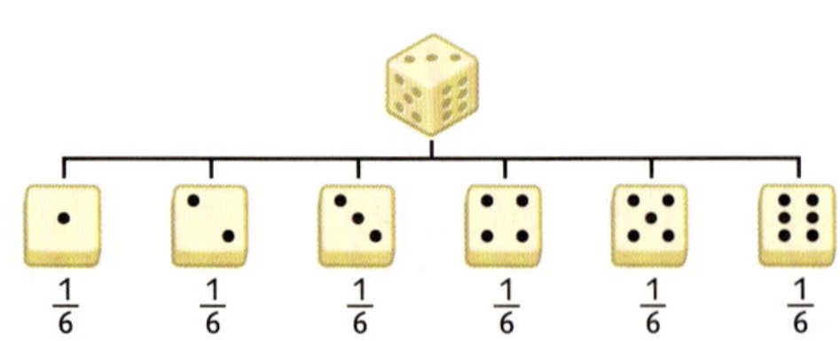

Aufgaben

1 Bestimme die Wahrscheinlichkeit.
a) aus 98 Losen den einzigen Gewinn ziehen
b) aus einem Skat-Spiel mit 32 Karten das Herz-Ass ziehen
c) beim Lotto als erste Kugel die 13 ziehen
d) an einem Sonntag geboren zu sein

2 Welche Wahrscheinlichkeit ist größer?
a) Auf einem zweistelligen Zahlenlos die Zahl 13 zu haben oder im Lotto als erste Zahl eine 13 zu ziehen.
b) Auf einem Glücksrad mit fünf gleich großen Feldern das eine weiße Feld zu treffen oder mit dem Würfel eine Sechs zu werfen.
c) Aus einem Skatspiel das Kreuz-Ass zu ziehen oder beim Roulette mit den Zahlen von 0 bis 36 die Null zu erhalten.
d) An einem Sonntag oder in einem Schaltjahr geboren zu sein.
e) Finde selbst solche Aufgaben und stelle sie deiner Nachbarin oder deinem Nachbarn.

3 Beim Lotto sind bereits die Zahlen 12; 18; 22; 23 und 48 gezogen worden.
a) Wie groß ist die Wahrscheinlichkeit, dass als nächste Zahl die 15 gezogen wird?
b) Mit welcher Wahrscheinlichkeit wird dann als siebte Zahl die Zusatzzahl 38 gezogen?

4 Anne besitzt ein Los der „Aktion Mensch".

Wie groß ist die Wahrscheinlichkeit, dass die letzte Ziffer richtig ist?
Wie sieht es für die beiden letzten, die drei letzten Ziffern aus?

5 Jedes vierte Los gewinnt.
a) Wie groß ist die Wahrscheinlichkeit für einen Gewinn?
b) Arno kauft vier Lose. Hat er genau einen Gewinn? Begründe deine Antwort.
c) Petra kauft acht Lose. Wie viele Gewinne kann sie haben? Könnte sie auch keinen Gewinn haben? Begründe.

Wie groß ist die Wahrscheinlichkeit, dass jemand am 29. Februar Geburtstag hat?

6 In einem Strumpf sind 8 verschiedenfarbige Kugeln, darunter eine gelbe.
a) Es werden nacheinander drei Kugeln gezogen und zur Seite gelegt. Darunter befindet sich die gelbe Kugel nicht.
Wie groß ist die Wahrscheinlichkeit, beim nächsten Zug die gelbe Kugel zu ziehen?
b) Wie groß ist die Wahrscheinlichkeit, im vierten Zug die gelbe Kugel zu ziehen, wenn die drei zuvor gezogenen Kugeln jedes Mal wieder zurückgelegt wurden?

7 Aus einem Karton mit farbigen Kugeln wird 580-mal eine Kugel gezogen und wieder zurückgelegt.
Dabei wird 263-mal eine rote, 57-mal eine blaue, 61-mal eine gelbe und 199-mal eine weiße Kugel gezogen.
a) Welche Farbe ist vermutlich am häufigsten vertreten?
b) Welche Farben sind vermutlich annähernd gleich oft vertreten?
c) Könnte es auch noch eine andersfarbige Kugel geben? Wie viele Kugeln würdest du dann im Karton vermuten?

8 Der Farbwürfel wird 1000-mal geworfen. Welche Farben haben sehr wahrscheinlich die anderen nicht sichtbaren Flächen?

a) Es erscheint 492-mal Rot und 508-mal Blau.
b) Es erscheint 663-mal Rot und 337-mal Blau.
c) Es erscheint 853-mal Rot und 147-mal Blau.

9 Nenne für die angegebenen Wahrscheinlichkeiten geeignete Zufallsversuche.
$\frac{1}{2}$; $\frac{1}{3}$; $\frac{1}{4}$; $\frac{1}{8}$; $\frac{1}{12}$; $\frac{1}{37}$; $\frac{1}{49}$

3 Ereignisse

Angelika spielt mit den grünen, Dirk mit den roten Spielsteinen.
→ Wer hat die größere Chance, beim nächsten Wurf einen Spielstein sicher ins Haus zu bringen?
Begründe deine Entscheidung.

Bei vielen Zufallsversuchen kann es vorkommen, dass nicht nur ein bestimmtes Ergebnis, sondern mehrere verschiedene Ergebnisse zum Erfolg führen. So hat man zum Beispiel beim Würfeln drei Möglichkeiten, eine gerade Zahl zu werfen.

Alle Ergebnisse eines Zufallsversuchs, die zum Erfolg führen, heißen **günstige Ergebnisse**. Sie bilden zusammen ein **Ereignis**.

Wahrscheinlichkeit eines Ereignisses $= \frac{\text{Anzahl der günstigen Ergebnisse}}{\text{Anzahl der möglichen Ergebnisse}}$

Gibt es m günstige Ergebnisse und ist n die Anzahl der möglichen Ergebnisse, so schreibt man kurz: $\frac{m}{n}$.

Bemerkung

Sind für ein Ereignis alle Ergebnisse günstig, so ist dessen Wahrscheinlichkeit gleich 1. Man spricht dann von einem **sicheren Ereignis**. Gibt es für ein Ereignis kein günstiges Ergebnis, so ist dessen Wahrscheinlichkeit gleich 0. Man spricht dann von einem **unmöglichen Ereignis**. Die Wahrscheinlichkeit kann also nie kleiner als 0 und nie größer als 1 sein.

Beispiele

Ereignisse	Anzahl der möglichen Ergebnisse	Anzahl der günstigen Ergebnisse	Wahrscheinlichkeit für das Ereignis
a) aus einer Lostrommel mit 53 Nieten und 7 Gewinnen einen Gewinn ziehen	60	7	$\frac{7}{60}$
b) aus einem Skatspiel eine Herz-Karte ziehen	32	8	$\frac{8}{32} = \frac{1}{4}$
c) aus einem Skatspiel einen Joker ziehen (unmögliches Ereignis)	32	0	$\frac{0}{32} = 0$
d) mit einem Würfel eine Augenzahl kleiner als 17 werfen (sicheres Ereignis)	6	6	$\frac{6}{6} = 1$

Ein Ikosaeder hat 20 Flächen.

Aufgaben

1 Sarah würfelt mit dem Ikosaeder.
Bestimme die Wahrscheinlichkeit.
a) Sie würfelt eine gerade Zahl.
b) Sie würfelt eine durch 5 teilbare Zahl.
c) Sie würfelt eine zweistellige Zahl.
d) Sie würfelt eine Null.

2 Bei einem Schulfest fand eine Verlosung statt. Dabei wurde eine Kugel aus einem Eimer mit 65 schwarzen, 18 roten und 3 weißen Kugeln gezogen. Ina zieht eine schwarze Kugel. Anschließend möchte Laure eine rote Kugel ziehen.

3 Aus einem Behälter mit 8 blauen, 12 roten und 5 weißen Kugeln wird eine Kugel gezogen. Gib die Wahrscheinlichkeit in Prozent an.
a) eine rote Kugel ziehen
b) eine weiße Kugel ziehen
c) eine blaue Kugel ziehen
d) Wie groß ist die Summe der drei Wahrscheinlichkeiten aus den Aufgaben a) bis c)? Was fällt dir auf?

4 Mit dem im Netz abgebildeten Würfel bestimmen Jochen und Nina, wer beim Abtrocknen hilft.
a) Wie groß ist die Wahrscheinlichkeit, dass Jochen helfen muss, wenn er würfelt?
b) Wie wäre das Ergebnis, wenn Nina würfelt?
c) Mit welcher Wahrscheinlichkeit müssen beide helfen?

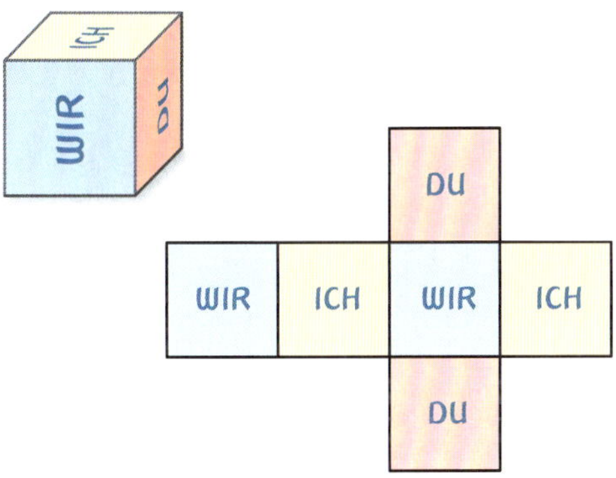

5 Eine Münze wird dreimal hintereinander geworfen. Dabei haben alle acht möglichen Ergebnisse (WWW), (WWZ), (WZW), (ZWW), (WZZ), (ZWZ), (ZZW) und (ZZZ) die gleiche Wahrscheinlichkeit. Bestimme die Wahrscheinlichkeit.
a) genau zwei Wappen werfen
b) mindestens zwei Wappen werfen
c) höchstens zwei Wappen werfen
d) kein Wappen werfen
e) nur Wappen werfen

6 Zeichne ein Glücksrad, bei dem die Farbe Rot eine Wahrscheinlichkeit von 30 %, Gelb eine Wahrscheinlichkeit von 20 % und Schwarz eine Wahrscheinlichkeit von 10 % hat. Stelle es deiner Klasse vor.

7 In einem Musikgeschäft werden zum Jubiläum CDs verlost. Dazu kann man an Fäden ziehen. An einigen hängt eine CD, an den anderen hängen Attrappen.
Die Gewinnwahrscheinlichkeit soll 20 % betragen.
a) Wie viele Fäden werden mindestens benötigt?
b) Es sollen insgesamt 75 Fäden sein.

8 Die Wahrscheinlichkeit, mit dem Farbwürfel Rot zu werfen, beträgt $\frac{1}{2}$, Blau $\frac{1}{3}$ und Gelb $\frac{1}{6}$.
Welche Farben haben die nicht sichtbaren Flächen?

9 Die Wahrscheinlichkeit, ein Gewinnlos zu ziehen, beträgt $\frac{5}{12}$.
a) Wie viele Lose und wie viele Gewinne befinden sich mindestens in der Lostrommel?
b) Gib fünf Möglichkeiten an, für die Anzahl der Lose und der Gewinne in der Lostrommel.

10 Überlege dir Spielsituationen beim „Mensch-ärgere-dich-nicht-Spiel", bei denen dein Spielstein mit der Wahrscheinlichkeit $\frac{1}{3}$ ins Haus kommt.
Gib für jede Situation an, welche Augenzahl gewürfelt werden muss.

Wahrscheinlichkeiten im Alltag

Erkläre folgende Redewendungen.
Nicht alle sind mathematisch korrekt.

- Die Chancen stehen fifty-fifty.
- Das ist 1000 % sicher.
- Er hat null Chance.
- mit hundertprozentiger Sicherheit
- Die Chancen stehen pari.
- Das ist wie ein Sechser im Lotto.
- mit 99,9%iger Sicherheit
- absolut unwahrscheinlich
- Das ist so sicher wie die Bank von England.

BINGO

BINGO ist ein Glücksspiel, das vor allem in den USA und Großbritannien gerne gespielt wird. Dabei hat jede Mitspielerin und jeder Mitspieler Bingokarten vor sich liegen, auf denen Zahlen in beliebiger Folge aufgedruckt sind. Ein Ausrufer zieht nacheinander aus einer Lostrommel Zahlen und gibt sie bekannt. Wer zuerst alle Zahlen seiner Karte abstreichen konnte, ruft BINGO und gewinnt.

Es gibt auch Spiele, bei denen ein bestimmtes Muster wie etwa ein X, ein T, ein U usw. zum BINGO führt.

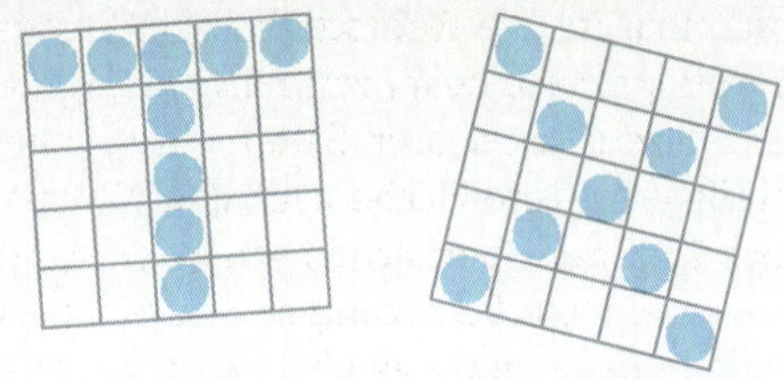

- Stellt euch ein vereinfachtes Bingospiel her. Zeichnet dazu Bingokarten wie rechts abgebildet. Schreibt in die Kärtchen beliebige Zahlen von 1 bis 20. Dabei darf keine Zahl doppelt vorkommen. Für den Ausrufer stellt ihr 20 Karten mit den Nummern 1 bis 20 her oder benutzt einfach die 20 roten Karten des Elfer-raus-Spiels. Zum Abdecken der ausgerufenen Zahlen verwendet ihr Spielchips, Centstücke oder Ähnliches.

- Spielt in Gruppen von fünf bis acht Schülerinnen und Schülern. Gewonnen hat, wer zuerst eine Zeile, eine Spalte oder eine Diagonale belegt hat. Ihr könnt auch andere Gewinnbilder festlegen.

- Bei dem vereinfachten Bingospiel sind in einer Gruppe schon die acht Zahlen 1; 3; 4; 5; 9; 13; 14 und 18 gezogen worden. Wer hat die größte, wer die kleinste und wer gar keine Chance, bei der nächsten gezogenen Zahl zu gewinnen?
- Gib die Wahrscheinlichkeit an, mit der die einzelnen Spielerinnen und Spieler beim nächsten Zug BINGO haben werden.
- Als nächste Zahl wird die Zahl 12 aufgerufen. Wie groß ist danach für die Spielerinnen und Spieler die Wahrscheinlichkeit, beim nächsten Zug zu gewinnen?
- Welche Zahlen dürfen als Nächstes aufgerufen werden, damit keiner gewinnt? Wie groß ist die Wahrscheinlichkeit dafür?

4 Schätzen von Wahrscheinlichkeiten

Hier siehst du vier Zufallsgeräte zum Würfeln.

→ Für welche Zufallsgeräte lässt sich die Wahrscheinlichkeit, eine Sechs zu werfen, leicht bestimmen? Für welche nicht?

→ Schätze für den Lego-Stein und die Streichholzschachtel die Wahrscheinlichkeit, mit der die Sechs geworfen wird.

Es gibt Zufallsversuche, bei denen die Wahrscheinlichkeit eines Ergebnisses nicht gleich erkennbar ist. Die Wahrscheinlichkeit eines solchen Ergebnisses kann mit einem Versuch näherungsweise bestimmt werden. Die nachfolgende Messreihe verdeutlicht dies für einen Holzquader, dessen Seiten unterschiedlich gefärbt sind. Mit welcher Wahrscheinlichkeit liegt die rote Fläche nach dem Wurf mit dem Holzquader oben? Da die rote Fläche etwa 20 % der Oberfläche beträgt, wird die Wahrscheinlichkeit für Rot auf 20 % = 0,2 geschätzt. Um die Schätzung zu überprüfen, wird mit dem Holzquader mehrfach gewürfelt. Je mehr Würfe durchgeführt werden, desto zuverlässiger wird die Schätzung.

Anzahl der Versuche	absolute Häufigkeit	relative Häufigkeit
100	30	0,300
200	54	0,270
300	77	0,257
400	105	0,263
500	126	0,252
600	159	0,265
700	182	0,260
800	203	0,254
900	228	0,253
1000	251	0,251

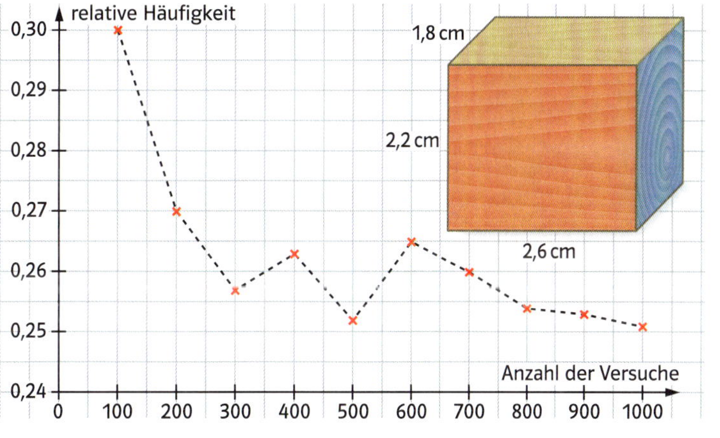

Die Wahrscheinlichkeit, mit dem Holzquader Rot zu werfen, sollte also besser mit 25 % angenommen werden.
Mit wachsender Zahl der Versuche stabilisiert sich die relative Häufigkeit. Deswegen eignet sie sich gut als Schätzwert für Wahrscheinlichkeiten.

Die relativen Häufigkeiten eines häufig durchgeführten Zufallsversuchs sind gute **Schätzwerte** für die **Wahrscheinlichkeiten** der Ergebnisse.

Bemerkung
Da die Summe der Wahrscheinlichkeiten aller möglichen Ergebnisse immer 1 ist, muss auch die Summe aller geschätzten Wahrscheinlichkeiten 1 sein.

Beispiel
Beim Werfen von Reißnägeln sind zwei Ergebnisse möglich. In einem Versuch wird ein Reißnagel 1000-mal geworfen. Die Wahrscheinlichkeit für das Ergebnis Kopf kann mit 66 %, die für das Ergebnis Seite mit 34 % angenommen werden.

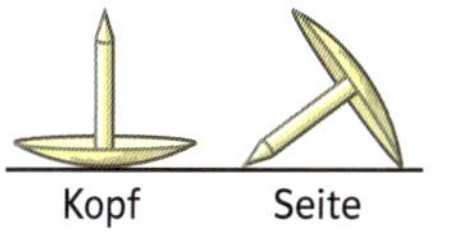

Kopf	Seite
659	341

Aufgaben

1 Suche aus einem Telefonbuch 50 beliebige Telefonnummern heraus und notiere, wie oft die Zahl 7 als Endziffer vorkommt.
a) Welche relative Häufigkeit erwartest du?
b) Fasst eure Ergebnisse wie im Beispiel zusammen. Was beobachtet ihr?

	Einzelwertung		Summenwertung		
Name	abs. H.	rel. H	abs. H.	von	rel. H.
Ali	4	8 %	4	50	8,0 %
Beate	7	14 %	11	100	11,0 %
Dora	5	10 %	16	150	10,7 %
Eva	3	6 %	19	200	9,5 %
…	…	…	…	…	…

2 Für die drei Zufallsgeräte werden die Wahrscheinlichkeiten geschätzt.

	1	2	3	4	5	6
Schätzung A	$\frac{9}{100}$	$\frac{4}{25}$	$\frac{1}{4}$	$\frac{1}{4}$	$\frac{4}{25}$	$\frac{9}{100}$
Schätzung B	$\frac{1}{6}$	$\frac{1}{6}$	$\frac{1}{6}$	$\frac{1}{6}$	$\frac{1}{6}$	$\frac{1}{6}$
Schätzung C	$\frac{1}{10}$	$\frac{1}{5}$	$\frac{1}{5}$	$\frac{1}{5}$	$\frac{1}{5}$	$\frac{1}{10}$

Welche Schätzung gehört zu welchem Zufallsgerät? Begründe.

3 Entscheide, ob es sich um die Wahrscheinlichkeit oder um die absolute bzw. relative Häufigkeit handelt.
a) In einer Schule fehlen 31 Kinder.
b) Die Fehlerquote bei einem Vokabeltest liegt bei 8,3 %.
c) 17 % aller Jugendlichen leiden unter Karies.
d) In einer Lostrommel sind 220 Nieten.
e) Die Gewinnchance bei einer Lotterie beträgt 42 %.
f) Jeder 6. Mensch ist ein Chinese.

4 Es soll getestet werden, ob ein Würfel korrekt ist oder ob er manipuliert wurde. Beschreibe, wie man vorgehen muss.

5 Yannick wirft einen Würfel 600-mal und erhält folgende absolute Häufigkeiten.

Augenzahl	1	2	3	4	5	6
Häufigkeit	0	284	0	115	0	201

Ist dieses Ergebnis möglich? Begründe.

6 Lehrer Stahl hat sich die Ergebnisse vom Training im Elfmeter-Schießen in einer Tabelle notiert.

Name	Tore	verschossene Elfmeter
Jochen	17	12
Philipp	20	16
Soufian	12	5
Rico	23	17
Daniel	19	11

Wen soll Lehrer Stahl im entscheidenden Endspiel für einen Elfmeter-Schuss vorsehen?

7 Um festzustellen, mit welcher Wahrscheinlichkeit ein neu produzierter Fernseher einen Defekt hat, werden 2000 Geräte getestet.
a) Im Test werden 11 defekte Geräte entdeckt.
b) Die Wahrscheinlichkeit für ein defektes Gerät beträgt 0,5 %.
c) Es werden 5000 Geräte getestet.

8 Eine Versicherung ermittelt, dass die Wahrscheinlichkeit bei einer 14-tägigen Fernreise zu erkranken, 2 % beträgt .
a) Herr Schnock macht seine erste Fernreise.
b) Frau Theobald hat Angst. Sie macht ihre 50. Fernreise und war bisher noch nie erkrankt.
c) Ein Reisebüro verkauft jährlich 2000 Fernreisen.

Zusammenfassung

Zufallsversuch
Zufallsgerät

Mithilfe von **Zufallsgeräten** wie Glücksrädern, Würfeln, Losen, Karten usw. werden **Zufallsversuche** durchgeführt.

Der Münzwurf mit zwei Münzen stellt einen Zufallsversuch dar.
Die beiden Münzen sind das Zufallsgerät.

mögliche
Ergebnisse

Jedes denkbare Ergebnis eines Zufallsversuchs heißt **mögliches Ergebnis**.

Es gibt vier mögliche Ergebnisse.
(WW); (WZ); (ZW); (ZZ)

Wahrscheinlichkeit
eines Ergebnisses

Sind alle möglichen Ergebnisse eines Zufallsversuchs **gleich wahrscheinlich**, so gibt der Bruch

$$\frac{1}{\text{Anzahl der möglichen Ergebnisse}} = \frac{1}{n}$$

die Wahrscheinlichkeit eines jeden Ergebnisses an.

Jedes Ergebnis ist gleich wahrscheinlich und hat die Wahrscheinlichkeit $\frac{1}{4} = 25\,\%$.

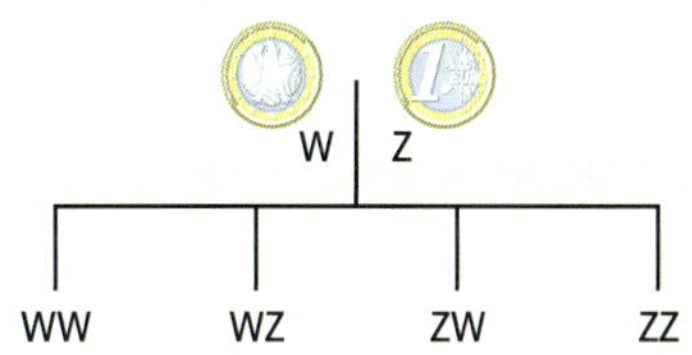

günstige
Ergebnisse

Führen mehrere gleich wahrscheinliche Ergebnisse eines Zufallsversuchs zum Ziel, so nennt man diese Ergebnisse **günstige Ergebnisse**.

Hat man den Wunsch, mindestens ein Wappen zu werfen, so gibt es die drei günstigen Ergebnisse (WW), (WZ) und (ZW).

Ereignis

Alle günstigen Ergebnisse eines Zufallsversuchs bilden ein **Ereignis**.

Die drei Ergebnisse (WW), (WZ) und (ZW) bilden das Ergebnis „mindestens ein Wappen werfen".

Wahrscheinlichkeit
eines Ereignisses

Der Bruch $\frac{\text{Anzahl der günstigen Ergebnisse}}{\text{Anzahl der möglichen Ergebnisse}} = \frac{m}{n}$ gibt die Wahrscheinlichkeit eines Ereignisses an.

Die Wahrscheinlichkeit für das Ereignis „mindestens ein Wappen werfen" beträgt $\frac{3}{4} = 75\,\%$.

Schätzen von Wahrscheinlichkeiten

Es gibt Zufallsversuche, bei denen die Wahrscheinlichkeiten der möglichen Ergebnisse geschätzt werden müssen. Dazu führt man den Versuch möglichst oft durch und berechnet die relative Häufigkeit. Sie kann als **Schätzwert für die Wahrscheinlichkeit** der möglichen Ergebnisse genommen werden.

Wie groß ist die Wahrscheinlichkeit, dass eine neue Glühbirne defekt ist?
Man testet dazu 10 000 Glühbirnen und findet dabei 12 defekte Glühbirnen. Damit kann die Wahrscheinlichkeit für eine defekte Birne auf $\frac{12}{10\,000} = 0{,}0012 = 0{,}12\,\%$ geschätzt werden.

Üben • Anwenden • Nachdenken

Ein Dodekaeder hat 12 Flächen.

1 Du würfelst mit dem abgebildeten Dodekaeder. Gib die Wahrscheinlichkeit an.
a) eine zweistellige Zahl würfeln
b) eine ungerade Zahl würfeln
c) eine durch drei oder fünf teilbare Zahl würfeln
d) eine durch 14 teilbare Zahl würfeln

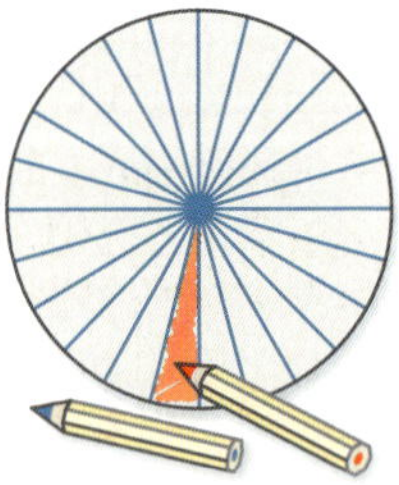

2 Wie viele Felder müssen auf dem Glücksrad rot gefärbt werden, wenn das Ereignis „Rot“ mit der angegebenen Wahrscheinlichkeit eintreten soll? Gib je zwei Lösungen an.

a) $\frac{1}{2}$ b) $\frac{1}{4}$ c) $\frac{1}{3}$ d) $\frac{3}{8}$ e) $\frac{5}{12}$

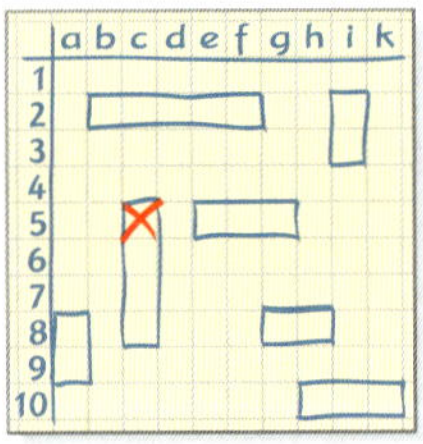

3 Beim Spiel „Schiffe versenken“ gibt Peter den ersten Schuss ab.
Bestimme die Trefferwahrscheinlichkeit.
a) das „Fünferschiff“ treffen
b) ein „Zweierschiff“ treffen
c) irgendein Schiff treffen
d) kein Schiff treffen
e) Wie ändern sich die Wahrscheinlichkeiten aus a) bis d), wenn Peter bereits fünf Schüsse ins Wasser abgegeben hat?

4 In einem Glas liegen 12 Kugeln, die von 1 bis 12 nummeriert sind. Die Kugeln mit den Nummern 1; 2; 10 und 11 sind rot, alle anderen sind weiß.
Beschreibe drei verschiedene Ereignisse, die genau vier Ergebnisse haben.

5 Auf der Kirmes stehen drei Losverkäufer. Der erste hat unter 120 Losen drei, der zweite unter 180 Losen vier und der dritte unter 60 Losen zwei Hauptgewinne.
a) Wo sollte man seine Lose kaufen?
b) Michael hat beim dritten Verkäufer 5 Lose gekauft und hat einen Hauptgewinn. Wo sollte er das nächste Los kaufen?

6 Eine Bauernweisheit besagt: „Wenn der Hahn kräht auf dem Mist, dann ändert sich das Wetter oder es bleibt wie es ist.“

7 Wie groß ist die Wahrscheinlichkeit, dass Heiligabend und Silvester auf den gleichen Wochentag fallen?

8 Mit welcher Wahrscheinlichkeit fällt ein Sonntag auf den 31. April?

Ungünstige Ergebnisse ?!

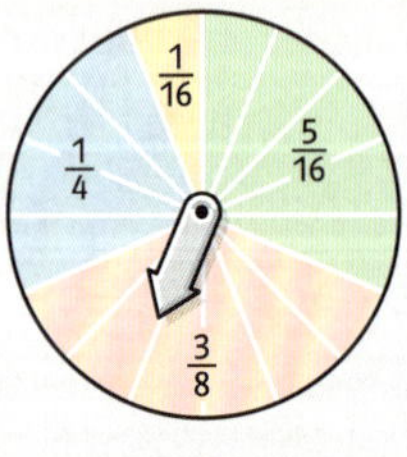

Frau Kruse stellt der Klasse folgende Aufgabe: „Wie groß ist die Wahrscheinlichkeit, beim Drehen des Glücksrades ein blaues, ein grünes oder ein rotes Feld zu erhalten?“ Während alle rechnen, hat Vera schon die Lösung.
- Hast du eine Idee wie sie so schnell zur Lösung gelangte? Wie lautet sie?

Manchmal ist es einfacher, statt der günstigen die ungünstigen Ergebnisse zu betrachten. Man berechnet dann die Wahrscheinlichkeit für das entgegengesetzte Ereignis, das **Gegenereignis**. Die Wahrscheinlichkeit des gesuchten Ereignisses ist dann
1 – Wahrscheinlichkeit des Gegenereignisses.
- Zwei Würfel werden geworfen und die beiden Augenzahlen multipliziert. In der Tabelle findest du die Wahrscheinlichkeiten, mit denen die möglichen Produkte vorkommen.

Produkt	1	2	3	4	5	6	8	9	10	12	15	16	18	20	24	25	30	36
Wahrscheinlichkeit	$\frac{1}{36}$	$\frac{1}{18}$	$\frac{1}{18}$	$\frac{1}{12}$	$\frac{1}{18}$	$\frac{1}{9}$	$\frac{1}{18}$	$\frac{1}{36}$	$\frac{1}{18}$	$\frac{1}{9}$	$\frac{1}{18}$	$\frac{1}{36}$	$\frac{1}{18}$	$\frac{1}{18}$	$\frac{1}{18}$	$\frac{1}{36}$	$\frac{1}{18}$	$\frac{1}{36}$

Berechne die Wahrscheinlichkeit. Rechne vorteilhaft.
- Das Produkt ist kleiner als 32.
- Das Produkt ist gerade.
- Das Produkt ist durch 10 teilbar.
- Das Produkt ist größer als 5.

9 Beim Spiel „17 und 4“ hat man unter anderem mit zwei Assen oder mit einer 10 und einem Ass gewonnen.

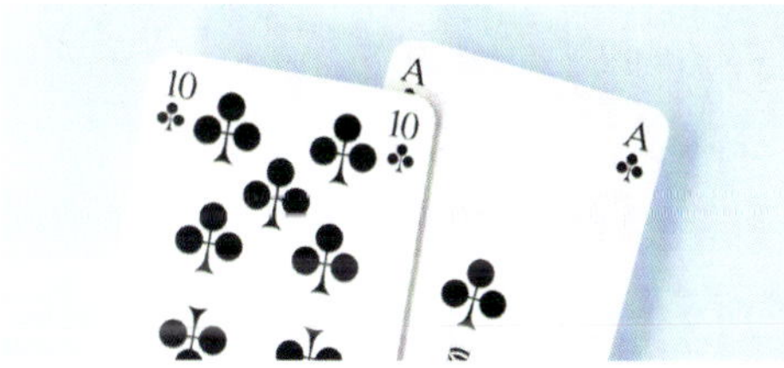

Hannes hat bereits ein Ass. Mit welcher Wahrscheinlichkeit gewinnt er mit der zweiten Karte, wenn er weiß, dass kein weiteres Ass bzw. noch keine 10 gezogen wurde?

a) Es sind noch 30 Karten im Spiel.

b) Es sind noch 25 Karten im Spiel.

c) Wie ändern sich die Wahrscheinlichkeiten in den Aufgaben a) und b), wenn bereits zwei Zehnen ausgespielt wurden?

10 Arno fährt mit dem Zug zur Schule. An 190 Schultagen hatte der Zug 42-mal Verspätung. Wie groß ist die Wahrscheinlichkeit für die Verspätung eines Zuges auf dieser Strecke?

11 Würfelt mit dem Lego-Stein.

a) Welche möglichen Ergebnisse hat das Werfen mit dem Lego-Stein?

b) Schätze die Wahrscheinlichkeit, mit der der Lego-Stein wie abgebildet auf den Tisch fällt. Überprüfe deine Schätzung. Wirf dazu den Lego-Stein mindestens 100-mal.

c) Fasst eure Ergebnisse in der Klasse zusammen.

12 In der Tabelle siehst du das Resultat von 100; 1000 und 10 000 Versuchen.

Feld	Anzahl der Versuche		
	100	1000	10 000
A	6	121	1244
B	13	110	1253
C	15	126	1255
D	8	140	1241
E	12	134	1250
F	14	115	1230
G	22	125	1273
H	10	129	1254

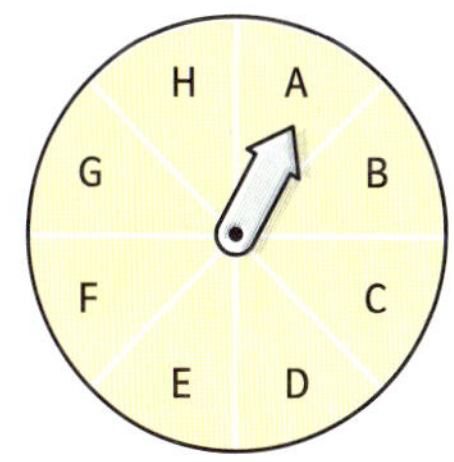

Erläutere die Tabelle. Welche Vermutung kannst du über die Aufteilung der Felder des Glücksrades aufstellen?

Regenwahrscheinlichkeit

„Die Regenwahrscheinlichkeit für das Hockenheim-Rennen beträgt 30 %“, sagt der Rundfunksprecher.

- Was bedeutet diese Angabe? Diskutiert dies in Gruppen und einigt euch auf eine Bedeutung. Begründet eure Entscheidung. Was heißt dann 0 % oder 100 % Regenwahrscheinlichkeit?

- Recherchiert mithilfe von Lexika, Schulbüchern oder dem Internet die Bedeutung der Regenwahrscheinlichkeit. Beantwortet auf der Grundlage eurer recherchierten Definition die folgende Frage:
Mit wie vielen Regentagen muss ein Urlauber bei einer Regenwahrscheinlichkeit von 20 % rechnen, wenn er 14 Tage in das entsprechende Gebiet reist?

- Nennt Gebiete, in denen es zu bestimmten Zeiten eine Regenwahrscheinlichkeit von 100 % oder von 0 % gibt. Zu welchen Zeiten ist das der Fall?

Zufallsversuche mit dem Computer

Statt selbst zu würfeln, kann man dies dem Computer überlassen. Dadurch spart man viel Zeit und erhält in Bruchteilen von Sekunden das Ergebnis hunderter Würfe. Da man in diesem Fall nicht wirklich würfelt, spricht man von einer Simulation.
Jeder Zufallsversuch, bei dem alle Ergebnisse gleich wahrscheinlich sind, kann durch einen „Fantasiewürfel" mit entsprechend vielen Flächen simuliert werden. Deshalb eignet sich der Computer für alle solchen Zufallsversuche, also auch zur Simulation von Glücksrädern, Lose ziehen, Karten ziehen usw.

Mit dem Befehl =**Zufallszahl()** wird ein Dezimalbruch zwischen 0 und 1 erzeugt. Mit der Taste F9 wird die Liste neu erstellt. So erhaltet ihr blitzschnell viele Zufallszahlen.

A4 fx =ZUFALLSZAHL()

	A	B	C	D
1	**Erzeugen von Zufallszahlen**			
2				
3	0,17195214	0,55238373	0,24400174	0,60238598
4	0,38839131	0,81072977	0,40287134	0,08178307
5	0,73657168	0,91391154	0,88735389	0,77402261
6	0,87848108	0,44055261	0,43154763	0,01142656
7	0,11595562	0,27297675	0,4695104	0,82478955

- Testet folgende Befehle und beschreibt, welche Zahlen zufällig erzeugt werden.
=Zufallszahl()*6
=Ganzzahl(Zufallszahl())
=Ganzzahl(Zufallszahl()*6)
=Ganzzahl(Zufallszahl()*6 + 1)

Der folgende Bildschirmausdruck zeigt die Simulation eines Wurfs mit dem Würfel.
- Zählt, wie oft jede Zahl gewürfelt wurde. Entspricht das in etwa eurer Erwartung?

A4 fx =ZÄHLEWENN(A3:O10;2)

	A	B	C	D	E	F	G	H	I	J	K	L	M	N	O
1	**Würfeln mit dem Computer**														
2															
3	3	4	6	4	6	1	5	2	5	4	5	2	4	1	5
4	1	5	3	5	6	3	4	5	4	2	6	4	4	6	3
5	5	2	5	3	4	5	6	6	6	3	1	5	2	2	5
6	3	5	4	2	3	1	5	2	5	6	4	4	6	3	5
7	1	2	1	4	4	4	4	1	5	4	5	6	6	3	1
8	1	3	2	4	4	6	3	6	5	5	6	2	6	2	3
9	2	1	3	3	6	1	4	6	4	4	6	6	4	6	1
10	3	5	6	6	2	4	3	3	2	3	3	2	1	3	1
11															
12	Häufigkeit														
13	der Augenzahl 1						15		der Augenzahl 4						24
14	der Augenzahl 2						16		der Augenzahl 5						21
15	der Augenzahl 3						21		der Augenzahl 6						23

Anschließend zählt der Computer für dich aus, wie oft die Augenzahlen 1 bis 6 gewürfelt wurden.
Entspricht das Ergebnis in etwa deiner Erwartung?

- Simuliert einen Würfel.
- Simuliert ein Glücksrad mit neun gleich großen Feldern.
- Simuliert ein Roulettespiel.

Mit dem Befehl **=Ganzzahl(Zufallszahl()*(12 – 4) + 4)** erhält man ganzzahlige Zufallszahlen von 4 bis 11.

- Ein Medikament spricht nach 3 bis 6 Tagen an. Die Wahrscheinlichkeit, dass das Medikament an einem dieser Tage anspricht, ist für alle möglichen Fälle gleich groß. Simuliert diesen Vorgang.
- Gib den Befehl an, mit der ganzzahlige Zufallszahlen von m bis n erzeugt würden.

Rückspiegel

1 Welche Zufallsgeräte werden bei den folgenden Spielen benutzt?
- Kniffel
- Schach
- Quartett
- Domino
- Roulette
- BINGO

2 Nenne alle möglichen Ergebnisse.
a) Es wird mit einer Münze geworfen.
b) Beim Lotto wird die erste Kugel gezogen.
c) Aus den Kreuz-Karten eines Skatspiels wird eine Karte gezogen.

3 Bestimme die Wahrscheinlichkeit.
a) unter acht Schlüsseln auf Anhieb den richtigen finden
b) bei einer Auswahlfrage unter fünf möglichen Antworten die richtige raten
c) aus einem Dominospiel mit 55 Steinen den Stein 6/6 ziehen

4 In einem Becher liegen 16 Kugeln. Sie sind von 1 bis 16 gekennzeichnet. Berechne die Wahrscheinlichkeit.
a) eine durch vier teilbare Zahl ziehen
b) eine Zahl größer als 13 ziehen
c) eine zweistellige Zahl ziehen
d) eine dreistellige Zahl ziehen

5 Die Wahrscheinlichkeit, dass ein neugeborenes Kind ein Junge ist, beträgt 51%. In einem Krankenhaus wurden im letzten Jahr 2100 Kinder geboren.

6 In einer Klasse soll geschätzt werden, mit welcher Wahrscheinlichkeit ein Reißnagel beim Werfen auf den Kopf bzw. auf die Seite fällt.

Name	Schätzung	
	Kopf	Seite
Helga	25%	75%
Peter	23%	82%
Sarah	33%	66%
Timo	36%	64%

Welche Schätzungen sind sicher falsch? Begründe.

1 Gib geeignete Zufallsgeräte an und nenne ein passendes Ergebnis.
a) Wer gibt beim Skatspiel als Erster?
b) Wer hat beim Schach die weißen Figuren?
c) Wer beginnt beim Knobeln?

2 Nenne alle möglichen Ergebnisse.
a) Auf eine Torwand mit zwei Löchern wird mit dem Fußball geschossen.
b) Auf eine Scheibe mit 12 Ringen wird ein Pfeil geworfen.

3 Bestimme die Wahrscheinlichkeit.
a) eine Ampel, die 40 s grün und 60 s rot zeigt, genau bei Grün erreichen
b) aus einer Schublade mit fünf Paar weißen und drei Paar schwarzen Socken eine weiße Socke ziehen, nachdem eine weiße Socke bereits gezogen wurde

4 In einer Lostrommel befinden sich 60% Nieten, 26% Trostpreise, 13% große Gewinne und 3 Hauptgewinne.
a) Wie viele Lose befinden sich in der Lostrommel?
b) Nachdem 120 Lose verkauft wurden, befinden sich noch zwei Hauptgewinne in der Lostrommel. Mit welcher Wahrscheinlichkeit kann als Nächstes ein Hauptgewinn gezogen werden?

5 Auf ihrem Schulweg überquert Kelly eine Eisenbahnlinie. An den 190 Schultagen im Jahr war die Schranke 23-mal geschlossen. Wie groß ist für Kelly die Wahrscheinlichkeit, eine offene Schranke vorzufinden?

6 Die Deck- und Grundfläche des abgebildeten Körpers sind gleichseitige Dreiecke.
a) Welche Augenzahlen treten mit der gleichen Wahrscheinlichkeit auf?
b) Bei einem Experiment wurde die Wahrscheinlichkeit für die Augenzahl 3 mit 14% ermittelt.

Paradiese am Äquator

Millionenfach geartet
In den immerfeuchten tropischen Regenwäldern fallen jährlich über 2000 mm Niederschlag.
Die Wälder bedecken zwar nur 6 % der etwa 144,5 Mio. km^2 festen Erdoberfläche, beheimaten wahrscheinlich aber rund 75 % aller Tierarten. Der Käferkundler Terry Erwin schätzt, dass in allen tropischen Regenwäldern der Erde ca. 30 Mio. Tierarten leben, von denen jedoch nur ein kleiner Bruchteil entdeckt ist.

- Wie viel Liter Regenwasser pro m^2 fallen täglich im Regenwald? Und in Deutschland? Eine Badewanne fasst 100 l, ein Eimer 10 l. Vergleiche.
- Welche Gesamtfläche bedecken die tropischen Regenwälder auf der Erde? Wie oft passt Deutschland da hinein?
- Wie viele Tierarten gibt es schätzungsweise weltweit?
- Formuliert Aussagen zum Diagramm.

Niederschläge im Jahr:
Manaus (Brasilien)
2043 mm
Köln
797 mm

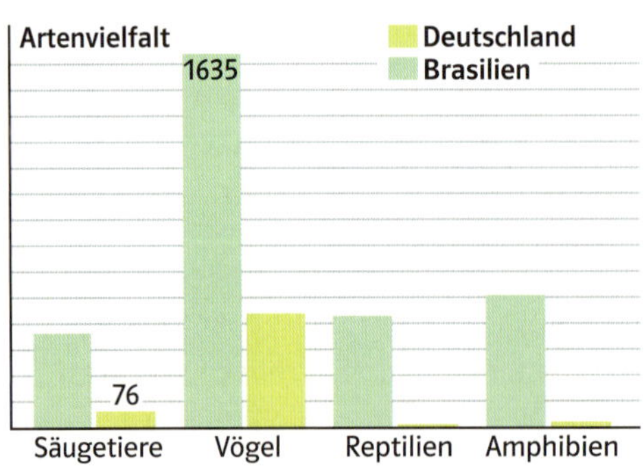

Vom Boden in luftige Höhe
Zwei Drittel aller tropischen Tiere leben großteils unentdeckt in den Baumkronen. Zur Forschung in Höhen von 30 m bis 40 m haben Wissenschaftler ein Baumfloß aus 13,60 m langen Plastikschläuchen und Netzen gebaut. Obwohl es 750 kg wiegt, gibt es genügend Halt ohne auf den Baumwipfeln Äste abzubrechen.

- Könnt ihr das erklären?
- Zeichnet das Baumfloß maßstabsgetreu und schätzt, welche Fläche es bedeckt.

Kleine Schwerstarbeiter
Die Blattschneiderameisen sind Wanderer zwischen Boden und Blätterdach. Eine meist rund 2 Mio. Ameisen umfassende Kolonie legt zur eigenen Versorgung unterirdische Pilzkolonien an und nährt sie mit Blattstücken aus den Baumkronen.

- Eine Ameise hat schwer zu tragen. Erläutert und vergleicht mit euch.
- Wie lang ist der Weg „zur Arbeit“ im Verhältnis zur Körperlänge der Ameisen? Wie weit müsstet ihr im Vergleich laufen?
- Welche Blättermasse wird in der Kolonie am Tag verarbeitet? Und pro Ameise?

Blattschneiderameise
Länge: 0,9 cm
Gewicht: 0,003 g
Kolonieverbrauch:
6000 kg Blätter im Jahr

Grüne Riesen

Die Bäume der tropische Regenwälder werden in so genannte Stockwerke eingeteilt. In den einzelnen Höhenstufen herrschen ganz unterschiedliche Bedingungen.

- Beschreibt und erklärt das nebenstehende Schaubild.
- Was erlebt ein Baumsteigerfrosch, wenn er von 20 m in 40 m Höhe steigt? Was ist, wenn er auf den Boden fällt?
- Zeichnet die Baumriesen neben ein passendes Hochhaus und euch Schüler.

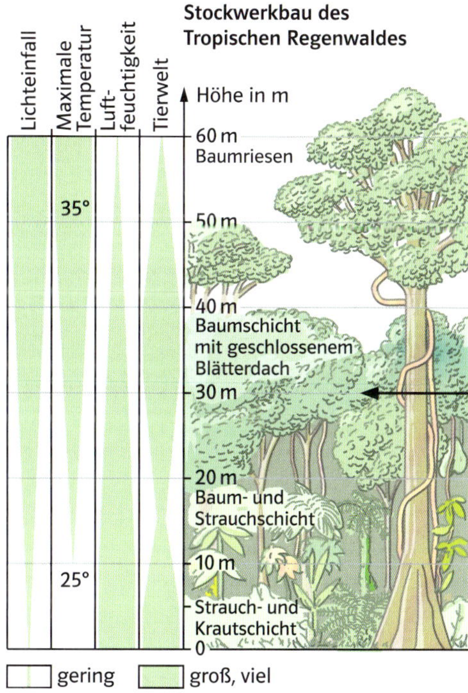

Einzigartig und unwiederbringlich

Heute werden die einzigartigen tropischen Lebensräume zur Schaffung von neuem Siedlungs- und Wirtschaftsraum sowie zur Holzgewinnung unwiederbringlich zerstört. Jede Minute vernichtet der Mensch weltweit tropischen Regenwald in der Fläche von etwa 76 Fußballfeldern.

Naturwunder gefährdet!

Brasilia – Umweltschützer gingen bislang davon aus, dass in Brasilien pro Jahr 1,5 Mio. ha Regenwald vernichtet werden.

Neuste Forschungen mit hochauflösenden Satellitenaufnahmen haben gezeigt, dass die jährliche Zerstörung sogar doppelt so schnell voranschreitet. Ein Fünftel des brasilianischen Regenwaldes ist bereits endgültig zerstört. Heute beträgt die Fläche des Tropenwaldes ca. 530 Mio. Hektar.

- Wie viel Regenwald wird weltweit während einer Unterrichtsstunde zerstört? Stellt die Fläche anschaulich dar.
- Wie viel Prozent des Tropenwaldes wird in Brasilien jedes Jahr zerstört?
- Zeichnet ein Schaubild, das die Zerstörung des Regenwaldes in Brasilien bis ins Jahr 2020 in unterschiedlicher Geschwindigkeit zeigt. Wann ist er völlig zerstört?
- Vergleicht die Abnahmewerte mit der Fläche von Deutschland und NRW. Beachtet die unterschiedlichen Größeneinheiten.
- Wie groß war der Regenwald am Amazonas ursprünglich?

Zwei mittelgroße Fußballfelder sind ca. 1 Hektar (100 m · 100 m) groß.

Flächen
Deutschland:
357 000 km^2
NRW:
34 000 km^2

... und jetzt Demo!

Die Einzigartigkeit des tropischen Regenwaldes bedarf des unbedingten Schutzes vor weiterem Raubbau. Gestaltet Plakate, eine Zeitung oder ein Theaterstück, durch die ihr über die katastrophale Zerstörung der Regenwälder informiert. Macht die Angaben dabei in Schaubildern so anschaulich wie möglich. Die Ergebnisse könnt ihr bei einer Schulveranstaltung präsentieren.
Vielleicht kann eure Klasse über eine Umweltorganisation auch Pate für eine Schutzfläche im Regenwald werden. Wurde in eurer Schule schon einmal über den Einsatz von Umweltpapier nachgedacht?

Ideen verändern die Welt

Zweirad
von Gottlieb Daimler
- *250 ccm*
- *368 Watt (0,5 PS)*
- *max. 12 km/h*

Motorwagen
von Karl F. Benz
- *1 Zylinder*
- *0,63 kW (0,85 PS)*
- *13 bis 16 km/h*

Das erste funktionierende Benzinauto

Im Jahre 1885 bauten zwei Deutsche, Gottlieb Daimler und Karl Friedrich Benz, die ersten brauchbaren benzingetriebenen Fahrzeuge der Welt.

- Angenommen, Karl Benz wollte seinen Motorwagen im 617 km entfernten Berlin dem Kaiser vorstellen: Mit welcher Fahrzeit für die Hin- und Rückfahrt müsste er rechnen, wenn er am Tag höchstens zehn Stunden fahren kann? Wie lange bräuchte Gottlieb Daimler? Wie lange seid ihr unterwegs, wenn ihr von zu Hause nach Berlin reisen wollt?
- Die Leistung eines Pkw muss heute in Kilowatt (kW) angegeben werden. Viele benutzen aber dennoch die alte Leistungseinheit Pferdestärke (PS). Gebt einen Term an zur Umrechnung von kW in PS und umgekehrt. Formuliert eine Faustregel.
- Lest aus der Grafik die Durchschnittsgeschwindigkeiten ab. Vergleicht.

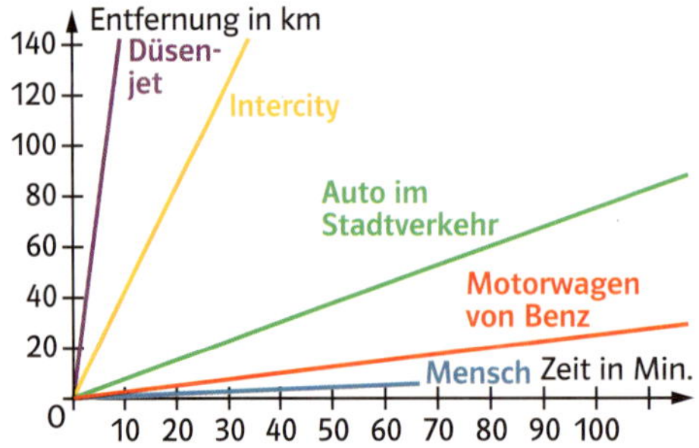

Die Büroklammer

1899 erfand der Norweger Johann Vaalen die Büroklammer. Sie ist aus gebogenem Metalldraht gefertigt und meist etwa 3 cm lang und 1 cm breit.

- Stellt euch vor, eure Klasse möchte, um ins „Buch der Rekorde" zu kommen, insgesamt 10 000 Büroklammern möglichst schnell zu einer langen Kette zusammenstecken. Wie lange bräuchtet ihr? Was ist, wenn acht Schülerinnen und Schüler vorzeitig aufgeben? Wie wirkt es sich aus, wenn fünf Klassenmitglieder zwischendurch für 30 Min. zur Schulleitung müssen?
- Das unten abgebildete Rechteck besteht aus acht Büroklammern. Wie lang und wie breit ist es?

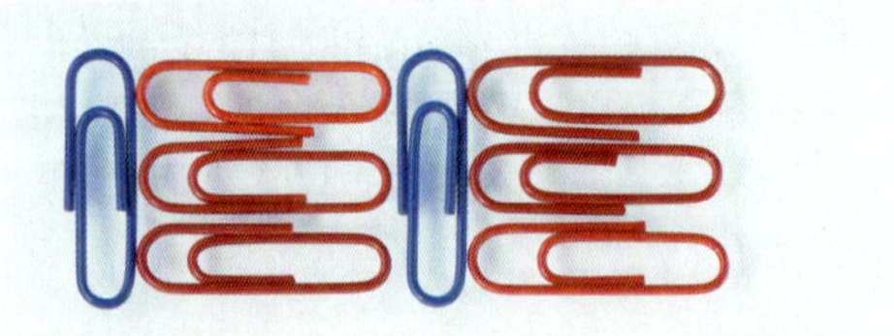

- Setzt das Muster fort. Welche Länge und Breite kann ein Rechteck aus 10 000 Klammern haben?
- Versucht, aus den Klammern ein Quadrat zu legen.
- Erfindet ein eigenes Muster und berechnet ebenfalls Länge und Breite des Rechtecks aus 10 000 Büroklammern.

Coca-Cola

Der Apotheker John Styth Pemberton entwickelte 1886 einen Sirup gegen Müdigkeit und Kopfschmerzen. Er mischte ihn mit Sodawasser und fertig war die Coca-Cola. Die geheime Formel für das Originalgetränk liegt in einem Tresor in Atlanta. Ihren typischen Geschmack erhält Coca-Cola durch die koffeinhaltige Kolanuss vom afrikanischen Kolabaum.

- Recherchiert im Internet nach Informationen über den Kolabaum, über die Verarbeitung der Frucht und die Zusammensetzung von Cola. Stellt die Ergebnisse auf Plakaten zusammen.
- Führt in allen 7er-Klassen eine Umfrage zum wöchentlichen Cola-Verbrauch durch. Wertet die erhaltenen Daten am PC aus und stellt eure Ergebnisse grafisch dar.
- Jeder Deutsche trinkt im Schnitt 46 Liter Cola im Jahr. Ein Liter enthält 110 Gramm Zucker. Wie viele Stücke Würfelzucker sind das im Jahr? Schätzt zuerst und überprüft.

Die erste mechanische Uhr

1510 schuf der Schlosser Peter Henlein eine Taschenuhr, das Nürnberger Ei. Armbanduhren kamen erst 400 Jahre später auf. In alten Uhren kann man das Zahnradgetriebe noch deutlich erkennen:

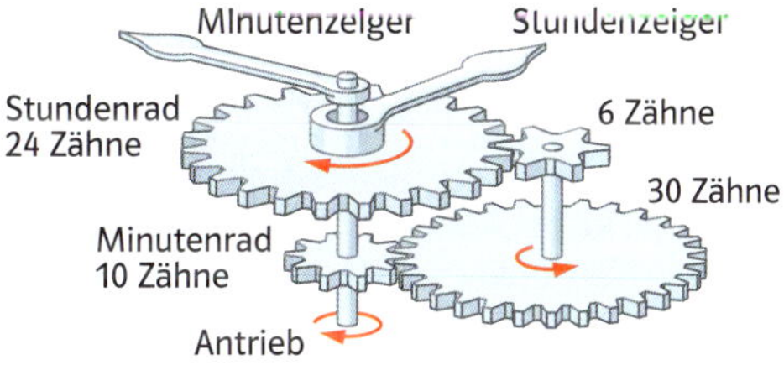

- Wie funktioniert das Getriebe?
- Dreht sich der Minutenzeiger einmal komplett, so hat der Stundenzeiger ein Zwölftel des Kreises zurückgelegt. Erklärt anhand der Abbildung.
- Beschreibt das Getriebe für eine Uhr mit Sekundenzeiger.

Der Füller

Ein amerikanischer Kaufmann namens Lewis Edson Watermann ärgerte sich beim Schreiben ständig über die Tintenklekse seiner Feder und erfand ein kleines Gefäß für Tinte, das durch feine Kanäle mit der Feder verbunden war. Am 12.02.1884 meldete er die Erfindung beim Patentamt an.

- Schätzt, wie viele leere Tintenpatronen in eurer Schule in einem Schuljahr zusammen kommen.
- Um Kunststoffmüll zu vermeiden, können Füller nachgefüllt werden. Die in 60 Patronen enthaltene Menge Tinte ist in einem einzigen 30 ml-Tintenglas abgefüllt. Stellt Preis- und Abfallvergleiche an.

... und jetzt eine Reise in die Vergangenheit!

Findet heraus, wann und von wem ein Gegenstand, den ihr euch aus eurem Alltag nicht mehr wegdenken könnt, erfunden wurde. Wie wurde er weiterentwickelt? Was meint ihr, wie geht die Entwicklung möglicherweise weiter?
Gestaltet gemeinsam eine Infowand für eure Klasse, für die gesamte Jahrgangsstufe, für den Eingangsbereich der Schule oder für den Verwaltungsbereich. Vielleicht steht ja auch eine Projektwoche an.

Fit for life

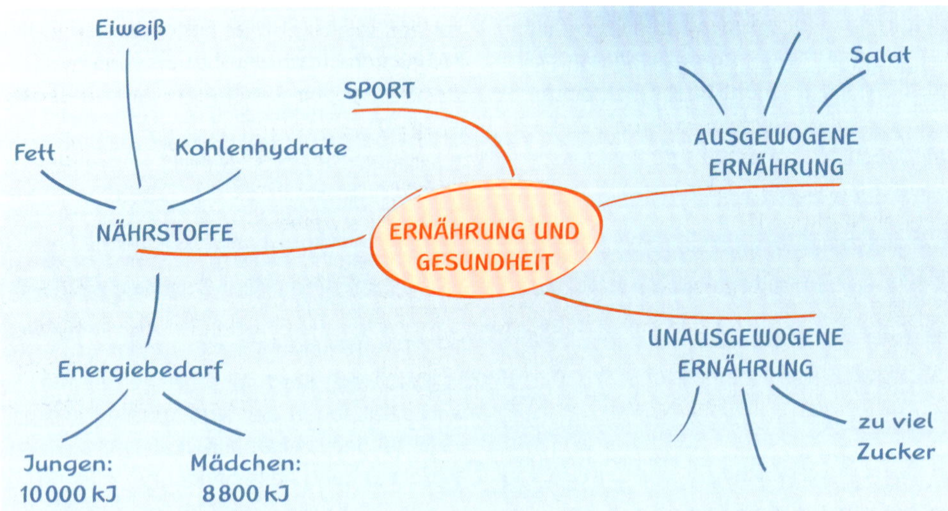

*Früher wurde der Energiegehhalt statt in **Kilojoule** in **Kilokalorien** angegeben. 1 kcal = 4,2 kJ*

Aufgaben der Nährstoffe:

Fett:
- *Deckung des Energiebedarfs,*
- *Wärme und Organschutz,*
- *Träger fettlöslicher Vitamine*
- *1 g entspricht 37,8 kJ*

Eiweiß:
- *Wachstum,*
- *Zell- und Gewebeerneuerung*
- *1 g entspricht 16,7 kJ*

Kohlenhydrate:
- *Deckung des Energiebedarfs*
- *1 g entspricht 16,7 kJ*

Wozu werden Vitamine, Mineralien, Ballaststoffe und Wasser benötigt?

Was der Körper braucht
Der menschliche Körper braucht Nährstoffe zur Deckung seines Energiebedarfs und zur Gewinnung von körpereigenen Baustoffen. Pro Kilogramm Körpergewicht benötigt der Mensch täglich durchschnittlich 0,8 g Fett, 0,9 g Eiweiß und 5 g Kohlenhydrate.

- Erstellt eure eigene Mindmap zum Thema Gesundheit und Ernährung.
- Bestimmt den Nährstoffbedarf in Gramm und Kilojoule für euer Körpergewicht.
- Vergleicht euren Bedarf mit dem eines Erwachsenen.

Versteckter Zucker
In Deutschland werden pro Person im Durchschnitt 120 g Zucker pro Tag konsumiert. Um den täglichen Bedarf zu decken, genügen jedoch schon 1 bis 2 g Zucker pro Kilogramm Körpergewicht.

- Wie viel Zucker solltet ihr am Tag aufnehmen? Wie viele Stücke Würfelzucker sind das?
- Wie viel Zucker nehmt ihr täglich zu euch? Liegt ihr damit im bundesweiten Durchschnitt?
- Stellt den Zuckergehalt verschiedener Getränke grafisch dar und vergleicht.

Unsere Energielieferanten
Der Tagesbedarf an Energie wird durch die Aufnahme von Nahrungsmitteln gedeckt. Die Nährstoffzusammensetzung von Lebensmitteln wird auf den Verpackungen angegeben.
Beispiel:

Nährstoffe je 100 g	Haselnusscreme	Orangenlimonade
Eiweiß in g	7	< 0,1
Fett in g	30	< 0,1
Kohlenhydrate in g	54	0,3

- Überlegt, wie man mithilfe einer Tabellenkalkulation die Energiemenge der dargestellten Nahrungsmittel in kJ bestimmen kann.
- Untersucht mithilfe einer Tabellenkalkulation, wieviel Energie verschiedene Lebensmittel liefern.
Betrachtet dabei die eurer Meinung nach gesunden und ungesunden Lebensmittel. Vergleicht die Ergebnisse.
- In welcher Reihenfolge werden die Inhalte auf der Verpackung angegeben? Erkundigt euch nach den gesetzlichen Bestimmungen.

Leckere Flüssigkeitsspender

Täglich sollten wir etwa zwei bis drei Liter Flüssigkeit zu uns nehmen. Unser Flüssigkeitsbedarf wird nicht nur durch Getränke sondern auch durch feste Nahrung gedeckt. Verspürt man Durst, so leidet der Körper bereits unter Flüssigkeitsmangel. Deshalb sollte man auch trinken, wenn man keinen Durst hat.

- Welches Obst und Gemüse ist Wasserspender Nummer 1?
- Vergleicht den Fruchtgehalt verschiedener Fruchtgetränke und stellt ihn grafisch dar.
- Chantal hat bereits einen Liter ihres Flüssigkeitsbedarfs durch Getränke gedeckt. Wie kann sie ihren restlichen Bedarf ausgewogen decken?
- Wie sieht eure heutige Flüssigkeitsversorgung bis jetzt aus? Wie geht's weiter?

Mindestgehalt an reinem Fruchtsaft

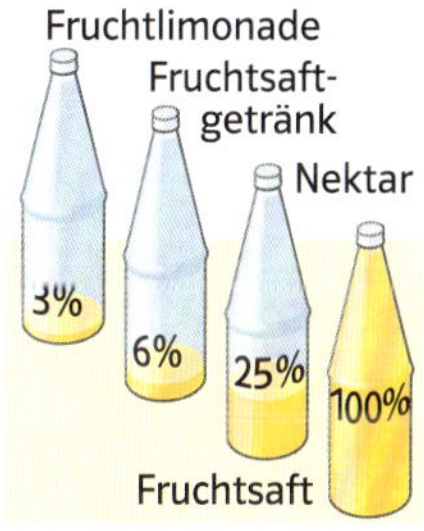

3,5 kg Wassermelone: 3,22 l
250 g Erdbeeren: 222,75 ml
95 g Apfel: 79,8 ml
450 g Banane: 336,6 ml

75 g Mais: 57,75 ml
50 g Tomaten: 46,9 ml
125 g Kohl: 107,5 ml
500 g Kartoffeln: 390 ml

Eiserne Energiekiller

Jede körperliche Tätigkeit verbraucht Energie. Sport ist ein wahrer Energiekiller. Ein Triathlet, der am Ironman auf Hawaii teilnimmt, muss 3,8 km schwimmen, 180 km radfahren und 41,195 km laufen. Ein 70 kg schwerer Triathlet rechnet mit Wettkampfzeiten von 1:35 Stunden für das Schwimmen, 6 Stunden für das Radfahren und 3:45 Stunden für den Marathonlauf.

- Bestimmt den Energieverbrauch in kJ eines Ironman-Teilnehmers.
- Recherchiert. Wie viele Kartoffeln bzw. Nudeln müsste er essen, um diesen Energieverbrauch auszugleichen? Wie füllen die Triathleten den Energiespeicher im Wettkampf auf?
- Wie lange müsstet ihr eure verschiedenen alltäglichen Tätigkeiten verrichten, um die gleiche Menge an Energie zu verbrauchen?
- Wie viel Energie verbraucht ihr bei eurer Lieblingssportart?

Schlafen	273 kJ pro h
Liegen	323 kJ pro h
Gehen	840 kJ pro h

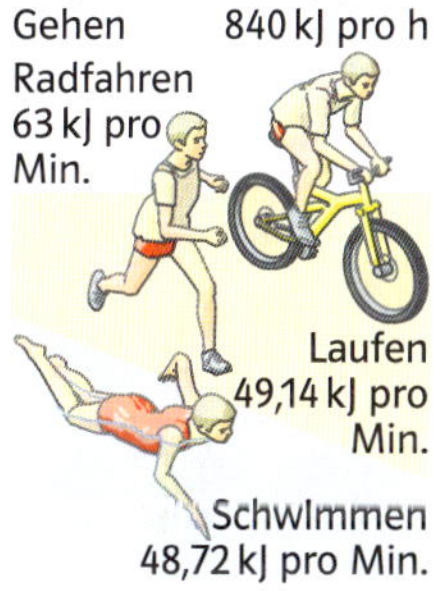

... und jetzt ran an die Essgewohnheiten!

Wie eine ausgewogene Ernährung aussieht, zeigt euch der Ernährungskreis.

- Erstellt ein eigenes Ernährungsprotokoll für einen Tag und vergleicht es mit dem Ernährungskreis.
- Gibt es eine bessere Darstellungsart als ein Kreisdiagramm? Zeigt es.
- Entwerft Steckbriefe zu verschiedenen Ernährungsweisen, wie zum Beispiel vegetarische, vegane, mediterrane Kost usw.
Stellt dazu jeweils einen Ernährungsplan für einen Tag auf.

Der Ernährungskreis

Lösungen des Basiswissens

Basiswissen | Kreis und Winkel, Seite 8

2
a) $\alpha = 77°$; $\beta = 54°$; $\gamma = 49°$
b) $\alpha = \gamma = 114°$; $\beta = \delta = 66°$

3
45° spitzer Winkel
90° rechter Winkel
135° stumpfer Winkel
240° überstumpfer Winkel
310° überstumpfer Winkel

4
a) $\alpha = 45°$ b) $\alpha = 142°$
c) $\alpha = 25°$ d) $\alpha = 205°$

5
a) $\alpha = \beta = \gamma = 32°$
b) $\alpha = \gamma = 120°$; $\beta = 60°$

Basiswissen | Brüche und Dezimalbrüche, Seite 9

1
a) $\frac{2}{3}$ b) $\frac{5}{8}$ c) $\frac{4}{16}\left(=\frac{2}{8}=\frac{1}{4}\right)$

2
a) $\frac{4}{6}$; $\frac{6}{9}$; $\frac{8}{12}$ b) $\frac{10}{15}$; $\frac{12}{18}$; $\frac{20}{30}$
c) $\frac{18}{24}$; $\frac{24}{32}$; $\frac{30}{40}$ d) $\frac{6}{8}$; $\frac{9}{12}$; $\frac{12}{16}$

3
a) $\frac{4}{7}$ b) $\frac{5}{8}$ c) $\frac{2}{3}$ d) $\frac{5}{6}$

4
a) > b) < c) < d) >

5
a) $\frac{1}{4} < \frac{3}{8} < \frac{1}{2} < \frac{7}{12} < \frac{17}{24} < \frac{5}{6}$
b) $\frac{3}{5} < \frac{2}{3} < \frac{17}{25} < \frac{52}{75} < \frac{7}{10} < \frac{11}{15} < \frac{37}{50}$

6
a) 0,9 b) 0,23 c) 0,901
d) 0,14 e) 0,245 f) 5,45

7
a) $\frac{7}{10}$ b) $\frac{45}{100} = \frac{9}{20}$ c) $\frac{567}{1000}$
d) $\frac{16}{10} = \frac{8}{5}$ e) $54\frac{3}{10}$ f) $10\frac{1}{100}$

8
a) 0,036; 0,36; 0,42; 0,95; 0,951; 4,02
b) 2,56; 2,65; 5,26; 5,62; 6,25; 6,52
c) 0,0780; 0,0788; 0,087; 0,0877; 0,0878

9
a) $\frac{9}{100}$ b) $\frac{25}{100} = \frac{1}{4}$
c) $\frac{40}{100} = \frac{2}{5}$ d) $\frac{150}{100} = \frac{3}{2} = 1\frac{1}{2}$

Basiswissen | Rechnen mit Brüchen und Dezimalbrüchen, Seite 10; 11

1
a) 1 b) $\frac{3}{7}$ c) $\frac{11}{12}$ d) $1\frac{1}{3}$
e) $\frac{3}{8}$ f) $\frac{1}{2}$

2
a) $1\frac{5}{24}$ b) $1\frac{11}{20}$ c) $\frac{7}{36}$ d) $1\frac{27}{40}$
e) $\frac{6}{35}$ f) $\frac{4}{15}$ g) $\frac{13}{56}$ h) $\frac{59}{63}$
i) $\frac{11}{72}$

3
a) $1\frac{1}{4}$ b) $4\frac{1}{6}$ c) $4\frac{13}{24}$ d) $\frac{27}{40}$

4
a) $2\frac{1}{3}$ b) $1\frac{1}{4}$ c) $1\frac{23}{28}$
d) $2\frac{3}{8}$ e) $2\frac{35}{36}$ f) $1\frac{27}{28}$

5
a) $\frac{6}{7}$ b) $\frac{10}{11}$ c) $\frac{8}{5} = 1\frac{3}{5}$
d) $\frac{6}{3} = 2$ e) $1\frac{2}{3}$ f) $4\frac{4}{5}$

6
a) $\frac{2}{5}$; $\frac{3}{5}$; $\frac{4}{5}$; 1; $1\frac{1}{5}$ b) $1\frac{1}{2}$; $2\frac{1}{4}$; 3; $3\frac{3}{4}$; $4\frac{1}{2}$
c) $1\frac{3}{7}$; $2\frac{1}{7}$; $2\frac{6}{7}$; $3\frac{4}{7}$; $4\frac{2}{7}$ d) $1\frac{4}{5}$; $2\frac{7}{10}$; $3\frac{3}{5}$; $4\frac{1}{2}$; $5\frac{2}{5}$
e) $1\frac{1}{6}$; $1\frac{3}{4}$; $2\frac{1}{3}$; $2\frac{11}{12}$; $3\frac{1}{2}$ f) $1\frac{3}{10}$; $1\frac{19}{20}$; $2\frac{3}{5}$; $3\frac{1}{4}$; $3\frac{9}{10}$

7
a) $\frac{2}{9}$ b) 5 c) $\frac{6}{15}$
d) 5 e) $\frac{3}{5}$ f) 5

8
a) $\frac{2}{5}$ b) $\frac{3}{10}$ c) $\frac{1}{21}$
d) $\frac{3}{40}$ e) $\frac{2}{7}$

9

a) $\frac{4}{9}$ b) $\frac{4}{13}$ c) $\frac{3}{27}$
d) $\frac{7}{20}$ e) $\frac{3}{34}$ f) $\frac{1}{10}$

10

a) 3 b) 1 c) $\frac{12}{19}$
d) $\frac{80}{15}$ e) 8 f) 4

11

a) 24 m b) 21 kg c) 36 min d) 84 €

12

a) 25 cm b) 28 kg c) 108 ct d) 156 s

13

a) 6,8 b) 4,3 c) 20,4 d) 11,8

14

a) 435,8125 b) 62,18 c) 42,963 d) 0,1

15

a) 9,5 b) 12

16

a) 208 b) 607,608 c) 3,8356 d) 5,1957

17

a) 20 b) 3,4 c) 1233,333... d) 0,0135

18

a) 109,5 b) 0,15 c) 2,8 d) 1

19

a) 0,3 b) 1,5 c) 0,02 d) 2,5

20

a) $9{,}0 \cdot 7{,}4 = 66{,}6$ b) $0{,}9 \cdot 4{,}7$

21

$7{,}5 \cdot 2{,}4 - 19{,}6 : 3{,}5 = 12{,}4$

Basiswissen | Ganze Zahlen, Seite 12

1

a) −28; −18; −7; +6; +24
b) −72; −64; −54; −48; −31
c) −1100; −1030; −970; −940; −880

2

a) −12; −18; −24; −30; −36; ...
b) −5; −1; +3; +7; +11; ...
c) −4; −9; −15; −22; −30; ...
d) −21; −31; −43; −57; −73; ...

3

a) +8 b) +2 c) −4 d) −10

4

a) > b) > c) < d) <
e) > f) >

5

a) +17 °C b) −34 °C c) −27 °C
d) +26 °C e) +38 °C f) +63 °C

6

Jan – Feb: −2400
Feb – Mär: −2590
Mär – Apr: +2890
Apr – Mai: −3680
Mai – Jun: +2430

Basiswissen | Daten, Seite 13

1

Säulendiagramm

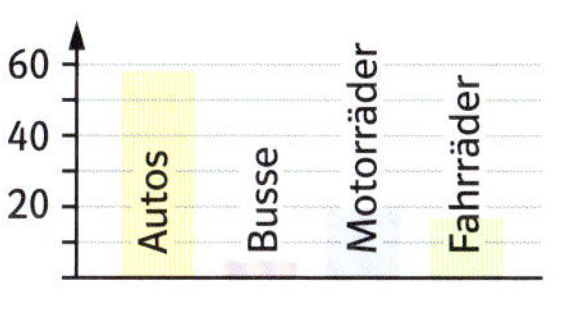

Kreisdiagramm

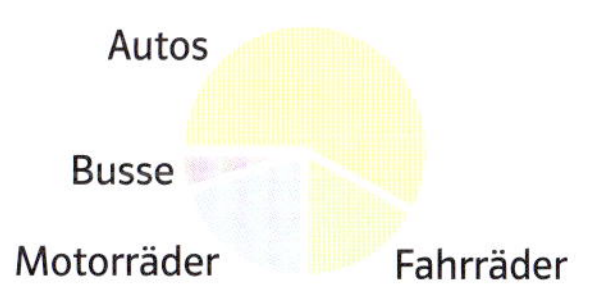

Streifendiagramm

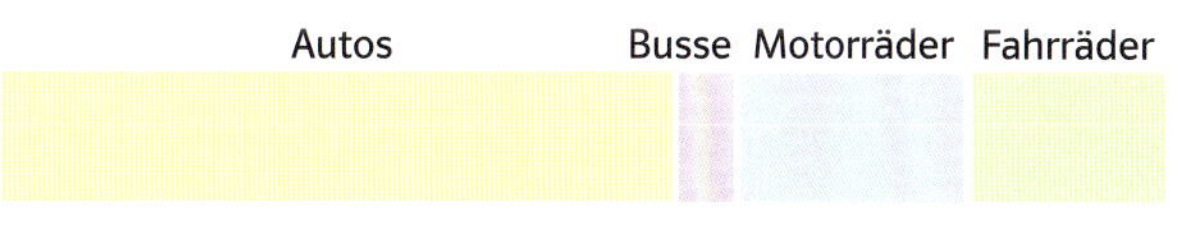

2

a) T.-Heuss-RS: 600
M.-Plack-RS: 500
b) relative Häufigkeiten

	T.-Heuss-RS	M.-Planck-RS
zu Fuß	0,45	0,33
Fahrrad	0,20	0,22
Bus	0,30	0,40
PKW	0,05	0,05

3

a) absolute Häufigkeiten

sehr dafür	420
eigentlich dafür	324
unentschieden	156
eigentlich dagegen	204
auf keinen Fall	96

b)

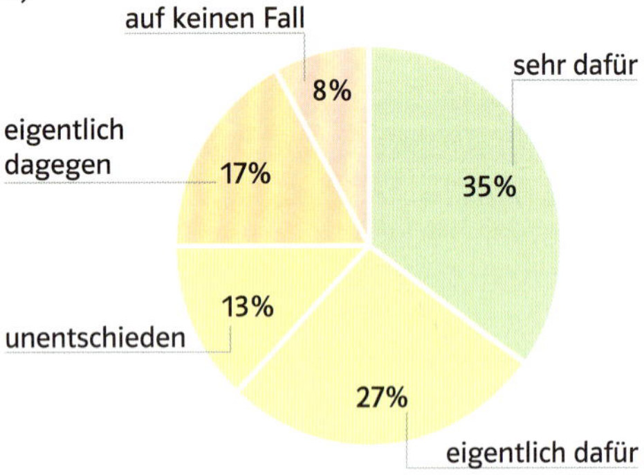

Lösungen der Rückspiegel

Rückspiegel, Seite 29, links

1

a) $3\frac{1}{3}$; $\frac{6}{35}$; $\frac{3}{10}$; $\frac{5}{6}$
b) $\frac{1}{2}$; $\frac{5}{8}$; $1\frac{1}{3}$; $\frac{8}{15}$
c) $\frac{8}{35}$; $\frac{13}{35}$; $\frac{8}{21}$; $\frac{9}{20}$

2

a) $\frac{3}{2}$; 5; $\frac{13}{25}$; $\frac{12}{11}$
b) $2\frac{1}{2}$; $\frac{3}{16}$; $1\frac{34}{143}$; $1\frac{49}{120}$

3

a) $2\frac{1}{4}$; $\frac{7}{30}$; $\frac{4}{5}$; $\frac{9}{20}$
b) $\frac{35}{36}$; $2\frac{1}{21}$; $1\frac{1}{6}$; 2
c) $1\frac{1}{9}$; $\frac{5}{19}$; $6\frac{5}{9}$; $\frac{15}{16}$

4

a) $\frac{2}{3}$; $\frac{2}{3}$; $\frac{28}{27}$; $\frac{3}{4}$
b) $\frac{3}{22}$; $\frac{21}{8}$; $\frac{1}{6}$; $\frac{5}{3}$

5

a) Ein 26-Zoll-Rad hat einen Durchmesser von $67\frac{3}{5}$ cm.
b) 8″ = $20\frac{4}{5}$ cm; $5\frac{1}{4}$″ = $13\frac{13}{20}$ cm; $3\frac{1}{2}$″ = $9\frac{1}{10}$ cm
c) $\frac{1}{2}$″ = $1\frac{3}{10}$ cm; $\frac{3}{4}$″ = $1\frac{19}{20}$ cm; $\frac{7}{16}$″ = $1\frac{11}{80}$ cm; 16″ = $41\frac{3}{5}$ cm;
28″ = $72\frac{4}{5}$ cm

Rückspiegel, Seite 29, rechts

1

a) $\frac{15}{28}$; $2\frac{2}{3}$; $\frac{1}{5}$; $\frac{9}{10}$
b) $\frac{15}{32}$; 34; $\frac{1}{30}$; $1\frac{2}{9}$
c) $\frac{33}{35}$; $\frac{21}{25}$; $\frac{11}{84}$; $\frac{35}{48}$

2

a) $6\frac{1}{3}$; $\frac{11}{12}$; $\frac{13}{60}$; $\frac{2}{3}$
b) $6\frac{2}{3}$; $1\frac{5}{7}$; 2; $11\frac{2}{3}$

3

a) $\frac{2}{3}$; $\frac{7}{12}$; $\frac{14}{5}$; $7\frac{1}{6}$
b) $\frac{6}{7}$; $3\frac{3}{4}$; $1\frac{1}{17}$; $1\frac{1}{8}$
c) $1\frac{19}{35}$; $\frac{1}{51}$; 14; $3\frac{5}{8}$

4

a) $\frac{8}{3}$; $\frac{16}{35}$; $\frac{1}{4}$; $1\frac{7}{18}$
b) $1\frac{1}{11}$; $\frac{3}{7}$; $1\frac{3}{4}$; $2\frac{1}{7}$

5

a) In der Flasche ist noch $\frac{1}{4}$ l.
b) $\frac{9}{16}$ l wurden getrunken.
c) Es werden 7 Flaschen benötigt.
d) Insgesamt sind es 2 l.
e) In $1\frac{1}{2}$ kg Fleisch ist 1 kg Wasser.
f) 1 l Benzin wiegt $\frac{3}{4}$ kg.

Rückspiegel, Seite 51, links

1

a) Die Zuordnung ist proportional.
b) Die Zuordnung ist keines von beiden.
c) Die Zuordnung ist umgekehrt proportional.
d) Die Zuordnung ist proportional.

2

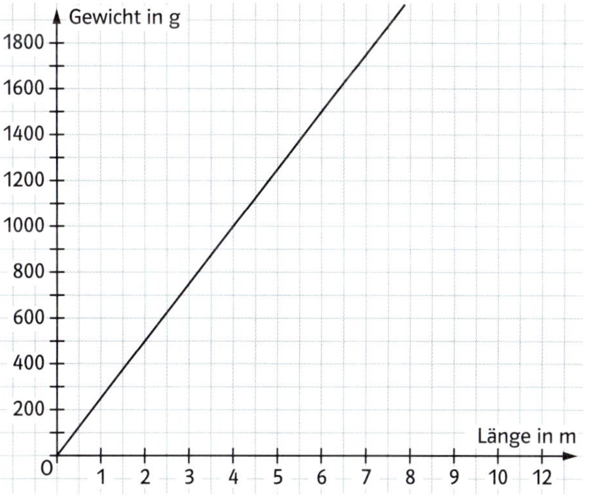

3

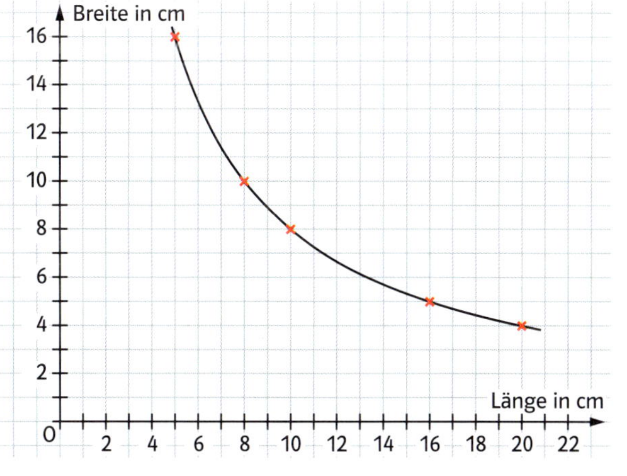

4

a) 60 min
b) 20 km

5

a) 5,40 €
b) 2,25 €
c) Die 850 g-Dose ist teurer (100 g kosten ungefähr 19 ct) als die 560 g-Dose (100 g kosten ungefähr 18 ct).

Rückspiegel, Seite 51, rechts

1

a)

Zeit	Kosten
15 h	540 €
5 h	180 €
10 h	360 €
25 h	900 €

b)

Anzahl	Kosten
2	5,00 €
18	45,00 €
9	22,50 €
7	17,50 €

c)

Arbeiter	Zeit
40	5 h
20	10 h
10	20 h
8	25 h

d)

Anzahl	Kosten
36	25 €
30	30 €
20	45 €
24	37,50 €

2

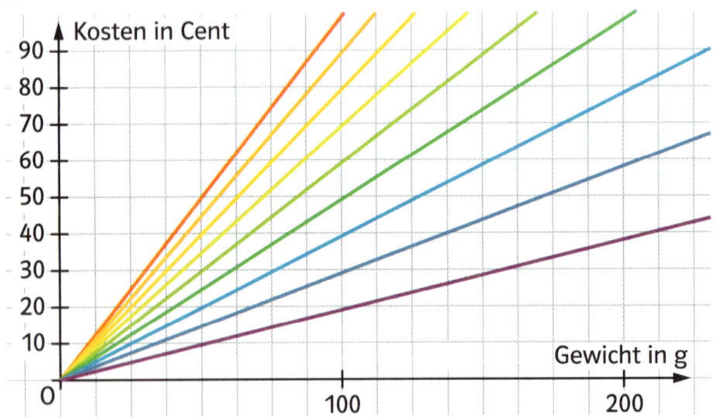

3

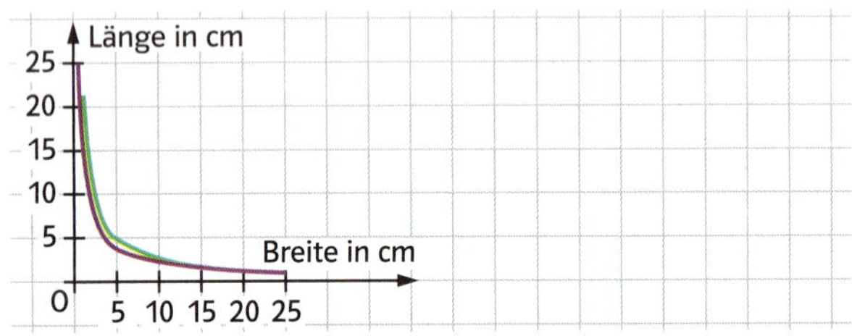

4

a) proportionale Zuordnung

x	0	1	2	3	4	5	6	7
y	0	0,5	1	1,5	2	2,5	3	3,5

b) umgekehrt proportionale Zuordnung

x	1	2	3	4	5	6	7
y	4	2	1,3	1	0,8	0,7	0,6

5

a) 250 g würden 3,25 € kosten.
b) $2\frac{1}{2}$ kg kosten 3,56 €.
c) 3 kg sind günstiger (1 kg kosten ungefähr 2,55 €) als 4,5 kg Waschmittel (1 kg kosten ungefähr 2,61 €).
d) 650 g lose sind günstiger als eine Tüte (100 g kosten ungefähr 0,31 €).

Rückspiegel, Seite 77, links

1

a)

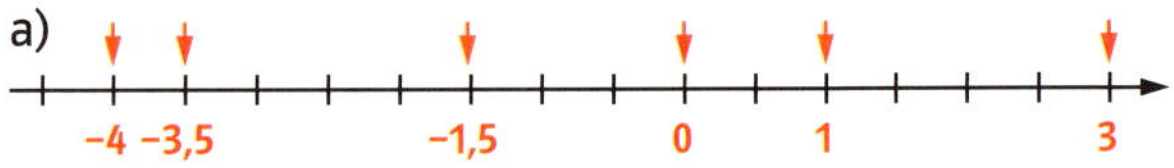

b)

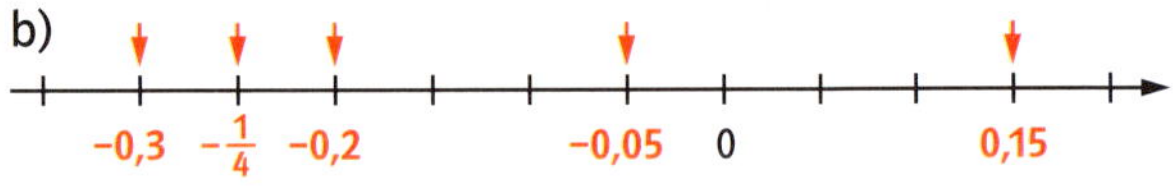

2

a) −2,25 b) 1,25

3

a) −17 b) −13
c) 102 d) −83

4

a) −96 b) −105
c) −9 d) 6
e) 264 f) −4

5

a) 6 b) −20
c) 110 d) 90

6

a) −58 b) 44
c) 65 d) 51

7

a) −4 b) −56
c) −5 d) 86
e) 90

8

−17 − (23 + 36) = −76

9

529 m unter dem Meeresspiegel

Rückspiegel, Seite 77, rechts

1

a)

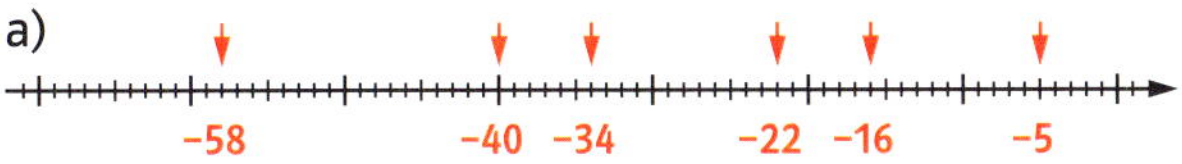

b)

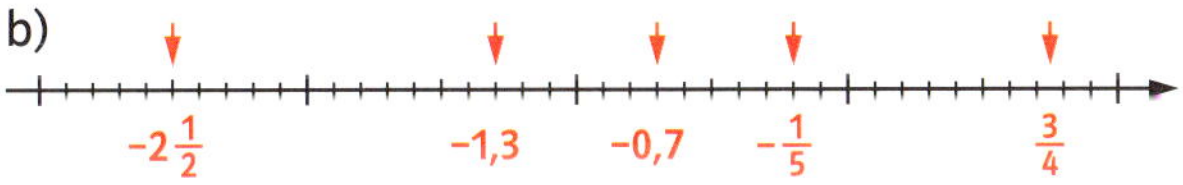

2

a) − 0,75 b) $-\frac{5}{12}$

3

a) −51 b) −171
c) −36,1 d) 3,04

4

a) −15 b) 8,96
c) −12 d) −3,75
e) $-\frac{2}{3}$ f) −6

5

a) −18,5 b) −106,12
c) $-2\frac{3}{4}$ d) −23

6

a) −61 b) 26,4 c) 5,3

7

a) −112 b) −3,2
c) −1 d) 9,9

8

(−88 − (−76)) · (84 : (−28)) = 36

9

Rückgang um 0,5 °C pro 100 m

Rückspiegel, Seite 97, links

1

α	27°	39°	107°	18°	62°
β	52°	79°	57°	108°	117°
γ	101°	62°	16°	54°	1°

2

γ = 80°

3

Dreieck ABC: stumpfwinklig
Dreieck ABD: stumpfwinklig
Dreieck BCD: stumpfwinklig
Dreieck ACD: spitzwinklig

4

Die Konstruktionszeichnungen sind verkleinert abgebildet.

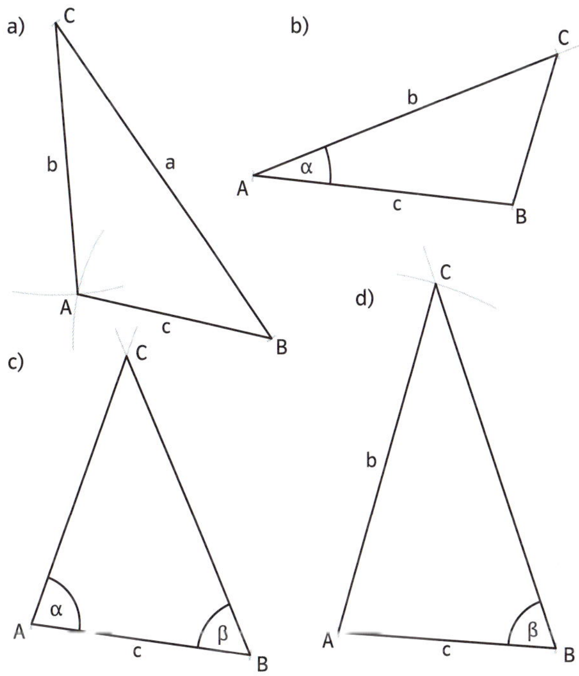

5

1 : 200 000
1 cm entspricht 2 km

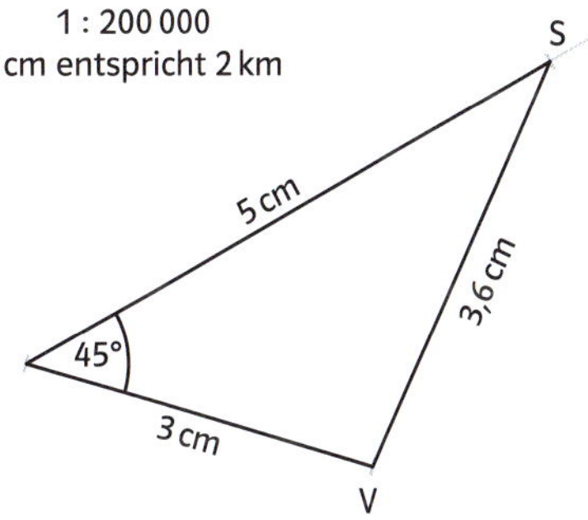

Geeigneter Maßstab z. B.: 1 : 200 000
Die Entfernung beträgt ca. 7,2 km.

Rückspiegel, Seite 97, rechts

1
a) $\alpha = 46°$; $\gamma = 68°$
b) $\alpha = 41°$; $\beta = 84°$; $\gamma = 55°$

2
a) $\alpha = 68°$
b) $\alpha = \beta = 54°$
c) $\gamma = 28°$; $\alpha = 124°$

3
a) Winkelsumme von 180° lässt dritten Winkel nicht zu.
b) Die beiden kurzen Seiten „liegen auf der längsten Seite“. (Dreiecksungleichung)

4

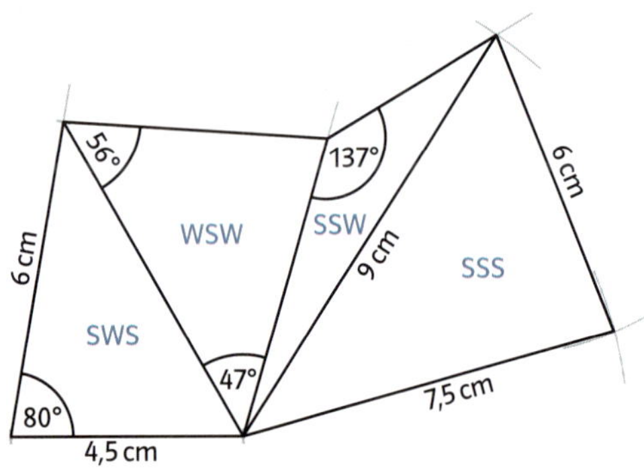

5

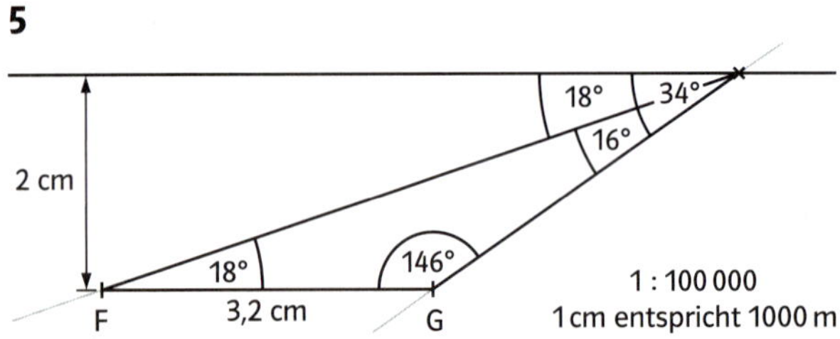

geeigneter Maßstab z. B.: 1 : 100 000
Die Höhe beträgt ca. 2030 m.

Rückspiegel, Seite 119, links

1
a) 19 b) 21 c) 26 d) 14

2
Summe aller Kanten $s = 8a + 4c$
Oberfläche $O = 2a^2 + 4ac$

3
a) $40a - 20b$ b) $10x + 20y$
c) $10a + 25c$ d) $9x - 52y$

4
a) $9y$ b) $12x$
c) $5bc$ d) $25ab$
e) $8x \cdot 4xy$ u. ä. f) $12p^2 \cdot 4qr$ u. ä.
g) $5xy$ h) $0{,}6p^2q$
i) $-16t^2v$ j) $5yz^2$

5
a) $12pq - 4p^2$ b) $6xy^2 - 18xy$
c) $30x + 5y$ d) $12x - xy - y$

6
a) $2(3xy + 4)$ b) $3a(b + 4)$
c) $7c(3d + e)$ d) $16x(3y - 2x)$
e) $15rs(r - 4s)$ f) $9t^2(-9s + 1)$

7
a) $5x - 2(x + 3) = 3x - 6$ b) $(3 + y) \cdot x - xy$
c) $(10b + (2a - 6)) : 2 = 5b + a - 3$

Rückspiegel, Seite 119, rechts

1
a) −5 b) 8,5 c) 9 d) −4

2
Summe aller Kanten $s = 4 \cdot 2a + 4 \cdot 4b + 4 \cdot 3c$
$= 8a + 16b + 12c$
Oberfläche $O = 2 \cdot (2a \cdot 4b) + 2 \cdot (2a \cdot 3c) + 2 \cdot (4b \cdot 3c)$
$= 16ab + 12ac + 24bc$

3
a) $20a$ b) $-15r - 30s$
c) $-2x + 13{,}8y$ d) $-62{,}6c - 16{,}8d$

4
a) $-15x^2y$ b) $-60a^3bc$
c) $63uv^2w$ d) $-0{,}6ab^2$
e) $-3v^4w^2$ f) $8r^2s^3t$
g) $-7ab^2$ h) $6x^2y^2$
i) $-0{,}25t^2v^2$ j) $0{,}4a^2bc^2$

5
a) $8c^2 + 12cd - 4ec$ b) $-6g^2h + 9g^3 - 1{,}5g^2$
c) $8xy$ d) $11x^2 - 4xy$

6
a) $16(3m^2 + n^2)$ b) $r(s + t + u)$
c) $2ab(a + 2 - b)$ d) $x(12 + 5x - 3y)$
e) $2(4ab - 3a + 5b)$ f) $7xy(4x - 6y + 1)$

7
a) $x + 2x = 3x$
b) $x + (x + 1) + (x + 2) = 3x + 3 = 3 \cdot (x + 1)$

Rückspiegel, Seite 139, links

1

a) $x = 4$ b) $x = 6$ c) $x = 9$

d) $x = 4$ e) $x = 7{,}5$ f) $x = -3$

2

a) $x = 2$ b) $x = \frac{1}{2}$ c) $x = 6$

d) $x = 2$ e) $y = 2$ f) $y = 4$

3

a) Statt 24 muss es −24 heißen (es wird 28 subtrahiert).
b) Statt 25 muss es 15 heißen (es wird 5 subtrahiert).
c) Statt 54 muss es 6 heißen (man muss durch 3 dividieren).
d) Statt 0 muss es 1 heißen, denn die Division durch 22 ergibt 1.

4

a) $x = -6$ b) $x = 6$ c) $x = 6$

d) $u = 3$ e) $u = 6$

5

a) $2 \cdot x + 7 = 21$
$x = 7$
b) $x + 2x + 4 = x + 50$
$x = 23$

6

a) Biancas Alter heute: x
$x = 6 \cdot (x - 10)$
$x = 12$
Bianca ist heute 12 Jahre alt.
b)

	Alter heute	Alter vor 8 Jahren
Daniel	x	x − 8
Daniels Vater	56 − x	56 − x − 8

$3 \cdot (x - 8) = 56 - x - 8$
$x = 18$
Daniel ist heute 18 Jahre alt, sein Vater 38 Jahre.

7

$u = 30\,cm$
$a = 8\,cm$
$b = 9\,cm$

Rückspiegel, Seite 139, rechts

1

a) $x = 4$ b) $x = 3$ c) $x = 46$

d) $y = 4$ e) $y = -\frac{3}{2}$ f) $y = -0{,}4$

2

a) $x = 1$ b) $x = \frac{14}{15}$ c) $x = 5\frac{3}{5}$

d) $x = 2$ e) $x = 1$ f) $x = 1$

3

a) Statt 10 muss es 2 heißen; es muss durch 10 dividiert werden.
b) Statt 2 muss es $\frac{1}{2}$ heißen, da 7 durch 14 dividiert werden muss.
c) Es muss $4x = 22$ heißen; es wurden verschiedenartige Summanden zusammengefasst.
d) Es muss $\frac{1}{2}x$ heißen; hier wurde die Regel „Punkt vor Strich" missachtet.

4

a) $x = 7$ b) $x = 5$ c) $y = 2$

d) $y = \frac{1}{2}$ e) $y = \frac{1}{3}$

5

a) $6 \cdot x + 17 = 41$
$x = 4$
b) $\left(\frac{1}{6} \cdot x + 5\right) \cdot 3 = x$
$x = 30$

6

a) Biancas Alter heute: x
$x + 20 = 9 \cdot (x - 4)$
$x = 7$
Bianca ist heute 7 Jahre alt.
b)

	Alter heute	Alter in 10 Jahren	Alter in 8 Jahren
Daniel	3x	3x + 10	–
Marvin	x	–	x + 8

$3x + 10 = 2 \cdot (x + 8)$
$x = 6$
Marvin ist heute 6 Jahre alt, Daniel 18 Jahre.

7

$\alpha = 60°$
$\beta = 72°$
$\gamma = 48°$

Rückspiegel, Seite 157, links

1
a) 5,0 %; 45,0 %; 80,0 %; 22,0 %; 33,3 %
b) 53,3 %; 81,8 %; 83,3 %
c) 25 %; 70 %

2
0,85; 0,17; 0,09; 1,2; 0,035

3
Jan: 48 %; Mira: 32 %; Leon: 16 %; Sina: 4 %

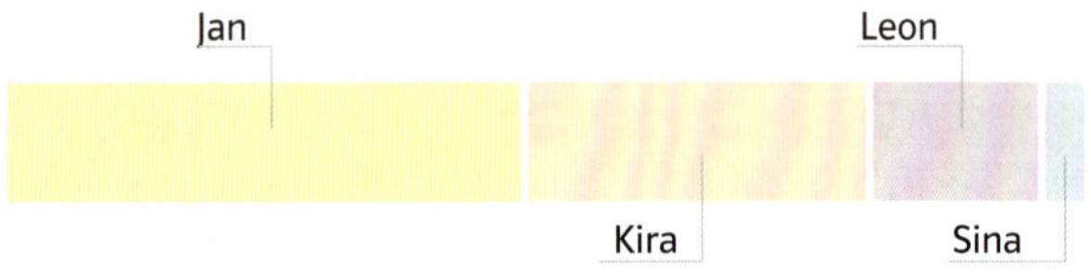

4

Grundwert	Prozentwert	Prozentsatz
520 €	56 €	10,8 %
48,5 m	36,9 m	76 %
46,1 kg	17,5 kg	38 %

5
Der neue Preis beträgt 193,70 €.

6
„wichtig“: 340 Jugendliche
„unwichtig“: 125 Jugendliche
„keine Meinung“: 35 Jugendliche

7
Der Preis ohne Rabatt war 900 €.

Rückspiegel, Seite 157, rechts

1
a) 66,7 %; 48,0 %; 60,0 %; 3,6 %; 55,0 %
b) 18,5 %; 55,6 %; 187,5 %
c) 6 %; 25 %

2
0,07; 0,125; 0,0225; 0,0325; 2,5

3
Europa: 7,1 %; Amerika: 28,8 %;
Asien: 29,9 %; Australien: 4,0 %;
Afrika: 20,7 %; Antarktis: 9,6 %;

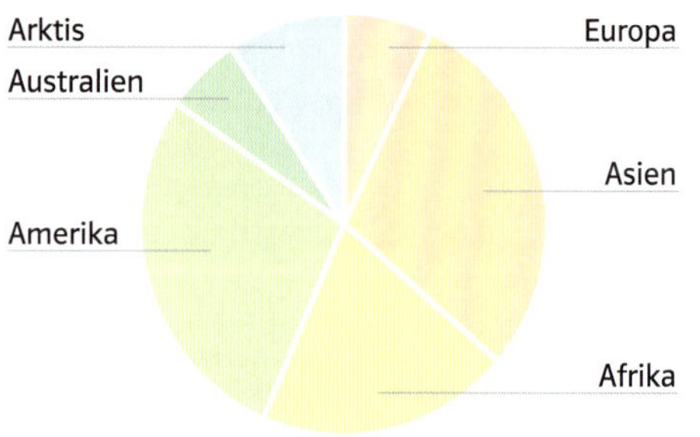

4

Grundwert	Prozentwert	Prozentsatz
107,25 €	3,75 €	3,5 %
3,8 km	4,75 km	125 %
250 kg	11,25 kg	$4\frac{1}{2}$ %

5
Der Preis wurde um etwa 25 % ermäßigt.

6
Industrie: 18,4 Mio. Tonnen
Haushalte: 37,6 Mio. Tonnen
Verkehr (30 %): 24,0 Mio. Tonnen

7
Marina musste 237,50 € bezahlen.

Rückspiegel, Seite 173, links

1
Kniffel: Würfel
Domino: Spielsteine
Schach: es gibt kein Zufallsgerät
Roulette: Glücksrad
Quartett: Karten
Bingo: Zahlentrommel

2
a) Kopf oder Wappen
b) eine Zahl von 1 bis 49
c) eine Zahl von 7 bis 10, Bube, Dame, König, Ass

3
a) $\frac{1}{8} = 12{,}5\,\%$
b) $\frac{1}{5} = 20\,\%$
c) $\frac{1}{55} \approx 1{,}8\,\%$

4
a) $\frac{4}{16} = 25\,\%$
b) $\frac{3}{16} = 18{,}75\,\%$
c) $\frac{7}{16} = 43{,}75\,\%$
d) $\frac{0}{16} = 0\,\%$

5
Unter den 2100 geborenen Kindern sind ungefähr 1071 Jungen und 1029 Mädchen zu erwarten.

6
Peters und Sarahs Schätzungen sind sicher falsch, da Peter insgesamt 105 % und Sarah 99 % geschätzt haben. Zusammen müssen aber die Wahrscheinlichkeiten immer 100 % ergeben.

Rückspiegel, Seite 173, rechts

1
a) Eine Karte ziehen. Wer die höchste Karte zieht, muss geben.
Die Reihenfolge der Karten mit der höchsten beginnend: Kreuzbube, Pikbube, Herzbube, Karobube, alle Kreuzkarten in der Reihenfolge Ass 10, König, Dame, 9, 8, 7, alle Pikkarten, alle Herzkarten, alle Karokarten in dieser Reihenfolge.
b) Eine weiße Figur in der rechten und eine schwarze Figur in der linken Hand verdeckt halten. Der Partner zieht – schwarz oder weiß und spielt mit dieser Farbe.
c) Einen Würfel werfen. Wer die höchste Augenzahl hat, beginnt.

2
a) Loch 1 (unten), Loch 2 (oben), die Wand oder gar nichts treffen.
b) einen der Ringe von 1 bis 12 treffen oder daneben werfen

3
a) $\frac{40}{100} = \frac{2}{5} = 40\,\%$
b) $\frac{9}{15} = \frac{3}{5} = 60\,\%$

4
a) 300 Lose
b) $\frac{2}{180} = \frac{1}{90} \approx 1{,}1\,\%$

5
$\frac{190 - 23}{190} \approx 87{,}9\,\%$ oder $1 - \frac{23}{190} \approx 87{,}9\,\%$

6
a) Gleichwahrscheinlich: 1, 4 und 5
Gleichwahrscheinlich: 2 und 3

b)

Augenzahl	1	2	3	4	5
Wahrscheinlichkeit	24 %	14 %	14 %	24 %	24 %

Register

Mathematische Symbole

=	gleich
<	kleiner als
>	größer als
$\mathbb{N}$	Menge der natürlichen Zahlen
$\mathbb{Z}$	Menge der ganzen Zahlen
$\mathbb{Q}$	Menge der rationalen Zahlen
$g \perp h$	die Geraden g und h sind zueinander senkrecht
⊾	rechter Winkel
$g \parallel h$	die Geraden g und h sind parallel
g, h, …	Buchstaben für Geraden
A, B, … , P, Q, …	Buchstaben für Punkte
$\alpha, \beta, \gamma, \delta, \ldots$	griechische Buchstaben für Winkel
$\overline{AB}$	Strecke mit den Endpunkten A und B
$A(-2 \mid 4)$	Punkt im Koordinatensystem mit dem x-Wert −2 und dem y-Wert 4

Maßeinheiten und Umrechnungen

Zeiteinheiten

Jahr	Tag	Stunde	Minute	Sekunde
1 a	= 365 d			
	1 d	= 24 h		
		1 h	= 60 min	
			1 min	= 60 s

Gewichtseinheiten

Tonne	Kilogramm	Gramm	Milligramm
1 t	= 1000 kg		
	1 kg	= 1000 g	
		1 g	= 1000 mg

Längeneinheiten

Kilometer	Meter	Dezimeter	Zentimeter	Millimeter
1 km	= 1000 m			
	1 m	= 10 dm		
		1 dm	= 10 cm	
			1 cm	= 10 mm

Flächeneinheiten

Quadrat-kilometer	Hektar	Ar	Quadrat-meter	Quadrat-dezimeter	Quadrat-zentimeter	Quadrat-millimeter
$1\,km^2$	= 100 ha					
	1 ha	= 100 a				
		1 a	= $100\,m^2$			
			$1\,m^2$	= $100\,dm^2$		
				$1\,dm^2$	= $100\,cm^2$	
					$1\,cm^2$	= $100\,mm^2$

Raumeinheiten

Kubikmeter	Kubikdezimeter	Kubikzentimeter	Kubikmillimeter
$1\,m^3$	= $1000\,dm^3$		
	$1\,dm^3$	= $1000\,cm^3$	
	1 l	= 1000 ml	
		$1\,cm^3$	= $1000\,mm^3$

Bildquellenverzeichnis

U1.1: Mellenthin, Klaus, Stuttgart – 6.1: Avenue Images GmbH, (Brand X Pictures, Hamburg – 14.1: Corbis, (zefa), Düsseldorf – 15.1: Getty Images, München – 15.1: Avenue Images GmbH, (Rubberball),Hamburg – 18.5: MEV,Augsburg – 22.1: Fotosearch RF, (PhotoDisc), Waukesha, WI – 24.1: AKG, Berlin – 31.5: Getty Images, (image bank), München – 31.6. Getty Images, (Photographer´s Choice), München – 35.1: ZEFA, (A.Scott), Düsseldorf – 35.5: Corbis, (Paul A. Souder), Düsseldorf – 37.2: MEV, Augsburg – 38.4: Getty Images, (Elizabeth Simpson), München – 39.1: Getty Images, (Image Bank), München – 40.1: Fotosearch RF, (RF), Waukesha, WI – 41.1: Fotofinder, (Werner Otto), Berlin – 42.1: Alamy Images RM, (Manor Photography), Abingdon, Oxon – 43.2: MEV, Augsburg – 43.3: iStockphoto, Calgary, Alberta – 44.3: Avenue Images GmbH, (Corbis, RF), Hamburg – 45.2: Helga Lade, (D. Assmann), Frankfurt – 47.2: Werner Otto, Oberhausen – 48.1: Fotofinder, (Caro), Berlin – 48.3: Bananastock RF, Watlington/ Oxon – 53.1: Getty Images, (James Darell), München – 53.2: Corbis, (Ken Kaminesky), Düsseldorf – 54.2: ZEFA, (masterfile), Düsseldorf – 62.1: Getty Images RF, (PhotoDisc), München – 67.1: Corbis, (LATREILLE FRANCOIS), Düsseldorf – 67.2: Deutsches Museum, München – 72.1: AKG, Berlin – 72.2: Corbis, (James Randklev), Düsseldorf – 76.2: Fotofinder, (arco), Berlin – 78.1: MEV, Augsburg – 87.5: Picture-Alliance, (Bürschaper), Frankfurt – 89.4: laif, Köln – 95.2: Picture-Alliance, (KPA/Ziese), Frankfurt – 96.1: mecom, (Bongarts), Hamburg – 98.1: photonica amana, (Demée), Hamburg – 98.2: Picture-Alliance, (Thieme), Frankfurt – 99.2: Fotosearch RF, (Stockbyte), Waukesha, WI – 101.3: Reinhard-Tierfoto, Heiligkreuzsteinach – 102.1: Creativ Collection Verlag GmbH, Freiburg – 126.3: Getty Images, (Image Bank/Reid), München – 109.1: Fotofinder, (vario-press), Berlin – 120.1: ZEFA, (LWA/S. Welstead), Düsseldorf – 121.1: Getty Images, (Clarissa Leahy), München – 121.1: Bananastock RF, Watlington/Oxon – 121.2: Avenue Images GmbH, (Comstock), Hamburg – 128.1: altrofoto.de, Regensburg – 130.1: AKG, Berlin – 137.4: Getty Images, (Stone+), München – 138.1: Corbis, (Bettmann/CORBIS), Düsseldorf – 140.1: Avenue Images GmbH, (PhotoDisc), Hamburg -142.1: mecom, (Bongarts), Hamburg – 143.2: MEV, Augsburg – 144.1: Picture-Alliance, (dpa), Frankfurt – 146.4: Getty Images, Image Bank), München – 147.1: Mauritius, (age), Mittenwald – 149.1: Alamy Images RM, (iWitness Photos), Abingdon, Oxon – 150.3: Avenue Images GmbH, (Stockbyte), Hamburg – 151.1: Avenue Images GmbH, (Index Stock), Hamburg – 152.2: iStockphoto, (Andrzej Tokarski), Calgary, Alberta – 155.1: Getty Images, (Image Bank), München – 155.2: Getty Images, München – 156.1: Corbis, (Robert Dowling), Düsseldorf – 156.2: Otto Bock Healthcare GmbH, Duderstadt – 160.2: MEV, Augsburg – 166.3: Alamy Images RM, (Karpeles), Abingdon, Oxon – 168.1: Corbis, (RF), Düsseldorf – 172.1: Image 100, Berlin – 174.1: STUDIO X, (Gamma/Gaillarde), Limours – 175.3: blickwinkel, (Fotofinder), Witten – 176.1: AKG, Berlin – 177.1: Okapia, (Arnold), Frankfurt – 177.3: Germanisches Nationalmuseum, Nürnberg

Alle übrigen Fotos entstammen dem Archiv des Ernst Klett Verlages, Stuttgart.

Nicht in allen Fällen war es uns möglich, den uns bekannten Rechteinhaber ausfindig zu machen. Berechtigte Ansprüche werden selbstverständlich im Rahmen der üblichen Vereinbarungen abgegolten.